职业教育烹饪专业教材

U0190389

漫话饮食文化

（第2版）

主　编　张　毅
副主编　刘巧燕　朱　玉　马永芳
参　编　曾继红　邱　卫　宋秀梅　关　华
　　　　慈　婧　车　霞　申永奇

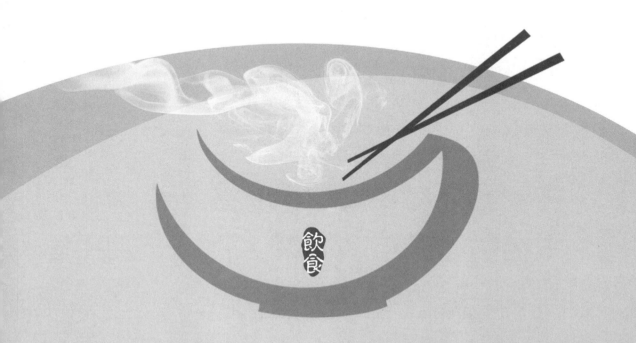

重庆大学出版社

内容提要

本书是一本独具特色的饮食文化教材。全书共分11章，详尽地介绍了荟萃精华的美食盛宴、脍炙人口的诗文典故、精彩纷呈的饮食流派、承传文明的食制食礼、中华传统饮食养生智慧、茶文化、酒文化，以及文学名著里的饮食故事。书中特设章节，指导学生赏读烹饪文学作品，学习写作各类以饮食为素材的文章。本书富有趣味性、知识性、实用性和浓厚的文化特色。书中设定了合理有效的学习目标，以合作探究和活动体验结合的学习模式、灵活有趣的创意话题等板块指导学生学习，具有讲解深入浅出、寓教于乐和可操作性强的特点，适合职业学校食品、旅游、烹饪、民俗、饭店（酒店）服务等相关专业的学生学习使用，也可作为饮食文化爱好者的阅读参考资料。

图书在版编目（CIP）数据

漫话饮食文化/张毅主编. -- 2版. -- 重庆：重庆大学出版社，2024.1
职业教育烹饪专业教材
ISBN 978-7-5624-8125-6

Ⅰ.①漫… Ⅱ.①张… Ⅲ.①饮食—文化—中国—中等专业学校—教材 Ⅳ.①TS971.2

中国版本图书馆CIP数据核字(2021)第244346号

职业教育烹饪专业教材
漫话饮食文化
（第2版）

主 编 张 毅
策划编辑：沈 静

责任编辑：夏 宇　　版式设计：沈 静
责任校对：邹 忌　　责任印制：张 策

*

重庆大学出版社出版发行
出版人：陈晓阳
社址：重庆市沙坪坝区大学城西路21号
邮编：401331
电话：（023）88617190　88617185（中小学）
传真：（023）88617186　88617166
网址：http://www.cqup.com.cn
邮箱：fxk@cqup.com.cn（营销中心）
全国新华书店经销
重庆新荟雅科技有限公司印刷

*

开本：787mm×1092mm　1/16　印张：20　字数：440千
2014年7月第1版　2024年1月第2版　2024年1月第5次印刷
印数：8 501—10 000
ISBN 978-7-5624-8125-6　定价：49.00元

序

丝竹奏雅　珍馐飘香

多年前，大家热议编写饮食文化一书，如今这个想法真的实现了！这本书凝聚了许多人的智慧和辛勤的汗水，字里行间浸透着大家对中华饮食文化历史的敬重，浸透着大家对学生们的热爱，以及大家内心深处久久不能散去的许多感慨……这是值得我们自豪和珍视的作品。

中华饮食文化玲珑俊雅，形形色色，寓意万千，或与诗词相连，或与园林相系，或与音乐相配，或与治国相通……林林总总，层层叠叠，滋味浓郁，博大精深。

中华饮食文化历史悠久，影响深远，在世界饮食文化舞台上占有重要的位置。五湖四海，跨越洲际，在中国的每一个角落、在世界各地，人们都能感受到中华饮食文化的动人魅力，感受到中华民族的悠久历史和辉煌闪耀的人文精神。

因为我国拥有养育亿万生灵的广袤大地，无数的群山峻岭、江河湖海、森林草地、盆地高原，所以这里的人们拥有丰富的物产、多样的食材。这些给予了中华饮食丰厚的物质资源，给予了中华饮食文化发展的旺盛薪火和广阔天地。呈现在餐桌上的是五彩缤纷、香溢四座、令人赞叹的美食；融入文化生活中的是热爱生命、憧憬美好的愿望；具体表现出来的则是一道道精致的佳肴美味和一个个美丽动人的传说。

五千多年来，中国人不曾停歇，与饮食有关的实践、探讨日益精进，饮食文化繁荣发展。到了现代，无论是饮食品质还是饮食文化理论，都达到了前所未有的高境界，这为中华文明史增添了绚丽的色彩。

《漫话饮食文化》一书，集中展示了中华饮食文化历史长河中一朵朵美丽的浪花，历史画卷中一幅幅精致的图画，历史传说中一个个动人的逸闻趣事，市井庙堂中一团团诱人的霓彩……让人仿佛看到了蓝天白云、银瀑高挂、小桥流水、烟柳人家；让人仿佛听到了古乐的弦声、宫女的歌唱、雅诗的吟诵、缓缓而至的天籁之音；让人仿佛嗅到了盘古佳肴的味道、满汉全席升腾的香气。细细品味书中文字，古韵袭来，丝竹雅奏，珍馐香溢，意趣悠远。

我们将《漫话饮食文化》呈献给包括我们学生在内的各位读者，呈献给关心、支持、帮助我们的人们，以表我们的谢意。

于此祝愿中华饮食文化前程璀璨。

张　毅
2014 年 1 月

前　言

（第 2 版）

　　曾经的世事风云已在历史中沉寂，它们衍生的美食故事却依旧在餐桌上活色生香地流传着。中国的饮食文化源远流长、博大精深，充满了丰赡的典故和精美的佳肴，承载着丰富的文化和厚重的历史。可以说，一桌丰盛的美食凝结着中华民族文明的发展史。随着时代的发展，饮食文化呈现出更为丰富、鲜活、深远的内涵。当一日三餐不再只是满足口腹之欲，养生已成为一种时尚的追求；当色、香、味、形不再是品味美食的唯一考量，文化内涵已成为至美的饮食境界；当平凡的餐桌成为一种社交载体，当"治大国若烹小鲜"业已成为治国安邦的理念，饮食的文化特征早已超越了食物本身，而是涵盖了社会生活的方方面面，展现出更为深广的社会生活意义。

　　目前，对于饮食文化的教育与研究已经走到了烹饪教育的前沿，呈现出方兴未艾的发展趋势。我国高等烹饪教育发展较为成熟，有规范化、系统化和科学化的饮食文化教材，适应高等烹饪教育界的师生学习使用，而适合中等职业教育烹饪专业需求的饮食文化教材却寥寥无几。我们在多年教学实践的基础上，针对中等职业学校学生的职业需要和兴趣特点，编写了《漫话饮食文化》这本书，为中等职业教育烹饪专业的广大师生提供教学和学习的参考。

　　本书立足于中等职业学校学生的职业需要、兴趣特点和生动丰富的中国饮食文化，以通俗易懂的语言、引人入胜的故事，呈现了精华荟萃的美食盛宴、脍炙人口的诗文典故、精彩纷呈的饮食流派、传承文明的食制食礼，更有中华传统的饮食养生智慧、茶文化和酒文化等众多中国饮食文化的侧影，具有趣味性、知识性、实用性和浓厚的中国文化特色。

　　本书按照"本章提要—学习目标—导学参考—学习内容—章后复习"的体例组织编写。本书全面贯彻落实《国务院关于大力发展职业教育的决定》精神，结合中等职业学校学生的学情特点，遵循难易结合、适度提高的原则，设定合理、有效的学习目标，特别是导学参考的设计，注重学生自主学习、合作探究和活动体验的学习模式，灵活有趣，寓教于乐。本书特设创意话题，深入浅出，具有可操作性，能助力广大师生教学和学习。

　　本书在修订过程中，切实推进党的二十大精神融入课堂，坚定学生的文化自信，实现文化自强。在新的征程中，学生应更加自觉地担负起新的文化使命，传承中国饮食文化，在实践中创造、在历史中实现文化进步。需特别提到的是，本书涉及野生动

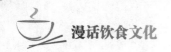

植物等的古代饮食文化相关资料仅供学习、了解所用，读者切勿以我国保护野生动植物为材料进行菜品仿制，书中出现的菜品均应选用我国相关法律法规允许的材料来制作。

　　本书由张毅任主编，刘巧燕、朱玉、马永芳任副主编，参与编写者有曾继红、邱卫、宋秀梅、关华、慈婧、车霞、申永奇，他们是从事语文和饮食文化等教学的骨干教师，具有丰富的教学经验和较高的专业理论水平。本书在编写过程中，得到了专家、学校各级领导的指导和大力支持，在此深表感谢。

　　由于编者水平有限，书中内容难免有不足之处，恳请读者提出宝贵意见。

编　者

2023 年 8 月

前 言

（第 1 版）

曾经的世事风云已在历史中沉寂，它们衍生的美食故事却依旧在餐桌上活色生香地流传着。中国的饮食文化源远流长、博大精深，充满了丰赡的典故和精美的佳肴，承载着丰富的文化和厚重的历史。可以说，一桌丰盛的美食凝结着中华民族文明的发展史。随着时代的发展，饮食文化呈现出更为丰富、鲜活、深远的内涵。当一日三餐不再只是满足口腹之欲，养生已成为一种时尚的追求；当色、香、味、形不再是品味美食的唯一考量，文化内涵已成为至美的饮食境界；当平凡的餐桌成为一种社交载体，当"治大国若烹小鲜"业已成为治国安邦的理念，饮食的文化特征早已超越了食物本身，而是涵盖了社会生活的方方面面，展现出更为深广的社会生活意义。

目前，对饮食文化的教育与研究已经走到了烹饪教育的前沿，呈现出方兴未艾的发展趋势。我国高等烹饪教育发展较为成熟，有规范化、系统化和科学化的饮食文化教材，适应高等烹饪教育界的师生学习使用，而适合中等职业教育烹饪专业需求的饮食文化教材却寥寥无几。我们在多年教学实践的基础上，针对中等职业学校学生的职业需要和兴趣特点，编写了《漫话饮食文化》这本书，为中等职业教育烹饪专业的广大师生提供教学和学习的参考。

本书立足于中等职业学校学生的职业需要、兴趣特点以及生动丰富的中国饮食文化，以通俗易懂的语言、引人入胜的故事，呈现了精华荟萃的美食盛宴，脍炙人口的诗文典故，精彩纷呈的饮食流派，传承文明的食制食礼，更有中华传统的饮食养生智慧、茶文化和酒文化等众多中国饮食文化的侧影，具有趣味性、知识性、实用性和浓厚的中国文化特色。

本书按照"本章提要—学习目标—导学参考—学习内容—章后复习"的体例组织编写。在全面贯彻落实《国务院关于大力发展职业教育的决定》精神的指导下，全书结合中等职业学校学生的学情特点，遵循难易结合、适度提高的原则，设定合理、有效的学习目标，特别是导学参考的设计，注重学生自主学习、合作探究和活动体验的学习模式，灵活有趣，寓教于乐。书中特设创意话题，深入浅出，具有可操作性，能助力广大师生教学和学习。

本书由张毅任主编，刘巧燕、朱玉、马永芳任副主编，参与编写者有曾继红、邱卫、宋秀梅、关华、慈婧、车霞、申永奇，他们是从事语文和饮食文化等教学的骨干教师，具有丰富的教学经验和较高的专业理论水平。本书在编写过程中，得到了专家、学校各级领导的指导和大力支持，在此深表感谢。

由于编者水平有限，书中内容难免有不足之处，恳请读者提出宝贵意见。

编　者
2014 年 1 月

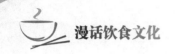

第5章　飘香千古的酒文化

第6章　修身怡性的茶文化

第7章　麦香浓郁的风味面食

第8章　诗情画意的餐饮美学

第9章　文学名著里的饮食文化

第 10 章　五味调和的健康饮食养生智慧

第 11 章　烹饪文学作品欣赏

参考文献

第 1 章
祥瑞和乐的节日仪礼食俗

步步高昇

    中国的传统节日、人生仪礼内容丰富，几千年来，其以博大丰厚的文化内涵，丰富着人们的生活，激发着人们的创作灵感，是华夏子孙享用不尽的文化宝藏。

    本章讲述了中国主要传统节日中那些丰富多彩的节日活动、祥瑞和乐的人生仪礼、琳琅满目的节日美食，还讲述了那些关于节日的神话传说、历史故事，为传统节日平添了几分浪漫的色彩。

    值得我们探究研读的是，在漫漫的历史长河中历代文人雅士为节日谱写的那些脍炙人口、雅俗共赏的诗文。它们使中国的传统节日于大俗中透着大雅，平凡中浸润着浪漫，渗透出深厚的文化底蕴。

    本章通过讲故事、诵诗词、做美食来完成教学任务，激发大家学习祖国灿烂传统文化的热情，提升大家的文化素质。

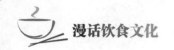

1.1 传统节日食俗

【学习目标】

1. 了解中国传统节日的由来、食俗，并能创新或改进传统食俗。
2. 讲述有关传统节日的传说故事，丰富饮食文化知识。
3. 诵记描写传统节日的诗词，学习传承节日中蕴含的优秀文化。

【导学参考】

1. 学习形式：小组合作，作话题演讲。各小组主持讲授所选节日的时间、食俗、传说、诗词等相关知识，并任选一个创意话题进行自主设计，汇报成果。
2. 可选话题：元宵节、清明节、端午节、七夕节、中秋节、重阳节、腊八节。
3. 创意话题：如从元宵节诗词看古代情人节、七夕节的食俗改良与文化创意，中秋节的月饼市场调查，重阳佳节话孝亲等，也可自己创造话题。
4. 成果汇报演讲的形式要灵活多样。可制作多媒体课件、手抄报，设计主题板书，绘制图片等展示节日相关知识，讲述传说故事时表达要生动，有表演性。诗词诵读可齐读、领读配合，还可根据内容配乐。小组成员分工合作，全员参与。

中国传统节日的形式多样、内容丰富，是中华民族悠久历史文化的一个组成部分。传统节日的形成过程，是一个民族或国家的历史文化长期积淀凝聚的过程。中国的传统节日大多和天文、历法、数学、二十四节气有关，其时间都是按照农历推算出来的。从流传至今的节日风俗里，我们可以清晰地看到中国古人生活的精彩画面，感受到中国古老文明的魅力。

1.1.1 春 节

春节俗称新年，是中华民族最隆重的传统节日。春节从农历腊月二十三到正月十五，包括"小年、除夕、春节、元宵节"几个节庆日。其中，从除夕至正月初三为节日的高潮。

1）送灶节——小年

清朝以前，中国人基本是在腊月二十四过小年。后来，因为官宦在腊月二十三过小年，各地慢慢形成了不同的过节时间，北方地区是腊月二十三，南方大部分地区是腊月二十四。小年的习俗是祭祀灶神，灶神俗称灶王爷，也称"东厨司命"，因此小年又称送灶节、灶神节、灶王节等。

传说中，灶神特别受人敬重，除了因为灶神掌管人们饮食，赐予人们生活上的便利外，更重要的是灶神还兼具一项神圣的职责。

相传灶神是玉皇大帝派遣到人间监察一家人善恶的官。灶神左右随侍两神，一捧"善罐"，一捧"恶罐"，随时将一家人的行为记录、保存于罐中，年终时总计之后再向玉皇大帝报告，玉皇大帝依据人们的善恶修为赐福或降灾。腊月二十三就是灶神离开人间，上天向玉皇大帝禀报人们一年的所作所为的日子，所以家家户户都要"送灶神"。这个流传于民间的传说故事表现了古人向善抑恶的道德追求和自我约束、严格自律的精神境界。

小年的民间习俗如下。

（1）祭灶

这是小年的核心活动，除了供奉各种美食外，一定要更换灶神画像。祭灶一是祈求五谷丰登，二是祈求人丁兴旺，降福免灾。祭灶时要设立神位，敬奉酒食，诚心祷告，三进酒后，烧香叩头把旧灶神画像揭下烧掉，祈祷灶神向玉皇大帝奏报一家人的种种善事。烧像时要加一些谷草和杂粮，算是给灶神喂马。人们在小年恭送灶神上天，等到除夕夜再把灶神接回来，谓之"接灶"或"接神"。"接灶"时把新的灶神画像粘贴好，换上新灶灯，在灶龛前燃香叩拜。古人对神明一向恭敬崇祀，因为"获罪于天，无所祷也"（《论语·八佾》）。祭灶的供品除糖点外，有的地方还供奉水饺，取"起身饺子，落身面"之意。东汉时曾流行用黄羊祭灶。据记载，汉宣帝时期，阴识的祖父阴子方是个至孝仁德的人，灶神便显像于他，他杀了黄羊祭祀，后来便发了大财，富甲一方。这种祭灶方式就流传开来。黄羊是一种野生羊，人们的过度捕猎导致其濒临灭绝，后来人们便用灶糖代替黄羊祭灶。祭灶时，传统做法是把灶神画像贴在东锅灶墙上，配上"上天言好事，下界降吉祥"的固定对联（也有地区的下联配的是"下界保平安"），横批是"一家之主"。这副对联还有个有趣的来历。

相传北宋著名的政治家、诗人寇准原是被玉皇大帝安排到凡间做皇帝的。寇准的母亲得知此事，心生骄纵，在烧火做饭时用烧火棍敲打灶台说："以后有怨报怨，有仇报仇。"竟把灶神敲得满头是包。灶神见她心怀不善，便上天报告玉皇大帝。玉皇大帝当即派二郎神下界，对寇准扒龙皮、抽龙骨，本为真命天子的寇准只能降格作一名宰相。后来人们写下了这副对联，希望灶神上天言好事，下界降吉祥。

（2）剪窗花

各地小年不仅日期有别，习俗也略有不同。在北方，普遍的小年民俗活动是剪窗花。人们剪贴喜鹊登梅、孔雀戏牡丹、狮子滚绣球、三羊（阳）开泰、五蝠（福）捧寿、莲（连）年有鱼（馀）、鸳鸯戏水等一些带有美好寓意的图案贴在窗户上，窗花将吉事祥物、美好愿望表现得淋漓尽致，将节日装点得红火富丽，同时希望新年能给自己和家人带来吉祥。这些窗花不仅增添了过年的喜庆气氛，还体现了丰富的文化内涵。

（3）扫尘土

从小年一直到除夕的这段时间，叫作"迎春日"，也叫"扫尘日"。"扫尘"就是年终大扫除，大家都行动起来，打扫居室、拆洗被褥、洒扫庭院、清洗器具、掸拂蛛网，家家户户清扫家中各个角落。因为"尘"与"陈"谐音，"扫尘"就被赋予了"除陈布新"的含义：把旧一年的晦气统统扫出门，祈福新的一年吉祥如意。它饱含人们关于辞旧迎新、迎祥纳福的深切愿望。

（4）吃灶糖

俗话说"二十三，糖瓜粘"，过小年时，一定要供奉各种糖果。糖果的作用是希望灶神的嘴上留着余甜，向玉皇大帝汇报时只言好事，以保得一家平安吉祥、财喜两旺。供奉的糖果逐渐演变成小孩在小年必吃的零食。

（5）沐浴

小年不仅要清扫环境，还要打理个人卫生，全家都要洗浴、理发，表示新年新气象，清清爽爽迎新年，"有钱没钱，剃头过年"的顺口溜说得形象生动。

（6）婚嫁

过了小年，民间认为诸神已去天界过年，自然就百无禁忌。开展聘嫁活动不必费心挑选黄道吉日，这称为赶乱婚。民谣有"岁晏乡村嫁娶忙，宜春帖子逗春光。灯前姊妹私相语，守岁今年是洞房"，可见小年后嫁娶活动的频繁。

小年拉开了春节的序幕，从此人们开始了一系列的忙活，紧张有序地喜迎新年的到来：二十三，送灶神；二十四，扫房子；二十五，蒸团子；二十六，割下肉；二十七，擦酒具……一直到腊月三十门神对联上墙、年饭上桌。一家人团聚，大年开始了。

2）除夕

腊月三十的夜晚叫除夕，就是俗称的"大年三十"。这一天与春节（正月初一）首尾相连。在民间，大年三十是中国人一年中最重要的节日，大家尽可能在这一天回家过团圆年。除夕中的"除"字是"逐除"的意思，"夕"是指夜晚，除夕的意思是旧岁至此而除，迎来新岁。

关于除夕的由来，众说纷纭。相传很早以前，有个最凶猛的野兽叫"夕"（民间也有叫它"年"的），它以百兽为食。由于在冬末山中食物缺乏，"夕"就会闯入村庄，猎食人和牲畜。百姓对它恨得要死，却又无可奈何。在漫长的争斗中，人们发现"夕"害怕三种东西：红颜色、火光、响声。猎人七郎力大无穷，箭射得特别好，还喂养了一条凶猛异常的猎狗。他见百姓被"夕"害苦了，就想为民除害。他带着猎狗奔波了一年，终于摸清了"夕"的习性。这年腊月三十，七郎与村民商量，说"夕"最怕响声，让大家多找些敲得响的东西守在家里，"夕"来了就使劲敲。傍晚时分，"夕"果然又闯进村里。人们马上敲响了盆盆罐罐，一家传一家，整个村子敲得震天响，吓得"夕"四处乱跑。七郎一边放出猎狗撕咬着"夕"不放，一边趁机开弓猛射，除掉了"夕"。人们欢天喜地，奔走相庆，并把这一天叫"除夕"。自此以后，每逢腊月三十这天，家家户户都贴红色的对联在门上，张灯结彩，燃放鞭炮、烟花，以此纪念这次胜利。大家通宵守夜，清晨时互相祝贺道喜。

除夕的民间习俗如下。

（1）贴春联、贴门神

春联也叫对联，是中国汉字文化的瑰宝，以对仗工整、简洁精巧的文字表达人们的美好愿望。每逢春节，家家户户都要精选一副中意的大红春联贴在门上，为节日增加红红火火的喜庆气氛。贴门神传说是古人辟邪所用。不论春联、门神，还是大大小小的红底"福"字，都要在除夕这一天贴好，并以家庭成员都回家了之后再贴为好，俗称"封门"，意思是让每一个家庭成员在欢乐喜庆的气氛中过个团圆年。

（2）年夜饭

年夜饭也称团圆饭。一年一度的"年夜饭"是以家庭为单位进行的民俗文化活动。除夕晚上阖家欢聚，围坐在一起吃年夜饭，一家老小互敬互爱、共叙天伦，使一家人之间的关系更为紧密，尊老爱幼的传统美德表现得淋漓尽致。传统的年夜饭菜品十分丰富，荤素齐备。席中要有酒有鱼，取喜庆吉祥、吉庆有余（鱼）之意；吃鱼丸、虾丸、肉丸，取"三元及第"之意，三元即状元、会元、解元。因南北地区差异，主食各有不同，有饺子、馄饨、长面、元宵等。在北方，除夕有吃饺子的习俗，取"更岁交子"之意；在南方，除夕有吃年糕的习俗，甜甜的、黏黏的年糕象征新一年生活甜甜蜜蜜，步步高升。吃年夜饭时要有吃有剩，寓意"年年有余"。剩饭作来年的"饭根"，意为"富贵有根"。吃年夜饭是中国家庭具有凝聚力和向心力的表现，一家人谈笑风生，其乐融融，共同迎接幸福祥瑞的新的一年。

（3）守岁

守岁就是在除夕一家人团聚在一起，通宵守夜，迎接新的一年到来的习俗。古时守岁有两种含义，年长者守岁为"辞旧岁"，寓意珍惜光阴，年轻人守岁则是为长辈祈福，祈愿老人延年益寿。守岁是最重要的年俗活动之一，当晚家中所有的房间都要灯火通明，不论男女老少都聚在一起守岁。诸多吟诵守岁的古诗描写了古代人们熬夜守岁的热闹场景和对新年的美好憧憬。比如写孩子守岁的诗句有"儿童强不睡，相守夜欢哗"；祝福老人的诗句有"老去又逢新岁月，春来更有好花枝"；还有"愿得长如此，年年物候新"这样的表达美好愿望的诗句。守岁时，阖家团圆，叙旧话新，或祝贺或鼓励，是一家人享不尽的天伦之乐。

（4）压岁钱

俗语说"三星在南，家家拜年，小辈磕头，老辈给钱"。压岁钱在中国民俗文化中寓意辟邪驱鬼，保佑平安，所以要用红色的纸或布包裹。给压岁钱的最初用意是镇恶驱邪。孩子的心智未发育完全，被认为容易受邪祟的侵害，因而要用压岁钱镇邪，保佑孩子新年安康，确保孩子未来健康吉利、平平安安。当然，在孩子眼里，压岁钱更大的意义在于有可自由支配的钱，在除夕平添了欣喜。

（5）挂灯笼

中国人挂灯笼的习俗历史悠久，可追溯到西汉时期。在除夕的时候，挂起象征团圆的红灯笼不仅增添了浓郁的年味儿，更以欢乐喜庆的氛围表达着一家人的安康欢乐。

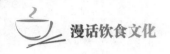

（6）放爆竹

"爆竹声中一岁除，春风送暖入屠苏。千门万户曈曈日，总把新桃换旧符。"王安石的《元日》这首诗，形象地表达出除夕夜放爆竹的热闹喜庆。民间有"开门爆竹"一说，即在新旧年交替之际，家家户户燃放爆竹，在爆竹声中除旧迎新。这种节日习俗给人们带来极大的欢乐和心理满足，将过年的欢乐喜庆推向高潮。

3）春节

按照中国农历，正月初一是"岁之元，月之元，时之元"，是一年的开始。民国以前，依中国农历，每年的第一天称为"元日"或"元旦"。因为每月的第一天称为"朔日"，所以正月初一又称"元朔"。隋代杜台卿在《玉烛宝典》中写道，"正月为端月，其一日为元日，亦云正朝，亦云元朔"。辛亥革命后，为了"行夏正，所以顺农时，从西历，所以便统计"，中国开始采用公历纪年，改称新年的第一个节日为"春节"。

中国的历法可以追溯到远古的尧舜禹时期。尧在位时勤政爱民，深受百姓爱戴。其子却无才，因此尧并没有把帝位传给自己的儿子，而是禅让给了德才兼备的舜。舜认为自己的儿子擅长唱歌跳舞却不理会朝政，因而把帝位禅让给了治洪水有功的禹。禹不负所望，与尧、舜共同为华夏的发展奠定了良好基础。后来，人们为了纪念尧、舜、禹的功德，将舜祭天地和先帝尧的那一天即正月初一当作新的一年的开始，称之为"元旦"或"元正"。据说这就是古代"元旦"的来历。

春节的民间习俗如下。

（1）吃饺子

在中国北方，几乎家家户户都要在正月初一吃饺子。这顿饺子要求除夕晚上包好，第二天零点开始吃，取意"更岁交子"。为了讨吉利，在包饺子时，要往饺子里放钱、糖、花生、枣等。不同的饺子馅各有寓意，如吃到钱寓意财源滚滚，吃到糖寓意甜美幸福，吃到花生寓意健康长寿，吃到枣寓意早生贵子等。

（2）吃年糕

在中国的传统民俗中，年糕可以说是家家户户春节时必备的食品，寓意"年年高"，即步步登高，一年比一年有所提高。

在众多流派的年糕中，苏州糖年糕名传中外，已有两千多年的历史。苏州人吃年糕还有一段典故。在春秋时代，吴王阖闾建都苏州，相传当年吴王因为军事需要，命伍子胥筑城，称为"阖闾大城"。城垣建成，吴王大喜，召集众将欢宴庆功，唯独伍子胥闷闷不乐。他悄悄嘱咐随从："我死了之后，如果以后国家有难，老百姓没有粮食吃，你在相门城下挖地三尺，可得到粮食。"后来伍子胥遭人诬陷，自杀身亡。之后越军围城，城中军民断粮，饿殍遍野。这时，那位随从想起了伍子胥生前的嘱咐，便带民众前往相门拆城掘地。大家这才发现，原来相门的城砖不是泥做的，而是用糯米粉做成的。"糯米城砖"解救了全城老百姓。苏州人为了纪念伍子胥，就在春节这一天，家家户户制作、享用城砖一样的米糕，并把这种米糕叫作"年糕"。

（3）拜年

拜年是中国民间的传统习俗，是人们辞旧迎新、相互祝福的一种表达方式。古时候，"拜年"一词的含义是晚辈向长辈拜贺新年。拜年一般从家里开始。正月初一早晨，晚辈起床后，要先向长辈拜年，包括向长辈叩头施礼、祝愿万事如意，如有同辈亲友，也要向其施礼道贺。在家中拜完年以后，外出与熟人相遇时也要笑容满面地恭贺新年，互道"吉祥如意""新年快乐""恭喜发财"等祝语。左右邻居或亲朋好友也相互登门拜年，恭祝新年大吉大利。柴萼的《梵天庐丛录》里描述："男女依次拜长辈，主者牵幼出谒戚友，或止遣子弟代贺，谓之拜年。"随着时代的变迁，拜年活动也不断增添新的内容和形式。现如今，人们除了沿袭以往的拜年方式外，又兴起了电话拜年、微信拜年等现代拜年方式。

总之，春节是中国最盛大、热闹的传统节日，是中国人所独有的节日。正月初一起，大家互相贺岁祝福，说吉祥话，持续十天左右的拜年活动便拉开了帷幕，伴随着张灯结彩、敲锣打鼓、放烟花爆竹、舞狮子、耍龙灯、演社戏、逛花市、赏灯会等各种活动，热闹非凡，一派喜庆祥和的气氛。传统的春节集祈福攘灾、欢庆娱乐和饮食为一体，庆祝活动从除夕一直持续到正月十五元宵节。

4）元宵节

元宵节又叫上元节，农历正月十五为元宵节。因为正月是农历的元月，古人称夜为"宵"，所以称正月十五为元宵节。正月十五的晚上是一年中第一个月圆之夜，也是一元复始、大地回春的夜晚，人们庆祝元宵节，也是庆贺新春的延续。

传说元宵节起源于汉代，是为纪念"平吕"而设。汉高祖刘邦驾崩后，其子刘盈登基，是为汉惠帝。汉惠帝在位期间，大权渐渐落在吕后手中。汉惠帝死后，吕后大权独揽，重用吕氏外戚。朝中老臣及刘氏宗室愤慨不已，却因惧怕吕后，敢怒不敢言。吕后死后，吕氏族人惶惶不安，深恐被清算，于是在上将军吕禄家中密谋，以彻底夺取刘氏江山。此事传至刘氏宗室齐王刘襄耳中，刘襄为保刘氏江山，决定起兵讨伐诸吕。他与开国老臣周勃、陈平取得联系，设计除了吕禄，"诸吕之乱"被彻底平定。平乱之后，众臣拥立刘邦的第二个儿子刘恒登基，称汉文帝。文帝深感太平盛世来之不易，便把平息"诸吕之乱"的日子正月十五定为与民同乐日。那一天，京城里家家户户张灯结彩，以示庆祝，这个节日便成了一个普天同庆的民间节日。

元宵节的民间习俗如下。

（1）吃元宵

中国民间有正月十五吃元宵的习俗。"元宵"在中国由来已久。元宵由糯米制成，或实心或带馅，食用时煮、煎、蒸、炸皆可。元宵是从宋代起流行于民间的一种元宵节食品。它起初叫"浮圆子"，后来又叫"汤团"或"汤圆"，取团圆之意，象征着全家和睦幸福。它以白糖、玫瑰、芝麻、豆沙、黄桂、核桃仁、果仁、枣泥等为馅，用糯米粉包成圆形，可荤可素，风味各异。现今在称谓上，南方叫它汤圆，北方叫它元宵，其用料基本一样，主要是制作方法不同。元宵的皮是滚的，先做好馅，然后把面

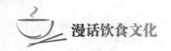

一层层粘上去；汤圆的馅是包的，先和好面，把馅包进面中，搓圆。两者口感也有些不同，元宵稍硬一些，汤汁浓稠；汤圆稍软一些，汤汁清淡。

（2）闹花灯

元宵节闹花灯是中国民间自古以来的传统习俗，包括挂灯、打灯、赏灯等。闹花灯始于西汉，兴盛于隋唐，家家张灯结彩。隋唐以后，灯火之风延续盛行，传承于后世。正月十五是一年一度闹花灯的高潮。正月十五到来之前，在居民集中地、繁华热闹区，满街挂满灯笼，处处花团锦簇、灯光摇曳，充满了节日的喜庆气氛，一直到正月十五晚上达到高潮。正月十五"观灯"是民间自发的庆祝活动，当晚，街头巷尾，各式花灯高高挂，有宫灯、兽头灯、走马灯、花卉灯、鸟禽灯等，不一而足，吸引着观灯的群众。其中，山西省太谷县的花灯声名远播，其品种繁多，制作精巧，外观引人入胜。

元宵节赏灯习俗的由来众说不一。

很久以前，各种凶禽猛兽很多，经常伤害人和家畜。人们便组织起来捕杀这些禽兽。有一只神鸟因迷路降落人间，却意外被猎人误射而死。玉皇大帝盛怒之下立刻派天兵天将于正月十五到人间放火，以彰显天威。玉皇大帝的女儿心地善良，不忍老百姓受难，就冒着触怒天威的风险驾祥云来到人间，把这个消息偷偷告诉了老百姓。众人闻言，如五雷轰顶，一时六神无主。惊慌之后，有位老人想出了一个对策，说："这样吧，我们主动放火，造成人间失火的假象。大家在正月十四、十五、十六这三天，每家都张灯结彩、燃放烟花爆竹。希望这样能瞒过玉皇大帝。"众人没有更好的对策，便分头准备去了。等到正月十五的夜晚，玉皇大帝往人间看，发现下面一片红光，伴随着噼里啪啦的响声，以为人间已陷入火海，算是泄了心头之怒，便收回了命令。人们因此保住了生命、财产。之后，为了纪念这个日子，每年正月十五，家家户户都悬挂灯笼、燃放烟花爆竹。

也有人说赏灯习俗始于东汉时期。汉明帝提倡佛教，因为佛教有正月十五日僧人观佛舍利、点灯敬佛的做法，他就把这一做法推广到皇宫，同样也在晚上点灯敬佛，并命令士族庶民都挂灯，慢慢形成了民间习俗。可以说，赏灯的习俗经历了从宫廷走向民间，从中原走向全国的发展过程。

（3）猜灯谜

猜灯谜又叫打灯谜，在中国有着悠久的历史，是中国独有的富有民族风格的传统民俗文娱活动。每逢元宵节，民间都要依传统挂起彩灯，燃放烟花爆竹，为了增加节日气氛，人们把谜语写在纸条上，贴在彩灯上，供人猜测。猜灯谜既能启迪人的智慧，又迎合了节日气氛，因而深受社会各阶层的欢迎，逐渐成为元宵节不可缺少的节目。猜灯谜活动展现了中国古代劳动人民的聪明才智和对美好生活的向往，是中国传统文化中一道极具特色的文化景观。

（4）耍龙灯

耍龙灯也称舞龙灯或龙舞。它的起源可以追溯到上古时代。据传在黄帝时期，有一种名为"清角"的大型歌舞，舞蹈中出现过由人扮演的龙头鸟身的形象，以后又编排了六条蛟龙互相穿插的大型舞蹈场面。"龙"在中国古代是吉祥的化身，代表着风调雨顺。元宵节里，人们舞起内用竹、铁结扎，外覆绸缎或布匹的彩龙取乐，表达欢快的心情，并用舞龙祈祷神龙保佑，希望新年能风调雨顺，五谷丰登。后来，经过民间艺人不断改进工艺，"耍龙灯"发展成为一种形式多样，极具表演技巧和浪漫主义色彩的民俗舞蹈艺术，深受广大群众喜爱。

（5）踩高跷

踩高跷是民间流行的一种群众性表演技艺。高跷原为中国古代百戏之一，春秋时已经出现，由于技艺比较容易掌握，慢慢在民间盛行起来。尤其在北方，一旦遇到民间节日，表演者便会在脚上绑上长木跷进行"踩高跷"表演。踩高跷入门容易，技艺提高性强，形式活泼多样，深受普通群众喜爱。踩高跷表演分为"文跷"和"武跷"，文跷注重以扮相与扭逗来活跃气氛，武跷则强调以个人技巧与绝招来展现技艺。不同地域的高跷表演，均具有鲜明的地域风格与民族色彩。

（6）舞狮子

舞狮子是中国历史悠久的民间艺术。在元宵佳节或集会庆典时，往往有舞狮表演助兴。这一习俗起源于三国时期，至南北朝时开始流行起来，迄今已有千余年的历史。"舞狮子"又称"狮子舞"，始于魏晋，盛于隋唐。其一般由三人配合完成，其中二人装扮成狮子，一人在前充当狮头和前腿，一人随后充当狮身和后腿，二人要配合默契，另一人则持彩球作引狮人。在舞法上分为文武两种风格，文舞着重表现狮子的温驯，以抖毛、打滚等动作为主；武舞着重表现狮子的凶猛，以腾跃、蹬高、滚彩球等动作为主，两种风格都极具观赏性。

（7）划旱船

划旱船又称跑旱船，就是在陆地上模仿划船的动作。表演跑旱船的大多是年轻姑娘，极具朝气又不失秀美。传说划旱船是为了纪念大禹治水。旱船并不是真船，大多用两片薄板锯成船形，再辅以竹木扎成型。蒙上彩布，套系在姑娘的腰间，姑娘就像坐于船中。表演时姑娘们手持船桨，较整齐划一地做划行的姿势，一面向前跑，一面唱些小调，亦歌亦舞。另有一男子扮成坐船的船客，作为丑角配合表演，以各种滑稽的动作来调动气氛，取悦观众。

随着时间的推移，元宵节的活动越来越多，不少地方增加了扭秧歌、打太平鼓等传统民俗表演。元宵节这个已传承两千多年的传统节日，盛行于海内外，世界各地华人聚居区都年年欢庆不衰。丰富多彩的节日活动启迪了文人的创作灵感，留下了许多传诵千古的诗篇。

1.1.2　清明节

清明节又称踏青节、三月节、祭祖节等，处于仲春与暮春交汇之际，在公历 4 月

4日或4月5日，并不固定。清明是二十四节气之一，《岁时百问》记载："万物生长此时，皆清洁而明净。故谓之清明。"清明时节，气温开始升高，雨量骤增，是春耕、植树的好时机。清明节源自上古时代的信仰与春祭，兼具自然与人文两大内涵，既是自然节气，也是民俗节日。清明节又与农历七月十五、十月初十五合称"三冥节"，三个日子都与祭祀鬼神有关，是中国民间重要的祭祖扫墓的日子。

清明是一个很重要的节气，有"清明前后，种瓜种豆""植树造林，莫过清明"等农谚，是大部分地区开始农耕的时间。清明与寒食的日子很接近，而寒食是民间禁火扫墓的日子，慢慢地，寒食节与清明节合二为一，寒食也成为清明的别称，吃寒食变成清明节的一个习俗，要求清明节当天不动烟火，吃寒食。关于寒食节，有这样一个传说。

相传春秋战国时期，晋献公的妃子骊姬为了让自己的儿子奚齐继位，设计欲谋害太子申生。申生的弟弟重耳受到牵连，只好避祸流亡，其间受尽屈辱，一班臣子大多各谋出路，仅有几人一直追随着他。几人中有位叫介子推，忠心耿耿。有一次，介子推为救饿晕了的重耳，割下自己腿上的一块肉，烤熟了给重耳吃。后来，重耳回国做了君主，大加封赏那些同甘共苦的臣子，却独独忘了介子推。经人提醒，重耳才猛然忆起旧事，心中愧疚，便亲自去请介子推。介子推不愿见他，背着老母亲躲进了绵山。重耳为了逼出介子推，便放火烧山。谁知大火烧了三天三夜，始终没见到介子推出来。等火熄灭后，重耳上山一看，介子推母子俩抱着一棵烧焦的大柳树已经被烧死了。介子推背靠的柳树洞里有一片未被火烧到的衣襟，上面是首血诗：

割肉奉君尽丹心，但愿主公常清明；柳下作鬼终不见，强似伴君作谏臣。

倘若主公心有我，忆我之时常自省；臣在九泉心无愧，勤政清明复清明。

重耳悲痛欲绝，失声痛哭。他收好血书，厚葬了介子推母子。为了纪念介子推，他又在山上建立祠堂，并把放火烧山的这一天定为"寒食节"，诏告全国，每年的这天禁忌烟火，只吃寒食。临走之时，他又伐了一段烧焦的柳木，拿回宫中做了双木屐，每天对着它叹道："悲哉足下。""足下"是古时下级对上级或同辈之间表达尊敬之意的称呼，据说这个词就是来源于此。

重耳把血书袖在身边，作为执政的座右铭，时时鞭策自己。他勤政清明，励精图治，晋国的百姓得以安居乐业。人们对有功不居、不图富贵的介子推非常怀念。每逢寒食节，大家不生火做饭，只吃事先做好的冷食，在北方，多食枣饼、麦糕等；在南方，则多为青团和糯米糖藕。

虽然在民间传说中寒食节与介子推有关，但寒食实际并非为纪念介子推，而是沿袭了上古的改火旧习。《周礼》说"仲春以木铎修火禁于国中"，表明寒食是为了春季防火。清明节在发展中不仅融合了寒食节的禁火、冷食习俗，还增加了很多风俗，如祭祖扫墓、踏青游玩等。因为清明节寒食禁火，为了防止寒食冷餐伤身，又值阳气上升之际，人们普遍在这一天进行健身活动。

清明节的民间习俗如下。

1）扫墓祭祖

清明节是中华民族最盛大隆重的传统祭祖节日。清明节承载了中华文明的祭祀文化，体现了人们尊祖敬宗的道德情怀。扫墓，即为"墓祭"，是对祖先的"思时之敬"，表达孝道与感恩之心。各地清明祭祀方式有所差异，按照习俗，人们大多在清明节上午出发扫墓。扫墓通常由两部分内容组成：一是整修坟墓，二是供奉祭品。

2）踏青

踏青也叫探春、寻春等，即春日郊游，这项习俗可以追溯到远古农耕祭祀活动的迎春习俗，对后世影响深远。据《晋书》记载，每年春回大地，万物萌动时，人们都要结伴到郊外游春赏景。据《旧唐书》记载，"大历二年二月壬午，幸昆明池踏青"。踏青风俗至唐宋尤盛。清明时节，自然界到处生机勃勃，正是郊游的大好时光，中国民间至今保持着清明踏青的习惯。

3）植树

清明前后，春雨飞洒，正是植树的大好时光。自古以来，中国就有清明植树的习惯，甚至有人把清明节叫作植树节。

4）放风筝

风筝又称纸鸢、鸢儿。放风筝是男女老幼都喜爱的活动。每逢清明时节，和风拂面，人们便徜徉在田野间放风筝。夜间，可以把串串小灯笼挂在风筝线上，风筝飞向天空时就像闪烁的明星，称为"神灯"。古时人们还有把风筝放上天后便剪断牵线的习俗，任凭清风把它们送往天涯海角。人们认为这样做能除病消灾，给自己和亲人带来好运。

5）荡秋千

秋千，起源于北方，春秋时盛行于中原地区，最早叫千秋，后来改为秋千。古时的秋千多以树枝为架，再拴上彩带做成，后来逐步改良为用两根绳索加上踏板的秋千，人们可以更舒适地体验这项活动的快乐。荡秋千不仅可以锻炼身体，还可以培养勇敢无畏的精神，特别受青少年的喜爱。

6）蹴鞠

"蹴"是踢的意思，"鞠"是一种皮球，球皮用动物皮做成，球内用毛填充。蹴鞠，就是用脚去踢皮球。相传这项运动是黄帝发明的，目的是训练武士。它是现代足球的鼻祖，2006 年，蹴鞠被列入第一批国家级非物质文化遗产名录。蹴鞠也是清明节广受人们喜爱的一种游戏。

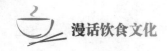

1.1.3　端午节

端午节，又名端阳节、重午节、粽子节，在农历五月初五。"端，初也"，古代"五"和"午"通用，"端五"即"初五"。端午节是中国古老的传统节日，始于春秋战国时期，至今已有 2 000 多年的历史。

关于端午节的由来，说法非常多，比如纪念介子推、屈原、伍子胥、曹娥等，还有恶月恶日的禁忌、蓄兰沐浴的风俗、纪念"走黄巢"等。由于屈原的诗作及爱国主义精神影响深远，端午节为纪念屈原一说由当时的楚地逐渐传播到全国，为社会所公认，流传至今。

节日里，中国民间有赛龙舟，食粽子、咸蛋，饮雄黄酒、菖蒲酒，挂艾草、香袋，吃蒜、挂蒜，插菖蒲等风俗活动。

据《史记》记载，屈原是春秋战国时期楚怀王的大臣。他倡导举贤用能、富国强兵，力主联齐抗秦，遭到贵族子兰等人的强烈反对。屈原遭谗言被流放。在流放中，他写下了忧国忧民的《离骚》《天问》《九歌》等，独具风格，影响深远。公元前278年，秦军攻破楚国京都。屈原眼看自己的祖国被侵略，心如刀割。他不忍舍弃自己的祖国，于农历五月初五写下绝笔《怀沙》，之后抱石投汨罗江而死，以自己的生命谱写了一曲壮丽的爱国主义悲歌。

传说屈原死后，楚国百姓异常哀痛，纷纷到汨罗江边凭吊屈原。渔夫们划起船只，在江上来回打捞他的真身。人们为了让鱼虾不要吃掉屈原的尸体，纷纷用糯米和面粉搓成各种形状的饼子，投入江心；怕饭团为蛟龙所食，又用楝树叶包饭，外缠彩丝。这种饼子后来发展成粽子。还有人把一坛雄黄酒倒进江里，说要毒晕蛟龙水兽，以免伤害屈大夫。此后，每年的五月初五，人们便以龙舟竞渡、吃粽子、喝雄黄酒的形式来纪念爱国诗人屈原。唐代文秀在《端午》诗中写道："节分端午自谁言，万古传闻为屈原。堪笑楚江空渺渺，不能洗得直臣冤。"

端午节的民间习俗如下。

1）吃粽子

粽子，又叫角黍、筒粽。一说它的前形态是从古代流传至今的餈饭团，一说它是由上古祭祀活动的社稷风俗演变而来。周代的传统风俗是用弯着犄角的大公牛祭祀，但由于大公牛是重要的生产工具，轻易不能杀，人们便逐渐以芦叶裹黍米呈牛角状来象征牛，将其作为"牺牲"来供奉，慢慢地演变成粽子。粽子的主要食材是稻米、馅料和箬叶等，做法繁多。因为各地饮食习惯以及食材有所差异，粽子形成了南北不同风味。从口味上分，粽子有咸粽和甜粽两大类，与南甜北咸的饮食习惯相反，粽子的口味是南咸北甜。粽子是中国历史上最典型的艺术特形食品，也是文化积淀很丰富的食品。端午节吃粽子的风俗，千百年来在中华大地盛行不衰，成为中华民族影响最大、覆盖面最广的民间饮食习俗之一。

2）赛龙舟

端午节赛龙舟的习俗，在战国时代就有了。龙舟因舟为龙形而得名。端午节时，人们在急鼓声中划着独木舟，竞渡游戏。相传"龙舟竞渡"的起源与屈原有关。楚国人因舍不得贤臣屈原投江死去，他们争先恐后划船追至洞庭湖，却不见屈原踪迹，于是划龙舟驱散江中之鱼，防止鱼吃掉屈原的身体。赛龙舟的目的除纪念屈原外，后又演变成祈求农业丰收，以及用龙舟送鬼、驱邪避瘟、去灾求吉、强身健体等。

3）饮雄黄酒

雄黄酒是将蒲根切细、晒干，拌少许雄黄、浸白酒，或单用雄黄浸酒制成的。端午时，人们午时饮少许雄黄酒，将余下的酒涂抹在儿童的面、额、耳、鼻，并挥洒于床间，以避虫毒。《白蛇传》故事中，白娘子饮了雄黄酒现出原形，反映了古人认为雄黄酒能避毒邪。民谚也说，"喝了雄黄酒，百病远远丢"。

4）挂艾草与菖蒲

艾草又名家艾、艾蒿，它的茎、叶都含有挥发性芳香油，其产生的独特芳香可驱蚊蝇、虫蚁，净化空气。菖蒲的叶片也含有挥发性芳香油，可以提神通窍、健骨消滞、杀虫灭菌。有关艾草可以驱邪的传说已经流传许久，宗懔的《荆楚岁时记》中记载，"鸡未鸣时，采艾似人形者，揽而取之，收以灸病，甚验。是日采艾为人形，悬于户上，可禳毒气"。五月，艾草所含艾油最多、功效最好，端午时人们争相采艾，挂在家门口，祈愿驱病、防蚊、辟邪。

5）系五色丝线

中国传统文化中，象征五方五行的五种颜色"青、红、白、黑、黄"被视为吉祥色。在端午节，人们用五色丝线搓成彩色线绳，系在小孩子的手腕、脚腕或颈项上，端午节后的第一个雨天再把五色丝线剪下来扔在雨中，寓意雨水将晦气、疾病冲走，以求去邪祟、攘灾异并带来一年的好运气。传到后世，五色丝线演化成长命缕、长命锁、香包等多种美丽饰物，做工也日益精致，成为端午节特有的民间工艺品。

端午节实际上是一个以健身强体、抗病消瘟为主题的节日。古人认为农历五月是恶月，"阴阳争，血气散"，人易得病，民间也有"天气热，五毒醒，不安宁"的谚语，因而包括饮食在内的一些习俗均与驱瘟避邪、抗病健身有关。同时，端午节也是自古相传的"卫生节"，人们在这一天洒扫庭院、挂艾枝、悬菖蒲、洒雄黄水、饮雄黄酒，激清除腐、杀菌防病，这些活动反映出中华民族的优良传统。

1.1.4 七夕节

七夕节，又称七巧节、七姐节、女儿节、乞巧节等，起始于上古，普及于西汉，鼎盛于宋代。七夕节原是拜祭七姐的节日。农历七月初七，人称"七姐诞"，因为拜祭七姐的活动在七月初七晚上举行，所以称为"七夕"。后来，七夕节演化为关于爱情的节日，是一个以"牛郎织女"的民间传说为载体，以祈福、乞巧、爱情为主题，以女性为主体的综合性节日。七夕节的主要活动有祈福许愿、祈求巧艺、祈祷姻缘、保护小孩平安等。

在晴朗的夏夜，天上繁星闪耀，每当我们看到那横贯天空的银河两岸隔河相望的两颗闪亮的星星，就会想起牛郎织女的美丽爱情故事。

传说织女星和牵牛星两情相悦，触犯了天条律令。牵牛被贬下凡尘，织女被责令不停地织云锦。织女思念牵牛，终日以泪洗面。有几个仙女见织女终日苦闷，便邀她休息时一同去人间游玩散心。

再说牵牛被贬后，落生在一户农家，取名牛郎。父母去世后，哥嫂待牛郎很是刻薄，很快与他分了家，并独占了家产，只分给他一头老牛。从此，他与老牛相依为命。

这头老牛原是天上的金牛星，因触犯天条，被罚到了人间。老牛在人间不慎受了伤，多亏善良的牛郎悉心照料，它才得以康复。老牛想报答牛郎。一天，它对牛郎说："今日会有仙女到碧莲池洗澡，你去把那件红色仙衣藏起来，穿红衣的仙女就会成为你的妻子。"牛郎便躲在池边芦苇丛里等待时机。果然，仙女们翩翩飘至，轻解衣裳，跃入清池。牛郎悄悄拿走了红色的仙衣。仙女们嬉戏结束，发现织女的衣服不见了，另外几位仙女惊慌失措地穿上自己的衣裳飞走了，只剩下织女待在水里又羞又急。此时牛郎现身，恳求织女做他的妻子。织女见站在面前的正是自己日思夜想的牵牛，便答应了他。婚后，牛郎织女十分恩爱，织女生下了一儿一女。后来老牛去世了，临死前，叮嘱牛郎留下它的皮，急难时披上。

织女和牛郎成亲的事终于被玉皇大帝闻知。玉皇大帝勃然大怒，派天兵天将抓回了织女。牛郎回家不见织女，想起了老牛的叮嘱，急忙披上牛皮，挑起两个孩子。牛皮带他们飞起，追向织女。眼看就要追上，王母娘娘拔下头上的金簪划向天空，霎时一条天河浊浪滔天，挡住了牛郎的去路。从此以后，牛郎织女只能隔河守望。后来，玉皇大帝和王母娘娘被他们的真情感动，准许他们在每年的农历七月初七相会一次。据说，每逢七月初七，人间的喜鹊都要飞上天去，在银河为牛郎织女搭上鹊桥，让他们相会。这一天夜深人静时，人们还能在葡萄架下听到牛郎织女在天上的脉脉情话。

七夕节的民间习俗如下。

1）穿针乞巧

穿针乞巧也叫赛巧，就是为女子比赛穿针，也就是比谁的女红更熟练。她们结七彩线，穿比赛专用的七孔针，谁穿得快，意味着谁乞到的巧越多。《西京杂记》记载："汉彩女常以七月七日穿七孔针于开襟楼，人具习之"，可见当时这个习俗的盛行。

2）拜织女

拜织女是少女和少妇们的事。她们大多先约好五六人，多至十来人，联合举办活动。活动举行的方式是在月光下摆一张桌子，桌子上有茶、酒、水果、五子（桂圆、红枣、榛子、花生、瓜子）等祭品，又有束上红纸的一束鲜花插在瓶子里，花前放一

个小香炉。参加的人提前斋戒一天，当日沐浴更衣，按时到主办者家中来，在案前焚香礼拜后，大家围坐在桌前，一面吃花生、毛豆等时鲜零食，一面对着织女星默念自己的心事。心事无非是少女们希望长得漂亮或嫁个如意郎君，少妇们希望夫妻恩爱、早生贵子等，祈祷自己能有称心如意的美满生活。

3）吃巧果

巧果又叫乞巧果子，款式极多，既是七夕节的传统祭品，又是人人喜爱的美点。七夕晚上，人们把巧果端到庭院，最好是放在葡萄架下，全家人围坐在一起，边拉家常边品尝巧果。巧果的做法简单易行，先将白糖放在锅中使其化为糖浆，然后和入面粉、芝麻，拌匀后摊在案上擀薄，晾凉后用刀切成长方块，再折为梭形巧果坯，入油炸至金黄即成。手巧的女子还会捏塑出各种与七夕传说有关的花样。乞巧果子这种传统食品，慢慢地演变成多种花色糕点。

七夕是中国传统节日中最具浪漫色彩的一个节日，现被认为是"中国情人节"。七夕节发源于中国，在大中华文化圈，人们都有庆祝七夕的传统。2006年5月20日，七夕节被中华人民共和国国务院列入第一批国家级非物质文化遗产名录。

1.1.5 中秋节

中秋节，又称月亮节、拜月节等。古时把四季的每个季节分为"孟""仲""季"三个时段，农历八月十五正是仲秋时节，因此，中秋节又名"仲秋节"；此夜明月高悬，又圆又亮，合家团聚赏月，寓意团圆美满，所以中秋节又称"团圆节"。

中秋节起源于上古时代，于汉代开始普及，定型于唐朝初年，盛行于宋朝以后。中秋节由传统的祭月节演变而来。人们将中秋与很多神话故事结合起来，令其颇具浪漫主义色彩。

1）中秋节的传说

关于中秋节的传说有很多。

（1）嫦娥奔月

相传远古时候有十个太阳，轮流执勤。但有时候它们会一起出来，晒得庄稼枯死，民不聊生。一个名叫后羿的英雄，力大无穷。为了拯救人类，他登上昆仑山顶，拉开神弓，射下了九个太阳，并严令最后一个太阳按时起落，为民造福。后羿因射太阳而扬名，受到人们的尊敬和爱戴，不少人慕名前来拜师学艺，心术不正的蓬蒙也混了进来。一天，后羿到昆仑求道，巧遇王母娘娘，求得了一包长生不老药，据说服下此药即刻成仙升天。然而，后羿舍不得撇下妻子嫦娥，便把长生不老药交给嫦娥珍藏。嫦娥将药收藏在百宝匣里，不料被小人蓬蒙发现了。

一天，趁着后羿率众徒外出狩猎，假装生病的蓬蒙闯入内宅后院，威逼嫦娥交出长生不老药。嫦娥知道自己不是蓬蒙的对手，便假意答应，趁其不备，当机立断将药一口吞了下去，她的身体立时飘离地面，向天上飞去。嫦娥牵挂着丈夫却无法回到人间，便落在离人间最近的月亮上成了仙。后羿回到家中得知一切，既惊又怒，抽剑去寻恶徒，蓬蒙已逃之天天。后羿悲痛欲绝，仰望夜空呼唤爱妻的名字。他惊奇地发现头上的月亮格外皎洁，淡淡的光辉中有个身影酷似嫦娥。他拼命朝月亮追去，可是无论怎样也追不到，月亮始终与他保持着相同的距离。后羿无可奈何，只好在嫦娥喜爱的后花园摆上香案，放上嫦娥平时最爱吃的蜜食鲜果，对着月亮倾诉相思之苦。人们知道嫦娥成仙的消息后，纷纷摆设香案，向善良的嫦娥祈求吉祥平安。慢慢地，中秋节拜月的风俗便在民间传开。

（2）吴刚折桂

在汉朝时有个人叫吴刚，西河人，跟随仙人修道，因为杀人触犯了天条，被太阳神贬到月宫砍树。太阳神告诉他，如果能砍倒月桂，就可成仙。不死之树月桂有五百多丈高，每次砍下去之后，被砍的地方又立即合拢。几千年来，就这样随砍随合，吴刚的差事始终未能完成，但他锲而不舍，日复一日、年复一年地砍着这棵永远不能被砍倒的桂树。

2）中秋节的民间习俗

中秋节的民间习俗如下。

（1）祭月

祭月是古人对"月神"的一种崇拜活动，起源于广东。中秋节的晚上，设大香案，摆上月饼、西瓜、苹果、红枣、葡萄等祭品，月光下，人们将月神像放在月亮的方向，红烛高燃，全家人依次拜祭月神，然后由当家主妇切开团圆月饼。因为古人有"男不拜月，女不祭灶"的说法，所以多由妇女儿童进行拜月，祈愿"貌似嫦娥，面如皓月"。祭月是中秋节重要的祭礼习俗，人们既是祭月，又是赏月，其逐渐演化为今天民间的赏月、颂月活动，同时也成为现代人渴望团聚、寄托对生活美好愿望的主要形态。

（2）吃月饼

月饼，又叫月团、丰收饼、宫饼、团圆饼等，是古代中秋祭拜月神的供品。

中秋节吃月饼的习俗相传始于元代。当时，中原广大人民不堪忍受元朝的残酷统治，纷纷起义。朱元璋联合各路反抗力量准备起义，但朝廷官兵搜查严密，传递消息十分困难。军师刘伯温便想出一个计策，命令属下把写有"八月十五夜起义"的纸条藏入饼子里，再派人分头传送到各地义军，通知他们在八月十五晚上起义。到了起义的那天，各路义军一齐响应，势如星火燎原。很快，徐达就攻下元大都，起义成功。消息传来，正值又一年的中秋佳节，朱元璋高兴，连忙传下口谕，全体将士与民同乐，并将起义时用来秘密传递消息的"月饼"作为节令糕点赏赐群臣。此后，中秋节吃月饼的习俗便在民间流传。

月饼最初是用来祭奉月神的，后来人们逐渐把中秋赏月与品尝月饼作为中秋节的活动。因为月饼象征着团圆，寓意吉祥，人们把它当作节日食品赠送亲友。到了今天，吃月饼依旧是华夏儿女过中秋节的传统习俗，尤其是不能回家的游子，在中秋节这天都要吃月饼以示"团圆"。

中秋节的习俗很多，形式也各不相同，但都寄托着人们对美好生活的无限热爱和向往。今天，人们还是会在中秋节设宴赏月，把酒问月，与远方的亲人"千里共婵娟"，庆贺美好生活或祝福远方的亲人。

1.1.6 重阳节

农历九月初九为重阳节。重阳节又称重九节、登高节、菊花节。"九"在《易经》中为阳数，"九九"为两个阳数相重，所以叫"重阳"；因日与月都逢九，故又称为"重九"。九九重阳，"九九"与"久久"同音，九在数字中又是最大数，有长久、长寿的含义，所以重阳节又叫"老人节"。

重阳节也有古老的传说：

相传东汉时，汝河有个瘟魔，只要它出现，各家就有人病倒，天天有人丧命，这一带的百姓受尽了瘟魔的折磨。

一场瘟疫夺走了恒景父母的生命，他自己也差点丧命。病愈之后，他辞别了心爱的妻子和父老乡亲，决心出去访仙学艺，为民除掉瘟魔。恒景寻遍各地的名山高士，不畏路遥艰险。在仙鹤的指引下，他终于找到了一位有着高深法力的仙长。仙长为他的精神所感动，教给他降妖剑术，还赠他一把降妖宝剑。恒景刻苦学艺，终于练就一身非凡的武艺。

这一天，仙长把恒景叫到跟前说："明天是九月初九，瘟魔又要出来作恶，你本领已成，可回去为民除害。"仙长送给恒景一包茱萸叶，一瓶菊花酒，并密授恒景避邪用法，让恒景骑着仙鹤赶回家。

在九月初九的早晨，恒景按仙长的叮嘱把乡亲们带到附近的一座山上，发给每人一片茱萸叶、一盅菊花酒，做好了降魔的准备。中午时分，随着几声怪叫，瘟魔冲出汝河。刚扑到山下，它突然闻到阵阵茱萸奇香和菊花酒的香气，便戛然止步，脸色大变。这时恒景手持降妖宝剑追下山来，几个回合就把瘟魔刺死在剑下。从此，九月初九登高避疫的风俗也就年复一年地流传下来。

重阳节的民间习俗如下。

1）登高

在古代，民间有重阳登高的习俗，这源于气候特点以及古人对山岳的崇拜。登高"辞青"与春游"踏青"相对应，都是源于大自然的节气。据文献记载，登山祈福的习俗在春秋战国时期已流行，起源于当时人们对山神的崇拜，进而发展为登高祭拜。后来人们的登高地点不再受限，可登高山、登高楼、登高台。登高取步步高升的吉祥之意，所以重阳节又叫登高节。历代文人写了很多重阳登高的诗词，杜甫的《登高》就是其中的名篇。金秋九月，天高气爽，人们登临高山、高塔远眺美好的秋天景色，心旷神怡。

2）吃重阳糕

重阳糕又称花糕、菊糕、五色糕，制无定法，较为随意。吃重阳糕最早是庆祝秋粮丰收，有喜尝新粮的用意。九月初九天明时，父母以片糕搭在儿女额头上，口中念念有词，祝愿子女百事俱高。讲究的重阳糕要做成九层，像座宝塔，上面还要做两只小羊，以符合重阳（羊）之义。有的还在重阳糕上插一小红纸旗来代替茱萸，并点蜡烛灯，取"点灯""吃糕"的"灯糕"之意，以代替"登高"。如今的重阳糕，做法更加随意，各地在重阳节吃的松软糕类都可称为重阳糕。

3）赏菊

重阳节历来就有赏菊花的风俗，所以重阳节又称菊花节。菊本是自然花卉，因其傲霜怒放而逐渐形成赏菊的菊文化。赏菊习俗源于菊文化。三国魏晋时期以来，重阳聚会饮酒、赏菊赋诗已成文人时尚，后进入寻常百姓家。在中国传统文化中，菊花象征长寿，是长寿之花，花期较长。文人赞美菊花为凌霜不屈的象征，常以菊自喻，表达自我的高洁品质，写下了许多脍炙人口的诗篇，如陶渊明的"采菊东篱下，悠然见南山"，白居易的"更待菊黄佳酿熟，与君一醉一陶然"。重阳节时，正值一年的金秋时节，菊花傲霜怒放，人们观赏菊花是节日里的一大胜景。

4）饮菊花酒

菊花因傲然绽放于深秋的独特品性，成为富有生命力的象征。菊花酒被看作重阳必饮、祛灾祈福的"吉祥酒"。菊花具有散风、清热等功效，晋代葛洪所著《抱朴子》中记载有人饮用遍生菊花的甘谷水而益寿的故事。菊花酒味道微苦，具有养生的功效。

5）插茱萸和簪菊花

插茱萸和簪菊花在唐代就已经风行。"遥知兄弟登高处，遍插茱萸少一人。"这句耳熟能详的经典诗句，反映了古代风行的"九九插茱萸"的习俗，所以重阳节又叫作茱萸节。插茱萸的本意是避瘟消灾，历代盛行。人们将茱萸或佩戴于臂，或磨碎放在香袋里佩戴，还有插在头上的。茱萸可入药、可制酒，其香味浓，具有明目、醒脑、祛火、驱虫、去湿、逐风邪的作用，并可消积食、治寒热。除插茱萸外，人们还头戴菊花。插茱萸和簪菊花的民俗源自登山驱风邪的行为，因为秋季清气上扬、浊气下沉，人们便用天然药物茱萸等来调节身体，以便更好地适应气候变化。

重阳佳节，金秋送爽，金菊盛开，丹桂飘香，庆祝重阳节的活动丰富多彩，情趣盎然。老人们在这一天或赏菊以陶冶情操，或登高以锻炼体魄，给桑榆晚景增添了无限乐趣。

1.1.7　冬至节

冬至又称日短至、冬节、亚岁、小年等，既是二十四节气之一，也是中国传统节日，兼具自然与人文两大内涵。"冬至大如年"，作为四时八节之一，冬至向来为民间所重视。冬至节时在公历12月22日或23日，农历十月间。

冬至是二十四节气中最早被制定出来的。早在春秋时代，中国人已经用土圭观测太阳定出冬至日。冬至日，北半球的白天最短夜晚最长，过了冬至，白天就会一天天变长。因此，古人认为，冬至为一年中阳气最弱的一天，此后阳气逐渐回升。冬至来临标志一年中最寒冷的日子到来，冬至过后，各地气候进入最寒冷的阶段。

冬至节的民间习俗如下。

1）吃饺子

"冬至不端饺子碗，冻掉耳朵没人管。"在中国北方许多地区，冬至有吃饺子的习俗。传说医圣张仲景告老还乡时正好赶上冬天。他见百姓冻得凄苦，便用羊肉和驱寒药材作馅，用面皮包成耳朵形状的药食，命名"驱寒娇耳汤"，施舍给百姓吃。因为张仲景是冬至这天寿终的，为了纪念他，渐渐在民间形成了冬至日吃饺子的习俗。

2）吃馄饨

过去老北京有"冬至馄饨夏至面"的说法。相传汉朝时，北方匈奴经常骚扰边疆，百姓不得安宁。当时匈奴部落中有浑氏和屯氏两个首领，十分凶残。百姓恨之入骨，于是用肉馅包成角儿，取"浑"与"屯"之音，呼作"馄饨"，食之以解恨，并祈求战乱平息，过上太平日子。馄饨最初是在冬至制成，因此冬至这天家家户户吃馄饨。

3）吃赤豆饭

在江南水乡，有冬至之夜全家欢聚吃赤豆糯米饭的习俗。相传共工氏的儿子不成才，作恶多端，死于冬至，死后变成疫鬼，继续残害百姓。但是，这个疫鬼最怕赤豆，于是，人们就在冬至这一天煮赤豆饭吃，以驱避疫鬼，防灾祛病。

4）吃羊肉汤

据说冬至吃羊肉的习俗始于汉代。相传，汉高祖刘邦在冬至这一天吃了樊哙煮的羊肉，觉得味道特别鲜美，赞不绝口，人们纷纷效仿，因而在民间形成了冬至吃羊肉的习俗。如今人们依旧在冬至这一天吃羊肉及各种滋补食品，以求身体健康，来年有一个好兆头。

总之，中国不同地域在冬至有不同的习俗，有的地区还有祭天祭祖、送寒衣、宴饮等习俗。

1.1.8　腊八节

腊八节俗称"腊八"，时为农历十二月初八，主要流行于我国北方。腊八本为佛教节日，后经历代演变，逐渐成为家喻户晓的民间传统节日。在佛教中，因为佛祖释迦牟尼成道之日是腊月初八，所以这一天是盛大节日，称为法宝节、佛成道节、成道会等。"腊八"一词源于南北朝时期，当时又称十二月初八为"腊日"。远古时期，"腊"本是一种祭礼，人们常在冬月将尽时，用猎获的禽兽举行祭祀活动，即"腊祭"。古代"猎"字与"腊"字相通，"腊祭"即"猎祭"，农历十二月也因此被称为"腊月"。

相传，释迦牟尼成道以前，苦苦修行，饿得骨瘦如柴。有一次，他饿得晕倒在地，幸得一位牧羊女用谷物和羊奶熬粥喂食，他才免于饿死，恢复了体力。食毕，他跳到河里浴身，之后在菩提树下静坐悟禅，于十二月初八得道成佛。佛门弟子为了纪念此事，就在每年的腊八施粥扬义，弘扬佛法。这一天，寺院要做佛会，熬粥供佛或施舍给穷人。在民间也有人家做"腊八粥"，或阖家聚食，或祭祀供佛，或分赠亲友。

腊八节的民间习俗如下。

1）喝腊八粥

腊八粥又称七宝五味粥、佛粥、大家饭等，是一种由多样食材熬制而成的粥。腊八节喝腊八粥的习俗来源于佛教。古时寺院过节要举行法会，因为有佛陀成道前牧女献乳糜的典故，故改用香谷和果实等素食煮粥供佛，这种粥就叫腊八粥。也有寺院在腊月初八前由僧人持钵，沿街化缘，将收集到的各种杂粮煮成腊八粥布施给穷人。人们认为吃了腊八粥可以得佛陀保佑，所以也称腊八粥为"佛粥"。时日久了，寺院的惯例传到民间，在中国北方地区形成了喝腊八粥的习俗。《本草纲目》记载，制腊八粥的红枣、白果等20余种原料皆属食疗药味，腊八粥当属药膳。冬季常食这种腊八粥，不仅能驱寒保暖，而且能养人补体，延年益寿。

2）做腊八蒜

到了腊月初八，过年的气氛与日俱增。腊八蒜就是在腊八这天泡制的蒜，过年时正好可以食用。腊八蒜的制作材料简单，就是醋和大蒜。做法也极其简单，将蒜瓣去老皮，浸入米醋中，装入小坛封严，至大年初一启封。蒜瓣湛青，如同翡翠、碧玉，辣醋酸香扑鼻而来，是吃饺子的最佳佐料，用来拌凉菜，味道独特。

3）蘸腊八醋

依照在腊月初八这天用醋泡大蒜的习俗，泡过蒜的醋就叫"腊八醋"。这醋泡过蒜，味道较醇正，而且久放不坏。腊八醋在大年初一启封，蘸着当天的素饺子吃，很是提味。

4）制腊八豆腐

在豆腐之乡安徽淮南，家家户户都要在腊月初八晒制豆腐，这种豆腐被称作"腊八豆腐"。制作方法是先用黄豆做成豆腐，并切成或圆或方的块状，抹上盐水，在上部挖一小洞，置入适量食盐，在阳光下慢慢晒制，盐分慢慢渗入豆腐块中，等水分晒干，即成腊八豆腐。成品色泽黄润如玉，入口松软，味道咸中带甜，又香又鲜。腊八豆腐平时用草绳悬挂在通风处晾着，一般可晾放三个月不变质。它即食即取，既可以单独吃，也可以用来炒肉、炖肉。

5）吃腊八面

腊八面，传统面食。陕西关中地区过腊八节一般是不喝粥的，当天早上家家户户都要吃碗腊八面。腊八面以面和各种豆类为原料，先把面做成韭叶面备用；头天晚上泡上红豆，腊八节时熬成汤，待红豆熟透，将面条下锅。同时，用熟油将葱花爆香，面煮好后将葱花油泼入锅中。

"小孩小孩你别馋，过了腊八就是年。"由此可见腊八节食品很容易勾起人的食欲。腊八节食品样式繁多，既可滋补身体，又可展现丰收成果。过腊八节意味着拉开了过年的序幕。

腊八节是中国民间重要的传统节日，历史上许多文人墨客争相咏颂腊八节，留下了许多脍炙人口的名篇佳作。南北朝的魏收作《腊节》诗，"凝寒迫清祀，有酒宴嘉平。宿心何所道，藉此慰中情"，写出了寒凝大地、数九隆冬时节，人们设宴祭神，感谢百神护佑，抒发敬神之情。南宋时陆游作《十二月八日步至西村》："腊月风和意已春，时因散策过吾邻。草烟漠漠柴门里，牛迹重重野水滨。多病所须惟药物，差科未动是闲人。今朝佛粥交相馈，更觉江村节物新。"诗的大意是，虽是隆冬腊月，但已露出风和日丽的春意。腊日里人们互赠、食用佛粥（即腊八粥），更感觉到清新的气息。

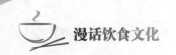
1.2　人生礼仪食俗

【学习目标】

　　1.了解中国古代人生礼仪习俗，汲取成人礼、婚礼及寿礼中蕴含的励志、担当责任、家庭和谐、孝亲敬老等优良的民族传统。

　　2.掌握人生礼仪中的食俗，借鉴传统饮食技艺，美化生活。

【导学参考】

　　1.学习形式：分组查阅资料，自学、研讨。

　　2.研讨任务。

　　（1）古代成人礼的人生寓意是什么？有什么现实意义？

　　（2）婚礼中以大雁为聘礼有什么含义？

　　（3）俗语"嫁出去的女儿泼出去的水"的真正含义是什么？

　　（4）你怎样解读王建的《试厨诗》？

　　（5）请你为父母的生日设计一桌寿宴。

　　人的一生中有一些特殊的日子和重要的年龄阶段值得庆贺纪念，届时，亲朋好友无不携礼登门祝福以表心意。中国是礼仪之邦，讲究礼尚往来。主家在举行相应仪礼之后，定要置办酒宴盛情款待来客。久而久之，这种人生礼仪中的饮食风尚便形成食俗。这些习俗代代相传，逐步完善，蕴含着中华民族的古老文明，体现了中华民族的优良传统，是中华民族的文化瑰宝。

1.2.1　诞生礼

　　男女相爱，结为夫妻。在中国传统文化中，结婚当日，新娘要吃枣、花生、桂圆、栗子，寓意早生贵子，也有地区吃南瓜、母芋头、莲子、石榴等，寓意多子多孙。妇人怀孕，还有很多饮食禁忌。如禁食兔肉，以免孩子豁唇；禁食生姜，以免孩子六指；禁食螃蟹，以免孩子性格粗暴等。胎教也受到应有的重视，要求孕妇行坐端正，多听美言，不出秽语，诵读诗书，陈以礼乐等。

　　生儿育女，添丁加口是家族大事，衍生出种种礼仪和食俗。随着婴儿呱呱坠地，为孩子祈福的诞生仪式便伴随着孩子成长。在长期的历史演变中，中国各族、各地区都形成了各自的诞生礼仪，习俗各异。

　　1）报喜

　　孩子的诞生，是整个家庭的大喜事，因此，古时婴儿一降生，家人就会到亲戚、朋友、邻家以及宗祠去报喜，报喜就成了一项礼仪活动。传统民俗中有许多报喜形式。先秦时期，生男孩叫"弄璋之喜"，生女孩叫"弄瓦之喜"。璋是美玉，是士族大夫佩带的玉，瓦是纺织机上的东西，以此表达对生男生女的美好祝愿。在湘西地区要提鸡报喜，孕妇生头胎的当天，夫家就要备上酒、肉、糖、鸡等到孕妇娘家报喜。提公鸡表示生的男孩；提母鸡表示生的女孩；提两只鸡则表示生的双胞胎。有的地区还流行送煮熟的红鸡蛋，单数为生男，双数为生女；还有的送一壶酒，生男在酒瓶中拴红绳，生女拴红绸。

除了报喜之外，自家门口还要挂出添子的标志，提示人们注意这里是产妇和新生儿的住所。《礼记·内则》上说，"生男设弧于门左，生女设帨于门右"，左为天道所尊，右为地道所尊，木工象征阳刚之气，手帕象征阴柔之德。

2）洗三

婴儿出生三天，家人采集槐树枝、艾叶等煮水，请有经验的接生婆为婴儿洗身，说吉祥祝福的话。用姜片、艾叶团擦关节，并用葱打关节三下，取聪明伶俐之意，俗称"洗三朝"。在这一天，添子之家要摆宴席，招待亲朋好友吃"喜面"、糯糟或油茶，分送红鸡蛋。届时要象征性地举行开奶、开荤仪式。有些地区，女方娘家还要在洗三日送来小孩周岁以内所需的东西。

3）满月

满月又称弥月礼，婴儿出生一个月后举行的庆礼。在民间，满月礼颇为郑重和热闹，一般女性长辈多有馈赠，大多是给小孩的礼物，有圆镜、关刀和长命锁，寓意圆镜照妖、关刀驱魔、长命锁锁命。清朝时，宫廷和民间曾有满月礼叫"添盆"，宾客盛集于满月当日，主人家取盆煮上香汤，众人撒钱于汤水中，是别具特色的馈赠礼仪。

满月时还有剃胎发的习俗，也叫"落胎发"。满月剃头有舅舅需参加的规矩，舅舅没来，需以一个蒜白作替身。一些地区要在婴儿的额顶留"聪明发"，脑后蓄"长根发"。某些习俗是把剃下来的胎发用红布包好，缝在婴儿的枕头上，或者用彩线缠好胎发，挂在婴儿的床头辟邪。

4）过百岁

婴儿出生百日时，要做百日礼，也称"过百岁""百禄"。明代沈榜的《宛署杂记》中记载，"一百日，曰婴儿百岁"。百日礼在设宴方式上与过满月基本相同，只是贺礼中会有百家衣和百家锁这种特定礼品。百家衣并不一定是用一百家人的衣服制成，而是搜集各家碎布头连缀而成；百家锁则是金或银、镀银或镀金的佩带物，上面有"长命富贵"一类的文字，并配有祥瑞图案。百家衣和百家锁都是集多家材料而成，或由多家集体赠送，祝福婴孩健康成长、长命百岁。

5）抓周

抓周也叫拈周、试周。《颜氏家训》中记载："儿生一期，为制新衣，洗浴装饰。男则用弓矢纸笔，女则用刀尺针缕，并加饮食物及珍宝服玩，置之儿前，观其任意所取，以验贪廉愚智，名之为试儿。"简而述之，就是把一堆日常物件放在小孩面前，让小孩随意抓取，以此来测试小孩将来的志趣、喜好。有记载的抓周习俗最早出现在南北朝时期。到了宋代，这种习俗已十分普及。一般来说，长辈最看中的是小孩将来的事业，比如，抓了印章，将来则官运亨通；抓了算盘，将来必成陶朱事业；抓了剪尺，将来必善持家务。抓周是周岁礼的主要内容，此时孩子已能蹒跚行走，鞋是不可或缺的贺礼，于是又有了试鞋的习俗。

综上，依汉族传统，婴儿诞生后，依次行报喜礼、洗三礼、满月礼、百日礼、周岁礼，整个过程走完，对新生命的迎接才算圆满完成。

1.2.2　成人礼

古时，少男少女达到成人年龄时，要举行象征迈向成人阶段的仪式，即成人礼。汉族自古就有成人礼仪，男女有别，成人礼分别为冠礼和笄礼。举行成人礼是要提醒成年男女：自此以后，"孺子"成为正式跨入社会的成年人，需要正视自己肩上的责任，定位好各自的社会角色。汉族成人礼延续至清军入关后。

一般男子20岁要行冠礼，称为"弱冠"。仪式地点选在宗庙中，受礼者将头发盘起来，戴上礼帽。需要穿戴的服饰很多，包括冠中、帽子、幞头、衣衫、革带、鞋靴等。整个过程被分为三道程序，分三次将不同材料、不同含义的帽子一一戴上，谓之"三加"。三加之后，还要请家族中的尊长为受礼者取字。具备了"冠而字"的男子，日后方可择偶成婚。

女子的成年礼叫笄礼，或叫加笄，女子满15岁时举行。女家请族戚中有德行的妇女给加笄者修额，用细丝线绞除面部汗毛，洗脸沐发、挽髻加簪（就是由女孩的家长替她把头发盘结起来，在盘发中插上一根簪子）；然后加笄者拜祖先和父母，聆听父母教诲。家中还要开陪嫁筵席。笄礼之后，女孩更要多学女红，进修女德。笄礼也表示女子从此结束少女时代，可以嫁人了。

我国古代的成人礼表示孩子已经长大成人，可享受成人的权利，可以结交异性，娶妻生子。这种成人礼仪能加强青年人的社会道德观念和家庭责任感，是古人教育后代的智慧之举，对当今教育有良好的启示，值得我们传承发扬。

1.2.3　婚礼

婚礼，原为"昏礼"，是汉族传统文化精粹之一，"昏"指黄昏，古人认为黄昏是吉时，宜嫁娶。所有的民族和国家都有其传统的婚礼仪式，它反映了当地的民俗文化。当然，更重要的是，结婚是一个人一生中的里程碑，因此婚礼属于生命礼仪的一种。

中国的婚礼大约始于原始社会末期。相传在伏羲时代，定婚"以俪皮为礼"，后逐渐演进，至夏商时便"亲迎于堂"，而后到周代制定了完整的"六礼"，初步奠定了中国传统婚礼的基础，历朝历代的婚制大多是在此基础上加以变化而来，各地又结合本地习俗加以融合，使各种各样的婚礼仪节更趋繁缛热烈，而又各具特色。

传统婚礼普遍分为婚前礼、正婚礼、婚后礼三个阶段。

1）婚前礼

婚前礼是在婚姻筹划、准备阶段所举行的一些仪节。

（1）三书

聘书，即定亲之书，订婚时交换；礼书，即礼物清单，纳吉时用；迎书，即迎娶新娘之书，结婚当日接新娘过门时用。

（2）六礼

先秦时，婚礼的"六礼"为纳采、问名、纳吉、纳征、请期、亲迎，后世逐渐演变出催妆、送妆、铺房等礼仪。

①纳采。纳采为六礼之首，男方属意女方时，向女家求婚，延请媒人做媒，女家同意后，收纳男家送来的订婚礼物，谓之纳采，今称"提亲"。

②问名。问名即男方探问女方的姓名及生日时辰，以卜吉兆，今称"合八字"。问名的目的是防止同姓近亲婚姻，并利用问名得来的生日时辰，占卜当事人的婚姻是否适宜。

③纳吉。纳吉即问名后若卜得吉兆，男女双方八字没有相冲，男方便遣媒婆携薄礼到女家，告知女家议婚可以继续进行。纳吉通常在婚礼前一个月举行。男家择定良辰吉日，携三牲酒礼至女家，正式奉上聘书。

④纳征。纳征即正式送聘礼，男方奉送礼金、礼饼、礼物及祭品等到女家，今称"过大礼"。送聘礼表示男子能担当家庭和社会责任。

⑤请期。请期即男家请算命先生择日，确定了娶亲吉日后，即派人告知女家，征求女家的意见，今称"择日"。古时选择的吉日多为双月双日，不喜选三、六、十一月，"三"有散音，不选六月是因为不想新人只有半世姻缘，十一月则隐含不尽之意。

⑥亲迎。亲迎是新郎亲自前去女家迎娶新娘的仪节。这是古今婚礼中最为繁缛隆重的仪节，是六礼中最核心、最隆重的内容。新郎亲自去女家迎接新娘，是表示对新娘的尊重。古时，若男女不通过亲迎之礼成亲，则被认为不合礼制，会受到世人讥讽。亲迎被看成夫妻关系是否完全确立的依据，是明媒正娶的标志。流传到后世，因各地自然环境的差异，可选花轿、喜车、彩船等迎娶新娘，新娘的结婚礼服多为绣有龙凤图案和施以彩饰的凤衣凤冠，以红、黄为主色调，另外，新娘的头上要垂下丝穗以遮面，或用红巾作盖头，也有用扇遮面的。在整个迎亲过程中前呼后拥，队伍的前面是开道的，然后执事的、掌灯的、吹鼓奏乐的依次排好，再然后才是新娘的花轿，花轿后面是亲友，一路上吹吹打打，一派热烈喜庆的气氛。

在封建社会，个人的婚姻大事取决于"父母之命，媒妁之言"，因此，婚前礼的所有仪节，从择偶直至筹备正式婚礼的一系列环节，几乎都由男女双方的家长包办，真正的婚姻当事人反而被排除在外，甚至在婚前男女双方都未曾谋面。古时男子的社会地位比女子尊贵，因此，求婚大多以男家为主动。男方家长欲定亲时，会先请媒使向女家提亲，如果女方家长接受了这门亲事，就从纳彩、问名等仪节开始办婚礼，直至

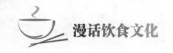

六礼完成。在整个婚礼过程中，纳彩、问名、纳吉、请期、亲迎都用大雁作聘礼，大雁有男女双方懂秩序，守规矩，长幼有序，不相逾越的意思。

2）正婚礼

婚礼进行时的一些礼仪。

（1）拜堂

拜堂是新娘过门后拜见天神地祇、男家祖先、公婆亲戚的礼节。新郎、新娘先拜天地，然后依次拜见公婆及尊长，拜时双方往往要互赠礼物。最后是夫妻交拜，礼毕，新人由亲友送入洞房。

（2）合酒

古往今来，酒筵几乎是行婚礼时必不可少的仪式。因各家条件不同，酒筵有繁有简，规模不等，其主要的意义在于新郎、新娘的婚姻得到了亲朋好友的祝福和承认，因此酒筵更具有社会意义。先秦时期，在新房中专设一席新郎、新娘的酒筵。在司仪的指挥下，新郎、新娘相对而坐，按照既定的程序简单吃过特定饭菜酒食之后，即告撤席。随后，新郎、新娘就要在亲友面前行合酒礼。合酒礼，即两个酒杯以红线相连，新郎、新娘各执一端，相对饮酒的仪式。随着时代的变迁，这一仪式的名称有所不同，饮酒的形式也不一样。

秦汉以后，在婚礼酒筵前后，又增加了撒帐、结发等仪式。当新郎将新娘迎入新房后，两人在婚床帐中对坐，随后由女宾或司仪向帐中抛撒金钱、彩果，同时说吉祥的祝语，即"撒帐"。随后，女宾或司仪将从新郎头上剪下的头发交给新娘，新娘将它和剪下的自己的头发梳结在一起，称为"结发"。这以后，新郎到外室接受亲友道贺，招呼众人享用酒筵，而新娘则仍然在帐中安坐，直到酒筵结束，新郎再度回房。

（3）闹房

在先秦时期，酒筵结束，就标志着正式婚礼仪式结束，接下来，新郎、新娘就安寝了。大约从汉代开始，婚礼逐步向娱乐方向发展，有了"听房"的做法：新婚之夜，喜爱热闹的年轻人会到新房窗外，偷听、偷窥新人言语、举止，并以此为笑乐。而后，逐渐在民间有了戏弄新娘的习俗，有人于大庭广众，用各种善意的怪问题来难为新娘，甚至对新娘施以种种恶作剧。到了现代，社会日益提倡举办新时代文明婚礼，抵制低俗的闹婚行为。为各种胡闹行为正名。

3）婚后礼

婚后礼是指婚礼后的一些礼仪。

（1）出厅

新婚的第二天清晨，新妇在沐浴后要和丈夫去见公婆及其他家人，新妇要向长辈奉茶，长辈则以礼物放在茶盘上谢贺（叫"压茶盘"），礼物多为饰物和红包。新妇还以红簪花遍赠家中女眷。

（2）回门

婚礼后的第三天，按习俗新娘通常要回娘家向亲友行回见礼，也叫回酒。一般是一大早由娘家派人来接新妇，新妇临行前，要向公婆叩头，然后与丈夫一起坐车到娘家会亲。到娘家后，夫妇要向家堂中的宗亲牌位行礼，然后再给女方父母及长辈们行叩首礼。见完礼后，女方家长便大开宴席，请新婚夫妇喝酒。饭后，丈夫独自回家，新妇则要留在娘家，一直到晚上才送回去。

在传统的婚礼中，还有一个饶有趣味的婚俗礼仪，那就是新婚三天试厨的习俗。新妇在众目睽睽之下，选用事先备好的各种食材，烹制美味佳肴孝敬公婆，展现厨艺和智慧。唐代诗人王建有诗云："三日入厨下，洗手作羹汤。未谙姑食性，先遣小姑尝。"此诗表现了古代少妇的贤德之美。

传统婚礼源于中国几千年的文化积淀，婚礼中的每一项礼仪都渗透着中国人的哲学思想，是传统文化精粹的呈现。

1.2.4 祝寿礼

祝寿礼，即以馈赠物祝福老人长寿。古时候，人的寿命短，通常从 40 岁开始行祝寿礼。现在一般在 60 岁后举行祝寿礼，也有少数人在 50 岁后就举行祝寿礼。

儿女们在父母寿辰日要给父母做寿。寿庆 50 岁为"大庆"，60 岁以上为"上寿"，两老同寿为"双寿"。民谚云，"三十、四十无人得知，五十、六十打锣通知"。又有"做七不做八"之说，80 岁寿辰多沿至下年补行祝寿礼，俗称"补寿""添寿"。有两次祝寿礼比较重要：77 岁的喜寿，88 岁的米寿。做寿的习俗各地有所不同，有的地方"贺九不贺十"；有的地方则在逢一之年举行；有的地方还因百岁嫌满，满易招损，故不贺百岁寿，百岁老人永远都是九十九。祝寿有以下习俗。

1）设寿堂

寿庆一般为庆寿人家发出请束，布置寿堂。堂前正中挂金色"寿"字或挂"百寿图"，两边挂贺联如"福如东海大，寿比南山高"。寿辰前一天晚上，红烛高照，寿翁焚香拜告天地祖先后，端坐上座，受幼辈叩拜礼，俗称"拜寿"。寿诞日清晨，鸣放鞭炮，亲友登门祝贺，俗称"拜生日"。至时，寿翁回避，堂上虚设空座，贺客向虚座行礼，儿孙侍立一旁答礼。

2）吃寿面

寿日讲究吃面条。面条绵长，寓意延年益寿。寿面一般长 1 m，每束须百根以上，盘成塔形，罩以红绿镂纸拉花，作为寿礼敬献寿星，必备双份，祝寿时置于寿案之上。寿宴中，必以捞面为主。

3）吃寿桃

寿桃之说，起源很早。相传王母娘娘做寿，在瑶池设蟠桃会招待群仙。结果蟠桃叫齐天大圣给偷吃了，王母娘娘大怒，把齐天大圣贬在五指山下。从此，人们祝寿都用桃。庆寿之家用面粉蒸制寿桃，必须用红色将桃嘴染红，寿越高，桃越大，寿桃四周饰以祥云等祝寿图案和吉语等。庆寿时，寿桃陈于寿案上，九桃相叠为一盘，三盘并列。

祝寿时，寿宴的菜肴多多益善，取多福多寿之兆，还要喝寿酒。寿宴过后，寿翁

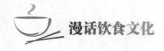

本人或由儿孙作代表，向年高辈尊的亲族贺客登门致谢，俗称"回拜"。富有人家还会在寿宴当晚请戏班坐棚唱戏，大多唱喜庆戏文，如《打金枝》《五女拜寿》等。

　　人们通常将长寿置于美满人生的首位，"福寿双全"是人们追求的美满幸福人生。人们常用"福如东海，寿比南山"等吉祥的话语来祝老人长寿，通过祝寿的形式聊表子孙的孝敬之心，形成了独具特色的寿诞食俗和饮食文化。无论康乾盛世的千叟宴，还是民间百姓普通的家庭祝寿宴，都体现了中华民族敬老、爱老的传统美德。

一、知识问答

　　1. 我国有哪些重要的传统节日？

　　_____。

　　2. 古代过年时的饮食习俗往往都有吉祥喜庆的寓意，北方吃饺子取_____之意，南方吃年糕取_____之意。菜肴中要有酒有鱼，寓意为_____，年夜饭还要有吃有剩，寓意为_____。此外，一些人家还要吃鱼丸、虾丸、肉丸，取_____之意，即_____、_____、_____。

　　3. 元宵与汤圆的区别，主要是制作方法、口感和食用的地域不同。元宵是_____的，口感上稍_____，汤汁_____，在_____叫元宵。汤圆是_____的，口感稍_____，汤汁_____，在_____叫汤圆。

　　4. 现在_____被称为"中国情人节"。

　　5. 最早的"腊八粥"是由_____种食材熬制而成，其象征_____。

　　6. 下面这些节日食俗是纪念哪些历史人物或传说人物的？
年糕_____，粽子_____，寒食节吃冷食_____，巧果_____，饺子_____。

　　7. 婚礼在人的一生中属于"划时代"的礼仪。我国古代为婚礼制定了"六礼"，即_____、_____、_____、_____、_____、_____。

　　8. 我国古代男子到20岁要行"_____"，女子15岁要行"_____"，即成年礼。

　　9. "三日入厨下，洗手作羹汤。未谙姑食性，先遣小姑尝。"唐代诗人王建的这首诗写的是古代婚礼中哪个习俗礼仪？_____。

　　10. 古代用大雁作聘礼，大雁有男女双方_____、_____、_____的含义。

　　11. 代表中华敬老美德的历史名筵是康乾盛世的_____。

二、思考练习

1. 比较中国传统节日的特色食俗，说说我们应怎样借鉴和发展。

2. 将本章学习与课后查找资料相结合，整理古代的养生药酒。

3. 下面的诗句写了哪些传统节日? 表现了怎样的食俗?

爆竹声中一岁除，春风送暖入屠苏。

千门万户曈曈日，总把新桃换旧符。

东风夜放花千树，更吹落，星如雨。

宝马雕车香满路。

凤箫声动，玉壶光转，一夜鱼龙舞。

蛾儿雪柳黄金缕，笑语盈盈暗香去。

众里寻他千百度，蓦然回首，那人却在，灯火阑珊处。

中庭地白树栖鸦，冷露无声湿桂花。

今夜月明人尽望，不知秋思落谁家。

独在异乡为异客，每逢佳节倍思亲。

遥知兄弟登高处，遍插茱萸少一人。

故人具鸡黍，邀我至田家。

绿树村边合，青山郭外斜。

开轩面场圃，把酒话桑麻。

待到重阳日，还来就菊花。

三、实践活动

七夕是中国的"情人节"，请你设计一款乞巧节的糕点，把它用传统文化加以包装，并向大家推广你的作品。

第2章
妙趣横生的名宴名食与名家食味

　　本章我们将带领大家走进一个精彩的饮食文化天地。在这里每一席名宴都是千年饮食精华的荟萃，每一道名肴名点都包含着美丽动人的故事，每一位名家都有一段传奇的食味人生。

　　在学习中，希望大家能积累那些美食中承载的感人故事，用心揣摩那些美食的制作方法，从中寻找创新的灵感，从中感悟人生的真谛。

2.1 千秋历史，万古饮宴

【学习目标】

1. 了解筵席的由来和蕴含在名宴中的历史文化。
2. 掌握中国筵席的特点和五大历史名宴，讲述名宴故事。
3. 根据中国筵席的特点，借鉴饮宴中的文化内涵创意菜肴。

【导学参考】

1. 小组自主学习，合作创办一期电子板报或手抄报，介绍古代筵席的由来、特征，介绍五大历史名宴的相关知识、传说故事、学习心得，并派代表向全班展示交流。

2. 查阅其他历史名宴的资料、图片，并选取一则作展示介绍。如敬老礼贤的"千叟宴"，明哲保身的"韩熙载夜宴"，暗藏玄机的阴谋之宴"鸿门宴"，奢靡亡国的"酒池肉林"，以智慧化干戈的"杯酒释兵权"等历史名宴或其相关故事。

3. 以"承传在历史名宴中的礼仪文化"为主题作总结汇报。

2.1.1 筵席的由来及其特征

1）筵席的由来

上古时期没有桌椅，人们席地而坐，出于礼仪和卫生的考虑，先民便用竹草编织席子垫在地上就座。其中用蒲苇等粗料编织的谓之"筵"，铺于底；用细料编织的谓之"席"，铺于筵上。总的来说，筵与席的区别在于：筵下席上，筵长席短，筵粗席细。古时的富庶之家通常筵席同设以表示富有和对客人的尊重、礼敬。所以说，"筵席"实际上就是古代的坐具。筵席有大小之别，大的可坐三人，小的仅坐一人。古时人们坐在筵席之上就几案而食。

"几"是一种矮小的案子。根据材质分为玉几、雕几、彤几、漆几、素几等。古人在席前设几，摆放酒食肴馔。奴隶社会和封建社会等级森严，不可僭越，宴饮时要严格地按等级来铺设几和席，如天子之席五重，设玉几，诸侯之席三重，设雕几……

大家熟知的"举案齐眉"的故事中的"案"，在古时是用来端放食物的，为长方形的托盘，案下有足，搁放地上，一案只能放一鼎。因此，古人吃饭，就是"跪"坐在"筵""席"之上，面对案几而食。于是，"筵席"一词逐渐由宴饮的坐具引申为整桌酒菜的代称，人们便用"筵席"通称所有的酒席，也叫"宴会""筵宴""筵席"等。

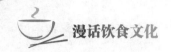

2）中国筵席的特征

中国筵席的名目繁多，形式多样，突出表现为以下三大特征。

（1）酒为席魂，菜为酒设

俗语说，无酒不成欢。酒是中国筵席的灵魂。宴会上，人们把酒言欢，其乐融融。宾客点菜之后，厨师依据宾客意愿烹制菜肴，围绕酒来巧妙设计上菜程序。先以清爽适口的凉菜开席劝酒，再以热菜暖胃佐酒，继之以丰盛精美的大菜把酒席的气氛推向高潮，之后便用甜食和蔬菜解酒，用汤菜和果茶醒酒，用主食压酒，用蜜脯化酒。席间推杯换盏，觥筹交错，无不以酒为主。席上菜多、主食少，有助于解酒醒酒，既避免了酒醉伤身，有失礼仪，又使宾客尽享美味，快乐畅饮。美中不足的是，从现代营养学的角度来看，主食偏少不利于均衡膳食。筵席中"强劝酒，一醉方休"的陈规陋习，也是传统筵席应该改进的方面。

（2）讲究座位安排，处处以礼酬宾

中国是礼仪之邦，有着悠久的饮食礼仪，中国筵席以礼酬宾的风尚世代沿袭传承，礼仪贯穿了筵席的始终。如宴前要发请柬邀约，并安排车马迎接宾客。宾客到时，主人要在门前恭候迎接、寒暄致意；将宾客引领入室后，要敬烟献茶，安排专人陪侍。宾主入席时，要互相谦让上座，布菜敬酒"请"字当先。宴罢退席时，主人要反复酬谢，还要恭送宾客至大门外，以示尊敬和挽留之意。

古语说，"无礼不成席"，中国传统礼仪讲究长幼有序，体现在古代餐桌文化上就是座位安排有尊卑之别，主从之分。传统筵席的座位排次礼仪考究，筵席设于堂和设于室，其位次有所不同。古代的堂一般是不住人的，通常是行吉凶大礼的地方。如果筵席设于堂，座位的尊卑顺序为：南面（座在北而面朝南）、西面（座在东而面朝西）、东面（座在西而面朝东）、北面（座在南而面朝北）。古代的室一般是长方形，东西长而南北窄。因此，如果筵席设于室内，座位最尊的是东向（座在西而面朝东），其次是南向（座在北而面朝南），再次是北向（座在南而面朝北），最卑是西向（座在东而面朝西）。现代筵席一般是远离门口面对门的座位为上座，靠近门口背对门的座位为下座。上述礼仪是筵席的基本礼仪，关于筵席礼仪的细则和其中的故事传说可参考本书第3章"承传文明古风的食制食礼"，这里不再赘述。

敬酒之礼也是筵席上最为重要的礼节之一。客人入席后，主人率先起身敬酒，客人要起身回敬。主人还要殷勤让菜，且有"鸡不献头，鸭不献掌、鱼不献脊"的习俗。客人食毕，要请客人到客厅吃茶小坐，寒暄告别。总之，中国筵席礼仪周全、亲和温馨，展现了中华民族待客以礼的传统美德。

（3）品种繁多，搭配讲究，出菜有序

筵席的菜肴品种繁多，口味各异，咸鲜苦辣甜酸香，百菜百味；冷盘热菜、汤羹炙烤、甜点饭食、果脯蜜饯，各种菜式应有尽有；注意冷热、荤素、咸甜、浓淡、酥软、干湿的调和搭配。上菜顺序别有讲究，一般先冷后热、先咸后甜、先酒菜后饭菜，最后是汤菜。味美质优的菜先上席，大菜间隔上席，鲜、辣、甜味菜肴后上席，这样，筵席的节奏疏密有致，气氛跌宕起伏，显示出筵席内容丰富、有层次。其上菜节奏和谐，菜品色彩纷呈、味道醇厚、赏心悦目。

2.1.2 林林总总的历代名宴

1）冠盖古今的"满汉全席"

民间对"满汉全席"起因的说法有很多种，从史料来看，"满汉全席"实则是满汉饮食文化日益融合的见证。

清朝刚入关夺取天下时，满族贵族仍旧沿袭席地而坐、解刀进食的旧习，不懂得精烹细作，不讲究菜肴的组合布局。后来，满汉杂居，满族官员在与汉族官员的交往中，尝到了汉族的各种美味佳肴，尤其是汉族在宴饮美食间呈现的丰厚的文化底蕴，使他们赞叹不已。汉人筵席装饰或豪华或雅致，席面布局精巧，进菜有序、搭配有方，礼仪周到隆重，引起了他们的极大兴趣。他们纷纷仿效汉人的筵席程式，引进汉族厨师，融合满汉饮食特点。正是满汉两族生活文化互相渗透融合，才形成了内容丰富的"满汉全席"。

"满汉全席"最初主要是由满点、汉菜组成。满点又称"满洲饽饽席"，汉族人称"满洲筵席"。一桌席面上以点心为主，菜肴品种很少，烹调方式也很简单。汉菜品目丰富，烹调精细考究。两者加在一起，合称"满汉席"，在清朝，达官显宦、豪绅巨贾互比阔气，饮食争逐，沿袭成风。由于这种筵席涉及多方面的配合，因此加了一个"全"字，名曰"满汉全席"。

满汉全席的特点：筵席规模大，进餐程序复杂，用料珍贵，菜点丰富，料理方法兼取满汉，南北风味兼有。

满汉全席菜点品类繁多，又受到其他筵席的影响。当时有号称一百零八品的全羊席和全鳝席，这种形式影响了满汉全席的形制，后来的满汉全席也有了一百零八道菜的名目，甚至曾多达300余品菜点，有中国古代筵席之最的美誉，可谓中华传统美食的巅峰之作。

"旧时王谢堂前燕，飞入寻常百姓家。"这种宫廷筵席，可谓山珍海味，水陆杂陈，古时民间难以问津。

后来，随着饮食市场的发展，满汉全席由官场步入市肆，多地陆续出现满汉全席。源于官场的满汉全席，进入市肆后得到新的发展，不过，各地的满汉全席虽有相似的格局，却没有通用的菜单。

满汉全席的规模宏大，排场壮观，极为奢华。现代饮宴虽不倡导奢华之风，但满汉全席菜肴丰盛，礼仪讲究，荟萃经典，冠盖古今，堪称"中华第一席"，是值得餐饮人士潜心研究的饮食文化之瑰宝，我们从中可以领略到中华饮食文化的博大精深。

2）堪比皇宫御膳的"孔府宴"

我国著名的文化古城山东曲阜的孔府被誉为"天下第一家"。过去，它是孔子后裔的府第，兼具家族和官府职能。

从明清到近代，历代"袭封衍圣公"官列文臣之首，权势十分显赫。孔府既举办过各种民间家宴，又宴迎过皇帝、钦差大臣，各种筵席无所不包。孔府宴的礼节周全、程式严谨，是古代筵席的典范，集中国筵席之大成。

孔府宴的文化底蕴深厚，典故丰富，可以说席上美食款款有寓意，道道有故事，集中展示了福、寿、喜等传统餐饮文化内涵，那一道道浸润心脾的美食，把论语典籍、孔府轶事融会其中，滋养着食者的身心，让其他宴席难以望其项背。几乎每道孔府菜都有典故。

（1）八仙过海闹罗汉

孔府名菜"八仙过海闹罗汉"是受神话传说的启发创作出来的，是一品集多种名贵食材于一体的海碗汤菜。菜品以鱼翅、海参、鲍鱼、鱼骨、鱼肚、虾、芦笋、火腿共八种鲜味比喻"八仙"，集多珍于一肴，聚红、白、黄、绿、黑多色于一菜，鲜艳夺目，豪华气派，一向有"此菜只应天上有，人间能得几回尝"之誉。

"八仙过海闹罗汉"的制作方法是将鸡脯肉剁成泥，在碗底做成罗汉钱状，称为"罗汉"；制成后将其放在圆瓷罐的中间，上面撒火腿片、姜片及氽好的青菜叶，然后将喻为"八仙"的八种食材围绕"罗汉"摆成八方，最后将烧开的鸡汤浇上即成。

这道菜被尊为孔府喜宴的头道大菜。此菜上席，才能开锣唱戏，盛宴开始。大戏开唱，宾主在品尝美味的同时听戏，热闹非凡。

（2）怀抱鲤

孔子的儿子鲤少年夭折，孔子极其悲痛，茶饭不香，日夜思念儿子。膳食供者见状，决定做一道菜，既可表现孔子对儿子的深情，又能有效地宣泄孔子的伤情。供者思来想去，烹制了一道寓意深厚的鱼菜敬献孔子。

"怀抱鲤"造型别致，在一只南瓜雕成的渔船中，分隔摆放着两只烧好的鲤鱼，一大一小，小鱼面向大鱼之怀，其情可亲，其状可爱。孔子忙问："此为何菜?"供者答："'怀抱鲤'，大鲤鱼抱小鲤鱼也。"孔子叹然，肃穆地接受了这番情义。从此，这道菜成了孔府的传统菜。孔子死后，其墓葬仿照"怀抱鲤"的格局，让儿子的墓葬在孔子自己的墓的前面，表现"抱子携孙"的寓意。

（3）阳关三叠

"阳关三叠"本是为唐代诗人王维的千古绝唱《送元二使安西》谱写的曲子。诗中写道："渭城朝雨浥轻尘，客舍青青柳色新。劝君更尽一杯酒，西出阳关无故人。"这是一首送别诗，表达了诗人对朋友的真

挚的友谊和依依惜别之情。孔府名菜"阳关三叠"借此曲而得名，又名"三色鸡塔"。此菜外焦里嫩，鲜香适口，色泽鲜亮。"阳关三叠"精选虾肉、鱼肉、鸡肉，配以海苔形成红、白、绿三色夹层，从侧面看好似三条彩线，寓意孔子的君子三戒："少年戒之色，中年戒之斗，老年戒之贪。"

（4）诗礼银杏

孔子曾教育他的儿子孔鲤："不学诗无以言，不学礼无以立。"意思就是：不学诗就不会说话，不学礼就不懂得立身行事。

孔子的后代自称是诗礼世家。为了纪念祖先教诲激励后人读书明礼，五十三代衍圣公孔治建造诗礼堂，堂前种植的两棵银杏树，郁郁葱葱，枝叶繁茂，果实硕大丰满。孔府乃诗书礼仪之家，重视树木如同树人。在收获银杏的日子里，孔府会邀客会友，欢聚宴饮。孔府宴中的银杏，即取此树之果，故名"诗礼银杏"，这道菜是孔府宴中特有的传统菜。

（5）带子上朝

清光绪年间，七十六代衍圣公随母亲彭氏专程进京为慈禧太后祝寿。他们随行带了孔府的当家厨师，打算进献一桌"孔府宴"为慈禧太后贺寿。席间一道罕见的菜肴热气腾腾，红中带紫，晶莹剔透。慈禧太后举箸品尝，只觉酥软香甜，入口即化，别有一番风味。她赞不绝口，便探问菜名，陪席的彭氏回禀道："百子肉。"慈禧太后觉得名字不雅，便为其赐名"带子上朝"，寓意辈辈为官，代代上朝。

（6）一卵孵双凤

孔府传人孔令贻在世的时候，已经是清朝，按例孔府应该给朝廷献贡菜。因为是贡菜，所以款款美食必须寓意吉祥。但这一次，他有些为难。难的是贡菜如何让两宫皇太后都喜欢。当时，东宫太后慈安和西宫太后慈禧都是得罪不得的，弄不好，会有杀身之祸。孔令贻想了半天，最后想出一道菜，那就是"一卵孵双凤"。此菜寓意巧妙，"一卵"暗喻清帝，"双凤"示意两宫，三方都摆得合体，堪称创举。所谓"一卵孵双凤"，是以西瓜喻大卵，内"孵"两只雏鸡谓之双凤，寓意典雅，夏令时宜。

（7）通天鱼翅

"通天鱼翅"是山东名菜，出自孔府。传说此菜是因乾隆嫁女而产生的。此女是圣贤皇后所生，备受宠爱。这位公主脸上有块黑痣，据相术家说这块黑痣主灾，破解的唯一办法是公主下嫁给比王公贵族更显达的人家。经过再三研究，乾隆发现只有衍圣公是最为显达的特权之人，皇帝到曲阜都得向孔圣人行三跪九叩大礼。乾隆第一次来曲阜就说定了这门亲事。

由于当时规定满汉不能通婚，为了避开公规，乾隆就将女儿寄养到中堂于敏中家，由于敏中出面和孔家订婚，公主以于家闺女的身份与七十二代衍圣公孔宪培结婚。完婚后，乾隆对孔家恩宠倍加，多次带皇后来曲阜，孔家以大礼相迎。其间，孔府举办宴会时有命名为"通天鱼翅"的大菜上席。公主死后,七十三代衍圣公孔庆镕为公主建专祠幕恩堂,兼以感谢皇恩。

（8）孔门豆腐

说起"孔门豆腐",有一段民间故事,一个关于创新的启示。

从前,孔府附近有一个姓韩的豆腐户,祖祖辈辈给孔府制豆腐。韩家两兄弟分居过日子,每天各自给孔府送一块豆腐。这一年遇上三伏连阴天,豆腐没卖出去,韩老二就把它切块放在箅子上晾晒,烧火时不小心把箅子烧着了,上面的豆腐有的烧糊了,有的熏黄了。韩老二舍不得把豆腐全部扔掉,就把熏黄的豆腐放在盐水里煮了煮,一吃觉得味道不寻常,就送给衍圣公尝尝,衍圣公也觉得味道很特别,又让厨师在煮豆腐时放了桂皮、花椒、辣椒粉等,那豆腐的风味更加别致了。有一年乾隆来到曲阜,孔府摆了豆腐宴招待乾隆,其中就有一道熏豆腐。没料想乾隆对熏豆腐大加赞赏,还把韩老二带进了京城。熏豆腐便成了曲阜的特色风味名小吃。

创意只在有心人,孔门豆腐的传说是中华烹饪史上又一个"美丽的误会"。

总而言之,孔府宴的礼仪周全、典故层出,菜名典雅得趣,文化底蕴浓郁厚重。其美味、故事和思想完美融合,将中华民族喜庆祥和、福寿、仪礼的文化内涵发挥到了极致。

孔府菜历时数千年,以孔子思想及其历史地位为依托,不断发展完善,雅俗兼备,独具一格,是中国菜的典型代表,是中国饮食文化的象征,是世界饮食文化的瑰宝。

3）"全聚德"百年炉火烤制享誉中外的"全鸭宴"

"全席"就是用同一种主料烹制各种菜肴组成的筵席,是中国特色筵席之一。全国闻名的"全席"有:天津全羊席、上海全鸡席、无锡全鳝席、四川豆腐席、西安饺子席、佛教全素席等。

全鸭宴,首创于北京"全聚德"烤鸭店。"全聚德"烤鸭店原来以经营挂炉烤鸭为主,随着业务的发展,厨师们以从鸭身上取下的鸭的舌、脑、心、肝、胗、胰、肠、脯、翅、掌、血等为主料,加上山珍海味,精心烹制出风味不同的菜肴组成筵席。全席一共有100多种冷热鸭菜,故名"全鸭宴"。

全聚德烤鸭选取用填喂方法育肥的特种纯白北京填鸭为原料——这种北京填鸭是优质的肉食鸭,再经过一套近乎完美的精湛技术烤制而成。它外形美观,丰盈饱满,色泽鲜艳,吃起来皮脆肉嫩,鲜美酥香,肥而不腻。将美味的面酱涂于饼皮上,再放入鸭肉片和大葱,用手卷成筒状,美美地享用,真是一件快意的事。它给来京观光的天下游客的旅程锦上添花。人们说:"不到长城非好汉,不吃全聚德烤鸭真遗憾。"

北京"全聚德"的创始人杨全仁,当年从河北冀县一个贫穷山区来到京都创业。起初他在北京前门外肉市街买卖鸡鸭。他做生意用心揣摩,灵活经营,生意越做越红火。他平日省吃俭用,几年下来便有丰厚的积蓄。杨全仁每天上班路经一间名叫"德聚全"

的干果铺。这间铺子生意不景气，最后濒临倒闭。精明的杨全仁抓住机会，盘下了这间店铺。

有一位风水先生围着店铺前前后后转了两圈，禁不住夸赞说："这是一块风水宝地。店铺两边的两条小胡同就像两根轿杆儿，将来盖起一座楼房，便如同一顶八抬大轿，前程不可限量！不过……"风水先生将头一摇又说，"以前这间店铺太倒运了，晦气太重。除非将旧字号'德聚全'倒过来，称为'全聚德'，才能冲其霉运，一帆风顺。"

"全聚德"这个名字既合杨全仁名字中的"全"字，又表明了他仁厚重德的经营理念，正合他的心意，杨全仁眉开眼笑，当即定下名号。接着，他又请来书法家钱子龙题写匾额。闪光的"全聚德"金匾苍劲有力，浑厚醒目，为小店增色添辉。

"全聚德"的生意蒸蒸日上。精明能干的杨全仁到处查访名师，千方百计与负责制作宫廷御膳挂炉烤鸭的孙师傅交朋友，重金礼聘他到"全聚德"。有了精熟清宫挂炉烤鸭技术的孙师傅，"全聚德"如虎添翼，烤出的鸭子外形美观、丰盈饱满、色呈枣红、皮脆肉嫩、鲜美酥香，肥而不腻、瘦而不柴，全聚德烤鸭赢得了"京师美馔，莫妙于鸭"的美誉。

一炉百年的薪火，铸就了"全聚德"，讲述着古老的故事，记录着几代人的艰辛与成就。"仁德至上"的企业精神传承着中华民族千年不朽的仁义谦恭、诚信为本、德以兴业的经营理念。现在，"全聚德"已经形成了集团化经营的发展格局，"全聚德"商标驰名海内外。

4）飞黄腾达的"烧尾宴"

"烧尾宴"专指因士子登科或官位升迁而举行的宴会，盛行于唐代，是中国欢庆宴的典型代表，其宴席的规模与奢华程度，堪与"满汉全席"相媲美。

（1）"烧尾"的含义

为什么庆贺金榜题名和官员升迁的宴会要叫烧尾宴呢？民间说法不一。一种说法是野兽变成人时，只有尾巴变不了，只好烧掉自己的尾巴。一个人突然从卑微的地位跻身到显达的地位，如同老虎变人一般，尾巴尚在，自身那些旧有的东西不能一下子蜕变，所以这个人需要把尾巴烧掉，才能完成华丽的转变。第二种说法是新羊初入羊群，会受到羊群的排斥而不得安宁，只有用火烧了新羊的尾巴，新羊才能被接受，才能与群羊和睦相处，安定下来。一个人从平民晋升到士大夫阶层，一时必然难以适应新的环境，所以要像新羊一样"烧"掉"尾巴"，才能被士大夫阶层接纳，融入全新的生活环境。第三种说法是鲤鱼跃龙门，必有天火把鲤鱼的尾巴烧掉才能变成龙。总而言之，烧尾是取"神龙烧尾，直上青云"之意，都是升迁、更新的寓意，故称庆贺金榜题名和官员升迁的宴会为"烧尾宴"。

（2）"鲤鱼跃龙门"的传说

很早以前，龙门还未凿开，伊河水被龙门山阻挡，就在山南积聚了一个大湖。居住在黄河里的鲤鱼听说龙门风光好，都想去观光。它们从孟津出发，千里迢迢来到龙门北山脚下，但高高的龙门山挡住了它们的去路。它们聚集在这里七嘴八舌议论纷纷，不知如何是好。一条大红鲤鱼提议跳过龙门山，但众多的同伴都惧怕摔死。大红鲤鱼便自告奋勇替大家试跳。只见它像离弦的箭，纵身一跃，一下子跳到半空，带动着空中的云和雨往前走，一团天火从身后追来，烧掉了它的尾巴。它忍着剧痛，继续朝前飞跃，终于越过龙门山，落到山南的湖水中，一眨眼它竟变成了一条巨龙。

山北的鲤鱼只见到大红鲤鱼被烧尾的情景，吓得缩成一团，不敢再去冒险。这时，忽见天上降下一条巨龙说："不要怕，我就是你们的伙伴大红鲤鱼，因为我跳过了龙门，就变成了龙，你们也要勇敢地跳呀！"鲤鱼们受到鼓舞，开始一个个跳龙门山。可是除了个别的鲤鱼跳过去化为龙以外，大多数鲤鱼都摔了下来，额头上还落了一个黑疤。直到今天，这个黑疤都是黄河鲤鱼的标志。

后来人们以"鲤鱼跃龙门"来比喻中举、升官等飞黄腾达之事，也比喻逆流前进，奋发向上。鲤鱼跃龙门是吉祥的象征，寓意着可以出人头地，飞黄腾达。

（3）李白题诗

唐朝大诗人李白专为"鲤鱼跃龙门"这件事写了一首诗："黄河三尺鲤，本在孟津居。点额不成龙，归来伴凡鱼。"

唐朝社会安定，经济繁荣，文化发达，举国富强。国都长安更有"冠盖满京华"之称，这为饮食行业的发展繁荣创造了良好的条件。烧尾宴正是盛唐时期丰富的饮食资源和高超的烹调技术的集中展现，是盛唐文化的一朵奇葩。烧尾宴汇集了前代烹饪艺术的精华，同时给后世很大的影响，起到了继往开来的作用。

（4）菜肴"鲤鱼跃龙门"

①主料、辅料。

活鲤鱼1条约750 g，白萝卜1个，绍酒15 g，香菜10 g，盐5 g，鸡蛋皮1张，味精1 g，鸡汤1 500 g，发菜5 g，粉丝15 g，鸡爪4个。

②烹制方法。

A. 用白萝卜雕刻4个龙头；将粉丝扎成大拇指粗、13.2 cm长的龙骨，下油锅炸至膨胀再取出，用鸡蛋皮缠紧，作为龙身；龙的鳞甲用香菜叶摆成，龙爪用鸡爪代替，取两个白萝卜墩，上面插上竹签备用。

B. 将鸡汤（加绍酒、盐）放在汤锅内烧沸，加味精出锅，倒入专用的鱼锅内，上桌后点燃鱼锅架下的酒精。

C. 将活鲤鱼捞出，快速从背部开刀，顺鱼脊骨直剥，另一刀从鱼皮下直剥，取出两块鲜鱼肉，切成蝴蝶花刀片，再装回鱼身原处，将鱼头、尾部各插在竹签上，放在两条龙的中间，摆成鲤鱼跃龙门的姿势，即时上桌。

D. 快速用筷子剥出活鱼皮下的鲜鱼片，放入已烧沸的鸡汤锅内，盖上锅盖。等锅开时，用勺给每位食客盛一小碗鲜汤和鱼片，然后将鱼骨架和两条龙全部撤去，除去萝卜墩和竹签，随即刮净鱼鳞，掏出内脏，洗净血污，将鱼架仍放入原盘中。与此同时，在鱼锅内加鸡汤，点燃酒精将汤烧沸，将鱼架、龙身全部放入鱼锅，盖上锅盖，烧开后，再次盛汤，让食客饱尝烧尾风味。

③风味特点。

本菜工艺性强，形象逼真，鲤鱼在条盘中间昂首腾起，跃跃欲试，似跳龙门之势，又有两条金龙腾云驾雾，气势非凡。此菜汤鲜肉嫩，味道醇正，食法特别，体现了"烧尾宴"之风范。

5）风流雅致的"文会宴"

古代民间有农历三月上巳节到水上沐浴，以除灾祈福的习俗。这其实也是一种游春活动。文人雅士在这一天登临山水、会友联谊。

东晋永和九年的春天，王羲之邀请了41位亲朋好友，这其中有当时的书法家、诗人及其他名士，在风景秀丽的兰亭举行野外盛会。兰亭深处崇山峻岭，茂林修竹，清流环绕。他们列在溪水两旁，借"曲水"设宴，以流觞行令。42位名士列坐在蜿蜒曲折、清澈湍急的溪水两旁，任盛满酒的酒杯在水上漂流，停在谁面前就由谁饮酒赋诗，吟不出诗者要罚酒。这就是饮食文化史上被传为佳话的"曲水流觞"。当天他们共写诗37首，合编为《兰亭集》。王羲之带着醉意，即席挥毫，乘兴书写了《兰亭集序》。据说，他在几天后再写字近百次，但都比不上当天即兴完成的作品。

《兰亭集序》被誉为中国书法史上最伟大的作品，王羲之开创了介于草书与楷书间的行书，创造了书法发展中一种新的书写形式和字体，被后人誉为"天下第一行书"。习书法者必习此帖，王羲之精妙绝伦的书写，滋养了一代又一代书法家。真迹由于为李世民陪葬而失传，但唐代以来留下了多种摹版供后人临摹。而王羲之所作的《兰亭集序》，从内容上来说，更是一篇脍炙人口的优美散文。

兰亭文会是古代著名的雅士之宴、文酒之宴，历来被文人雅士追捧、效仿。

文会宴是中国古代文人进行文学创作和相互交流的重要形式之一。其形式自由活泼，内容丰富多彩，追求雅致的环境和情趣。一般多选在气候宜人的地方举办文会宴，席间珍肴美酒，赋诗唱和，莺歌燕舞。历史上许多著名的文学和艺术作品都是在文会宴上创作出来的。

千秋历史，万古饮宴。历史上的酒宴林林总总，除以上介绍的五大名宴之外，历史上还有许多不同名目的酒宴。一席酒宴就是一部历史，就是一幅风俗画，值得我们去寻根探究。

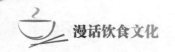

2.2 名食典故，妙趣横生

【学习目标】
  1. 能讲述本节载入的十大美食故事，丰富饮食文化知识。
  2. 能借鉴经典烹饪技术，学习制作一道美食佳肴，提高厨艺。
  3. 搜集美食典故和名家食味故事，养成坚持积累的学习习惯。

【导学参考】
  1. 组织一次故事会，各组选两名同学借助多媒体、图片或实物讲述美食故事。
  2. 借鉴经典美食技术，每人制作一道菜肴展示品尝，或拍成照片，相互交流体会。
  3. 拓展学习：每人搜集 3～5 个经典菜肴或名家食味故事，全班整理汇编。

中国菜源远流长，众多风味佳馔深受食者喜爱与推崇，许多脍炙人口的名食典故流传至今。一段段历史故事、一则则人物逸事、一个个佳话传说，为流芳千古的美食增添了文化的芳香与浪漫。在这里，我们借尺寸篇幅介绍几道美食故事，以飨读者。

2.2.1 食疗养生的"曹操鸡"

"曹操鸡"是安徽合肥的传统名菜，始创于三国时期。

三国时期，合肥地处吴国和魏国交界，具有重要的军事战略地位，为兵家必争之地。建安十三年，曹操统一北方后，欲一统天下，便率80万大军麾师南下攻打吴国，周瑜率领孙刘联军迎敌抗战，大败曹军，这就是历史上著名的"赤壁之战"。相传曹军南下行至庐州（今安徽合肥）时，曹操因军务繁忙，操劳过度，头痛发作，茶饭不思，寝食难安。随军厨师遵照医嘱，选用当地的仔鸡配以中药、好酒，精心烹制成药膳鸡。曹操食后十分喜爱，食欲大振，连吃数次后，头痛渐愈，身体很快康复。从此以后，曹操经常吃这种药膳鸡来保健身体，"曹操鸡"的声名便不胫而走，流传至今。

此菜选用当地仔鸡，经宰杀整型、涂蜜油炸后，再配料卤煮入味，直焖至酥烂，肉骨脱离。成品色泽红润，香气浓郁，皮脆油亮，骨酥肉烂，滋味特美，食后余香满口。这道菜营养丰富，具有食疗健体的功效，深受人们赞赏，可谓闻名遐迩。

2.2.2 道法自然的"叫花鸡"

"叫化鸡"是江苏常熟地区的传统名菜，至今已有500多年的历史，极富传奇色彩。

相传很早以前，有个乞丐四处流浪。这天，他沿街乞讨游荡到了常熟县的一个村庄，不经意间得到了一只鸡。他正饥饿难耐，恨不得马上把鸡煮了吃，可是身边没有任何炊具，怎么办呢？他不管三七二十一就把鸡杀了，也不清洗、煺毛，只用从池塘边拾来的荷叶把鸡包裹起来，外面涂上泥，架起火胡乱地烧烤起来。烧好后，他砸开泥巴，没想到一股浓浓的香味扑鼻而来。这鸡没用任何调味料，味道却异常鲜美，从此"叫花鸡"就在江湖上横空出世。后来，这种吃法流传到社会上，又经过许多厨师的加工改良，叫花鸡的制作工艺日臻完善，成了常熟的名菜。

后来人们才知道，这个流浪汉就是当今的乾隆皇帝。这"叫花鸡"也因为皇上的金口而成了"富贵鸡"。

叫花鸡类似周代"八珍"之一的"炮豚"，采用泥烤技法制作。后来这种泥烤技法经酒楼厨师们不断改进，制作时多选用优良的肉鸡，在鸡腹中填满佐料，用西湖荷叶包好，并在煨烤的泥巴中加上绍酒。做熟的叫花鸡异香扑鼻，鲜嫩酥烂，原汁原味，腹藏配料，味极鲜美。

2.2.3 充满智慧的"醉鸡"

在浙江农村，每到春节，几乎家家户户的席上都有醉鸡。这醉鸡酒香扑鼻，鲜嫩可口，食后回味无穷，是人们饮酒佐餐的佳品。

相传在浙江一个叫五夫的村庄里，住着弟兄三人，父母双亡。三兄弟互敬互爱，过着和睦的日子。后来，三兄弟陆续结了婚。老大、老二娶的都是富人家的姑娘，她们仗势骄纵。老三娶了个穷人家的姑娘，她虽无嫁妆，可是心灵手巧，十分能干。她总是默默地操持家务，事事都打理得井井有条。大哥、二哥看在眼里，有心让她当家理财，但又担心自己的媳妇倚仗娘家的钱势不服管理。三位兄弟冥思苦想，想出一个万全之法：让三人以鸡为原料比赛烹饪水平。规则是每人一只鸡，不加油，不配其他菜，三天内同时出菜，谁胜谁当家。

三天后，三兄弟围桌而坐，等待品尝美食。只见大媳妇兴冲冲地端上一锅清炖鸡，食之汤鲜而肉柴。二媳妇端上一盘白切鸡，食之爽口，嚼之有味，但略嫌清淡。三兄弟吃后没有吭声。

轮到三媳妇，只见她不慌不忙地端上一个大盖碗，揭开碗盖，一股诱人的清香溢满房间，使人食欲大振。三位兄弟急忙举箸品尝，只觉得鸡肉又鲜又嫩，食后满口生香。两位嫂子也忍不住夹起一块鸡肉放在嘴里品味，顿觉酒香扑鼻，别有一番风味。大家一致称赞三媳妇的鸡做得好，两位嫂子心悦诚服。从此，三媳妇便名正言顺地当家理财，全家人一起过着和和美美的生活。

醉鸡的做法说来也很简单。先将鸡宰杀洗净，去内脏，烧半锅水，放入适量的葱、姜，水开后，把鸡放入锅内煮到鸡肉离骨后捞出，在鸡身内外薄薄地抹一层盐。鸡晾凉后，斩成小块，码入干净的盆中，再倒入黄酒，黄酒要没过鸡块。将盆盖严，腌两天即可。因是用酒醉出来的，故名"醉鸡"。这醉鸡酒香扑鼻，滋味美妙无比，凝聚了智慧，体现了勤劳之美。直到今天，浙江人吃醉鸡时，还会想起那位勤劳能干

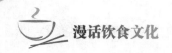

的三媳妇。

2.2.4　丁少保的当家菜"宫保鸡丁"

川菜中的"宫保鸡丁"名冠中华,家喻户晓。宫保鸡丁是用鲜嫩鸡丁和花生米爆炒而成,味美香浓,肉质嫩脆,油而不腻,辣而不猛,是下酒佐饭的佳品。

"宫保鸡丁"是以清代官员丁宝桢的官衔命名的。丁宝桢因守边御敌有功而被封为"太子少保"。在清代,"少保"又称"宫保",所以人们就称他为"丁宫保"。

丁宝桢是清代贵州平远人,为官清廉,心系百姓。任山东巡抚期间,他治理黄河水患、加强海防,为民造福。

身居山东,思乡心切的丁宝桢尤为想念家乡菜酱辣子鸡丁。他命家厨用山东特产的豆酱做这道菜,使菜肴甜辣融合,口味特别,入口难忘。

光绪二年,丁宝桢因政绩显著被擢升为四川总督。在他入川任职后,家厨尝试用四川特产辣酱来做这道酱辣子鸡丁,再加白糖调味,并用整条红色的朝天椒炼制辣油,使得这道菜香辣咸鲜,口味美妙无比,凡是有幸来丁府赴宴的宾朋都赞不绝口。大家口口相传,这道丁家的当家菜从家宴餐桌传入民间,被众多酒馆争相仿制,成为风靡蜀中的名菜,名为"宫保鸡丁"。

后来,宫保鸡丁的烹制方法传入民间,被众多菜馆争相仿制,并加以发展和提高。宫保鸡丁逐步成为名菜,风靡蜀中各地。清朝末年,宫保鸡丁随川菜走向全国。

宫保鸡丁随着丁宝桢走出贵州,远涉山东,又入住四川,所以它的"身世"一向为这三地所尊崇。宫保鸡丁有鲁、川、贵三种口味,以川味制法最为出名。

2.2.5　西湖第一珍馐"西湖醋鱼"

"西湖醋鱼"也叫"宋嫂鱼",是杭州菜的看家菜。它选用体态适中的草鱼,用清水氽熟,装盘后淋上糖醋芡汁而成。成菜色泽红亮,肉质鲜嫩,酸甜可口,略带蟹味,享有"西湖第一珍馐"之誉。

西湖醋鱼相传出自"叔嫂传珍"的故事。

相传南宋时期有宋氏兄弟颇有学问。因不满官场贪婪欺诈、巧取豪夺的黑暗风气,他们不愿出仕为官,因而隐居西湖边,以捕鱼为生。宋家嫂嫂贤淑能干、年轻貌美,被当地恶霸赵某相中。他屡次调戏宋嫂,都被宋嫂严词拒绝。不料赵某心有不甘,竟设下奸计,害死宋兄,企图强行霸占宋嫂。宋嫂抵死反抗,宋家叔嫂一起到官府击鼓鸣冤,没想到赵某用钱买通了知府。官府与恶人勾结,不仅没有为他们伸张正义,还将叔嫂二人一顿毒打,赶出府衙。

宋弟为避恶棍报复,外逃他乡。临行前,宋嫂特意烧了一碗鱼,加糖加醋,对宋弟说:"这菜有酸有甜,望你出头之日,勿忘今日辛酸。"宋弟牢记宋嫂的心意而去。

后来,宋弟取得了功名回到杭州,惩办了横行乡里的恶棍,报了杀兄之仇。可宋嫂一直下落不明。

有一次，宋弟赴宴，在席间吃了一道鱼菜，味道正是他离家时宋嫂烧的那样。他连忙追问鱼菜的由来。经询问，这鱼果真是宋嫂的杰作。原来从他走后，宋嫂为了避免恶棍纠缠，隐姓埋名，躲入官家做厨工。叔嫂二人始得团聚，宋弟辞官回家，叔嫂重新过起捕鱼为生的渔家生活。

后人仿宋嫂烹鱼之法制成西湖醋鱼，从此，这道美味随"叔嫂传珍"的美名，历久不衰地流传下来，成为杭州名馔。

西湖醋鱼以杭州楼外楼菜馆烹制的最负盛名，慕名前往品尝者甚众。

2.2.6　康熙赐名的"八宝豆腐羹"

八宝豆腐羹是江南名菜，康熙赐名。它的做法是将虾仁、鸡肉、火腿、香蕈、蘑菇、莼菜、松子、香葱等配料切成小丁儿，与特制的嫩豆腐片一起入鸡汤烹制而成。此菜色泽艳丽，汤鲜味浓，鲜嫩滑润，异香扑鼻。

据史料记载，康熙第一次南巡时，寄住在苏州织造府衙。这可忙坏了主管织造府的曹寅。他四处收罗山珍海味，请当地名厨烹制各种珍馐美味，无奈康熙旅途劳顿，茶饭不香，吃什么都味同嚼蜡。曹寅急得如热锅上的蚂蚁。后来他重金聘请了苏州"得月楼"当家名厨张东官，要求张东官做出清淡鲜爽，又具有江南风味的苏式菜。临危受命的张东官不负重托，绞尽脑汁，倾毕生所学，创制了八道色香味美的佳肴。康熙胃口大开，并对其中一道豆腐羹钟爱有加，为其赐名"八宝豆腐羹"。

回京时，康熙把张东官带回皇宫，让他做了宫廷御厨，赏他五品顶戴。康熙十分珍爱这道八宝豆腐羹，百吃不厌，后来，还把它作为宫廷珍品赏赐给告老还乡的大臣，以示对其一生工作的奖赏。八宝豆腐羹便随着回乡官员的脚步传到四面八方。

2.2.7　深情别意的"霸王别姬"

"楚汉之争"时，刘邦从鸿门宴机智脱身之后，养精蓄锐，势力一天天壮大，最后联合各路诸侯反抗项羽，在垓下对项羽形成包围之势。垓下一战，四面楚歌声中，项王慷慨悲歌，项羽的爱妃虞姬盛装舞而和之，歌曰："汉兵已略地，四方楚歌声，大王意气尽，贱妾何聊生。"嘱托项羽如若兵败，可退守江东后，虞姬自刎而死。项羽率精锐突围，但仍被逼困乌江，最后终因无颜见江东父老而自刎身亡。项羽与虞姬最后的诀别歌，成了传唱千古的凄美爱情绝响。

"霸王别姬"的故事，反映的是虞姬和项羽感天动地的爱情。楚霸王英雄末路，虞姬自刎殉情，这悲情一瞬，定格在中国文学的字里行间，定格在中国戏曲的舞台上，成为中国古典爱情中最经典、最荡气回肠的灿烂传奇。

"霸王别姬"这道菜是徐州名馔，原名"龙凤烩"。相传项羽定都彭城（今江苏省徐州市）举行庆典时，虞姬亲自设计了龙凤宴。龙凤烩是龙凤宴上的大菜。其料用乌龟与雄，寓意龙凤相会，现以鳖、鸡替代。近年，此菜风靡大江南北，成为喜庆宴上

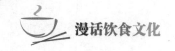

不可缺少的大菜。

现在各地做"霸王别姬"的用料、制法各有演绎。这道菜汤汁清澄，味鲜而醇厚，鸡、鳖肉质鲜嫩酥烂，营养丰富，为筵席肴馔中的上品，有滋养肺阴、温煦肾阳之功效。

2.2.8 吉祥幸福的"全家福"

"全家福"是一道非常有特色的传统名菜。它用料十分齐全。天上飞的、地上跑的、水里游的无所不包，可谓"海陆空三军"列阵表演。"全家福"色香味俱全，营养丰富。它的名字寓意吉祥喜庆，深受人们欢迎，逢年过节、婚庆聚会，人们都喜欢用一道"全家福"来表达阖家团圆、生活幸福美满的美好愿望。

说起"全家福"的由来，还有一段悲欢离合的故事呢。

史料记载，秦始皇统一天下后，为了稳固统治，罢黜百家，焚书坑儒。当时有个儒生正好外出，躲过此劫。虽是庆幸，但他因此流落他乡，不敢回家。

转眼中秋节到了，父母思儿心切，无心过节。主人无心操办，厨子也就马虎了事，泡上两个海参，杀一只鸡，买一斤猪肉，胡乱烧在一起。正当两位老人孤闷忧虑，不思茶饭的时候，儿子从天而降。二老喜出望外，吩咐家人重新摆桌加菜。匆忙间，厨子来不及买菜，就把剩下的海参、鸡脯和猪肉加上各种调料精心烹制，烩成满满一大碗。一家人高高兴兴吃了一顿团圆饭，越吃越觉得有味道。平素咬文嚼字的儒生就问厨子这道菜的名字，厨子为主人一家人能团圆而高兴祝福，也为讨主人欢心，脱口而出"全家福"。

2.2.9 鲜香麻辣的"鱼香肉丝"

"鱼香肉丝"是一道四川名菜。它色泽红亮、肉丝滑嫩，味道酸甜咸鲜，醇香浓郁，是居家饮食中、喜庆宴上颇受人们欢迎的佳肴。

相传很久以前，四川有一位商人，他家境殷实，素日锦衣玉食。全家人都喜欢吃鱼菜，烧鱼时十分讲究调味，家中常备各种各样的调料。有一天做晚餐时，商人的妻子烧好了一道鱼菜，结果剩下好多调配料。刚好接下来要炒一盘肉菜，妻子不舍得浪费烧鱼剩下的调配料，就用这些调配料来炒肉丝。做好后，妻子又怕味道不好影响家人食欲，受家人埋怨。正在她不知所措之际，商人回来了，看到烧好的肉菜红亮艳丽、秀色诱人，就毫不谦让地吃起来。他边吃边啧啧称赞，还迫不及待地问妻子："这么好吃，用什么做的？"看到丈夫这么喜欢吃，妻子一颗忐忑不安的心落了地，满心欢喜地把事情的来龙去脉告诉了丈夫。这道菜误用了烧鱼的调配料来制作，才这样别具风味，这真是一个美丽的误会。

后来这道菜经过四川人若干年的改进，形成系列鱼香菜肴，现已列入四川菜谱。如鱼香猪肝、鱼香肉丝、鱼香茄子和鱼香三丝等鱼香菜肴正以独特的风味风靡全国。

2.2.10　香飘四邻，佛闻弃禅的"佛跳墙"

"佛跳墙"原名"坛烧八宝""福寿全"，是福建的名菜。这道菜松软脆嫩，汤浓而鲜美，香味浓重却不腻，味中有味，回味无穷。

关于这道菜的来历，众说不一，有一种说法是其与古代"试厨"的婚俗有关。在古代的婚俗礼仪中，有新婚三日新娘试厨的习俗：众目睽睽之下，新娘亲手烹制一桌美味佳肴，孝敬公婆，宴请亲友邻里，展示厨艺。相传有位富贵人家的大小姐，父母视为掌上明珠。她从小娇生惯养，根本不会做饭，出嫁前为试厨这件事发愁，整日焦虑不安。母亲看在眼里，疼在心上，想方设法帮助女儿解决燃眉之急。母亲把家里的山珍海味都拿出来，将每道菜的用料都配好，并用荷叶装成小包，反复叮嘱女儿每道菜的烹制方法。

试厨的前一天晚上，这位新娘悄悄进了厨房，想好好准备一下明天的菜肴，可是慌乱中她忘记了母亲教的烹调方法，只得把已经包好的各种原料一一取出。原料堆满了桌，她却无从下手。正在她不知所措的时候，又听到公婆路过厨房。新娘怕公婆进来看到责怪，连忙将所有的原料倒进一个绍酒坛子里，顺手用包原料的荷叶将坛口盖住，并把酒坛放到快灭火的灶上。幸好公婆没有进厨房来，想到明天要试厨，新娘怕自己无法应付，就悄悄回了娘家。

第二天，宾客都到了，却找不到新娘。公婆来到厨房，发现灶上有个酒坛，还是热的。掀开坛盖，浓香四溢，宾客们闻到香味连连称赞，这就是最原始的"坛烧八宝"。

后来，这道菜改名"福寿全"，以精妙绝伦的美味和吉祥如意的名字获得八方文人墨客的青睐。一天，几个秀才慕名到当时知名的"聚春园"酒楼品尝这道闻名遐迩的名菜。当"福寿全"的酒坛端上桌时，秀才们闻香陶醉，拍案叫绝。有一个秀才即兴赋诗道："坛启荤香飘四邻，佛闻弃禅跳墙来。"这是用夸张的手法形容菜的香味诱人，连佛都会动心，由此这道菜更名为"佛跳墙"，在福州话里，"福寿全"与"佛跳墙"的发音非常相近。

制作方法：取海参、鲍鱼、干贝、猪蹄筋、鱼翅、鱼唇、鱼肚、火腿肉、鸡、鸭、鸽蛋及冬笋、肉骨汤、绍酒、酱油、冰糖、姜、八角等作料，以荷叶密封于酒坛中，然后烧木炭，文火煨制而成。

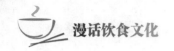

2.3　名家食味，浸润经典

古人云，"君子远庖厨。"其实若你翻看那些名人名家的饮食人生故事，你会觉得这句话毫无来由，古代中国的大家名士不但不远庖厨，而且深谙此道，津津乐道。他们以自己的食味人生来表现自己的高尚情操、美好的生活志趣、崇尚自由的人生观，以及治国安邦的政治理想。这里介绍其中几个著名的、很有影响力的名家食味故事，从他们丰富多彩的饮食生活中，我们或许能找到一些人生启迪。

2.3.1　烹饪三圣

1）品德高洁、养生长寿的彭祖

彭祖是上古传说中的人物，原名钱铿，又称彭铿，或篯（jiǎn）铿，是颛顼帝的玄孙，其父陆终，其母女嬇。他自幼喜欢清静，不求名利，把修身养性看成头等大事，虽修行得道，却不张扬。君王听说他品德高洁，多次请他出山为官，都被他婉言谢绝。君王也常赏给他一些珍宝玩物，他都悉数收下，但立刻就用来救济穷人，自己丝毫不留。作为修炼人的彭祖，潜心修行，淡泊名利，戒绝美色，常内省己过，使内心保持安然洁净的状态，终成正果。

他精通滋补方术，常服用"水桂云母粉""麋角散"等丹方，以"导引行气术"和"龟息法"养生健体，所以他的面容总像少年那样年轻。他常不带路费、口粮，出行几十天，却毫发无损，安然无恙。据晋朝葛洪《神仙传》载，他常吃桂芝，善养气。舜的时候，他师从尹寿子，学得真道，遂隐居武夷山。传说彭祖活了 800 岁，被后人视为长寿的象征。彭祖成仙后，人们把他的论述记录下来，整理成《彭祖经》。彭祖

"积精全神""顺乎自然"的养生思想及养生之道是道家宝贵的财富。

传说尧时期，中原地区洪水泛滥。尧率众治水，长期心怀部众安危，积劳成疾，卧床不起。危急关头，彭祖根据自己的养生之道，做了一道野鸡汤进献尧。数日滴水不进的尧远远闻到野鸡汤的香味，竟然翻身跃起，一饮而尽，次日容光焕发。此后尧每日必食此鸡汤，虽日理万机，却百病不生。尧在位 70 年，终于 118 岁仙寿，其秘密尽在这借用了茶籽养生功效的野鸡汤中。彭祖因进雉羹于尧，受到尧的赏识，封于彭城，所以后世称他为"彭祖"。

彭祖是厨师行业的鼻祖，《中国烹饪史略》中称他"是我国第一位著名的职业厨师"。现在，每年农历六月十五，苏、鲁、豫、皖等地的厨师都要到彭祖祠上香拜，并摆摊献艺。

2）"治大国若烹小鲜"的伊尹

伊尹名挚，又名阿衡，"尹"是他的官职，夏末商初人，后为商朝宰相。他辅佐了商朝三代君王，为商王朝延续 500 多年的统治奠定了坚实的基础。他活了 100 多岁，成为中国历史上第一个贤能相国圣人，史称"元圣人"。他出身庖人，在烹饪技术理论上立论精辟，又有治国的政治才能，被后世尊为"烹饪之圣"。

（1）伊尹生空桑

伊尹的出身卑微而传奇。传说他的父亲是个家用奴隶厨师，擅长屠宰和烹调。母亲居于伊水岸边，是个采桑养蚕的奴隶，一生乐施行美。生他之前，母亲曾梦见神人告知："臼出水而东走，毋顾。"第二天，她果然发现臼内水如泉涌。这个善良的采桑女赶紧通告四邻要发洪水了，赶紧向东逃奔，但当日晴空万里，无人相信她的话，甚至有人说她疯了。东逃途中仍惦记乡邻的她回头看时，家乡已是一片汪洋，毫无生机。因为她违背了神人的告诫道破天机，所以身子就在她伤心难过之际化为空桑，伊尹便诞生于空桑之中。幸亏有莘氏采桑女发现空桑中有一婴儿啼哭，便带回献给有莘王，有莘王命家用奴隶厨师抚养他。

伊尹自幼聪颖，勤学上进，虽身为奴隶，却喜欢研究尧舜之道。他学识渊博，又子承父业，有娴熟的烹调技术，身兼奴隶主贵族的厨师和贵族子弟"师仆"的双重职务。他深谙历代明君施政之道，以治国安邦的贤才而远近闻名。求贤若渴的商汤三番五次以玉、帛、马、皮为礼前往有莘国聘请他。有莘王拒不答应，商汤只好娶有莘王的女儿为妃，伊尹便以陪嫁奴隶的身份来到商汤身边。

（2）伊尹说汤

夏朝末年，桀王暴虐无道，百姓怨声载道。伊尹心忧天下，胸怀匡扶国家、拯救黎民百姓的政治理想。他发现商汤能担当灭夏大任，便决定辅佐于他。他背负鼎俎为汤烹炊，以烹调五味为引子，分析天下大势与为政之道。商汤发现伊尹有经天纬地之才，便免其奴隶身份，命为右相，伊尹成为最高执政大臣。伊尹为商王朝立下了汗马功劳，死后受到隆重祭祀，不仅与商汤同祭，还单独享祀。后来老子的评价"治大国若烹小鲜"，说的就是伊尹。

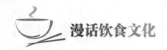

（3）伊尹的烹调理论

五味调和的学问，全在于甘、酸、苦、辛、咸五味的巧妙配合。投放调料的先后次序和用量的多少都是有讲究的，剂量的差异是很微小的。鼎中的变化，微妙深奥，难以用语言表达。这就如同阴阳变化生万物，以及四时推移变化的规律一样。高明的庖厨，虽然自己心中有数，却难以将道理说清楚。作为一个庖厨，精通烹调之道，才能使烹制出的美味菜肴达到滋味久而不败，熟而不烂，甜而不过头，酸而不强烈，咸而不苦涩，辣而不刺激，清淡而不寡味，肥而不腻口的境界。

伊尹的烹饪理论是中国最早的有关烹饪的至理名言。他创立的"五味调和说"与"火候论"，从古到今一直是烹饪人所遵循的不变之规。他教民五味调和，创中华割烹之术，开后世饮食之先河，在中国烹饪文化史上占有重要地位，被中国烹饪界尊为"烹调之圣""烹饪始祖"和"厨圣"。现今全国烹饪技能大赛的奖杯就名为"伊尹杯"。

（4）伊尹发明汤药

相传伊尹擅长用草药治病，药到病除，人称活神仙。有资料记载，中药汤剂的创始人就是伊尹。

伊尹出身下层，有着不屈的性格。在为百姓治病的过程中，他尝遍百草，中毒无数次，得出草药生食不如煮熟的经验，他借鉴餐饮的养生之道，将草药混合煎成药水，创造了草药汤液。他还把医食同源的理念引入养生之道，认为食物与药物之间有密不可分的关系，主张在日常饮食中进行食补养生。

3）亦邪亦正的易牙

（1）易牙烹子

春秋时期，齐国有一个为齐桓公烹饪的庖厨易牙。他厨艺高超，却人品低下，声名狼藉。

久居宫中的齐桓公，什么山珍海味都吃腻了。有一次他半开玩笑地对易牙说："我就是蒸婴儿的肉没有吃过了。"易牙为了满足齐桓公的欲望，就将自己三岁的儿子蒸了献给齐桓公。齐桓公因在午膳中吃到一盘鲜嫩无比、从未吃过的肉菜，便询问易牙："此系何肉？"易牙哭着说："乃臣子之肉，献于大王尝鲜。"齐桓公得知吃的是易牙儿子的肉时，心里很不舒服，却被易牙杀子为自己食的行为所感动，认为易牙爱他胜过亲生骨肉，是忠耿之臣，于是易牙成为齐桓公的宠臣。后来大臣管仲病危，齐桓公前去探望，并问管仲："君将何以教我？"管仲曰："君勿近易牙和竖刁。"齐桓公说："易牙烹子飨我，还不能信任吗？"管仲说："人无爱其子，焉能爱君？"齐桓公不信其言。管仲死后，不久齐桓公病危，易牙果然拥立齐桓公的宠妾长卫姬的儿子作乱，闭塞宫门，把齐桓公活活饿死在病榻上。

（2）易牙淄渑（zī miǎn）

有灵敏的味觉对于厨师来说是十分重要的，易牙对味道有惊人的鉴别力。在今天的山东省境内有淄水和渑水两条河，相传这两条河水的味道各不相同，混合在一起就难以分辨，而易牙却能清晰地辨识淄水和渑水的不同味道。

传说当时曾有人问孔子："把不同的水加到一起，味道如何？"孔子说："淄渑之合者，易牙尝而知之。"可见当时易牙超级敏感的味觉连孔子都倍加推崇。

易牙不但是一个善于调和口味的名厨，还是中国第一个开私人饭馆的人。他的厨艺高超，被后人尊为厨师的祖师。易牙能通过时水、咸（盐）、火的调和使用，做出酸咸合宜、美味适口的饭菜。

易牙在人格上十分卑劣，管仲死后，易牙与竖刁饿死齐桓公，拥立公子无亏，使齐国发生内乱。太子昭逃亡到宋国，后来宋襄公率诸侯兵送太子昭伐齐，齐人杀死了无亏，立太子昭为齐孝公。易牙也逃到了当时的彭城，在那里开了中国历史上第一个私人饭馆，最后操烹饪业至终。传说易牙的调味技术就是向彭祖学的。在彭城曾流传这样一首诗，"雍巫善味祖彭铿，三坊求师古彭城。九会诸侯任司庖，八盘五簋宴王公"，盛赞易牙求师彭祖的行为和他辉煌的烹饪成就。

（3）杰出的厨艺

易牙虽然人品不好，道德败坏，但其厨艺确实天下无双，连亚圣孟子都曾夸赞："至于味，天下期于易牙。"他对我国最早的地方菜——以味鲜咸、脆嫩为特色的鲁菜的形成，做出了杰出的贡献。

①创制"鱼腹藏羊"。北方水产以鲤鱼为最鲜，肉以羊肉为最鲜，"鱼腹藏羊"两鲜并用，互相搭配，成菜色泽光润，外酥里嫩，味道极其鲜美。这道鲜美无比的"鱼腹藏羊"正是易牙创制的。而由"鱼""羊"二字组合成的"鲜"字也因此菜而诞生。

用料：鲜鲤鱼 700 g，净羊肉 200 g，香菇 50 g，冬笋 30 g，黄瓜 20 g，红辣椒 15 g，盐、酱油各 10 g，料酒 25 g，醋、糖各 20 g。

做法：将洗净的鲤鱼整鱼剔骨后加调料稍微腌制；将羊肉、冬笋、香菇等切成米粒状，加调料放入锅中煸炒后填入鱼腹中；将鱼用猪网油裹好后放置于烤炉内烤熟；将红辣椒、黄瓜切成细丝，摆放在烤好的鱼腹上即可。

②首创"五味鸡"。易牙把烹饪和医疗结合起来，创造了食物疗养菜，成为人类文明史上的创举。有一次长卫姬生病，易牙以食疗菜进献长卫姬，长卫姬食后病愈，易牙因此深受长卫姬赏识。如今易牙食疗菜在徐州广为流传。

③发明"易牙十三香"。易牙还是调和香辛料的大师，是将混合香辛料用于烹调的开创性人物。他发明的"易牙十三香"对中国的餐饮事业有着重大意义。

易牙虽因"杀子以适君"并参与发动政变而被后人唾弃，但后人对他的厨艺十分推崇。明代，韩奕曾编写了一部饮食专著，书名就托称为《易牙遗意》；周履靖也曾托易牙之名撰写了烹饪著作《续易牙遗意》。中国台湾高雄市每年都要在农历六月廿八易牙生日当天，在易牙庙举行隆重的祭祀大典，并举办易牙美食节。易牙作为厨艺的化身，已深深融入中华民族源远流长的饮食文化中。

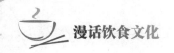

2.3.2 千古风流的苏东坡

　　苏轼（1037—1101），字子瞻，号东坡居士，世称苏东坡，北宋著名文学家。苏轼为唐宋八大家之一，与其父苏洵、弟苏辙都是著名的散文家，并称"三苏"。其文纵横恣肆；其诗题材广阔、清新豪健，独具风格；其词创豪放一派，与辛弃疾并称"苏辛"。苏轼不但在文学上有很高的造诣，书法与绘画也独步一时。他在烹调艺术上也身手不凡，是古今难得的美食大家。

　　1）食趣

　　（1）饮食趣话与"东坡鱼"。

　　据说苏东坡很喜欢吃鱼。一次，他刚做好一道鱼肴准备吃，恰巧他的好友佛印禅师来了。佛印能诗善文，不拘小节。为了不让佛印和自己分享这道美味，苏东坡便顺手将鱼放到了书架上。然而，佛印早就闻到了鱼香味。进屋后，佛印未见到鱼的踪迹，心想："好你个苏东坡，竟然把鱼藏起来不让我吃，我偏让你拿出来。"

　　苏东坡笑着招呼佛印道："大师不在寺院，到这里有何见教？"

　　佛印说："小弟到此只想请教一个字，你说姓苏的'苏'怎么写？"

　　苏东坡一听，心想："这不是明知故问吗，肯定有鬼。"他便假装认真地对佛印说："'苏（蘇）'字上面是个草字头，下面左边是'鱼'，右边是'禾'。"

　　佛印接着又问："那把鱼放在草字头上呢？"

　　苏东坡忙说："那可就不念'苏'了。"

　　佛印哈哈大笑说："那就把鱼拿下来吧。"

　　苏东坡恍然大悟，没办法，只好拿出那盘热腾腾、香喷喷的鱼与他共享。佛印美美地吃了一顿，得意地回去了。

　　来而不往非礼也。在礼尚往来的交往中，佛印也找到了一个回敬的机会，这就有了东坡鱼的故事。

　　"东坡鱼"原名"五柳鱼"，是杭州西湖边的一道名菜，其味鲜美，喷香诱人，深为人们所喜爱。

　　一日中午，佛印刚把煮好的鱼端上桌，就听到小和尚禀报：东坡居士来访。

　　佛印也想难为一下苏东坡，急中生智，把鱼扣在一口磬中，便急忙出门迎接。两人同至禅房喝茶。喝茶时，苏东坡闻到阵阵鱼香，又见桌上反扣着磬，心中便明白了。因为磬是和尚做佛事用的一种打击乐器，平日都是口朝上，今日反扣着，必有蹊跷。

　　佛印说："居士今日光临，不知有何见教？"

　　苏东坡有意开老朋友玩笑，假装一本正经地说："在下今日遇到一难题，特来向大师请教。"

　　佛印连忙双手合十说："阿弥陀佛，岂敢，岂敢。"

　　苏东坡笑了笑说："今日友人出了一对联，上联'向阳门第花开早'，在下一时对不出下联，望大师赐教。"

佛印不知是计，脱口而出："居士才高八斗，学富五车，今日怎么这么健忘，这是一副老对联，下联'积善人家庆有余'。"

苏东坡哈哈大笑："既然大师明示磬（庆）有鱼（余），就让我大饱口福吧！"

佛印这才知道上当了，但他不肯罢休，还想难为一下苏东坡，便说："你说出磬中鱼菜的名字，才让你吃。"苏东坡一向深谙烹饪之道，一闻便知。他笑吟吟地说："五柳鱼呗。"佛印也笑着答道："这条'五柳鱼'总算让你'钓'到了，不如改名叫'东坡鱼'吧。"

（2）留世飘香的"东坡肉"

"东坡肉"原名"回赠肉"，是苏轼在徐州创制的。

宋神宗熙宁十年（1077）秋，黄河决口，洪水肆虐徐州城。时任徐州知府的苏轼身先士卒，率领全城吏民抗洪抢险，重建家园，与民同甘共苦。洪灾之后，百姓纷纷杀猪宰羊，登门感谢。苏轼推辞不掉，便收下馈赠，按自创的烧制方法烧制成香酥、味美的红烧肉，回赠给百姓。百姓食后，赞不绝口，更加感谢这位造福于民的父母官，便亲切地称此肉菜为"回赠肉"。这便是"东坡肉"的雏形。

苏轼一生仕途坎坷，元丰三年（1080）二月，又因"乌台诗案"被贬为黄州团练副使，其间生活极其窘困。他在朋友帮助下，请得黄州城东一块旧营地，自己开荒种地补贴家用，自号"东坡居士"。在黄州期间，他亲自烹饪，把价贱的黄州猪肉烧制成令人垂涎的美味红烧肉，还赋《食猪肉》诗总结他独特的烧制方法和自得其乐的心情。

苏轼在徐州、黄州制作的红烧肉并没有广泛流传。真正流芳千古，并以他的名字命名的"东坡肉"，还是源自他再任杭州太守时发生的一件美谈趣事。

那一年，西湖被葑草湮没了大半。苏轼上任后，发动数万民工清除葑草，疏浚西湖，筑堤架桥，使西湖更加秀丽多姿。堆筑湖中泥土形成的一条蜿蜒的长堤，人们称之为"苏堤"。后来，优美的"苏堤春晓"被列为西湖十景之首。"苏堤"增添了西湖景色，又可蓄水灌田，有利于农业、渔业和旅游业发展，为杭州百姓安居乐业建立了千秋不朽的功业。老百姓感谢为官一任，造福一方的苏太守，赞颂他为民办的这件好事。人们听说他喜欢吃红烧肉，到了春节，都不约而同地给他送来猪肉，表达自己的心意。情系百姓的苏轼收到猪肉后，觉得应该同数万疏浚西湖的民工共享，就吩咐家人把肉切成方块并用他的烹调方法烧制，连酒一起，按照民工花名册分送到每家每户。家人烧制红烧肉时，把"连酒一起送"领会成"连酒一起烧"，结果烧制出来的红烧肉，酒香四溢，更加香酥味美，食者盛赞不已。众口赞扬，趣闻传开，留世飘香的"东坡肉"成为中外闻名的中华传统佳肴，一直盛名不衰。

（3）至味养生的"东坡豆腐"

豆腐洁白如玉，柔软细嫩，清爽适口，营养丰富，历来受人欢迎。苏轼的饮食喜好除了猪肉，就数豆腐了。他还以"煮豆为乳脂为酥"来赞美豆腐为食之精粹。

黄州的豆腐自古有名。精于烹饪之道的苏轼亲自操勺，创新豆腐菜肴。名品豆腐与名人烹制相得益彰，质嫩色艳、鲜香味醇的"东坡豆腐"由此诞生。

东坡豆腐的制作方法：以黄州豆腐为主料，将豆腐放入面粉、鸡蛋、盐等制成的糊中挂糊，再放入五成热的油锅里炸制后，捞出沥油；锅内放底油、笋片、香菇和调料，最后放入沥过油的豆腐，煮至入味，出锅即成。

东坡豆腐问世后，很快就在黄州流传开来。后来，苏轼又多次迁职转移，走到哪里，他的东坡豆腐就在哪里广为流传。

豆腐的食疗价值很高，烹饪方法也相应有很多。以豆腐为主料的传统名肴不胜枚举，如"麻婆豆腐""鲢鱼头豆腐""八宝豆腐""八公山豆腐""奶汁淮王鱼尒豆腐""洪武豆腐""虎皮毛豆腐""家常豆腐""砂锅豆腐"等。民间的豆腐吃法更是不计其数，豆腐菜真可谓"子孙满堂"的"大家望族"。

（4）来自山野的天然珍味"东坡羹"

苏轼谪居黄州时，俸禄减半，可家里人口多，为了维持生计，他不得不把每月少得可怜的薪俸分为30份，每份用麻绳串起挂在梁上。每天他取下一串钱，交给妻子安排一日三餐。如果当天有些节余，苏轼就非常高兴地把这些小钱装在一个罐子里，以备有客人来访时买酒喝。

一日，苏轼的老友马正卿专程来看望他。目睹"先生穷到骨"的生活，马正卿不禁心酸难过，便找到昔日同窗——黄州太守徐君猷，求他将临臯亭下过去驻兵的数十亩[①]荒地拨给苏轼开垦耕种，以解决吃饭问题。徐太守欣然应允。

苏轼很高兴能开垦种植这片土地，这样便解决了吃饭问题。因地在黄州城东，是一块坡地，与唐代大诗人白居易当年植树种花的忠州"东坡"相似，而苏轼一向敬慕白居易，于是他效法白居易，将地称为"东坡"，并自号"东坡居士"。他还在东坡上筑室，取名为"雪堂"，并亲自写了"东坡雪堂"的匾额。

东坡羹正是苏东坡在这样的生活艰难时期创制的。他形容自己当时的情形是："时绕麦田寻野荠，强为僧食煮山羹。"

东坡羹实际是把野菜和米放入钵中蒸出的一种野菜糊糊。它的做法是：将菘（白菜）、荠菜、芦菔（萝卜）、蔓菁（香菜）洗净，切成细末，撒上盐，腌制片刻，再用手将其揉成团，挤出汁，去掉辛辣和苦涩之味，加入生姜末。将泡好的粳米滤干，取炖钵一只，钵内涂抹麻油，注入水，先放菜末，再放米，炖钵盖内涂上麻油后盖在炖钵上，钵上扣一只碗，放在饭甑上蒸熟，即可食用。无菜之时，可用瓜茄之类剁碎代替。

苏轼晚年被贬至广东惠州，路经韶州，南岳狄长老特地做东坡羹招待他。他高兴地写诗表达谢意。

东坡羹充分反映了苏轼在艰难的岁月中旷达乐观的心态和豪爽的性格，从中可见这位大文豪洒脱、浪漫的人生情趣。

---

① 亩：地积单位，1亩≈666.7 m^2。

2）食诗

食过鲥鱼后赋诗

芽姜紫醋炙银鱼，雪碗擎来二尺余。
尚有桃花春气在，此中风味胜莼鲈。

春江晚景

惠崇

竹外桃花三两枝，春江水暖鸭先知。
蒌蒿满地芦芽短，正是河豚欲上时。

食猪肉

黄州好猪肉，
价贱如粪土，
富者不肯吃，
贫者不解煮。
慢着火，
少着水，
……
火候足时它自美。
每日早来打一碗，
饱得自家君莫管。

食荔枝

罗浮山下四时春，卢橘杨梅次第新。
日啖荔枝三百颗，不辞长作岭南人。

豆 粥

君不见滹沱流澌车折轴，公孙仓皇奉豆粥。
湿薪破灶自燎衣，饥寒顿解刘文叔。
又不见金谷敲冰草木春，帐下烹煎皆美人。
萍斋豆粥不传法，咄嗟而办石季伦。
干戈未解身如寄，声色相缠心已醉。
身心颠倒自不知，更识人间有真味。
岂如江头千顷雪色芦，茅檐出没晨烟孤。
地碓春秔光似玉，沙瓶煮豆软如酥。
我老此身无着处，卖书来问东家住。

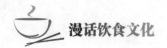

卧听鸡鸣粥熟时，蓬头曳履君家去。

初到黄州

自笑平生为口忙，
老来事业转荒唐。
长江绕郭知鱼美，
好竹连山觉笋香。
逐客不妨员外置，
诗人例作水曹郎。
只惭无补丝毫事，
尚费官家压酒囊。

纵笔三首（其三）

北船不到米如珠，
醉饱萧条半月无。
明日东家知祀灶，
只鸡斗酒定膰吾。

撷菜

秋来霜露满东园，
芦菔生儿芥有孙。
我与何曾同一饱，
不知何苦食鸡豚

苏轼一生仕途坎坷，多次遭贬，生活颠沛流离。然而在艰辛的生活中，他始终不减对美食的执着追求，饮食创造十分丰富。东坡美食的显著特点是：用料平常，加工不繁，粗中见细，化俗为雅。再配上苏轼的诗词、饶有趣味的逸事传说，更增添了无尽的浪漫情趣，为中国饮食文化史留下了一笔丰富、灿烂的宝藏。

章 后 复 习

一、知识问答

1."筵席"实际上就是古代铺地的_____，筵与席的区别是：_____，

_____，_____。

2．中国五大历史名宴是：_____、_____、_____、_____、
_____。

3．中国历史上被称作"阴谋之宴"的是_____，被称作"保身之宴"的是
_____，被称作"夺权之宴"的是_____。

4．孔府菜"阳关三叠"借用为唐代诗人_____写的《_____》
谱写的曲名来命名，寓意孔子"_____，_____，_____"的
名言。

5．孔府菜"八仙过海闹罗汉"是以_____、_____、_____、
_____、_____、_____、_____8种鲜味比喻"八仙"。

6．烧尾宴中"烧尾"是取"_____"
之意。

7．文会宴上_____写下了被后人誉为"天下第一行书"的_____，
留下了_____的千古佳话。

8．曾被后人评为"吃垮大清江山"的名宴是_____宴。

9．寓意为飞黄腾达的名宴是_____宴。

10．孔府菜中，_____最能彰显孔府宴的礼仪风范。

11．最能体现孔子饮食思想的一句话是_____。

12．孔府菜"怀抱鲤"是为孔子思念_____而做的。

13．在中国饮食历史上被誉为"烹饪三圣"的是_____、_____、_____。

14．中华美食技能大赛的奖杯是用_____的名字命名的。

15．"伊尹说汤"中的"汤"是指_____。

16．老子的"治大国若烹小鲜"说的是哪位历史人物？_____。

17．中国历史上第一个开设私人餐馆的是_____。

18．"鲜"字出自传统菜肴_____，这道菜是_____创制的。

二、思考练习

1．说说"鲤鱼跃龙门"的寓意并创意一道菜肴。

2．从"全聚德"创始人的创业史中你得到了哪些启示？

三、实践活动

1．课后查找资料，结合本章学习内容，以"东坡饮食"为主题组织一次专题饮食
文化交流。

2．课前交流每周收集的经典菜肴或名家食味故事。

第 **3** 章
承传文明古风的食制食礼

　　中国是历史悠久的文明古国，礼仪之邦。自古以来，中国就有一套体系完备的食礼，自上而下一以贯通，谨严恪守，代代承传。

　　我们的先人通过食礼来规范人们的行为，整饬社会秩序，建设一个长幼有序、夫妻有敬、父子有亲、君臣有义的社会。

　　本章主要介绍了古人的食制和饮食活动中的种种礼仪要求，介绍了我国饮食文化中的特殊事象——筷子文化，从中表现了中国饮食文化深刻、丰厚的内涵。我们通过学习这些礼仪，汲取传统礼仪的精华，提升我们的文明素养，做到知书达理、教养有素、礼貌待人、处事有节、谨言慎行、崇德尚义，继承和发扬中华民族源远流长的文明传统。

3.1　中国的食制

【学习目标】
1. 了解中国古代饮食制度的基本内容。
2. 掌握古人饮食的食材食性，借鉴古人的烹饪方法，承传创新。

【导学参考】
1. 学习形式：小组自主学习，各小组查阅、搜集古代食制相关知识。
2. 学习内容：用餐次数、主食品种、蔬菜品种、肉食的主要烹调方法。

食制是指饮食制度。它的主要内容是人们一日之中用餐的次数，以及日常生活中主要的饮食品种。食制形成的根源是饮食习俗，即约定俗成的饮食习惯，一般不带有强制性，而且随时代、地域、民族、宗教等不同而有所差异和变化。

3.1.1　用餐次数

据史书记载，正常的饮食制度大约形成于夏商周时期，当时民间普遍采用的是"两餐制"。第一顿饭叫朝食，又叫饔，于上午 7：00 — 9：00 吃。《左传·成公二年》中，齐侯说："余姑翦灭此而朝食。"意思是晋军不禁一打，天亮后双方交战，待消灭了晋军也误不了"朝食"，这句话让齐侯轻敌、浮躁的神态跃然纸上。

第二顿饭叫餔（bǔ，补）食，又叫飧（sūn，孙），一般是 15：00 — 17：00 吃。古代稼穑艰难，粮食产量不高，取火不易，做饭费时，因此晚上人们一般只是把朝食剩下的或是有意多做的饭菜热一热吃。现在晋、冀、豫几省交界的山区还保留着每日两餐和晚餐吃剩饭的习惯。晋东南称之为酸饭，"酸"即"飧"的音变。

古人曰："日出而作，日入而息。"表明古人没有睡午觉的习惯。《论语·公冶长》载："宰予（孔子弟子）昼寝，子曰：'朽木不可雕也，粪土之墙不可圬（wū，乌，意为涂饰）也。'"学生白天睡会儿觉，为什么孔子会生这么大的气？因为一日两餐，如果在两餐之间再"昼寝"，孔子认为这一天他必定一无所获。

随着农业生产的发展，社会上开始有了三餐制，在上述两餐之间加一餐，称为"昼食"。那时"三餐制"还是特权阶层的饮食制度。两宋时期，宵禁制度被废除，促进了夜市的繁荣，从而推动了"三餐制"的普及。实行"三餐制"后，人们把三餐分别叫作朝食、中食（或日中食）、夕食。朝食（早餐）在 7：00 — 8：00，中食（中餐）在 12：00 — 13：30，夕食（晚餐）在 18：30 — 19：30。

3.1.2　古人的主食品种

古人的主食品种因时代、地域不同，区别也比较大。如夏商周时，人们的主食多为黍、粟、菽。春秋战国时，麦、稻渐多，黍退居次要地位。汉代以后，粟的数量渐居麦、稻之后。另外，从地域上看，北方以黍、粟、麦、菽为主，南方则以稻为主。古时汉族聚居地区饲养的肉食动物较少，人们基本上以植物性食物为主，动物性食物为辅，乳类食物则更少。一直到现在，这种因地理条件不同、物产相异而形成的日常饮食品种上的地域差别依旧存在。

"点心"一词来源于古代饮食习惯。由于早餐吃得晚，吃早餐前人们往往会饥饿得心里发慌，人们便吃一些糕饼之类的食品来稳定心神，故这些食品有"点心"之称。除此之外，人们有时还要吃一些食品解馋。这些食品因为不是两餐的饭菜，不属于正餐，样式比较简单，故称"小吃"。

古代主要的粮食作物有 5~9 种，有"五谷""六谷"等称谓。"五谷"指的是麦、菽、稷、麻、黍 5 种；"六谷"指禾、黍、稻、麻、菽、麦 6 种。

下面介绍 8 种古人的主食品种。

1）稷

稷是小米，是"五谷之长"，主要产于华北平原和黄土高原，是北方人的主要粮食。古时称为"粟"，其中比较精良的称为"粱"。

2）黍

黍就是俗称的糜子，去皮后叫黄米，营养丰富，有温补的作用。古时在北方的粮食作物中，黍的重要性仅次于稷。

3）稻

稻适宜生长在气候温暖、雨水多的长江流域，是南方人民的主要粮食。古时北方产稻少，稻较为珍贵，古人往往以"稻粱之家"称呼富贵人家。

4）麦

麦分大麦和小麦，有麦饭和面食两种吃法。在汉代，麦饭在有些地区是一种常吃的食物。古代把各种面食通称为饼，按照当时的解释，麦粉叫作面，用水和面为饼。在粮食中，麦的重要性次于稻，和大豆不相上下。南方有"麦毒"一说，所以早时南方很少种麦，汉代后逐渐向南推广。到了南宋，全国小麦总产量已与稻比肩而居。

5）菽

菽就是豆，战国以前，豆称"菽"，战国时始称"豆"。菽有大菽、小菽之分，大菽就是今天所谓的大豆。豆饭和豆叶汤是百姓常吃的营养健康食品。苏轼曾写《食豆粥》赞美这一美食。

豆在中国传统饮食中地位独特，备受人们青睐。豆的产量高，既是粮食也是蔬菜；但储存时，豆遇潮湿极易发芽、腐烂，古人便发明了用盐腌制豆，称之为"豉"。汉代后，人们又加入五味，豆豉的味道更加鲜美，成为人们日常饮食中重要的调料，沿袭至今。到了宋代，人们在腌制大豆时，还配以水及麦粉，将它们与煮熟的大豆搅拌在一起，待其生霉后盛入缸中继续发酵，这样便生产出豉油，即今天的酱油。汉代，人们又发明了物美价廉的豆腐。

　　6）甘薯

　　甘薯原产于美洲中部墨西哥、哥伦比亚一带。哥伦布发现新大陆后，甘薯才被传播到世界各地。甘薯最初传入中国时被称为"番薯"，最早是广东东莞人陈益设法从安南带回薯种，在家乡试种成功。甘薯性甘平，补脾益气，宽肠通便，被誉为长寿食品。

　　7）高粱

　　高粱也叫蜀黍，最早见于明代李时珍的《本草纲目》。高粱有很高的食疗价值。中医认为高粱味甘性温，能和胃健脾、涩肠止泻、催治难产等，可以用于治疗消化不良、湿热、下沥、小便不利、妇女倒经、胎产不下等。相传当年杜康就是把高粱米饭久放树洞里发酵成酒，寄寓其后人要出人头地，红红火火。

　　8）绿豆

　　绿豆原产于我国，这一名词最先见于《齐民要术》。绿豆的用途很广，可做豆粥、豆饭、豆酒，可以炒食，做粉丝、粉皮、豆芽菜，还可以磨成粉做面食，绿豆糕就是深受人们喜爱的美食。绿豆味甘，性寒，无毒，中医认为其可消肿通气、清热解毒、补益元气、解酒食等。

3.1.3　古代的蔬菜品种

　　现代人所吃的蔬菜与古人大致相同。有人统计，《诗经》上提到的蔬菜就有20多种。

　　从古时流传下来的蔬菜有：蒜、香菜、芹菜、金花菜、白菜、大白菜、茭白、黄瓜、蚕豆、豌豆、蕹菜、扁豆、茄子、菠菜、木耳菜、莴笋、胡萝卜、土豆、辣椒、洋白菜（包心菜）、南瓜、四季豆、番茄、西葫芦、生菜、花菜、洋葱。其中有些蔬菜是张骞出使西域带回来的，如蒜、香菜、蚕豆、黄瓜、芹菜；有些蔬菜是各个时期从国外引进的，如洋葱、豌豆、扁豆、茄子、菠菜、莴笋、胡萝卜、土豆、辣椒、洋白菜、南瓜、四季豆、番茄、西葫芦、生菜等。

　　中国本土所产蔬菜的品种也很多，如葵（冬葵、冬寒菜）、藿（大豆的嫩叶）、蔓菁（芜菁）、苋、芥菜、香椿、瓠瓜、藕、慈姑、菱角、荸荠、莼、萝卜、冬瓜、丝瓜、蘑菇、木耳、笋、葱、姜、韭等。

3.1.4　古代烹调肉食的方法

　　古今饮食习俗差异很大，不仅体现在食用方式上，也表现在肉食的烹调方法上。

　　古代的肉食最初以牛、羊、猪、狗为主。后来，人们广泛使用牛来犁耕，用狗来看家护院，就逐渐减少食用牛肉、狗肉了。此外，鸡、鸭、鹅等家禽和鱼、龟、鳖、蚌等水族动物，也是古人的肉食来源。

　　古人制作肉食的主要方法有脍、炙、醢、羹、脯等。

　　人们常用的"脍炙人口"这个词语中就包含了两种古代烹饪方法，一个是"脍"，

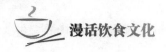

漫话饮食文化

一个是"炙"。"脍"就是将用于生吃的肉切成极薄的片或极细的丝。这种饮食习俗起源于西周，流行于春秋。孔子曾说："食不厌精，脍不厌细。"（《论语·乡党》）脍，需要高超的刀工技艺。据说唐代有位叫南孝廉的擅脍高手，有一次他正在切鱼片，突然狂风大作，一声惊雷响过，所切的生鱼片全部化作蝴蝶飞走了。"炙"是将肉放在火上烤，即烤肉。脍和炙这两种肉食加工方法在先秦时期就已家喻户晓。今天日本料理中的三文鱼刺身、韩国料理中的烧烤，都是学习的中国古代饮食文化中的烹饪方法脍、炙。

醢，即肉酱。古人制作醢的原料除羊、猪、牛肉外，还有兔、鹿、鱼、蚌肉等。醢的制作过程比较复杂。先要将肉晒干，弄碎后，再加入盐和高粱制成的酒曲以及一些调味品搅拌；之后盛入瓮或罐中，倒好酒将其浸泡；密闭百日后，即可食用，味道极为鲜美。

羹，即用肉加五味熬煮成的肉汁。五味即甜、酸、苦、辣、咸五种味道，也泛指各种味道。古人很重视五味，加工羹时特别注意各种口味的搭配，以使羹更加美味可口。

脯，即腌制的肉。这是古人常用的一种保存肉的方法。待食用时，还需将脯再煮食。

3.2　中国的食礼

【学习目标】

1.了解古代各种食礼要求、孔子的饮食思想以及古代分餐与合食制的历史演变。

2.掌握古代和现代宴席礼仪，以礼修身，文明礼让。

【导学参考】

1.学习形式：小组合作，作话题演讲。各小组主持讲解所选中国食礼的相关知识，也可自己设计与食礼有关的创意话题，汇报成果。

2.可选话题。

（1）从古代士婚礼和舍采礼看古人的孝亲敬师风尚。

（2）从孔子的饮食思想看古代的饮食科学。

（3）谈谈古代分餐制和合食制的历史演变。

（4）比较古代和现代宴席礼仪的异同。

中国自古以来就是"礼仪之邦"，人们一向倡导尊崇礼仪的古风。作为"礼"的重要组成部分，食礼的历史可谓源远流长。

"礼"，古字写作"禮"，从示，从豐。示是会意字，上面的"二"是古"上"字，下面的"小"字本是三竖，代表日月星；豐是古代祭祀用的礼器，用于事神。"禮"的内涵是对神灵的祭祀，表达对神灵的敬意和尊重，引申到日常生活，就是表达对他人的尊重。"礼者，天地之序也。"古人通过种种礼仪来规范人的行为，保持良好的社会秩序，构建和谐美好的生活环境。

古代各种饮食活动都有着严格的礼仪规范和与之相应的典章制度。人们在祭神祀祖、尊师重教、敬贤养老、生寿婚丧、民间应酬、贺年馈节、接风饯行、诗文欢会、社交游乐、百业帮会等各种活动中保持应有的文明教养，遵循一定的交际准则，依靠约定俗成的饮食礼俗进行社会交际,在长期的礼俗发展中逐步形成吉礼（祭祀）、凶礼（丧葬）、军礼（军旅）、宾礼（朝仪官场）、嘉礼（庆贺）这"先秦五礼"，奠定了古代饮食礼制的基石。

3.2.1　古代的士婚礼、宴会礼、舍采礼

古代的礼仪制度是用来约束人们思想、行为、语言等方方面面的一整套规范。从周礼看，几乎所有的礼仪都与饮食连在一起，更不用说专为生活饮宴设定的"食礼"

了。如《仪礼》中记载的吉礼、嘉礼、宾礼、军礼、凶礼，涵盖了从社会到家庭的嫁娶、成人、节庆、迎送、战争、死丧等各方面。在举行活动时，人们要严格按照规定的程式和要求做，如有违反就是"失礼"，轻则被人耻笑、指责，重则受到惩处。

1）士婚礼

"士昏（婚）礼"是具有"士"身份的人结婚的礼，属吉礼。在迎娶那一天，要在卧室门外左面向北放置三个分别盛着小猪、鱼、干兔的鼎。卧室中放六个豆（高脚盘）、两个盛酸酱、四个盛肉酱，还要设置四个盛黍、稷等的敦（古代食器）。北墙下设酒尊（同"樽"），尊上的勺柄要朝南，另外，还要在堂房门东侧设一酒尊。尊之南设篚，内装4只爵和合欢杯（相当于现在的交杯酒杯）。新郎把新娘迎入卧室后，先洗手，这时有专人把鼎抬进来，放在一定的位置上，执匕和俎（割肉用的案子）的人站在边上，"赞"（司仪之类）指挥布置好一切后，宣布新人入席。新人先祭祀（相当于拜天地、祖宗），再进食三次，漱口三次，喝一杯酒。次日一大早，新娘向公婆献枣栗，"赞"替公婆设筵席酬答新娘。新娘先佐助公婆完成祭食之礼，公婆向新娘酬答一杯酒。公婆再向来宾们酬谢一杯酒，才算完成士婚礼的整个过程。

2）舍采礼

"舍采礼"代表中华尊师重教的传统，又称"释菜"礼，是古人入学时祭祀先圣先师的一种典礼。在古代，学生入学时，都要先行"释菜"礼，表示对老师的恭敬和对学习的诚心，即所谓"始入学必释菜，礼先师也"。汉代郑玄说："古者，士见于君，以雉为贽；见于师，以菜为贽。""贽"就是礼物，"雉"是野鸡，"菜"就是蔬果菜羹，这就是说，古时读书人见君王要敬献野鸡，见老师则要献"菜"，后者渐渐演变成尊师的仪式，即古人用蔬果菜羹之类来礼敬师尊。

仪式上通常要摆放象征青年学子的水芹、象征才华的韭菜花、象征早立志的红枣和代表敬畏之心的栗子。后世又演绎成六礼束修。"六礼"，即肉干，寓意感谢师恩；芹菜，寓意业精于勤；莲子，寓意苦心教育；枣子，寓意早早高中，金榜题名；红豆，寓意红运高照；桂圆，寓意学业有成，功德圆满。舍采礼一方面体现读书人对先师孔子的尊仰，另一方面体现读书人希望自己在德艺两个方面都有成就。

据汉应劭《风俗通义》载："孔子困于陈蔡间，七日不得食而弹琴于室，颜回释菜于其户外，以示对老师的敬重和不离之意。"释菜礼，秦以后遂成制度。唐代已发展为成熟的太学开学典礼仪式，即设酒和"芹、枣、栗"等蔬果菜羹祭献孔子及颜渊等贤哲。清朝新科进士还要举行"释褐释菜"礼，即在步入仕途之际，要敬谢先师孔子。祭奠孔子的释菜礼，一般在每年的农历二月（仲春之月）、八月（仲秋之月）举行两次。

3）宴会礼

礼仪中还有一部分礼是专门的"食礼"，如以敬老为中心淳化民风的"乡饮酒礼"、宴饮娱乐的燕礼、馈赠以牛肉为主要菜肴的"特性馈食礼"、馈赠以羊肉为主要菜肴的"少牢馈食礼"等。燕礼根据场合和规模，有国宴、家宴、朋友之宴、庆功宴、喜庆宴、迎送宴等之分。

先秦筵席，先铺一层草编的笼和筵，筵上再铺一层供人坐的席。一人一席一案，尊者在上席，卑者按地位由高到低排位，靠近上席的地位高，离上席最远的地位最低。上席不发号，下席不能先动。下席要先敬上席，上席酬答后可互敬互答。

3.2.2　孔子的饮食思想

素有"天下第一家"之称的孔府饮食，是中国博大精深的饮食文化宝库中一颗璀璨的明珠。它历史悠久，自成体系，有着深厚的文化渊源和内涵。

孔子一生执着追求"克己复礼"，实现"礼治"。即治国安民施之以礼，社会秩序用之以礼，祭天祀祖彰之以礼。在饮食上也处处体现礼的精神，即使日常的便宴小酌也以礼规范。孔子的饮食言论、饮食理念，不仅对孔府饮食的形成有很大的影响，而且对整个中国饮食文化的形成和发展都具有不可低估的历史作用。

"食不厌精，脍不厌细"是孔子饮食理念的精髓。意思是：肉要切割得尽可能细些，厨师尽可能提高烹饪水平，使饭食精细些。人们以此推断孔子讲究饮食精美，生活奢华。其实孔子的"食不厌精，脍不厌细"的饮食标准是针对祭祀的。

日常生活中，孔子的饮食是极其朴实的，但即使是一顿便餐，也要合乎礼度。如孔府饮食中"七星鸡子"的故事。一次，孔子带弟子颜回等一行七人周游列国，让供奉膳食的人很为难，因为孔子对食礼非常重视，讲究"食不厌精，脍不厌细"。膳食供者怕出差错，请示孔子。孔子看了看他筐里的鸡蛋，淡淡地说了一句"七星鸡子"。膳食供者不懂何意。于是颜回解围说，就是七个鸡蛋排在一起，中间一个为核心，周围六个衬托护卫，既有主次之分，讲礼、不僭越，又美观，算得上精细。膳食供者大喜，依此做了七个煎荷包蛋，按颜回说的摆放，下面衬一片碧绿的菜叶。菜端上去，孔子会意一笑，嘉勉了膳食供者。

另外，"君子食无求饱，居无求安""君子无终食之间违仁"等言论都是孔子讲究食礼与食德的论述。孔子认为君子的饮食要完全合乎"礼"的规范。遇到美味要郑重地请长辈和老师先食，不能僭越。在任何情况下，君子都要把饮食活动视为体现道德仁爱的载体，如果不能精食细脍，那么宁可粗茶淡饭，也不能"违仁"。所以，孔子盛赞他的学生颜回"一箪食，一瓢饮"的安贫乐道精神。

《论语·乡党》中有一段文字记述了孔子关于斋祭时食品的食用要求，翻译成现代汉语，大意是"斋祭时用的食品不能像寻常饮食那样，用料和加工都要特别洁净讲究。参加斋祭的人要离开家居之所来到斋室中。献祭的饭要尽可能选用完整的米来烧，饭有了不好的气味、鱼坏了、肉腐烂了，都不能吃；色泽异样了不能吃；气味不正常了不能吃；食物烹饪得夹生或过熟均不应当吃；不是进餐的正常时间不可以吃；羊、猪等畜肉割得不符祭礼或分配得不合尊卑身份，不应当吃；没有配置应有的酱物，不吃；肉虽多，也不应进食过量，仍以饭食为主；酒可以不限量，但也要把握住不失礼度的原则；仅酿一夜的酒，市场上卖的酒和干肉都不可以食用；姜虽属斋祭进食时可以食用的辛而不荤之物，但也不可吃得太多；祭肉不能存放超过三天，过了三天就不能再吃了"。

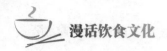

这是一段完整的关于祭祀饮食要求的论述，它从食料的选择、食品的加工、烹饪的火候、食品的卫生标准以及进食过程中的食量、酒量、礼仪规矩等，都一一作了详尽规定，从中可以窥见孔子完整的饮食观。

"不时，不食"，对孔子的这一饮食观点人们有两种解读：一是说不成熟的食物不能食用，因为许多植物的果实不完全成熟时，含有许多对人体有害的成分，对健康不利。二是指不合时令的食物、违背季节规律的食物不能食用，即不吃反季食品。由此可见，孔子还是科学饮食的倡导者，有着很时尚的养生理念。

孔子对饮食卫生也有很多经典的论述，如"沽酒市脯不食"，即不要随便到市肆上买食物，不逛酒肆，不下饭馆；又如"祭肉不出三日，出三日，不食之矣"，即祭祀用的肉，存放超过三日便不再食用。"食不言，寝不语"更是家喻户晓，成为人们教育子孙的家传古训，它要求人们在吃饭饮水时不要说笑嬉闹。一边说话一边吃喝，不仅影响食物消化，还可能不慎将食物吸入气管，这是不良的饮食习惯，也不符合礼仪规范。

孔子还提醒人们"食饮有节，起居有常"，告诫大家不要暴饮暴食，应有节制和规律。这是古人在长期生活实践中悟出的最有效的养生之道。孔子一生的大部分时间不得志，历经了许多生活磨难，可是他仍活了73岁。人活七十古来稀，应该说，孔子是长寿的，这与他科学饮食有关。

孔子的饮食文化思想，经过两千多年的发展日臻完善，对中国的饮食文化和餐饮业发展有着深远的影响。

3.2.3　古代分餐与合食

1）"举案齐眉"话分餐

人们经常用"举案齐眉"来形容夫妻恩爱，妻子贤德，婚姻美满。

"举案齐眉"讲的是东汉时期一个叫梁鸿的人，自小孤贫，但品格高洁、学问渊博。不少富贵人家的女儿都想嫁给他，都被他婉言谢绝。同县有个叫孟光的女子，皮肤粗黑，身体肥胖，相貌丑陋，力举石臼。父母给她选了几个夫婿，她都不肯嫁，年至三十还没有婚配。父母问她缘何不嫁，孟光说："想找一个像梁鸿那样的人。"梁鸿听到后，下聘文迎娶孟光。

夫妻志趣相投，都性甘淡泊，婚后一起隐居霸陵山中，以耕织为业，咏诗诵赋，弹琴相娱。生活虽然清贫，但二人相敬如宾。梁鸿每次回家，妻子孟光都为他备好食物，并将食案举至额前，捧到丈夫面前，以示敬重。

这是一个古代夫妻相敬相爱的故事，但我们从中不难看出古代分餐制的端倪。"案"是古代的一种盛放食器的桌子，体小量轻，一般只限一人使用，所以妇人也能轻松举起。古人分餐进食，一般都是席地而坐，面前摆着一张低矮的小食案，案上放着轻巧的食具，重而大的器具直接放在席子外的地上。后来人们说的"筵席"，正是这种古老分餐制的一个写照。这种以小食案进食的方式为分餐制提供了基础，我们从考古文物和一些古代壁画中也能见到古人一人一案分餐的情景。

2）高桌大椅与合食

周秦汉晋时代，筵席的形制为分餐制。自西晋王朝灭亡以后，生活在北方的少数民族陆续进入中原，先后建立了他们的政权，各民族间的交流日益加深，民族间的饮食文化日益融合，使中原地区自殷周以来建立的传统习俗、生活秩序和礼仪制度受到了一次次强烈的冲击。少数民族的圆凳、方凳、胡床、椅子等高桌大椅逐渐取代了铺在地上的席子，传统的席地而坐的姿势也随之改变，人们垂足坐在高椅上，围坐在八仙桌或圆桌旁，其乐融融地聚餐合食。至此，高桌大椅的出现使筵席的形制完成了由分食制向合食制的转变。

唐代各种各样的高足坐具已相当流行，垂足而坐已成为标准姿势，人们已基本上抛弃了席地而坐的方式，最终完成了坐姿的颠覆性改变。唐代后期高椅大桌的合食形式已十分普遍，无论是宫内或是民间，都是如此。

敦煌四七三窟唐代宴饮壁画中描绘了一处凉亭，亭内摆放着一个长方形食桌，两侧有高足长凳，凳上面对面坐着男女九位。食桌上摆满大盆小盏，每人面前各有一副匙箸配套的餐具，这就是当时众人围坐在一起合食的场面。高桌大椅引发了社会生活的许多变化，也直接影响了饮食方式的变化。

3.2.4 尊卑有序的筵席礼仪

1）从"鸿门宴"看中国古代筵席座次

秦末，刘邦与项羽各自攻打秦王朝的首都咸阳，刘邦先破咸阳，项羽入咸阳后到达新丰鸿门，而刘邦则在霸上驻军。项羽听说刘邦打算在关中称王，非常气愤，下令次日一早让兵士饱餐一顿后一举击败刘邦的军队。次日，刘邦率张良等人至鸿门谢罪，项羽在鸿门设筵款待刘邦。主客依次坐下。鸿门宴上虽不乏美酒佳肴，但处处暗藏杀机，后刘邦乘机逃回本营。"鸿门宴"比喻不怀好意的阴谋之宴。

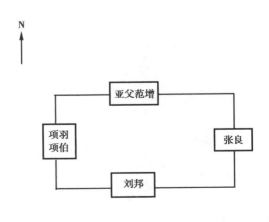

按古代礼仪，帝王与臣下相对时，帝王面南，臣下面北；宾主之间相对时，则为宾东向，主西向；长幼之间相对时，长者东向，幼者西向。宾主之间宴席的四面座位，

以东向（坐西朝东）最尊，次为南向，再次为北向，西向为侍座。清代学者凌廷堪在他的礼学名著《礼经释例》里更为确切地提出"室中以东向为尊"。

鸿门宴中的筵席座次代表着古代筵席的座次礼仪。依《史记》原文，"项王、项伯东向坐，亚父南向坐。"亚父者，范增也。"沛公北向坐，张良西向侍。"沛公者，刘邦也。鸿门宴上的座次应为：东向——项王、项伯，南向——亚父范增，北向——刘邦，西向——张良。

项伯是项羽的叔父，项羽不能让叔父坐在低于自己的位置上，所以项羽和项伯坐在最尊的东向；范增朝南而坐，仅次于项氏叔侄的位置；刘邦朝北而坐，又卑于范增；张良面朝西的位置，这是在场人中最卑的座位了。

按照古代宴请礼仪，宴设于项羽军中帐内，刘邦为宾，应坐在最尊贵的东向席，而宴请的主人项羽应退坐于次席，但鸿门宴的座次恰恰相反。从座位安排即可看出，项羽目中无人、自高自大，且双方兵力相差悬殊，刘邦的处境令人忧心。再看项羽集团内部，谋士范增在项羽心中的地位尚不及告密的项伯，君臣隔阂，事不可谋已初露端倪。

2）中国传统饮食礼仪

中国的饮食礼仪严谨而完备，而且有从上到下一以贯通的特点。据有关文献记载，周代时，饮食礼仪已相当完善，很好地发挥了"经国家，定社稷，序人民，利后嗣"的作用，对维持社会秩序发挥过重要的作用。其形式和内容丰富多彩，贯穿着道德的内涵、周公"明德""敬德"的主张、孔子"人无礼不生，事无礼不成，国无礼不宁"的内涵。食礼是古代社会道德规范的重要构成，是中华民族的优秀传统文化。

传统的宴饮礼仪按阶层分为宫廷、官府、行帮、民间等。一般的程序是：主人折柬相邀，届时迎客于门外；客至，致意问候，延入客厅小坐，敬以茶点；导客入席，以左为上，是为首席。席中座次，以左为首座，相对者为二座，首座之下为三座，二座之下为四座。客人坐定，由主人敬酒让菜，客人以礼相谢。宴毕，导客入客厅小坐，上茶，直至辞别。席间斟酒上菜，也有一定的规程。

作为客人，赴宴讲究仪容，根据关系亲疏决定是否携带礼品；赴宴守时守约，抵达设宴地后先自报家门，或由东道主引见介绍，听从安排，然后入座。

排座次是食礼中最重要的一项。从古到今，因为桌具的演进，所以座位的排法也相应有变化。总的来讲，座次"尚左尊东""面朝大门为尊"。家宴首席为辈分最高的长者，末席为最低者。家庭宴请，首席为地位最尊的客人，请客主人则居末席。首席未落座，余者都不能落座，首席未动手，余者都不能动手；巡酒时，自首席按顺序一路敬下，再饮。

古代，在饭菜的食用上有严格的规定，通过饮食礼仪体现等级区别。如王公贵族讲究腴肥膏粱，钟鸣鼎食，而黎民百姓的日常饭食则以豆饭藿羹为主，"民之所食，大抵豆饭藿羹"。

在用餐过程中，对人们的行为也有严格约束。大家共同吃饭时，不可只顾自己吃饱。如果和别人一起吃饭，就要检查手是否清洁。不要用手搓饭团，不要把多余的饭放进锅中，不要喝得满嘴淋漓，不要吃得啧啧作声，不要啃骨头，不要把咬过的鱼肉又放回盘碗里，不要把肉骨头扔给狗。不要传递食物，也不要簸扬着热饭，吃黍蒸的饭用手而不用箸，不可以大口囫囵地喝汤，也不要当着主人的面调和菜汤，不要当众剔牙齿，吃饭时不要唉声叹气。

进食完毕，主人将要撤席，这时，身份低于主人的客人要起身将余下饭食及酱等调料递给主人家的侍者。

古时有"食竟，饮酒"的习惯。主人赐客人酒，当酒送到面前时，年少的客人应起立向酒尊摆放的方位施拜礼。主人辞谢，客人归位；主人未尽饮时，客人不能先尽饮。主人赐酒，年少的客人和身份卑微的人不可以拒绝。

父母有病，不得已出门做客时，食肉不可过多，不可饮酒，笑时不可过于放纵，发怒也应有节制，不至于口出恶言，父母康复才可以照常饮食。父母有病，为客进食当独坐，居丧则要专席。如果赴宴正巧坐于居丧者的旁边，不宜毫无顾忌地饱食，那是缺乏同情心的表现。

3.2.5 宴请礼仪与请柬

俗话说："摆宴容易，请客难。"古代宴客前要送给尊贵的客人三道帖。第一道帖一般在三天以前便送到拟请客人的"府上"，第二道帖在宴会的当天递上，第三道帖在开宴前一个时辰送上。民间有送头帖"三日（是）请客，当日（是）抓客"的说法。三天前以帖相请的客人是被郑重对待的贵客，两天前被邀请的是不甚重要的客人，至于当日临时接到通知，客人会觉得自己是主人应急抓来陪垫帮衬的"陪客"角色。这种被派为陪垫帮衬作用的客人，对主人并不感激，因此又有"当日吃冤家"的说法，吃了主人家的肉和酒也不怀谢意。

被邀的客人在收到每道帖后，一般要回帖，表明自己很荣幸被邀并一定准时赴宴；如果不能或不愿出席，也应以感谢之情陈述理由婉辞，方不为失礼。回帖由主人家的下帖人带回。

这种宴事请帖，历史上出现得很早。它始于上层社会，是上层社会习用的交际工具。从请帖具有主人署名和邀请之事两种内容的属性来看，请帖相当于古代的"名片"和"书信"，是兼有两种功用的一种特殊社交工具。

3.2.6 现代宴席礼仪

1）宴席座次与餐桌排列

中式宴席一般用方桌或圆桌，每席坐 8 人、10 人或 12 人不等。民间很重视席位的安排，尤其要突出"上座"。"上座"即首座，一般靠近正对大门的室壁。其他各席位的安排往往因地因人而异，客人依次入座。

若是圆桌，则正对大门的为主客位，左手边依次为2、4、6，右手边依次为3、5、7，直至会合。若为八仙桌，如果有正对大门的座位，则正对大门一侧的右位为主客位。如果不正对大门，则面东的一侧右席为首席。然后首席的左手边坐开去为2、4、6、8（8在对面），右手边为3、5、7（7在正对面）。如果为大宴，桌与桌之间的排列讲究首席居前居中，左边依次为2、4、6席，右边为3、5、7席。

民间举办宴席，宾主入座时，还有一些规矩，如所请者是平辈，则年长者在前，年幼者在后；所请者辈分有高低，则按辈分高低依次入座；若是长辈请晚辈，晚辈虽是客人，也应礼让长辈；所请者有亲疏，疏者应逊让在后；宾主人数超过两桌时，主人应坐第一桌。有些地区对一些特定宴席有特别的讲究，比如外甥结婚，则舅舅坐首座；岳父母庆寿，则女婿入首座；其他客人无论辈分多高，年岁多大，在这两种宴席上都应该礼让。

餐桌排列要视桌数多少、宴会厅的大小与形状、主体墙面位置、门的朝向等情况合理安排。餐桌的排列要强调主桌的位置，一般而言，主桌应设在面对大门、背靠主体墙面的位置。两桌以上的宴会，桌子之间的距离要适当，各个座位之间的距离要相等。

2）宴席上的礼仪

中国人十分讲究宴席礼仪，宴席中的规矩很多，各地情形也不尽一致，这里介绍宴席的一般礼仪。

我们接到请柬或友人的邀请，应尽早答复对方能否出席，以便对方安排。一般说来，我们接到邀请，除了有重要的事情，都应该热情赴宴。

参加宴会时应注意衣着得体。赴喜宴时，可穿着华丽鲜艳的衣服；参加丧宴时，则着黑色或素色衣服为宜。出席宴会不要迟到或早退，如逗留时间过短，一般被视为失礼或对主人有意冷落。如果确实有事需提前退席，应在入席前告知主人。告辞的时间可选在上了宴席中最名贵的菜之后。吃了席中最名贵的菜，就表示领受了主人的盛情，可以在约定的时间离去。

赴宴时应"客随主便"，客人听从主人安排，应注意自己的座次，不可随便乱坐；邻座有年长者，应主动帮助他们先坐下。开席前若有仪式、演说等，赴宴者应认真倾听。若是丧席，客人应该庄重，不应随意说笑；若是喜宴，则不必过于严肃，可以轻松一点。

在宴会上，主人应率先敬酒，并依次敬遍全席，不能计较对方的身份地位。敬酒碰杯时，主人和主宾先碰。人多时可众人同时举杯示意，不一定碰杯。在主人与主宾致词、祝酒时，余者应暂停进餐，停止碰杯，注意倾听。席中，客人之间常互相敬酒以示友好，并活跃气氛。别人向自己敬酒时，应积极响应回敬。饮酒不要过量，以免醉酒失态。

宴饮时应注意举止文明。取菜时，一次不要盛得过多，最好不要站起来夹菜。如果遇到自己不喜欢吃的菜肴，上菜或主人夹菜时，不要拒绝，可取少量放在碗内。吃食物时应闭嘴咀嚼，口里有食物时不要说话，更不能大声谈笑，以免喷出饭菜、唾沫。吃东西、喝汤时不要发出声响，如果汤太烫，可待其稍凉后再喝。嘴里的鱼刺、骨头应放在桌上或规定的地方，不要乱吐，并且不要当着别人的面剔牙齿、挖耳朵、掏鼻孔等。

宴席食礼是食礼中最集中、最典型，也是最为讲究的部分。不同地区、不同民族在不同场合均有一些食礼食仪，包含尊老爱幼、礼貌谦恭、热情和睦、讲究卫生等内容，是中华民族的优良传统，也符合现代文明的要求，我们应该继承和发扬。一些不够合理、健康的内容，如一些地区敬酒必须喝干的礼俗，对那些不胜酒力的人实属勉为其难，我们应除弊革新，兴文明之风。

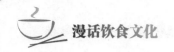

3.3　筷子的文化

3.3.1　筷子形态的历史演变

中国筷子文化在漫长的演进历史中，走过了不同的发展阶段。上古时期，先民以狩猎为主，在烤炙猎物时用一根木棍或枝条等棒形物来挑、插、拨、取、持食物，帮助人们烹饪食物，或作助食之用，这可以说是筷子发展的前形态。伊尹发明陶器饪物后，人们的饮食品种和形式更加宽泛，粒食、热食以及盛食器的出现，使得一根木棍已不能满足人们的饮食需要，人们便两根木棍并用，筷子的雏形已成，但还不够规范。早期，筷子称"筴"，主要功能是挑或夹取羹中的固体食物。先秦典籍中记载："羹之有菜者用筴，其无菜者不用筴。"从东周至唐代的很长的历史时期，筷子称"箸"。这一时期，它的形制基本在 20~30 cm，形态成熟固定，充分发挥助食用具的历史功能。到了宋代，筷子的称谓自民间形成，逐渐得到社会的认同。这一时期，筷子 25~30 cm 长和上方下圆的形制基本定格。筷子的制作材料广泛，部分筷子的图文装饰十分精美。

3.3.2　筷子的传说

1）大禹 —— 中国用箸第一人，流传于东北民间的筷子传说

相传大禹在治理水患时三过家门而不入，都在野外进餐。有时时间紧迫急于赶路，兽肉刚烧开锅，他就急欲进食，但汤水沸滚无法下手，他就折树枝夹肉食之，这就是筷子的雏形。传说虽非正史，但熟食烫手，筷子应运而生，这是符合人类的生活发展规律的。

2）神鸟救姜子牙 —— 流传于四川等地的筷子传说

传说姜子牙在辅佐姬昌前，整天在溪边用直钩钓鱼，其他事一概不做，所以生活十

分穷困。他的老婆实在无法跟他过苦日子，就想毒死他另嫁他人。

这天，姜子牙钓完鱼又两手空空回到家中，他老婆说："你饿了吧，我给你烧好了肉，你吃吧。"姜子牙确实饿了，就伸手去抓肉，这时窗外突然飞来一只鸟，啄了他一口，他痛得"啊呀"一声，肉没吃成，忙去赶鸟。当他回家又去拿肉时，鸟又啄他的手背。姜子牙犯疑了，鸟为什么两次啄我？难道这肉我吃不得？为了试鸟，他又第三次去抓肉，这时鸟又来啄他。他知道这是一只神鸟，于是装着赶鸟，一直追出门去，直追到一个无人的山坡上，见神鸟栖在一枝丝竹上，并鸣唱："姜子牙呀姜子牙，吃肉不可用手抓，夹肉就在我足下……"姜子牙听了神鸟的指点，忙摘了两根细丝竹回到家中。这时他老婆又催他吃肉，于是姜子牙将两根细丝竹伸进碗中，刚想夹肉，只见丝竹"吱吱"地冒起一股股青烟。姜子牙假装不知放毒之事，对他老婆说："肉怎么会冒烟？难道有毒？""没毒，你知道丝竹是不能碰肉的。""真没毒，那你吃一块。"说着，姜子牙夹起肉就往他老婆嘴里送，他老婆脸都吓白了，忙逃出门去。

姜子牙明白这丝竹是神鸟送的神竹，任何毒物都能验出来，从此每餐都用两根丝竹进餐。此事传出后，四邻都纷纷效仿用竹枝吃饭，后来效仿的人越来越多，用筷吃饭的习俗也就一代一代传了下来。

3）玉簪喂食——流传于江苏一带的筷子传说

商纣王喜怒无常，吃饭时不是说鱼肉不鲜，就是说鸡汤太烫，有时又说菜肴冰凉不能入口，为吃饭这件事，很多厨师成了他的刀下之鬼。他的宠妃妲己也知道他难以侍奉，所以每次摆的酒宴，她都事先尝一尝，免得纣王又要发怒。有一次，妲己尝到有碗佳肴太烫，可是撤换已来不及了，因纣王已来到餐席前。妲己为讨得纣王的欢心，急中生智，忙取下头上长长的玉簪将菜夹起来吹了吹再送到纣王口中。纣王是荒淫无耻之徒，他认为由妲己夹菜喂饭是件享乐之事，于是天天要妲己如此。后来妲己让工匠为她特制了两根玉簪夹菜，这就是玉筷的雏形。以后这种夹菜方式传到了民间，于是产生了筷子。

3.3.3 筷子命名的由来

有很长一段时间，人们称筷子为"箸"，《三国演义》中"青梅煮酒论英雄"片段就记述了刘备闻雷失"箸"的情节。明朝中叶，在今江苏、浙江省境内的运河线上，经济发达，船运繁忙。行船时，纤夫们劳苦艰辛，心里盼望航船快行，忌讳"住"（即停的意思）。中国人求吉祈福的心理极强，一日三餐不停地喊"箸"（"箸"与"住"同音），心理无法接受，于是改"箸"为"快"以求快行船、少吃苦、多获利，"快"的称谓于是诞生。起初，上层社会并不认同来自民间的这一称谓，但无奈人多势众，竟成习俗，士大夫阶层也只好趋同认可，并在"快"字上加了一个竹字头，成了流行至今的"筷子"。

3.3.4 用筷的礼仪

传统的儒家道德认为"饿死事小，失节事大"，所以中国人一向重视食礼，认为一

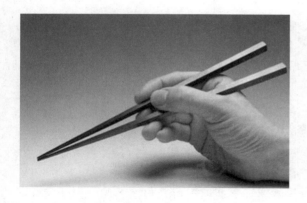

个人的"吃相"反映了他的修养与文明水准，是人生大事。因此，日常生活中人们对筷子的运用非常讲究，饮食中的筷子使用礼仪便成为体现个人教养的大事。

筷子的正确使用方法是用右手执筷，用大拇指和食指捏住筷子的上端，另外三根手指自然弯曲，并且筷子的两端一定要对齐。

使用筷子时，注意避免以下使用方法。

1）三长两短

在古代，用餐前或用餐中将筷子长短不齐地放在桌子上的做法被认为是不吉利的，人们称之为"三长两短"，认为其代表"死亡"。因为按传统习俗，人死后要装棺入殓，棺材是由前后两块短木板、两旁加底部共三块长木板组合而成，正好是三长两短，所以人们认为这样放筷子是死亡的兆头，是极不吉利的事情。

2）仙人指路

"仙人指路"是用大拇指和中指、无名指、小指捏住筷子，而食指伸出。这种拿筷子的方法令人反感，在北京人眼里这叫"骂大街"。一般来说，伸出食指指着对方时，大都带有指责的意思。吃饭时食指伸出，总在不停地指别人，在别人看来这无异于骂人，是很不礼貌的。还有一种情况与此类似，那就是吃饭时边同别人交谈边用筷子指人。

3）品箸留声

"品箸留声"是把筷子的一端含在嘴里，用嘴来回嘬，并不时发出咝咝声响。吃饭时用嘴嘬筷子本身就是一种无礼行为，再加上声音，更是令人生厌，会被认为缺少家教。

4）击盏敲盅

用餐时用筷子敲击盘碗，被看作乞丐要饭的行为。因为过去只有要饭的才用筷子击打饭盆，借其发出的声响配上嘴里的哀告，使行人注意并给予施舍。所以，击盏敲盅被视为极其下贱的行为，为他人所不齿。

另一说法与古代的"蛊毒"传说有关。相传蛊是一种人工培养的毒虫，人将百虫放进坛里，多日后打开看，坛里必定有一个虫子把其他的虫子都吃光了，这个胜利者就叫"蛊"。有人把蛊的粉末放进食物里毒害他人时，通常一边念咒语一边敲打碗盆，以便使蛊起作用。所以，用筷子敲打碗盆是犯忌讳的。

5）执箸巡城

"执箸巡城"是手里拿着筷子，旁若无人地用筷子来回在桌上的菜盘里翻，看上去不知从哪里下筷。这是典型的缺乏修养且目中无人的表现，极其令人反感。

6）迷箸刨坟

这是指手里拿着筷子在菜盘里不住地扒拉，以求寻找猎物，就像盗墓刨坟，也属于缺乏教养的做法，令人生厌。

7）泪箸遗珠

实际上这是用筷子往自己盘子里夹菜时，手不利落，将菜汤洒落到其他菜里或桌子上。这种做法被视为严重失礼。

8）颠倒乾坤

用餐时将筷子颠倒使用，就像饥不择食，太想吃东西以至于不顾脸面将筷子使倒，这种做法被人看不起，是有损体面的。

9）定海神针

用一根筷子去插盘里的菜品，被认为是对同桌用餐人的一种羞辱。吃饭时做出这种举动，无异于欧洲人当众对人伸出中指，是对他人的侮辱，是交际礼仪中绝对禁止的。

10）当众上香

在筷子使用礼仪中，最忌讳的莫过于将筷子插立于碗盘中，此举很像灵前设供的"倒头饭"，被人视为大不敬。传统习俗中为死人上香才这样做，如果把一副筷子插入饭中，古人认为这无异于给死人上香，所以这是最为忌讳的。

11）落地惊神

"落地惊神"的意思是失手将筷子掉落在地上，这是严重失礼的表现。因为中国人认为，祖先长眠于地下不应受到打搅，筷子落地就等于惊动了地下的祖先，是大不孝，所以是不被允许的。

小小的筷子积淀着中华民族丰富的饮食文化，积淀着华夏子孙的文明与智慧。经测定表明，人在使用筷子时，会牵动手指、手腕、手臂至肩膀等30多处关节和50多处肌肉，由此牵动的神经组织多达万条。因此，长期使用筷子有助于训练手的灵活性，有助于开发智力，尤其是对幼儿的智力开发有着更重要的意义。

尽管是一双简单得不能再简单的筷子，但它具有夹、拨、挑、扒、撮、撕等多种功能。与看上去"动刀动枪"式的西方餐具相比，成双成对的筷子又多了一份"和为贵"的意蕴。在民间，筷子被视为吉祥之物，出现在各民族的婚庆、丧葬等活动中。我们仔细品味筷子的妙用时，也增添了对祖先的崇拜之情。

章后复习

一、知识问答

1. 夏商周时期，中国民间普遍一日吃_____餐，称为_____。

2. 古代"五谷"是指_____。

3. 中国古代主要的烹调方法有_____。

4. 孔子的饮食思想是_____。

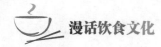

5. 高大桌椅的出现，为_____提供了可能。

6. "举案齐眉"体现了中国古代饮食制度中的_____制。

7. 案和桌子在形式上的区别是_____。

8. 古代筵席以_____座为尊。

9. 筷子在古代又被称为_____。

10. 古代"豆"是指_____，古代"俎"是指_____。

二、思考练习

1. 古代宴饮时的座次有哪些礼仪要求？

2. 现代宴席的礼仪要求有哪些？

三、实践活动

以小组为单位，在班级组织一次宴席礼仪表演比赛。

第4章
各领风骚的风味流派

　　中国地域广博、民族众多，这一特点表现在餐饮方面就是有众多各具特色的风味流派。在餐饮百花园中，百花竞放，争奇斗艳，各个风味流派精彩纷呈。

　　本章主要介绍了各地方风味流派的特色名肴，广为流传的中华名小吃及其传说故事，带有异域风情的特色菜肴，以及带有种种禁忌的宗教食俗。

　　南北融合、汇聚八方的中华饮食为有志于餐饮事业的人士提供了丰富的素材和广阔的天地。我们要成为烹饪大师，就应该广泛地了解和学习这些知识，厚积薄发，推陈出新。

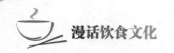

4.1　各有所长的八大菜系

【学习目标】
  1. 了解中国八大菜系的地域特点、制作方法和代表菜肴。
  2. 掌握中国八大菜系的经典菜例及口味特点。
【导学参考】
  1. 各小组自选两个菜系，借助其代表菜肴的图片讲授所选菜系的地域特点、烹调方法及口味特点等相关知识。
  2. 任选一个创意话题，如从川菜看地域人情，从粤菜看取料广泛，从鲁菜看古代宴会饮食等；也可以自己创意话题，自主设计，汇报成果。

中国是一个餐饮文化大国，由于幅员辽阔，各地产出的食物各有特点。长期以来，某一地区受地理环境、气候物产、文化传统以及民族习俗等因素的影响，会逐渐形成有一定特色的美味食品，慢慢成为在地域甚至全国有影响力的饮食派别。其中，最有影响力和代表性的，也为社会所公认的有川、粤、鲁、苏、湘、浙、闽、徽等菜系，即人们常说的中国"八大菜系"。除了众所周知的"八大菜系"，中国还有许多地方流派菜系，各个少数民族也都有民族特色浓郁的风味流派，极大地丰富了中国的餐饮文化。

中国饮食文化是一种深层次、多角度、广视野、高品位的悠久区域文化，是中华各族人民在生产和生活实践中不断摸索，通过食源开发、食具研制、食品调理、营养保健和饮食审美等方面不断创造、积累并影响周边国家乃至全世界的物质财富和精神财富。

中国的菜肴在历史上发展出了许多流派。一个菜系的形成和它的悠久历史与独特的烹饪技法是分不开的，当然，它也会受到这个地区的自然地理、气候条件、资源特产、饮食习俗等因素的影响。

"八大菜系"就是中国最具代表性的地方菜系。有人曾用拟人的手法形象地描绘了它们的特色差异：川、湘菜就像风流名士，才艺满身；鲁、徽菜犹如北方壮汉，古拙朴实；苏、浙菜好比江南美女，清秀淡雅；粤、闽菜宛如翩翩公子，风流典雅。中国"八大菜系"的烹调技艺各有所长，菜肴也各具韵味，令人叹为观止。

4.1.1　一菜一格，百菜百味的川菜

川菜，即四川菜，起源于中国古代巴、蜀两国，经商、周、秦、汉、晋形成初步轮廓，在唐、宋又有发展，一直到清代末期趋于成熟，至今在海内外广受赞誉。

川菜是中国四大菜系之首，主要由重庆、成都及川北、川南的地方风味、名特菜肴组成。其口味特点是：味多、味广、味厚、味浓，突出一个"味"字。

川菜的烹制方法有：煎、炒、炸、爆、熘、煸、炝、烘、烤、炖、烧、煮、烩、焖、余、烫、煨、蒸、卤、冲、拌、渍、泡、冻、生煎、小炒、干煸、干烧、鲜熘、酥炸、软、旱蒸、油淋、糟醉、炸收、锅贴等。

三香三椒三料，七滋八味九杂，是川菜特点的真实写照。

三香是葱、姜、蒜，三椒是辣椒、胡椒、花椒，三料是醋、郫县豆瓣酱、醪糟。

七滋是酸、甜、苦、辣、麻、香、咸。八味是鱼香、麻辣、酸辣、干烧、辣子、红油、怪味、椒麻。九杂是指用料之杂。

四川拥有优越的自然环境和丰富的特产资源。由于地处长江上游，当地气候温和，雨量充沛，群山环抱，江河纵横，所以盛产粮油，蔬菜瓜果四季不断，家畜家禽品种齐全，在历史上有特产鹿、獐、狍、银耳、虫草、竹笋、江团、雅鱼、岩鲤等，为川菜的形成与发展提供了丰富的物质基础。

川菜的特点是突出麻、辣、香、鲜，油大、味厚，重用三椒（辣椒、花椒、胡椒）和鲜姜，有姜汁、糖醋、鱼香、怪味、椒麻、蒜泥等复合味型，形成了川菜"一菜一格，百菜百味"的特殊风味。

在烹调方法上，川菜擅长炒、滑、熘、爆、煸、炸、煮、煨等，小煎、小炒、干煸和干烧有其独到之处。川菜的菜品繁多，菜式新颖，做工精良。

川菜的代表菜：宫保鸡丁、干烧鱼、回锅肉、麻婆豆腐、夫妻肺片、樟茶鸭子、干煸牛肉丝、怪味鸡块、灯影牛肉、鱼香肉丝、水煮牛肉等。

4.1.2 滋味悠长的粤菜

粤菜，即广东菜，是由广州、潮州、东江 3 个流派聚成，以广州菜为代表。粤菜食味讲究清、鲜、嫩、爽、滑、香，调味遍及酸、甜、苦、辣、咸，号称五滋六味。其烹调特点是突出煎、炸、烩、炖等，口味特点是爽、淡、脆、鲜，菜肴的色彩浓重，滑而不腻。

西汉时就有粤菜的记载，明清时粤菜发展迅速，20 世纪随着对外通商，粤菜吸取西餐的某些特长，也走向世界。

广东地处亚热带，濒临南海，四季常青，物产丰富，山珍海味无所不有，蔬果时鲜四季不同。粤菜有广州菜、潮州菜和东江菜 3 大类。

广州菜取料广泛，品种花样繁多，故有"吃在广州"的赞誉。广州菜的另一个特点是注重质和味，口味比较清淡，讲究清中求鲜，淡中求美，而且随时令变化而变化，有利于养生。夏、秋季，广州菜口味偏清淡；冬、春季，广州菜口味偏浓郁。

潮州菜以烹调海鲜见长，刀工技术讲究，口味偏重香、浓、鲜、甜，喜用鱼露、沙茶酱、姜酒等调味品，甜菜较多。潮州菜的另一特点是讲究上菜次序，以甜菜为头尾，席摆 12 款，下半席上咸点心。

东江菜又称客家菜，客家人本是古代从中原迁徙至南方的汉人，完整地沿袭了中原的语言和风俗习惯，所以中原菜肴的特色在广东也得以保留。东江菜以惠州菜为代表，下油重，口味偏咸，酱料简单，但主料突出。其特点是喜欢用三鸟（鸡、鸭、鹅）、畜肉，很少配用蔬菜，河鲜海产也不常见。

粤菜的代表菜：白灼虾、烤乳猪、香芋扣肉、黄埔炒蛋、炖禾虫、豆酱鸡、护国菜、葱姜炒蟹、干炸虾枣、东江盐焗鸡、东江酿豆腐、爽口牛丸等。

4.1.3 卤味浓重，深蕴文化的鲁菜

鲁菜，即山东菜，有北方代表菜之称，也是黄河流域烹饪文化的代表。鲁菜涵盖了北京、天津、华北、东北地区的烹饪特色。

山东菜的历史可追溯到春秋战国时期，在南北朝时发展壮大；在明、清两代，鲁菜已成为宫廷御膳主体，对京、津及东北地区的影响较大。经元、明、清三代发展，鲁菜被公认为中国地方菜的一大流派。原料多选畜禽、海产、蔬菜，擅长爆、熘、扒、烤、锅、拔丝、蜜汁，偏重于用酱、葱、蒜调味，喜用清汤、奶汤增鲜，口味咸鲜。

山东菜是由济南和胶东两个地方菜发展而成，分为济南风味菜、胶东风味菜、孔府菜和其他地区风味菜，并以济南菜为典型。

济南菜擅长爆炒、烧、炸、焖等烹调方法，尤以清汤和奶汤类菜肴见长，口味以清、鲜、脆、嫩著称。其特点是清香、鲜嫩、味纯，讲究清汤和奶汤。

胶东菜以烹制各种海鲜而驰名，讲究清鲜、脆嫩，原汁原味。烹调方法以炸、熘、爆、炒、煎、焖、扒为主，尤其讲究汤菜、爆菜和扒菜。其特点是清鲜、脆嫩，原汁原味。

鲁菜的代表菜有：清汤燕窝、奶汤蒲菜、葱烧海参、糖醋黄河鲤鱼、九转大肠、油爆双脆、锅烧肘子、油爆海螺、清蒸加吉鱼、扒原壳鲍鱼、烤大虾、炸蛎黄等。

需要特别指出的是，孔府菜是鲁菜中有特别意义的菜系，因孔府在历代封建王朝中所处的特殊地位而保全，是乾隆时代的官府菜。孔府烹饪基本上分为两大类，一类是宴会饮食，一类是日常家餐，极具文化特色。

鲁菜的代表菜：诗礼银杏、一卵孵双凤、八仙过海闹罗汉、孔府一品锅、神仙鸭子、带子上朝、怀抱鲤、花篮鳜鱼、玉带虾仁、油发豆莛等。

4.1.4 风雅别致的苏菜

苏菜，即江苏菜。起始于南北朝，唐宋时经济大发展，推动了饮食业的繁荣，苏菜成为"南食"两大台柱之一。明清时期，苏菜在南北沿运河、东西沿长江的发展更为迅速，传遍大江南北。

苏菜由扬州菜、淮安菜、南京菜、常州菜、苏州菜、镇江菜组成，以炖、焖、煨为主，重视调汤，保持原汁，注重本味，风味清鲜，浓而不腻，淡而不薄，酥松脱骨

而不失其形，滑嫩爽脆而不失其味，口味趋甜，清雅多姿。

苏菜刀工精细，刀法多变。无论是工艺冷盘、花色热菜，还是瓜果雕刻、脱骨浑制、雕镂剔透，都显示了精湛的刀工技术。

苏菜的菜式组合也很有特色，除了日常饮食和各类筵席讲究菜式搭配外，还有"三筵"享誉颇多。其一为船宴，见于太湖、瘦西湖、秦淮河；其二为斋席，见于镇江金山、焦山斋堂、苏州灵岩斋堂、扬州大明寺斋堂等；其三为全席，如全鱼席、全鸭席、鳝鱼席、全蟹席等。

苏菜的代表菜：羊方藏鱼、霸王别姬、三套鸭、煮干丝、狮子头、金陵盐水鸭、松鼠鳜鱼、水晶肴蹄等。

4.1.5　百鸟朝凤的湘菜

湘菜，即湖南菜，是我国历史悠久的一个地方风味菜。湘菜早在汉朝就已经形成菜系，烹调技艺已有相当高的水平。

湘江流域的菜以长沙、衡阳、湘潭为中心，是湘菜的主要代表。其特点是：油重色浓，讲求实惠，在口味上注重酸辣、香鲜、软嫩。

在制法上，湘菜以煨、炖、腊、蒸、炒为主，特别注重煨、烤。煨、炖讲究微火烹调，煨则味透汁浓，炖则汤清如镜；腊味制法包括烟熏、卤制、叉烧，著名的湖南腊肉系烟熏制品，既可以作冷盘，又能热炒，或者用优质原汤蒸，妙用无穷；炒则突出鲜、嫩、香、辣，其精髓已深入寻常百姓家。

湘菜刀工精细，形味兼美，调味多变，以酸辣著称，其共同风味是辣味和腊味。朝天辣椒是制作辣味菜的主要原料，全国各地都有产出。腊肉的制作历史悠久，相传在我国已有两千多年历史。

湘菜种类繁多，门类齐全，雅俗共赏，既有乡土风味、经济方便的大众菜式，也有讲究实惠的筵席菜式、格调高雅的宴会菜式，还有疗疾健身的药膳菜式。

湘菜的代表菜：全家福、百鸟朝凤、霸王别姬、子龙脱袍、三层套鸡、麻仁香酥鸡、花菇无黄蛋等。

4.1.6　人间难得几回尝的浙菜

浙菜，即浙江菜。浙江省位于中国东海之滨，山清水秀，物产丰富，素有江南鱼米之乡的称号。"上有天堂，下有苏杭"，可见其风景的秀美及物产的丰富。

浙菜具有悠久的历史。春秋时期，越国定都会稽，钱塘江流域的农业、商业、手工业生产得到了迅速发展，奠定了坚实的物质基础。南北朝以后，江南几百年免于战争，隋唐开通京杭大运河，宁波、温州两地海运副业拓展，为烹饪事业的崛起和发展提供了巨大的推动力，当时的宫廷菜肴和民间饮食等的烹饪技艺得到了长足的发展。南宋建都杭州后，浙菜在"南食"中占主要地位。

浙菜菜系由以杭州、宁波、绍兴和温州为代表的 4 个地方流派组成，以杭州菜为

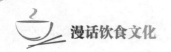

代表，其特点是：鲜嫩软滑，香醇绵糯，清爽不腻。

杭州菜制作精细，品种多样，清鲜爽脆，是浙菜的主流；宁波菜鲜咸合一，以蒸、烤、炖为主，以烹制海鲜见长，讲究鲜嫩软滑，注重保持原汁原味；绍兴菜，擅长烹制河鲜、家禽，入口香酥绵糯，汤浓味重，富有乡村风味；温州菜以海鲜为主，口味清鲜，淡而不薄，烹调讲究"二轻一重"，即轻油、轻芡、重刀工。

浙菜基于以上四大流派，就整体而言，有比较明显的特色、风格，概括起来有以下四个特点。

①选料苛求细、特、鲜、嫩，在选料上保证能制作出精品又极具独特风味的菜式。

②擅长炒、炸、烩、熘、蒸、烧，海鲜、河鲜的烹制方法与北方的烹制方法有显著不同，突出鱼的鲜嫩，保持本味。

③注重清鲜脆嫩的口感，保持主料的本色和真味，多以鲜笋、火腿、冬菇和绿叶菜为辅料，同时十分讲究以绍酒、葱、姜、醋、糖调味。

④形态精巧细腻，清秀雅丽。无论是使用的器皿还是菜品的造型，都让人眼前一亮。

浙菜的代表菜：三丝敲鱼、蒜子鱼皮、爆墨鱼花、西湖醋鱼、东坡肉、油焖春笋、西湖莼菜汤、雪菜大汤黄鱼、宁式鳝丝、干菜焖肉、清汤越鸡等。

4.1.7 甜酸咸香、色美味鲜的闽菜

闽菜，即福建菜。闽菜是以福州菜为基础，融合了闽东、闽南、闽西、闽北、莆仙的地方风味，形成了独具特色的菜系。福建人长期与海外特别是南洋群岛的人民交往，海外的饮食习俗也逐渐渗透到福建的饮食生活之中，从而使闽菜成为一种独特的菜系。闽菜的特点是：以海味为主要原料，注重甜酸咸香，色美味鲜。

闽菜以擅于烹制山珍海味著称，以香、味见长，清鲜、和醇、荤香、不腻的风格特色，独树一帜。其选料精细，刀工严谨；讲究火候，注重调汤；喜用作料，口味多变。闽菜具有四大鲜明特征。

①刀工巧妙，素有剖花如荔、切丝如发、片薄如纸的美誉。

②汤菜众多，善于变化，素有"一汤十变"之说。

③调味奇特，另辟蹊径。闽菜的调味偏于甜、酸、淡，善用糖醋。

④烹调方式细腻，以炒、蒸、煨技术为主。食用器皿也很特殊，大多采用小巧玲珑的大、中、小盖碗，看起来古朴大方。

闽菜的代表菜：佛跳墙、七星鱼丸、乌柳居、白雪鸡、醉排骨、红糟鱼排等。

4.1.8 舌尖上的璀璨明珠徽菜

徽菜，即安徽菜。确切地说，徽菜是指徽州菜，不包括皖北地区。徽菜发端于唐宋时期，兴盛于明清，民国时继续发展，中华人民共和国成立后进一步发扬光大，形成一

大流派。

　　徽菜的形成与地处江南的古徽州独特的地理环境、人文环境、饮食习俗密切相关。徽州盛产竹笋、香菇、木耳、板栗、枇杷、雪梨、琥珀枣，以及石鸡、甲鱼、鹰龟、桃花鳜等。

　　徽菜是由皖南、沿江和沿淮三种地方风味构成的。

　　皖南风味以徽州地方菜肴为代表，它是徽菜的主流和渊源。其主要特点是：擅长烧、炖，讲究火功，并以火腿佐味、冰糖提鲜，善于保持原汁原味。

　　沿江风味盛行于芜湖、安庆及巢湖地区。它以烹调河鲜、家禽见长，讲究刀工，注意形色，善于用糖调味，擅长红烧、清蒸和烟熏技艺，其菜肴具有酥嫩、鲜醇、清爽、浓香的特色。

　　沿淮风味主要盛行于蚌埠、宿县、阜阳等地。其风味特色是：质朴、酥脆、咸鲜、爽口。在烹调上常用烧、炸、馏等技法，善用芫荽、辣椒配色佐味。

　　徽菜的代表菜：黄山炖鸽、腌鲜鳜鱼、清香炒焐鸡、生熏仔鸡、八大锤、蟹黄虾盅、奶汁肥王鱼、香炸琵琶虾、焦炸羊肉、虎皮毛豆腐等。

　　八大菜系各有千秋，用料、做工各有所长，并在发展过程中融合了其他派系的特点，使各自的体系更加完善，极大地丰富了中国的传统饮食文化。

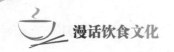

4.2 百花争艳的各地菜式

4.2.1 "鲜"字当头的连菜

大连菜，简称连菜，大连独创菜式。大连地处辽东半岛南端，背靠大东北，隔海与山东半岛相望，海产品丰富。连菜是中国第一个以海产品为主要原料的菜系，结合了鲁菜、东北菜的风味，又融入了部分日餐和俄餐的特色，形成了独具特色的菜系。

说到连菜的发展，不能不提及海味馆、群英楼、苏扬饭店、穆传仁饭店等一批曾红极一时的大连老菜馆，年岁大的大连人至今还能如数家珍地说出它们创制的大连老菜，充满怀念地追忆那鲜香醇厚的味道。

大连老菜多以大连小海鲜和肉类为原料，虽然没有山珍海味那样"雍容大气"，却有一种"大家闺秀"的意境、神韵。炒、烹、炸、炖追求一种细腻的质感，小海鲜类菜肴变化无穷，引领风骚，肉类菜肴讲究精致，如滑熘肉片、清塌肉片、锅塌肉片等，制作十分讲究火候口味，还有穆传仁的"天下第一饺"等鲜美无比。

如今的黑石礁酒楼、蟹子楼、大连老菜馆等继承传统，以原汁原味的大连海鲜老菜为酒店经营的主打特色菜，生意红火。就连大连市的一些五星级酒店也不忘推出几道大连老菜。大连老菜对大连的餐饮业产生了极其重要的影响。

连菜的海鲜部分，突出一个"鲜"字，以原汁原味为主。烹饪的时候，加上葱、姜、蒜以及料酒去掉腥味即可，尽量保持海鲜原有的味道，更有许多海鲜是以生吃而著名。鲜味十足的炒海肠、红烤全虾、清蒸灯笼鲍鱼、油爆海螺、清蒸加吉鱼等；彰显大连饮食文化底蕴的嫩滑味美、咸鲜适口的溜鱼片，鱼香虾仁，红烧海参，外酥里嫩、酸甜可口的糖醋鱼块等；还有近年来推出的一系列创新菜品，都是以"鲜"字当头，突出本味。

连菜的代表菜：兴凯玉龙戏潮、桃花关东参、五彩雪花扇贝、芙蓉脆蛰螺花、鱼头煲、盐酥虾、红烧海味全家福、骨香脆皮刺参等。

4.2.2 兼蓄八方风味的北京菜

北京是我国政治、经济、文化、外交中心，汉、满、蒙、回等各族裔都有在此定居。上自豪华的宫廷御膳、精美的贵族厨房、考究的官府菜肴，下至民间的各色风味小吃都汇聚北京，形成了兼蓄八方风味的北京饮食特色。

北京菜又称"京帮菜"，种类繁多，各地风味兼备，由宫廷菜、官府菜、清真菜、地方菜、风味小吃融合而成。它选择、吸收各菜系烹饪技巧等精华，融合了汉、蒙、满、回等民族的烹饪技艺，并纳入山东风味，继承明清宫廷菜的精华，形成了自己的特殊风味。其特点是：口味浓厚清鲜，质感多样，四季分明，适应性广。其烹调技法多元，以爆、炒、熘、烤、涮、烧、蒸、氽、煮、煨、焖、酱、拔丝、白煮见长。调味继承官府菜的特点，五味不出头、醇厚而不刺激，以清脆、香酥、鲜美为特色，形成了荟萃百家、兼收并蓄、格调高雅、风格独特、自成体系的"北京菜"。

北京地方菜是以鲁菜为基础，兼蓄北方游牧民族的烹饪技巧和饮食习俗，形成了北京的地方特色，口味浓厚。北京地区最早的饮食习惯与山东相似，后来随着北方少数民族迁入，风味渐渐发生变化，慢慢形成了今天的北京地方菜。

宫廷菜是清代宫廷御膳房流传下来的风味菜肴。康熙、乾隆年间，清宫的膳房已具备相当大的规模，各地名菜名点被慢慢引进清宫，其典型代表有荟萃满汉饮食精华的"满汉全席"，著名的北京烤鸭正是由清代乾隆年间宫廷御膳房烤制乳猪的方法移植而来。

北京菜的另一类是来自官宦豪门的穷水陆之珍的官府菜。古时的北京豪门重重，衙门林立，高官巨贾"家蓄美厨，竞比成风"，因此形成了用料考究精致、益寿、典雅的官府菜。官府菜是北京菜的重要构成，它品类繁多，是一个庞大的饮食派系。清朝末期，官府风味的名菜名点不下两三百种。当年名震京城的谭家菜就是官府菜的典型代表。

清真菜是北京菜的重要代表，历史悠久，以牛羊肉为主要原料，风味独特，深受群众喜爱，涮羊肉现在已传遍全国各地。

另外，由于北京长期形成的市井文化，结合了各种菜系以及民族风味的北京小吃也很有特色，各种糕点琳琅满目，特制、秘制小吃比比皆是，如艾窝窝、驴打滚、糖耳朵、面茶、糖火烧、豌豆黄、奶油炸糕等，还有老北京人钟爱的豆汁，不胜枚举的北京小吃为北京菜锦上添花，做出了有益的补充。

北京菜的代表菜：北京烤鸭、涮羊肉、熘鱼片、醋椒鱼、烤肉、板栗金塔肉、四喜丸子、带把肘子、抓炒里脊、京酱肉丝、炒合菜、油爆双脆、葱爆羊肉等。

4.2.3 融汇百家，别具一格的上海菜

上海工业发达，商业繁荣，一直以"国际大都会"著称于世。那里气候宜人，四

季分明，江湖密布，盛产鱼虾，四时蔬菜常青，物产丰富。

上海工商业发达，商贾云集，饭店、酒楼应运而生。上海在全国的特殊的商业地位，促使各种地方菜馆汇聚上海滩，出现了各种风味流派长期共存、相互竞争、取长补短、中西兼容的商业景象，形成了品样繁多又独具特色的上海菜。

上海菜也叫沪菜。沪菜的主要特点是选料精良、刀工精细、制作考究、火工恰当，在口味上以清淡素雅、咸鲜适中为主。基本特点是汤卤醇厚、浓油赤酱、糖重色艳、咸淡适口。选料注重活、生、寸、鲜；调味擅长咸、甜、糟、酸。

上海菜以红烧、生煸见长，后又博采众家所长，发展出自己的特色菜，具有以下特点。

①讲究时令：选用四季新鲜蔬菜，主料以江浙一带的活鱼为主，当场活杀烹制。

②菜品众多，四季有别：选取应季蔬菜，顺应自然，不反季节。

③烹调方法讲究，不断加以改进：上海菜原来以烧、蒸、煨、窝、炒为主，现发展为以烧、生煸、滑炒、蒸为主。其中，生煸、滑炒主要是用于烹调四季河鲜。

④口味变化大：原来的上海菜以浓汤、浓汁、厚味为主，后来逐步变为卤汁适中，选用复合调料，兼容并蓄，有清淡素雅的，也有浓油赤酱的，尤其是夏、秋季的糟味菜肴，香味浓郁，韵味十足。

上海菜的代表菜：八宝鸭、水晶虾仁、上海红烧肉、上海白斩鸡、油爆虾、上海糖醋小排、糟钵香鱼头、松江鲈鱼、素蟹粉。此外，还有上海老大方糕、五芳斋点心、南翔小笼馒头等糕饼美点。

4.2.4 酸辣醇香、酥脆可口的青海菜

青海地处青藏高原，境内山脉高耸，地形多样，河流纵横，湖泊棋布，约80%的面积属草原，东部是农业区与半农半牧区，有牦牛、藏羊、湟鱼、冬虫夏草等及众多蔬菜瓜果。

青海菜以农业区和半农半牧区的汉族和回族风味为主，相对来说受清真菜的影响更大。两者在烹制技法和调味上相互融会，在吸取了藏族风味体系的基础上，以牛羊肉和其他土特产品为主体原料，采用炒、烧、烤、蒸、煮、炖等烹调方法，以酸辣、醇香、酥脆为口味特征，形成了青海菜风味的主体。

青海是多民族聚集之地，在相互的日常交流中互通有无，相互借鉴，形成了众多的菜肴、小吃、面点，风味各有特色。青海菜的特点是：醇香、软酥、脆嫩、酸辣，既有北方菜的清醇，又有川菜的麻辣，还融合了南菜的香甜。

青海菜的代表菜：青海三烧、青海手抓羊肉、青海酸辣里脊、青海烧全羊、土火锅、清蒸牛蹄筋、清汤羊肚等。

4.2.5 酸香咸辣，令人咋舌的贵州菜

贵州是一个多民族聚集地，有40多个少数民族。贵州菜以烹制山珍及鸡、鸭、

猪、牛、各类蔬菜、豆腐出名，菜味咸、鲜、辣、酸、香，咸、辣是贵州菜的主要特点。

贵州菜由贵阳菜、黔北菜和少数民族菜等组成，受川菜的影响较大，与川菜的麻辣不同，贵州菜以香辣、酸辣为主要特色。贵州菜的酸不像山西菜靠醋提供，而是来自酸汤，酸汤是贵州地区苗族的饮食特色。香辣味的菜肴也有很多，如有名的贵州菜"息烽阳朗鸡"，因最初出自息烽阳朗而得名，该菜选取当地当年土仔公鸡，用独特的工艺达到鸡肉鲜香松软、味辣香浓。还有酸汤鱼，入口有惊艳的感觉，乌江鱼肉质鲜嫩，汲取了酸汤的精华，突出贵州菜"辣醇、酸鲜、香浓、味厚"的特点。

贵州菜的代表菜：双色黄粑、酸菜小豆汤、金钱肉、凤尾鱿鱼、烧杂烩等。

4.2.6　注重本味的云南菜

云南地处大西南，气候极具特色，集中了热带、亚热带、温带的大部分物种，具有多元的民族文化、壮丽的自然景观。云南菜也称"滇菜"，由滇东北地区、滇西南、滇南三个地区的菜点构成。

云南菜的主体是滇南菜，特色是选料广、风味多，擅长烹调山珍、水鲜，讲究原汁原味、酥脆、重油、醇厚、糯而不烂、嫩而不生，其口味是鲜嫩清滑、香甜得宜、酸辣适中，造型极具美感。

滇东北地区与四川接壤，与中原交往较多，菜肴的烹调技法、口味都与川菜相似。而滇西南地区与西藏毗邻，并与缅甸、老挝接壤，且少数民族较多，菜肴受藏族、回族、寺院菜的影响，因此极具少数民族特色。

云南菜的代表菜：云南风味荞丝、金钱云腿、椰香泡椒煎牛柳、红烧鸡枞菌、芫爆松茸、傣味香茅草烤鱼、怒江金沙大虾、太极干巴菌、菊花银耳、汽锅鸡、过桥米线、都督烧卖、大理夹沙乳扇、滇味凉米线、云南春卷等。

4.2.7　汇聚天下美味的港澳菜

香港号称"美食天堂"，澳门与香港类似，为中西文化交汇地，汇集了中国各地和世界各国的美食。港澳菜就是将中国菜和世界各国美食相结合而来。

香港菜基本保留粤菜的传统。香港厨师擅长吸取各家之长，融会贯通，推陈出新，使以粤菜为主的港式菜点美名远扬。香港除了汇聚驰誉世界的中国各省风味美食外，也兼备亚洲及欧美著名佳肴。香港饮食种类繁多，山珍海味应有尽有。人们可以身在香港却遍尝中西各色美味。

与香港各种菜肴林立不同的是，葡式菜是澳门的地道美食，风味浓郁。

澳门菜分为葡式菜和澳门地道式菜两种。经过改良的澳门葡式菜结合了葡萄牙、印度、马来西亚及中国菜的烹饪技术，在照顾东方口味的基础上，又保留了异国风味的特点，独具特色。

香港菜的代表菜：金奖乳鸽、过桥客咸鸡、避风塘炒蟹、云吞面、车仔面等。

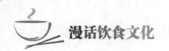

澳门菜的代表菜：马介休球、红豆猪手、芝士西兰花、猪扒包等。澳门海鲜火锅也是冬季热门，当然还有澳门简餐，如葡式蛋挞配葡式奶茶等。

4.2.8　汤汤水水的台湾菜

台湾与厦门隔海相望。台湾菜以闽菜为基础，杂以粤、川、湘等地风味，兼受海外影响而形成自己的特色。其主料以海鲜为主，口感清淡、醇和、鲜美，兼有甜辣味，注重制汤。调味不求繁复，清、淡、鲜、醇，倾向自然原味，成了台湾菜的口味特点。

台湾菜素有"汤汤水水"之称，台式料理中，可汤可菜的羹汤菜不在少数，以酸甜滋味见长。将腌制过或酱制过的食物佐以其他食材，烹出美味菜肴来，风味特殊，广受人们欢迎。

台湾菜的代表菜：台湾姜母鸭、台湾蚵仔煎、黄燕虾球、菜脯蛋、花生猪脚卤、三杯鸡等。

4.3 中华名小吃的故事传说

【学习目标】
1. 能复述中华名小吃的经典故事，丰富饮食文化知识。
2. 学习经典的传统美食制作方法，为家人制作一道美味小吃。

【导学参考】
1. 以"我的美味小吃店"为主题，设计一个自己在未来经营的小吃店，向大家介绍小吃店的位置、名称、主营品种的特色和传说故事等。
2. 拓展学习：课后为家人制作一道美味小吃。

4.3.1 幸福的过桥米线

云南人对米线的喜爱，可以说达到了痴迷的程度，他们把米线的吃法发展到了极致。过桥米线、鳝鱼米线、大锅米线、豆花米线，是众多米线中的代表。米线就是米粉条，是一种以稻米为原料，经过浸泡、磨粉、蒸熟、压榨等工序制成的线状食品。其中，过桥米线主要以汤、肉片、米线再加作料做成。

关于过桥米线的由来，民间有一个美丽的传说。相传，清代的时候，滇南蒙自县有一个姓张的秀才，每日刻苦攻读。他把自己关在南湖的一个小岛上备考。他的妻子每天都给他送饭，但因路远，冬天饭菜送到时都冷了，秀才吃着勉强，妻子十分心疼。有一天，妻子炖了一只母鸡，又在汤中加入米线，做好后送给秀才。不料由于劳累过度，妻子走出门不久突然晕倒在地。醒来时已经日偏西山，看看食物还完好，她赶紧送给丈夫吃。令妻子惊喜的是，丈夫吃了很满意，赞不绝口。妻子感到奇怪，伸手一摸瓦罐，竟然还是热乎乎的。原来是汤面上的一层鸡油保住了汤的温度。受此启发，妻子冬天给秀才送饭，便常送米线，并在盛米线鸡汤的瓦罐里放上厚厚的鸡油以保持温度。后来，秀才终于考中了状元，回想起当年，每次妻子都要经过一座长桥给他送米线，不无感慨地说道："我们就叫它'过桥米线'吧。"从此，过桥米线就在民间传开了。

过桥米线是云南滇南地区特有的食品，已有多年历史。过桥米线由四部分组成：一是汤料上覆盖的一层滚油；二是佐料，有油辣子、味精、胡椒、盐；三是主料，有生的猪里脊肉片、鸡脯肉片、乌鱼片等；辅料有豌豆尖、韭菜、氽过的豆腐皮等；四是主食，即用水略烫过的米线，米线以细白、有韧性者为好。做好的过桥米线以鹅油封面，汤汁滚烫，但不冒热气。米线含有丰富的碳水化合物、维生素、矿物质及酵素等，易于消化，特别适合用于火锅和休闲快餐。

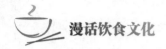

4.3.2　诸葛亮与蟹黄汤包

蟹黄汤包是江苏传统美食，它皮薄、汤多、馅饱、味道鲜美。制作"绝"，形态"美"，吃法"奇"，让蟹黄汤包誉满全国，蜚声四海。最出名的当属靖江和镇江的蟹黄汤包。

蟹黄汤包在三国时就有制作。传说刘备的夫人孙尚香非常喜欢吃蟹黄。刘备去世后，孙夫人十分悲痛。忠于爱情的孙夫人遥望滚滚大江，满含悲愤地登上了北固山，祭拜过上苍和丈夫亡灵后，跳入长江。诸葛亮感怀殉情投江自尽的孙夫人，便派人去东吴祭奠，了却心愿。诸葛亮嘱托前去江东的老吴用肉馒头祭奠，并告知他孙夫人喜欢吃蟹黄。老吴便用蟹黄、蟹肉和猪肉调馅，做成肉馒头。在江边，老吴摆好香案，点燃香烛，奉上49个肉馒头，掏出诸葛亮写的祭文宣读。随行的官员不知供奉的肉馒头是什么东西，老吴故弄玄虚，告诉众人，这是孙夫人在世时最喜爱吃的蟹黄烫包。老吴口齿不清说话漏风，把"烫"说成"汤"，大家也随声附和，从此蟹黄汤包就在当地流传开来。

蟹黄汤包的原料十分讲究，馅为蟹黄和蟹肉，汤为原味鸡汤，皮为高筋面粉，制作工艺精妙绝伦。比较出名的有南京龙袍蟹黄汤包、靖江蟹黄汤包等。南京常年举办龙袍蟹黄汤包美食文化节，龙袍蟹黄汤包因此享誉海内外。

4.3.3　为济苍生而献的太白鸭

太白鸭是四川名菜，因与诗仙李白（字太白）有关而得名。此菜色白肉烂，汤鲜味美，不仅皮酥肉烂、醇香不腻，还有滋补的功效。

传说唐朝天宝元年，李白奉唐玄宗之诏入京供职翰林，因他为人豪放，不畏权势，深得百官敬重。李白原以为自己可以在政治上有一番作为，不料唐玄宗只把他看作一个写诗填词的"弄臣"，所以政治上李白并未受到重用，再加上杨贵妃、杨国忠、高力士等人的谗言诬陷，李白被唐玄宗逐渐疏远。

为了实现自己的抱负，李白便想办法接近唐玄宗。一天，他想起了年轻时在四川吃过的美味鸭子。为讨皇上欢心，他亲自下厨，用肥鸭加上百年陈酿花雕、枸杞、三七和调味料，一起放在容器内，用皮纸封严容器口，蒸熟后献给唐玄宗。唐玄宗食后，觉得此菜味道极佳，回味无穷，大加称赞，询问李白这菜品是用什么制作的。李白回答："臣虑陛下龙体劳累，特加补剂耳。"玄宗非常高兴地说道："此菜世上少有，可称'太白鸭'。"

鸭肉中的B族维生素、维生素E含量比其他肉类多，还有丰富的微量元素，能够助人抵抗衰老，烟酸含量也非常高，对心脏病患者有着很好的保护作用。"太白鸭"后来名声大振，代代流传，成为四川的传统佳肴。

4.3.4　圆润味美的鱼丸

鱼丸是福州、闽南、广州、台湾、江西抚州一带的特色传统名点，属于粤菜或闽菜系。鱼丸又名水丸，古时称氽鱼丸，可作点心配料，也可作汤。做熟的鱼丸，其色如瓷，味道鲜美，富有弹性，脆而不腻，为宴席常见菜品。

传说，鱼丸的由来与秦始皇有关。据稗史记载，秦始皇喜欢吃鱼，每餐必有鱼，又因怕六国遗民复仇，所以忌讳多多。他吃的鱼肴里不许有鱼刺，有好几个厨师因为没处理好鱼刺而被罚。一天，一名厨师制作御膳时不小心把鱼斩成了两段，心里胆怯不已，因为不久前有楚国人在秦始皇巡视南方的途中刺杀秦始皇未遂，他怕秦始皇忌讳鱼被斩成两段。惊惧之中，他一不做二不休，用刀背砸鱼发泄压力。砸着砸着，他惊奇地发现，鱼刺竟自动露了出来，鱼肉成了鱼茸。正在这时，宫中通知传膳了。厨师急中生智，拣出鱼刺，顺手将鱼茸捏成丸子，不假思索地投入已烧沸的汤中，很快，一个个洁白、软弹的鱼丸浮于汤面上，他赶忙将洁白晶莹、鲜嫩味美的鱼丸盛入碗中，诚惶诚恐地奉献于秦始皇面前。秦始皇一尝，只觉鲜嫩味美，赞不绝口，下令给予奖赏。从此，"鱼丸"成了秦朝宫廷膳食中很受器重的名馔。后来，这种做法从宫廷渐渐传到民间，流传至今。

鱼丸因注重选料和制作工艺而闻名遐迩。福州有"没有鱼丸不成席"之说，福州鱼丸是以鱼肉做外皮的带馅丸子，选料精细，制作考究，皮薄而均匀，色泽洁白晶亮，食之滑润清脆，汤汁荤香不腻。鱼丸多用鳗鱼等海鱼或者淡水鱼剁蓉，加甘薯粉（淀粉）搅拌均匀，再包以猪瘦肉或虾等馅制成丸状，是富有沿海特色的风味小吃之一。

4.3.5　机智保身的万三蹄

位于江苏省苏州市昆山市的周庄号称"中国第一水乡"，拥有悠久的历史和丰厚的文化积淀。周庄的菜式得天独厚，尤以万三蹄为最。万三蹄是江南巨富沈万三招待贵宾的必备菜。"家有筵席，必有酥蹄。"此菜历经数百年的流传，已经成为周庄人逢年过节和婚宴的主菜。万三蹄的肉质酥烂，入口即化，肉汁香浓，肥而不腻，皮肥肉鲜，甜咸相宜，滋味无穷。

关于"万三蹄"的来历，有一个历史故事。相传明朝时，朱元璋当了皇帝后，全国都避讳说猪。朱元璋对富可敌国的沈万山心有忌惮。有一次，朱元璋到沈万三家做客，沈万三以猪蹄招待朱元璋。朱元璋看到后，故意问这个怎么吃。沈万三一惊，心里明白这是朱元璋在找茬，因为整个猪蹄没有切开，如果沈万三用刀来处理，朱元璋就可以名正言顺地治他的罪。沈万三随机应变，从猪蹄中抽出一根细骨头来，以骨切肉，解了朱元璋给的难题。朱元璋吃了觉得很好吃，就问沈万三这道菜叫什么名字。沈万三当然不能说是"猪"蹄，于是一拍自己的大腿说："这是万三蹄啊。""万三蹄"由此得名。

"万三蹄"用料讲究，以肥瘦适中的猪后腿为原料，加入调制的配料，入砂锅经一天一夜煨焖而成，制成的万三蹄皮色酱红、香气四溢、肥而不腻、酥而不烂。如今"万三蹄"成了周庄人的看家菜，"万三蹄"荣获各种殊荣，成为享誉中外的中华美食。

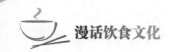

4.3.6   感恩救命的灌香肠

灌香肠是北京地区汉族的传统名吃之一，是北京人喜爱的一种大众街头小吃。灌香肠和宋代著名的文学家、美食家苏轼颇有渊源。

据传宋朝光佑年间，杭州一带大旱，庄稼颗粒无收。时任杭州太守的苏轼体恤百姓疾苦，开仓放粮，救了一州百姓。不料，他却被人以"借救灾之名，行贪污之实"的罪名诬告，糊涂的抚台竟然将苏轼拘捕查办。

诬告他的人又买通看守暗使手脚，将苏轼迫害得奄奄一息。一天，看守提着一个篮子进来，对苏轼说：有人送你美餐了。苏轼凑近一看，竟然是一篮子又腥又臭的猪肠。饥肠辘辘的他也顾不了许多，用手向下一扒，却惊奇地闻到了香味。他从下面抽出一根香气醉人的香肠，狼吞虎咽起来。靠这些可口的香肠充饥，苏轼的身体慢慢康复了。

不久，朝廷派人查明此案，苏轼官复原职。出狱后，他想方设法打听肠子菜的由来。原来，杭州有位姓陈的屠夫深感苏太守恩德，曾几次送去美味的肉菜，都被看守吃掉了。无奈，他才想出把佳肴灌进猪肠做成肠子菜，然后在上面盖上又腥又臭的猪肠，以此骗过了看守，救了苏轼的性命。苏轼非常感激来自百姓的厚爱，高兴地把这道菜取名为"灌香肠"。

灌香肠含有大量脂肪、蛋白质、糖类以及铁、钙、钾、钠等成分，色泽鲜艳、红白分明，有补血、健脾、壮筋骨等功能，因为与苏轼的这段渊源而在民间广为流传。

4.3.7   成吉思汗与铁板烧

铁板烧是一种烤肉方法，是用蒙古传统的烧烤方法制作的，也叫成吉思汗火锅，俗称"成吉思汗铁板烧"。用铁板烤肉，制作方法独特，食法别致，烤具方便携带，很适合用于饭店经营和野餐。

相传，成吉思汗在一次围猎宿营时，让士兵架起篝火烤肉。肉被旺火熏得焦黑，他的食欲大减。看着眼前跳跃的篝火，他灵机一动，顺手取一个士兵的铁盔放到篝火上，拔出腰刀，把猎来的黄羊肉切成薄片，贴在头盔内壁上烤炙。烤出的肉片外焦里嫩，成吉思汗津津有味地吃起来。士兵们纷纷效仿，果然肉片醇香味美，整个宿营地一下子热闹起来。后来，随着蒙古大军东征西讨，这种食法随军传到了欧洲、东南亚国家和日本，很快风靡世界。因为这种吃法由成吉思汗首创，所以被称为"成吉思汗铁板烧"。

铁板烤肉的选料以羊肉为佳，其次可用牛、猪、鸡、鱼、虾肉，切成适度薄片，腌制后放在铁板上烤熟，蘸以芝麻酱、辣椒、芥菜、蒜泥等调配的佐料汁食用。肉味鲜香可口，别具一格。

4.3.8   "狗仔卖包子，一概不理睬"

狗不理包子始创于清朝，已有100多年历史，是中华老字号之一，是世界闻名的中华美食之一。狗不理包子以鲜肉包为主，兼有三鲜包、海鲜包、酱肉包、素包子等

6 大类、98 个品种。2011 年 11 月，国务院公布了第三批国家级非物质文化遗产名录，"狗不理包子传统手工制作技艺"项目被列入其中。

"狗不理包子"的创始人高贵友生于清朝咸丰年间。其父老来得子，为求平安，为其取乳名"狗子"，期望他能像小狗一样好养活。清朝同治年间，高贵友在天津开了一家包子铺，名为"德聚号"。高贵友手艺好，做事认真，从不掺假。他制作的包子口感柔软，鲜香不腻，形似菊花，可以说，色香味形都独具特色，吸引了方圆十里、百里的人来吃包子，包子铺的生意十分兴隆。高贵友常常忙不过来，就想出一个经营新点子。他在店内桌上放上几大箩洗干净的筷子，顾客想买包子，就先把钱放进碗内，然后他按碗里的钱给顾客包子。顾客自取筷子，吃完包子，放下碗筷就离店，而高贵友忙得自始至终不发一言。这样一来，吃包子的人都取笑他说："狗仔卖包子，一概不理睬。"久而久之，人们都叫他"狗不理"，把他的包子称作"狗不理包子"。

慈禧太后慕名品尝狗不理包子后，大加赞赏。从此，狗不理包子远近闻名，久盛不衰。

狗不理包子以其味道鲜美而誉满全国，名扬中外。狗不理包子用料精细、制作讲究，在选料、配方、搅拌以及揉面、擀面等方面都有一定的绝招。每个包子都是 18个褶。刚出屉的包子，大小整齐，色白面柔，爽眼舒心，咬一口，油水汪汪，香而不腻，名列"天津三绝"食品之首。其特点是选料精良、皮薄馅大、口味醇香、鲜嫩适口、肥而不腻。

4.3.9　保定驴肉火烧

驴肉火烧是华北地区极为流行的传统小吃，起源于保定、河间一带，广泛流传于冀中平原。驴肉火烧经过不断地发展和推广，闻名大江南北。保定是河北省餐饮文化中心和冀菜发源地，当地驴肉火烧是圆的，而河间的驴肉火烧是长方形的。

说起"保定驴肉火烧"，它也有一段来历。相传，明朝开国皇帝朱元璋死后，其后代同室操戈。朱元璋的四儿子燕王朱棣起兵谋反，在保定府徐水县漕河打了一场败仗。当时军粮匮乏，饿得饥肠辘辘之时，朱棣响应士兵要求，效仿古人杀马吃。但是马肉纤维比较粗，单独嚼的话难以下咽，于是，有士兵把马肉煮熟了，夹着当地做的火烧吃，味道还算不错。朱棣登基称帝后，有心人效仿士兵们的做法，用马肉做成"马肉火烧"。因为马肉火烧曾经被皇帝吃过，所以销路很好。谁知好景不长，没过多久，朝廷要与蒙古人打仗，马成了战略物资，不能随便杀。聪明的经营者就想到用驴肉来替代马肉。驴肉纤维比马肉纤维细腻，而且纯瘦不肥，做成的火烧比马肉火烧更好吃。保定驴肉火烧从此名扬天下！

驴肉是一种高蛋白、低脂肪、低胆固醇的肉，具有良好的保健作用，能为人们提供良好的营养补充。驴肉火烧所用驴肉，选料极为严格，加工精细，将肉夹在刚刚出炉的外脆里嫩的火烧里，再配上酱菜和小米粥，吃起来外热内爽、回味无穷。

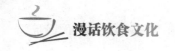

4.3.10 风靡古今的狮子头

狮子头是淮扬菜系中的一道传统菜肴。扬州狮子头有清炖、清蒸、红烧三种烹调方法，菜品较多，有清炖蟹粉狮子头、河蚌烧狮子头、风鸡烧狮子头。

传说当年隋炀帝下江南，来到了扬州。在游览了万松山、金钱墩、象牙林、葵花岗四大名景之后，他命御厨以四大名景为题，做出四道菜来。御厨绞尽脑汁，用尽平生所学，结合扬州当地的传统菜肴，终于烹制出松鼠鳜鱼、金钱虾饼、象牙鸡条和葵花斩肉这四道菜，隋炀帝品尝后龙颜大悦，赐宴群臣，一时四大名菜倾倒朝野。

到了唐代，由于经济繁荣，权贵们饮宴成风，竞相请客，这四道菜常常成为主菜。有一次，国公韦陟宴客。葵花斩肉上桌时，只见那用硕大的肉丸子做成的葵花心，状若雄狮之首。有宾客为取悦主人，灵机一动，道："国公半生戎马，战功彪炳史册，应佩狮子印。不如将此菜更名为'狮子头'。"韦陟仔细看这道菜，果然形似狮子头，高兴之余颔首肯定。从此以后，葵花斩肉便更名为"狮子头"，风靡大江南北。

狮子头的烹制极重火功，用微火焖约 40 分钟，这样做出的狮子头肥而不腻、入口即化。狮子头是由六成肥肉和四成瘦肉加上葱、姜、鸡蛋等配料斩成肉泥，做成的拳头大小的肉丸，可清蒸可红烧，口感软糯滑腻。狮子头就是一种丸子，特点是个大、外焦里嫩。有的地方叫它"四喜丸子"。狮子头健康、营养，深受人们喜爱。

4.3.11 名不副实的夫妻肺片

夫妻肺片是四川省成都市的一道名菜。2018 年 9 月 10 日，"中国菜"正式发布，"夫妻肺片"被评为"中国菜"四川十大经典名菜。

这道菜起源于 20 世纪 30 年代。当时，有少数民族聚居在成都皇城附近，他们只食用牛羊肉，忌食内脏，于是把所有内脏都扔掉了。有一对年轻的夫妇，以叫卖凉拌肺片为业。夫妻俩看到这些内脏都被扔掉，觉得很可惜，于是就在屠宰场翻捡出扔掉的内脏，打理干净后上锅煮熟，再搭配特制的红油、花椒、芝麻、香油、味精及上等的酱油和鲜嫩的芹菜等各色调配料拌制。由于这种凉拌菜选用废弃的牛内脏做食材，价格便宜、味道好，颇受欢迎。夫妻俩将这种凉拌牛杂称为"夫妻废片"，因为"废片"二字不好听，再加上食材中有牛肺片，便取'废'的谐音'肺'，改名为"夫妻肺片"。后来，他们发现牛肺的口感不好，便取消了牛肺。"夫妻肺片"因调制得法，香味浓郁，被人称赞"车行半边路，肉香一条街"。有人慕名尝过夫妻肺片，赞叹不已，送上一个金字牌匾，上书"夫妻肺片"四个大字。从此，夫妻肺片这一小吃就更有名了。

夫妻肺片通常以牛头皮、牛心、牛舌、牛肚、牛肉进行卤制，而后切片，再配以辣椒油、花椒面等辅料制成红油浇在上面，烩拌而成，并不用肺。其特点是色泽红亮、质地软嫩、口味麻辣浓香，放入口中，顿觉麻辣鲜香、软糯爽滑、脆筋柔糜、细嫩化渣，是成都有名小吃。

4.3.12　滋味鲜长的肉夹馍

肉夹馍是陕西省的传统特色食物之一，历史悠久，闻名遐迩。2016 年 1 月，肉夹馍入选陕西省第五批非物质文化遗产名录。在西安，樊记腊汁肉远近闻名。它历史悠久，素有"肥肉吃了不腻口，瘦肉无渣满含油"的赞语，用白吉馍夹腊汁肉，更是别有风味，俗称腊汁肉夹馍。

相传唐朝时，长安城东有位姓樊的官宦人家，为人正直。一天，樊老爷拜朝回府，路遇一位衣衫褴褛的小伙子跪在一具尸体旁放声痛哭。樊老爷打听得知，小伙子随母亲逃难到此，不幸母亲身亡，没钱安葬。樊老爷命家人帮他安葬了老母，并赠银百两，让小伙子去做点小买卖。10 年后，小伙子经营腊汁肉发了大财。为报樊府之恩，借樊老爷80 寿辰之机，小伙子用百株花椒树的木料做成棺木，再用 500 斤猪肉烹制成上等腊汁肉放进棺内，妥善密封后送进樊府。樊老爷当时如日中天，寿辰吉日收到的贵重礼物堆积成山，对棺木没有理会。家人将棺木抬入后院柴房便淡忘了。

不久，樊老爷去世，家道中落。樊家人生活日趋艰难，靠变卖、典当旧物度日，最后竟无米下锅。家人突然想起柴房内有一棺木，可变卖度日。老夫人走投无路，便同意家人将棺木抬去卖掉。不料几个人去抬棺木却抬不动，家人纳闷，打开一看，原来里面装着满满一棺木新鲜的腊汁肉，香气扑鼻。家人拿出一些腊汁肉上街去卖，没想到反响极好，很多人吃过后登门来买肉。樊家便在门前开起了店铺，生意非常兴隆。眼看棺木中的腊汁肉即将卖完，闻讯赶来的小伙子送上腊汁的配方。老夫人便令人买些鲜肉，用调配的腊汁煮成新的腊汁肉，保持了原来的风味。樊家腊汁肉的名气越来越大，后来，樊家人又将腊汁肉夹在刚刚出炉的白吉馍中做成肉夹馍，馍香肉酥，让人回味无穷。

在陕西，除腊汁肉夹馍，还有肉臊子夹馍、潼关肉夹馍。肉夹馍的肉酥烂，馍香脆，爽而不腻，滋味鲜长，人们形象地将它比喻为"中国式汉堡包"。

4.3.13　穷途末路时的羊肉泡馍

羊肉泡馍亦称羊肉泡，古称"羊羹"，关中地区汉族风味美馔。苏轼留有"陇馔有熊腊，秦烹唯羊羹"的诗句。因它暖胃、耐饥，素为陕西人民所喜爱，是陕西名吃的代表。

相传，宋太祖赵匡胤不得志时，曾穷到流浪长安街头的地步。一天，他身上只剩下两块保存了很久的干馍，根本咬不动。他饿得头昏脑涨时，看见路边有一羊肉铺正在煮羊肉，就恳求老板娘给一碗羊肉汤。老板娘见他可怜，让他把馍掰碎盛在碗里，老板娘再浇上一勺滚烫的羊肉汤，把馍泡软。赵匡胤接过泡好的馍，狼吞虎咽地吃了起来，吃得他全身发热，头上冒汗，饥寒全消。10 年后，赵匡胤当了北宋的开国皇帝，一次出巡长安，路经当年那家羊肉铺，不禁想起 10 年前吃羊肉汤泡馍的情景，感慨万千，请老板娘再做一碗羊肉汤泡馍。皇帝在门口，老板娘哪见过这阵势，一下慌了手脚，赶紧烙成几个死面饼，慌乱中饼没烙熟，因不敢让皇帝久等，便只好把馍掰得碎碎的，下锅

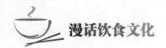

加上羊肉汤又煮了煮，放上几大片熟羊肉，配好调料，赶紧端给赵匡胤。赵匡胤吃后大加赞赏，命随从赠老板娘白银百两。皇帝出巡吃羊肉汤泡馍的事情一下子就传遍了长安。于是来店吃羊肉汤泡馍的人越来越多，羊肉汤泡馍成为长安独具风味的食品，后来人们就叫它"羊肉泡馍"。

羊肉泡馍烹制精细，料重味醇，肉烂汤浓，营养丰富，香气四溢，诱人食欲，食后回味无穷。

4.4　少数民族风味流派

〔学习目标〕

1. 了解少数民族风味流派的地域特点、发展历史和代表菜肴。

2. 从少数民族菜肴了解各民族的习俗及其独特的饮食文化。

〔导学参考〕

1. 学习形式：分组查阅资料，共同研讨。

2. 问题任务。

(1) 谈谈冠盖古今的"满汉全席"中满族菜的特点。

(2) 哪个少数民族有"瓜果之乡"的美誉？概括他们的饮食特点。

(3) "手抓肉"是蒙古族最具民族特点的一道菜，说说他们是如何制作的。

3. 自设话题，谈谈各少数民族的饮食特点。

人类社会的饮食生活，反映了一定历史时期的社会文明状况与文化风貌。如果我们剥离某一民族文化中的饮食文化因素，那么，这个民族的文化面貌会变得面目模糊，失去特色。也就是说，任何一个民族的文化都包含了自己独特的饮食文化。

同千人千面一样，每个民族都有自己对食生活、食文化的深刻思考与积极创造。各个民族饮食生活的风格、饮食文化的特质及思想，都对民族文化产生了深远的影响。中国各少数民族饮食文化的发展历程，虽与汉族的不尽相同，却都深深印上了汉族饮食文化的烙印。

4.4.1　回族风味

回族是中国分布最广的少数民族，散居在全国许多地区，具有大分散、小集中的特点，在回族人居住较集中的地方都建有清真寺。明清时期，回族饮食风味基本形成，也叫清真风味。回族清真菜在众多少数民族菜肴中独树一帜，东来顺、鸿宾楼、烤肉季等清真餐馆享誉中国，对中国的饮食发展影响深远。

清真菜的特点是选料严谨、工艺精细，烹饪技法以炮、烤、涮、烩为主，口味咸鲜，汁浓味厚，肥而不腻，鲜而不膻，这些特性与汉族的饮食文化极为相像。

中国各地清真菜主要以牛羊肉及其奶制品为烹饪原料。但不同地区也各有特色，稍有差异。比如，京津、华北地区兼食海鲜、河鲜、禽蛋、果蔬，并且讲究火候、精于刀工、色香味并重。西南地区善于食用家禽和菌类，菜肴清鲜而不寡淡，注重原汁原味。

回族风味的代表菜：涮羊肉、烤羊肉串、炮羊肉、葱爆羊肉、黄焖牛肉、清水爆

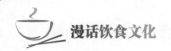

肚、炒鸡块、麻辣羊肉糕、手抓羊肉、奶油炸糕、牛羊肉泡馍、伊斯兰烧饼、万盛马糕点等。

4.4.2　满族风味

明代满族先民女真人大举南迁，定居东北地区，以居住在辽宁省的人数最多。清朝时，满族人散居全国各地，满汉文化日益融合，满汉饮食文化和饮食习俗得以广泛交流。融合了满席特点和汉席精华的"满汉全席"正是这一历史现象的鲜活见证。

由于历史的原因，满族与汉族频繁交流，饮食习惯与汉族有许多相似之处。他们以杂粮为主食，猪肉为主要肉食。同时，他们也保留了喜吃甜食的民族饮食风俗，有饽饽、酸汤子、萨其玛等具有民族特色的食品。

酸汤子是满族的家常食品，制作简单。一般是和好面后，把面团放在手心向外挤，从小手指缝挤出一条条筷子般粗细的扁形面条，直接将其挤到开水锅里，再加上各种调料和蔬菜等食用。

萨其玛是满族传统风味糕点，汉语叫"金丝糕"或"蛋条糕"，是用精面粉、鸡蛋、糖、芝麻、瓜子仁、青红丝等做成的，色、香、味、形俱佳。

冠盖古今的满汉全席，菜肴精美，场面豪华，讲究礼仪，其中，满族肴馔起着主导作用。在过去的满汉全席中，熊掌、飞龙、猴头、人参、鹿尾等满族故土的特产是席上的珍肴，其做法是满族传统的烧、烤、煮、蒸。另外，满族风味的火锅类和砂锅类菜肴也占突出地位。

满族风味的代表菜：白肉血肠、猪羊肉火锅、什锦火锅、酸汤子、清东陵大饽饽、栗子面窝窝头、萨其玛等。

4.4.3　朝鲜族风味

19 世纪中叶以后，朝鲜半岛发生自然灾害，民不聊生，迫使朝鲜的贫苦百姓大批迁入中国延边、长白山等地居住。初到延边时，他们延续了朝鲜的饮食风格，后来结合吉林本地风味，改进了朝鲜菜的传统工艺，提高了烹饪技术和菜品档次。随着社会和经济的发展与繁荣，朝鲜族人培养了大批民族厨师，烹饪技术日趋成熟，创制出许多美味佳肴。

朝鲜族风味讲究鲜香脆嫩、辛辣爽口，用料大都是鲜活原料中最为细嫩的部位，多采用生拌、腌制、汤煮的烹调方法，具有辛辣鲜香、酸甜适宜、清淡爽口、注重营养、讲究色泽的特点。

朝鲜族泡菜久负盛名，名扬海内外。泡菜用料极其简单，以大白菜、萝卜、辣椒、生姜等加盐腌制而成，鲜嫩清新，香、甜、酸、辣、咸五味俱全，相比品类众多的汉族小菜毫不逊色。

朝鲜族风味的代表菜：生拌牛肉丝、生拌牛肚丝、生拌鲜鱼片、铁锅里脊、辣菜、泡菜、云梅汤、雪浓汤等，主食以打糕、冷面最为著名。

4.4.4　维吾尔族风味

维吾尔族聚居在新疆，祖辈过着游牧生活，主食牛羊肉。10 世纪中叶，随着贸易交往日趋频繁，维吾尔族的饮食习惯随之改变，从主食牛羊肉逐渐向肉、面、果混食转变，烹饪技术也由简单的烤、煮发展到烤、煮、蒸、炒。清代，左宗棠率军进驻新疆后，汉族的烹调技法也随之落地开花，维吾尔族饮食得到长足发展。

维吾尔族生活的主要地区都大量出产品种繁多的瓜果，有"瓜果之乡"的美誉。因此，维吾尔族风味主要以牛羊、瓜果、蔬菜为原料，烹调方法以烤、炸、蒸、煮见长，比较适应高寒气候的要求，具有油大、味重、香辣兼备、热量大的特点。

维吾尔族的日常饮食以面食和牛羊肉小吃为常餐，喜爱水果、蔬菜、奶制品与茶点，爱喝熬煮的奶茶、茯砖茶和红茶。待客、节日和其他喜庆的日子，他们一般都吃抓饭。抓饭，维尔语称之为波糯，意思是甜味饭。其做法是：先把肥嫩的羊肉切成小块，用植物油炸，再放入葱头、胡萝卜丝，加盐、孜然等调料一起炒，然后加适量的水，将洗好的大米放入锅内，不要搅动，用文火焖三四十分钟即可。他们还爱吃馕，加入了酥油、牛奶、鸡蛋精心制作的馕，除味道好吃、有嚼头以外，更易于保存，便于携带，非常适合在野外食用。

维吾尔族传统的饮料主要有茶、奶子、酸奶、各种干果泡制的果汁、果子露、多嘎甫、葡萄水等。由于经常吃油腻的食品，维吾尔族在日常生活中特别喜欢喝茶，一日三餐都离不开茶。

维吾尔族风味的代表菜：烤全羊、烤羊肉串、烤疙瘩羊肉、羊肉丸子、羊肉羹、羊肉桃仁、手抓羊肉、手抓桃仁、烤南瓜、酸马奶、大盘鸡、青木瓜排骨汤、珍珠豆腐丸子、羊肉炖萝卜、油馕等。

4.4.5　蒙古族风味

古时，蒙古族以游牧生活为主，许多食品与其自然条件和生活方式相适应，具有便于携带、能长期储存且食用方便的特点。成吉思汗鼎盛时期，率部南征北伐，出于远征的需要，推广了锄烧，即随地挖坑烧烤，其中锄烧的全羊尤其有名。现在，随着植物性原料增多，蒙古族的饮食方式也与时俱进，许多传统食品在原料的使用和制作技术上都得到了进一步提高，形成了独特的蒙古族风味。

热情好客的蒙古族人天生一副古道热肠，喜欢大嚼豪饮的生活。如果来了客人，一定要"问客杀羊"，还要摆全羊席，吃手抓肉，狂放豪饮，边吃边喝，高唱祝酒歌。

全羊席也叫羊贝子，即整只羊在锅里煮。蒙古族人做"羊贝子"，通常只煮半小时，切下去会有血水渗出来。如果用来招待汉族客人，则会多煮十几分钟。

手抓肉是蒙古族最具民族特点的一道菜。其做法是：不加任何调料，用白水清煮羊肉。煮熟后，蒙古族人喜欢一手抓着一大块肉，一手用蒙古刀割着吃。

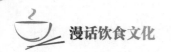

蒙古族风味以牛羊肉类、奶类为主，多采用烤、蒸、煮、烧、炸、汆等工艺。肉奶制品的风味独特，以鲜为主，辅以胡椒香、奶香、烟香等。清代的奶制品做工精细、口味纯正，曾被指定为宫中御用食品。

蒙古族风味的代表菜：烤全羊、手抓羊肉、奶豆腐、炸羊尾、哈达饼、奶汁螺旋酥、散子糕、玻璃饺、蜜酥、蒙古馅饼等。

4.4.6 藏族风味

藏族最早聚居于雅鲁藏布江中游两岸。7世纪时，松赞干布统辖西藏，建立吐蕃，开始与大唐王朝接触，并与文成公主成婚。随着双方交流的加强，汉族的农业生产、酿酒、碾磨等食品生产加工技术在西藏有了广泛的传播，饮食结构也逐渐从单纯的以牛羊肉、奶为主，走向多样化，在当地的自然条件和饮食习俗下形成了藏族风味。

藏族的食物以青稞面、酥油茶、牛羊肉和奶制品为主。在藏族家庭，粮食的多寡是一个家庭是否富裕的标志，而肉食是所有家庭都有的。藏民一般不吃马、驴等奇蹄类牲畜肉，也不吃鱼肉和鸡、鸭、鹅等禽类肉，他们喜欢吃偶蹄类的猪、牛、羊肉，尤其爱吃风干的牛肉。由于西藏地处高原，食品不易霉烂变质，去水又可保鲜的风干牛肉在藏区极为常见。秋季时，藏民们把鲜牛肉割成条，穿成串，撒上食盐、花椒粉、辣椒粉、姜粉等，挂在阴凉通风处风干，制成的肉干味道麻脆酥甘，香辣适口。

藏族是以酥油茶敬客的，客人必须喝三碗，三碗之后，如果客人不想再喝，可将茶渣泼到地上，否则主人会一直劝客人喝。

藏族饮食主要以糌粑、酥油、牛奶、茶、牛羊肉为主，极少食用蔬菜，偶尔采食野葱、野韭，调味上多保留食物的自然味，如蕨麻的甜、酸奶的酸，烹调方法简单方便。

藏族风味的代表菜：扒擦蘑菇、汆灌肠、牦牛肉干、爆焖羊羔肉、蕨麻油糕、赛蜜羊肉、青稞酒、酥油茶、糌粑、酸奶等。

4.4.7 壮族风味

壮族是中国少数民族中人口最多的民族，壮族人主要居住在广西。明代时，壮族的食物结构和烹调方法已与汉族接近。清初，玉米、红薯引入广西，使壮族食料更加丰富。壮、汉两族长期和谐相处，文化交流密切，促进了壮族饮食的发展。

壮族人在烹饪上充分利用当地的资源，很少用外来的原料，几乎是当地无物不可入菜，口味以麻辣、偏酸为主，喜食甜，喜食酥香菜品，嗜酒。制作一道菜肴一般使用一种技法，很少同时使用两种技法。

壮族的菜食，四季新鲜，种类繁多，有青菜、萝卜、豆、瓜、竹笋、蘑菇、木耳等。青菜又分为白菜、芥菜、包菜、空心菜、头菜、芥蓝菜等，豆类、瓜类品种也很多。壮族人特别喜欢山货，以竹笋、银耳、木耳、菌类最为名贵，他们对常见禽畜肉都不禁食。他们对三七的食疗功效颇有研究，利用三七花、叶、根须做菜很有特色。米酒是壮族人过节和待客的主要饮品，鸡杂酒和猪肝酒是壮族的特色酒，要一饮而尽，留在嘴里的鸡杂、猪肝则慢慢咀嚼，既可解酒，又可当菜。

壮族人喜爱吃炒菜，很少吃炖菜。他们一般将新鲜的菜在热锅中稍炒即出锅，这样既可以保持菜品口味的清新，又有营养。

壮族人还擅长烤、炸、炖、腌、卤成熟法。

壮族风味的代表菜：鸡茸仿燕菜、柠果白切肉、壮家酥鸡、清蒸豆腐圆、壮家烧鸭等。

4.4.8 傣族风味

傣族主要居住在云南的西双版纳、德宏地区，2 000多年前开始种植水稻。元明时代，傣族聚居地区的商品经济已相当发达，食物来源更为广泛，他们除饲养猪、牛、鸡、狗外，兼养鱼、捕食鼠、昆虫及采集蜂蛹等，在食品风味上形成傣族特有的糯香、酸辣风味。傣族风味的特点就是食谱广泛，酸辣香糯。

傣族人有日食两餐的习惯，以大米和糯米为主食，通常是现舂现吃，并且认为粳米和糯米只有现舂现吃，才不失其原有的色泽和香味，很少食用隔夜米，习惯用手捏饭吃，不使用筷子。

因为糯米不易消化，所以傣族佐餐菜肴及小吃均以酸味为主，如酸笋、酸豌豆粉、酸肉及野生的酸果。傣族人喜欢吃干酸菜，其制法是把青菜晒干，再用水煮，加入木瓜汁，使味变酸，再将青菜晒干储藏，需要时放少许煮菜或放在汤内。

以青苔入菜，是傣族特有的风味菜肴。傣族食用的青苔是选春季江水里岩石上的苔藓，捞取后撕成薄片，用竹篾串起来晒干待用。做菜时，或油煎，或火烤，待青苔酥脆后揉碎，放入碗中，然后倒上滚油，加盐搅拌，用糯米团或腊肉蘸食，味美无比。

傣族人烹鱼，多做成酸鱼或香茅草烤鱼，此外，还可做成鱼剁糁、鱼冻、火烧鱼、白汁黄鳝等。

傣族风味的代表菜：酸肉火烧鱼、千层肉、石头青苔、香竹饭、椰子砂锅鸡等。

4.4.9 苗族风味

苗族人在中国分布广泛，小块聚居。贵州、云南、湖南、湖北、广西、四川、海南等地都有苗族人，由于各地自然条件与生产力发展水平的不同，苗族的食俗也不统一。

苗族的饮食风味特点是：麻辣，味厚软糯，嗜酒，喜欢吃狗肉，烹调方法多以炖、焖为主。

苗族人在主食上喜食糯米；肉食以家畜、家禽肉为主，喜食狗肉；食用油除动物油外，还有茶油和菜油。苗族特色的油炸食品以油炸粑粑最为常见，有时在粑粑中加

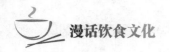

上一些鲜肉和酸菜为馅，味道更为鲜美。

苗族人喜辣，主要调料为辣椒，有"无辣不成菜"的说法。苗族的菜肴种类繁多，常见的蔬菜有豆类、瓜类、青菜、萝卜等。大部分苗族都善做豆制品。

苗族人普遍喜食酸味菜肴，酸汤更是家家必备。酸汤的做法是：将米汤或豆腐水放入瓦罐中发酵 3~5 天，即可用来煮肉、煮鱼、煮蔬菜。酸汤鱼是苗族独有的食品，入口酸而鲜美，辣劲十足。

苗族的酿酒历史悠久，从制曲、发酵、蒸馏、勾兑、窖藏都有一套完整的工艺。日常饮料以油茶最为普遍，酸汤也是常见的饮料。秉性豪爽、热情好客的苗族人，每逢客至，必用自酿村醪，宴飨宾朋。

苗族风味的代表菜：苡仁米焖猪脚、蒸糯米肠、酸木瓜炒鸡、酸汤鱼、绵菜粑等。

4.4.10 白族风味

白族人主要聚居在云南大理及邻近的一些地区。与傣族人一样，白族人在 2 000 多年前就开始种植水稻。白族发展至唐代，在炊餐器皿、节日祭祀菜点上都已达到相当高的水平。

白族人喜酸、辣、生口味，以稻米、小麦为主食，住在山区的则以玉米为主食。他们平常食用的蔬菜有白菜、青菜、萝卜、茄子、瓜类、豆类及辣椒等。白族的烹饪技巧在古代就相当丰富，能烹制出各种独具风味的菜肴，如生皮、火腿、香肠等腌制品。

洱海边的白族人经常吃鱼。他们吃鱼一般不用油煎，而是把冷水和剖洗干净的鱼一起放入锅内，配上新鲜豆腐，加上辣椒粉、花椒粉、炖梅、葱花、香菜等，煮熟炖透，味道鲜美，酸辣中带一点麻。

烤茶是白族的传统茶俗。白族人招待贵客的茶礼早在唐代就有"茶分三道"的记载，称之为"三道茶"，风味特殊，满齿留香，令人回味无穷。其特点是：头苦、二甘、三回味。烤茶一般冲三道水，一边煨烤一边品茗。第一道叫苦茶；第二道是茶水加红砂糖、核桃仁片和烤乳扇沫，叫甜茶；第三道是开水冲蜂蜜，再加三五粒花椒，叫蜂蜜花椒茶。

白族风味的代表菜：炒锅鱼、洗沙乳扇、大理饵丝、喜洲破酥粑粑、柳条蒸肉等。

附：各地著名美食

按城市划分，有：

北京：北京烤鸭、涮羊肉、艾窝窝、仿膳宫廷菜、炒肝、豆汁、烧卖、小窝头、萨其玛、打卤面、豌豆黄、果脯、桂花陈酒、六必居酱菜、王致和臭豆腐。

天津：狗不理包子、桂发祥麻花、耳朵眼炸糕、天津银鱼、天津紫蟹、锅巴菜、煎饼果子。

上海：蟹壳黄、南翔小笼馒头、小绍兴鸡粥。

重庆：山城小汤圆、担担面、熨斗糕、珍珠圆子、鸡味锅贴、荷叶软饼、萝卜丝饼、凤尾酥、金鱼饺、玉兔饼、三色凉糕、重庆火锅、板鸭、金钩豆瓣酱。

广州：炒田螺、烧鹅、叉烧包、虾饺子、沙河粉、烤小猪。

武汉：武昌鱼、老通城豆皮、四季美汤包、棉花糖。

杭州：杭州煨鸡、西湖醋鱼、幸福环、猫耳朵、肉粽、油渣面。

苏州：春卷、酱鸡、酱汁肉、樱桃肉、松鼠鳜鱼、红烧海味全家福。

沈阳：熏面大饼、老边饺。

济南：糖醋黄河鲤鱼、奶油蒲菜、清汤燕菜。

青岛：高粱饴、奶油气鼓、奶油花生糖、酱什锦菜。

桂林：尼姑面、珍酱脆皮猪、南乳肥羊。

兰州：白兰瓜、热冬果、千层油饼、臊子面、空料果、八宝蜜食、杂肝汤、拉面、油锅盔。

成都：赖汤圆、夫妻肺片、担担面、麻婆豆腐、龙抄手、肥肠粉、三台泥。

太原：栲栳栳、刀削面、揪片等。

西安：牛羊肉泡馍、乾州锅盔。

按省份划分，则有：

新疆：烤羊肉、烤馕、抓饭。

山东：煎饼。

江苏：葱油火烧、汤包、三丁包子、蟹黄烧卖。

浙江：酥油饼、重阳栗糕、鲜肉粽子、紫米八宝饭。

安徽：腊八粥、大救驾、徽州饼、豆皮饭。

福建：蛎饼、手抓面、五香捆蹄、鼎边糊。

台湾：度小月担仔面、金爪米粉。

海南：煎堆、竹筒饭。

河南：枣锅盔、白糖焦饼、鸡蛋布袋、鸡丝卷。

湖北：三鲜豆皮、云梦炒鱼面、东坡饼。

湖南：新饭、米粉、火宫殿臭豆腐。

广东：鸡仔饼、皮蛋酥、冰肉千层酥、广东月饼、酥皮莲蓉包、刺猬包子、粉果、薄皮鲜虾饺、及第粥、玉兔饺、干蒸蟹黄烧卖等。

广西：大肉粽。

四川：蛋烘糕、龙抄手、玻璃烧卖、担担面、鸡丝凉面、赖汤圆、宜宾燃面、夫妻肺片、灯影牛肉、小笼粉蒸牛肉。

贵州：肠旺面、夜郎面鱼、荷叶糍粑。

云南：卤牛肉、烧饵块、过桥米线等。

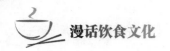

一、知识问答

1. 回族禁食_____，也禁止_____、_____、_____、_____，回族风味的代表菜有_____、_____等。

2. 满族人喜吃_____，并保留了_____、_____、_____等具有民族特色的食品。

3. 朝鲜族风味具有_____、酸甜适宜、_____、注重营养、讲究色泽的特点。朝鲜族的食品讲究_____、辛辣爽口，用料大都是鲜活原料中最为_____的部位，多采用_____、_____、_____的烹调方法。

4. _____是中国少数民族中人口最多的民族，壮族人主要居住在广西。他们喜爱吃_____、_____，对_____的食疗功效颇有研究，利用三七花、叶、根须做菜很有特色。_____是他们过节和待客的主要饮品。

5. 维吾尔族生活的主要地区出产大量的、品种繁多的瓜果，有_____的美誉。

6. _____是蒙古族最具民族特色的一道菜。其做法是：不加任何调料，用白水清煮_____。煮熟后，蒙古族人喜欢一手抓着一大块肉，一手用蒙古刀割着吃。

7. 藏族的食物以_____、_____、_____和_____为主，他们以_____敬客。

8. 傣族人有日食两餐的习惯，以_____和_____为主食，通常是现舂现吃，很少食用隔夜米，习惯用_____，不使用_____。

9. 苗族的饮食风味特点是：_____，味厚软糯，嗜酒、喜欢吃狗肉，烹调方法多以_____、_____为主。

10. _____是白族的传统茶俗。白族人招待贵客的茶礼早在唐代就有"_____"的记载。

二、思考练习

1. 说说中国有哪些菜系以及它们的特点和代表菜肴，并说出你所在地区菜系的特点。

2. 说说中国少数民族饮食有哪些风味特色，各民族都有哪些代表菜肴和饮食禁忌。

三、实践活动

以班级为单位，组织一次"品名吃，讲故事"活动。同学之间互相交流吃过哪些中华名小吃，说说那些小吃的故事，评一评它们的特点，说说你的感受或建议。

第5章
飘香千古的酒文化

  翻开中国文学史，几乎每个章节都散发着酒香酒韵。"俯仰各有志，得酒诗自成""酒入诗肠风火发""一杯未尽诗已成，涌诗向天天亦惊"，酒激发了文人的灵感，使他们发为奇语，歌为绝唱，创造了辉煌灿烂的诗篇。

  本章以酒为话题，主要让大家了解酒的起源、分类，中国名酒的来历和那些浪漫、传奇的故事；让大家从古人的酒德酒道中品味文化、参悟人生，多多吟诵那些香飘千古的酒诗，在品读与鉴赏中受到艺术的熏陶。尤为重要的是，本章引领大家探究酒的性能、功效，让美酒在大家的美食创作中增香添彩。

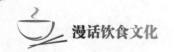
5.1 探本溯源，各领风骚

【学习目标】

1. 了解酒的起源和古代酒的医疗、养生作用。

2. 掌握酒的分类、特性和作用。

3. 诵记蕴含在酒中的诗词故事。

【导学参考】

1. 小组自主学习讨论，把酒的分类用简单易懂的示意图描绘出来，向全班同学展示介绍。

2. 各组分工，展示某种名酒的商标、多媒体图片或实物，介绍这种酒的制造工艺、类别、特性、作用和相关诗词文化。

3. 摘抄并诵记有关酒的诗词名句。

5.1.1 酒香千古探本源

中国酒的酿造源远流长，而原始的发明者是谁，众说纷纭，莫衷一是。现今大家较为认同的说法是传说中的仪狄和杜康发明了酒。《战国策》记载："昔者，帝女令仪狄作酒而美，进之禹，禹饮而甘之，遂疏仪狄，绝旨酒。曰：'后世必有以酒亡其国者。'"仪狄是中华文明史上最早见于文字记载的酿酒师。杜康造酒的说法则见于曹操的《短歌行》"何以解忧，唯有杜康"一句。此外，还有黄帝与岐伯讨论"为五谷汤液及醪醴"的记载；有舜的父亲瞽叟用酒去害舜的传说；更有人认为酒的酿造是师法自然，认为先民是观察到野果在储存过程中自然发酵成酒，从中得到启发而发明酒的。

上古时期，人们对酒十分迷信、崇拜，只有拥有乳汁的妇女才能负责酿造事务。酒发明后，最初是用于娱鬼神的祭祀，而非后世的现实人生享乐。随着社会的发展，酒广泛地融入人们的生活中。无论是祭享祀颂、婚宴庆典，还是欢会酬酢、驿亭送别，许多人都要举杯把盏，借酒来抒怀达意。

最值得我们关注和研究的是中国古人用酒来祛病健身，养生保健。酒在中国古代被认为是一种医治"百病"的灵药。酒与医有着不解之缘。"酉"字，也就是古代的"酒"字，甲骨文写作象酒尊之形，上象其口缘及颈，下象其腹有纹饰之形。医的繁体字写作"醫"，下从"酉"。《说文解字》释为："治病工也……得酒而使，从酉……酒所以治病也。"可见酒与传统医学的渊源。在中国古代医学著作中，记载了大量以酒入药的方药。民间也流传着许多用药酒防病的偏方。比如人们泡制屠苏酒来预防流行感冒，用合欢酒来调节人的情绪，为人安神助眠。古时人们还有端午节喝"菖蒲酒"、重阳节喝"菊花酒"防治瘟疫的习俗。要注意的是，现代科学研究表明，过量饮酒与多种疾病相关，因此我们应避免过量饮酒。

5.1.2 各领风骚数百年

按照酿造方法，酒可分为酿造酒、蒸馏酒、配制酒。

1）酿造酒

以谷物、大麦和水果为原料，经过发酵、提纯酿制的酒，如黄酒、米酒、果酒和啤酒。

（1）黄酒

黄酒是中国特有的酿造酒，多以糯米为原料，也可用粳米、籼米、黍米和玉米为原料，将原料蒸熟后加入专门的酒曲和酒药，经糖化发酵后压榨而成。酒度一般为16 ~ 18 度。黄酒是中国最古老的饮料酒。黄酒宜浅啜慢饮，酒精刺激神经中枢，使兴奋中心缓慢形成，有一种"渐入佳境"的效果，是文人士子、迁客骚人激发灵感的爱物。黄酒度数低，古时女子也常饮酒怡情。宋代著名女词人李清照就有许多饮酒的诗词。"常记溪亭日暮，沉醉不知归路。兴尽晚回舟，误入藕花深处，争渡，争渡，惊起一滩鸥鹭。"李清照的这首《如梦令》把游玩、醉酒、迷路、惊飞鸥鹭的生活场景描述得栩栩如生。

黄酒性温，主发散，提神，祛风散寒，活血化瘀，可促进食欲、舒筋活血、保护心脏、美容抗衰老，是理想的药引子。适量饮黄酒有益身体健康。

历经历史的沉淀，中国人创造了一系列知名黄酒品牌。如浙江绍兴黄酒、福建龙岩沉缸酒、江苏丹阳封缸酒、江西九江封缸酒、山东即墨老酒、江苏老酒、无锡老廒黄酒、兰陵美酒、福建老酒。其中，福建老酒中的红曲酒——五月红，曾被誉为"中国第一黄酒"；江苏老酒中的"惠泉酒"是当年曹家进献皇帝的贡酒，因此被曹雪芹写进了《红楼梦》；绍兴黄酒中的女儿红也以美丽动人的故事而广为人们所称道。

（2）葡萄酒

葡萄酒是以葡萄为原料酿造的饮料酒，度数较低，在8 ~ 22 度。

葡萄原产于亚洲西南部小亚细亚地区，后广泛传播到世界各地。据说汉武帝建元三年（前138），张骞出使西域，将葡萄种引入中原，同时招来酿酒艺人，中国开始有了按西方制法酿造的葡萄酒。

葡萄酒中富含微量元素、无机盐、果胶、维生素及各种醇类、酚类物质等，可调节血脂和脂蛋白代谢、辅助防治心血管疾病、提高机体抗氧化活性等。适量饮用葡萄酒与促进身体健康状况呈正相关。另外，医学人员进行的一项研究表明，葡萄酒中所含白藜芦醇对癌细胞的形成有抑制作用。

在长期发展过程中，中国也涌现出一批深受消费者喜爱的葡萄酒著名品牌。玫瑰香红葡萄酒（今山东省烟台市红葡萄酒）、味美思（今山东省烟台市味美思）、中国红葡萄酒、青岛白葡萄酒、民权白葡萄酒、张裕干红葡萄酒、长城干白葡萄酒、王朝半干白葡萄酒等荣获国家名酒称号。

关于葡萄酒的起源地，众说纷纭，有的说是希腊，有的说是埃及。而史学家多认定葡萄酒是1万年前由古波斯和古埃及流传到希腊的克里特岛，再流传到欧洲意大利的西西里岛、法国的普罗旺斯等地区。

在意大利，关于葡萄酒还有着一段美丽的传说。

传说有一位国王非常爱吃葡萄，总是把吃不完的葡萄藏在密封的瓶中，怕别人偷吃，还使了个障眼法，在瓶子上写上"毒药"二字。国王整天忙于国事，把瓶子收藏好之后很快就把这事忘得一干二净。有位失宠的妃子被打入冷宫，度日如年，每每想到自己往昔艳冠群芳、备受宠爱的甜蜜生活，便觉生不如死。凑巧她看到了这瓶"毒药"，顿生轻生之念。瓶子打开后，里面颜色古怪的液体很像毒药，生无可恋的她毫不犹豫地连喝几口，想以此结束自己失去幸福生活后的痛苦人生。然而在等待死亡的过程中，她发觉不但不痛苦，反而有一种舒适、陶醉的飘飘欲仙之感。她便每日以此"毒药"来打发孤寂无聊的日子，喝了一段时间"毒药"后，她发现自己的皮肤越来越细腻、有光泽，容光焕发，简直艳若桃花。于是，她将这事呈报国王，国王甚为惊奇，亲自尝试，发现果然不假。获此琼浆玉液，国王大喜，便举国推广。葡萄酒开始在世界各地广泛流传，国家财源滚滚，失宠的王妃也再度获得国王的疼爱。

（3）啤酒

啤酒是以大麦为主要原料，经过麦芽糖化，加入啤酒花，利用酵母发酵制成。啤酒中酒精含量一般在 $2\% \sim 7.5\%$，同时含有多种氨基酸、维生素，是一种营养丰富、高热量、低酒度的饮料酒，人称"液体面包"。

啤酒的历史距今已有8 000多年。中国是人类历史上最早发明啤酒的国家之一。先秦文献上记载的"醴"就是早期的啤酒。大约在宋代，由于曲酿酒的兴起，味道淡又不易存储的"醴"就逐渐被人遗忘了。今天中国人普遍饮用的啤酒是近代从国外引进的。1900年，俄国人首先在哈尔滨建立了中国第一家啤酒厂。其后，德国人、英国人、日本人和捷克人相继在中国各地建厂。1904年，中国人自建的第一家啤酒厂——哈尔滨市东北三省啤酒厂投产。

中国啤酒发展迅速，各地涌现出一批优质品牌，如青岛啤酒、燕京啤酒、上海啤酒，黑狮金冠等。

啤酒具有消暑、通气、活血、开胃、利尿、助消化的功效。它适合在人体胃肠功能虚弱、紊乱时饮用，适度饮用啤酒能使人保持健康活力。

2）蒸馏酒

蒸馏酒，以水果、甘蔗谷物及薯类等为原料，经过糖化、发酵、蒸馏而成。蒸馏酒的酒度一般在40度以上，现在也有40度以下的低度酒。世界上知名的品牌有：白兰地、(法国、德国、美国、意大利、希腊等世界诸多国家均有生产,以法国最为著名)、威士忌(产地有爱尔兰、加拿大、美国等,以苏格兰威士忌最负盛名)、伏特加(产地有俄罗斯、波兰、德国、美国、英国、日本等)、金酒(产地荷兰)、朗姆酒(产地有古巴、牙买加、巴西等)、白酒(产地中国)。

中国白酒的生产历史悠久、产地辽阔,各地出现了一批深受消费者喜爱的著名品牌。其中茅台酒、五粮液、剑南春、泸州老窖、古井贡酒、汾酒、西凤酒、董酒、洋河大曲、郎酒被誉为中国十大名酒。

中国白酒按照酒的香型可分为浓香型、酱香型、米香型、清香型、兼香型等种类。下面是几款知名的白酒品牌。

(1)茅台酒

茅台酒为中国大曲酱香型白酒的鼻祖,与法国科涅克白兰地、英格兰威士忌齐名,为世界三大蒸馏酒之一。它具有"酱香突出,幽雅细腻,酒体醇厚,回味悠长"的特殊风格。其酒液清亮,醇香馥郁,香而不艳,闻之沁人心脾,入口荡气回肠,饮后余香绵绵。其最大特点是"空杯留香好"。茅台酒在中国冠压群芳,被誉为"国酒"。

茅台酒因产于贵州省仁怀县的茅台镇而得名。它那特殊的香味,沁人心脾,令人陶醉。其独特的风味,除了源自独特的酿造技术,在很大程度上还与产地独特的地理环境有密切的关系。水为酒之魂,茅台镇的赤水河水质清纯,兴建于赤水河畔的茅台酒厂拥有得天独厚的水资源。

茅台酒为人们所颂赞,享有"风来隔壁千家醉,雨过开瓶十里香"的美名。庐郁芷写诗赞曰,"茅台香酿酽如油,三五呼朋买小舟,醉倒绿波人不觉,老渔唤醒月斜钩。"晚清学者郑珍也有诗赞茅台,"酒冠黔人国,盐登赤虺河"。著名诗人流沙河赞茅台酒,"还我青春一夕,赠我香甜一梦。醒来日上三竿,方知茅台味重"。

(2)五粮液

五粮液原名杂粮酒,以高粱、大米、糯米、小麦和玉米五种谷物为原料酿制而成,产于四川省宜宾市五粮液酒厂。酒厂创始于明代,至今还保留着明代留传下来的酿酒老窖。1929年,该厂生产的杂粮液被定名为"五粮液",蜚声中外。五粮液在中国浓香型酒中独树一帜,具有香气悠久、酒味醇厚、入口甘美、入喉净爽的特色。在大曲酒中,五粮液以酒味全面著称,为四川省的五朵金花(泸州特曲、郎酒、剑南春、全兴大曲、五粮液)之一,曾四次被评为国家名酒。

(3)杜康酒

杜康酒是中国历史名酒之一,曾有"进贡仙酒"之称。魏武帝曹操的一句"何以解忧,唯有杜康"使杜康酒在中华大地家喻户晓。1972年9月访华的日本首相田中角荣也赞誉,"天下美酒,唯有杜康。"

关于杜康造酒的方法,晋代江统在《酒诰》中写道:"……有饭不尽,委余空桑,郁积成味,久蓄气芳,本出于此,不由奇方。"说杜康把剩饭放到空桑树洞中,令其自然发酵成美酒。杜康造的是"秫酒",秫即高粱,因此,传说杜康是用粮食酿酒的鼻

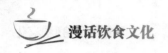

祖。粮食酒与传统酒醴大不相同，其发明具有划时代的意义。

作为文化名酒，杜康酒承载着厚重的文化。历代文人墨客与它结下了不解之缘，常在觥筹交错间以诗咏酒，写下了大量颂赞杜康酒的诗篇。三国时期，曹操的"对酒当歌，人生几何""何以解忧，唯有杜康"成为千古绝唱。诗圣杜甫云："杜康偏劳劝，张梨不外求。"唐代大诗人白居易也曾在《酬梦得比萱草见赠》中直抒胸怀，"杜康能散闷，萱草解忘忧。""竹林七贤"之一的阮籍更加直接："不乐仕宦，惟重杜康。"杜康造酒醉刘伶的故事更是成为千古传诵的美谈。

（4）汾酒

汾酒是清香型白酒的典范，它以清澈干净、清香纯正、绵甜味长，即色香味"三绝"，著称于世。它具有酒液莹澈透明，清香馥郁，入口香绵，甜润醇厚，纯正爽冽的特点。

汾酒产于山西省汾阳市杏花村。相传杏花村于公元5世纪就开始酿酒，距今已有1 400多年的历史，唐代与清代达到鼎盛时期。唐代曾出现"长街恰似登瀛处，处处街头揭翠帘"的盛况；清代，杏花村的汾酒作坊多达200多家。

唐代以前的酒是"浊酒"，杏花村汾酒是中国酿酒史上第一种蒸馏白酒，堪称中国白酒的始祖。中国许多名酒如茅台、泸州大曲、西凤、双沟大曲等都曾借鉴汾酒的酿造技术。

"清明时节雨纷纷，路上行人欲断魂。借问酒家何处有？牧童遥指杏花村。"唐代诗人杜牧脍炙人口的诗句穿越时空，风靡千年，不知醉倒了多少才子佳人。名酒之乡杏花村，引无数诗人名流竞折腰。李白来到杏花村的"醉校古碑"下，写道："琼杯绮食青玉案，使我醉饱无归心。"

（5）西凤酒

西凤酒产于陕西省凤翔县柳林镇，是中国历史名酒之一。

凤翔古称雍州，唐代时是西府台的所在地，人称西府凤翔，"西凤酒"因此而得名。这里地域辽阔，土肥物阜，水质甘美，兴农酿酒颇具得天独厚的优势，是中国著名的酒乡。唐贞观年间，西凤酒就有"开坛香十里，隔壁醉三家"的美誉。到了明代，凤翔境内"烧坊遍地，满城飘香"，酿酒业大振，路人常"知味停车，闻香下马"，以品尝西凤酒为乐事。

西凤酒的特点是清亮透明，醇香芬芳，清而不淡，浓而不艳，回味舒畅，风格独特。西凤酒属凤香型大曲酒，被人们赞为"凤型"白酒的典型代表。适量饮用西凤酒，有活血驱寒、提神祛劳之益。

民间流传"东湖柳，西凤酒，妇人手"为凤翔三宝。"花开酒美喝不醉，来看南山冷翠微。"苏东坡以优美的句子盛赞西凤酒。清朝宣统二年（1910），西凤酒在万国博览会上荣膺世界美誉。如今，西凤酒被评为国家名酒，已经成为人们待客赠友的上乘佳品。

（6）剑南春

历史名酒剑南春酒产于四川省绵竹市。绵竹在清代属剑南道，唐代又称酒为

"春"，该地出产的美酒故而得名"剑南春"。

巴山钟灵，蜀水毓秀。绵竹坐落在巴蜀大地一条U形的名酒带上，素有"酒乡"之称。早在唐朝，"剑南烧春"就已倾动朝野，作为宫廷御酒而载入《后唐书》，是历史上唯一一载入正史的四川名酒。

"五花马，千金裘，呼儿将出换美酒。"相传唐代大诗人李白为喝此酒，曾在四川卖掉皮袄买酒痛饮，留下"士解金貂""解貂赎酒"的佳话。北宋苏轼也称赞这种蜜酒"三日开瓮香满域""甘露微浊醍醐清"。南宋陆游有剑南诗稿。清朝末年，绵竹酿酒作坊已有上百家，绵竹商贸因此更为昌盛，出现了"山程水陆货争呼，坐贾行商日夜图，济济直如绵竹茂，芳名不愧小成都"的繁荣景象，真可谓"唐时宫廷酒，盛世剑南春"。

（7）泸州老窖

泥窖酿酒是中国人的独特发明。在中国，最有名的酒窖当数四川的泸州老窖。它的名气远远超出了酿酒行业，是中国宝贵的文化遗产。1996年，国务院命名泸州老窖为"国宝窖池"，确定其为国家级保护文物；吉尼斯世界纪录确定其为世界最古老的酒窖。

泸州老窖是典型的泥窖，是一个由黄泥筑成的发酵窖器。泸州老窖能够历经400多年不损坏，是因为这里用的是优质的黄泥。这种黄泥的黏性很强，做成的窖池经过防渗处理能够长期保水。

新建的泥窖一开始仅能产三曲、二曲，约十年后，可产部分头曲，而酿制特曲酒的窖池的窖龄必须在30年以上，有50年窖龄的窖池才能称为"老窖"。

老窖特曲属大曲浓香型白酒，它以优质糯高粱为原料，以纯小麦制曲，采用"回酒发酵，熟糠合料"等先进工艺。该酒一向以醇香浓郁、清冽甘爽，饮后尤香、回味悠长的风格享誉古今，博得了不少名人雅士的赞许。有诗赞曰："城下人家水上城，酒旗红处一江明。衔杯却爱泸州好，十指寒香给客橙。"1915年，该酒在巴拿马国际博览会获一等金质奖，从此，"泸州老窖"驰名海外。

（8）古井贡酒

古井贡酒产于安徽省亳州市，有着悠久的历史。据史书记载，曹操在东汉末年曾向汉献帝进献家乡亳州的"九酿春酒"。汉献帝大加赞赏，把它作为宫廷用酒。

据当地史志记载，该地酿酒取用的水来自南北朝时遗存的一口古井。井水清冽甜美，人们用此井水酿酒、泡茶，回味无穷。因此，亳州一带酿酒作坊如雨后春笋般发展起来。到了宋代，亳州减店集已成了有名的产酒地，当地百姓至今还有"涡水鳜鱼黄水鲤，减酒胡芹宴佳宾"的说法。明代万历年间，阁老沈理在万历帝的庆典上，把"减酒"当作家乡酒进贡，万历帝饮后连连叫好，钦定此酒为贡品，命其年年进贡，"贡酒"之名由此而得。

古井贡酒属于浓香型白酒，具有"色清如水晶，香纯如幽兰，入口甘美醇和，回味经久不息"的特点，被誉为"酒中牡丹"。俗话说"水为酒之血"，以千年古井水酿造的古井贡酒以其独特的风味，赢得了海内外的一致赞誉。其曾蝉联全国评酒会金奖；1988 年在第 13 届巴黎国际食品博览会上荣登榜首。

3）配制酒

配制酒，又称调制酒，是以发酵酒、蒸馏酒或食用酒精为基酒，加入可食用的花、果、动物或中草药等，采用浸泡、煮沸、复蒸等不同工艺加工而成。其主要配制工艺有两种：一种是在酒和酒之间进行勾兑配制；另一种是以酒与非酒精物质进行勾兑配制。它是一个混合的特殊酒品。

配制酒的品种繁多，风格迥异，划分类别比较困难。当下有较流行的三大类配制酒，即开胃酒、餐后甜酒、利口酒，此外还有药酒。

中国古代讲究食药合一，认为酒是最好的药，同时，酒还可以提高其他药物的疗效，以酒为百药之长。在古代医与酒有着密不可分的联系。古人酿酒的目的之一是作药用，可见那时酒在医疗中的重要作用。

《博物志》曾记载，"昔有三人冒雾晨行，一人饮酒，一人饱食，一人空腹。空腹者死，饱食者病，饮酒者健。此酒势辟恶，胜于他物之故也。"从这则记载可以看到酒对健康的重要作用。

殷商时期的药酒——鬯（chǎng）是以黑黍为酿酒原料，加入郁金香草酿成的。这是有文字记载的最早的药酒。"鬯"具有驱恶防腐的作用。《周礼》中记载，"王崩，大肆，以鬯。"意思是说帝王驾崩之后，用鬯酒洗浴尸体，可较长时间地保持尸体不腐。

中国的药酒和滋补酒的主要特点是：在酿酒过程中或在酒中加入了药材，两者并无本质区别。前者以治病为主，有特定的医疗作用；后者以滋补、养生、健体为主，有保健、强身的作用。

在中国配制酒中，以山西竹叶青酒最为著名。竹叶青酒以优质汾酒为基酒，加入竹叶、当归、檀香等十余种名贵药材，采用独特的生产工艺加工而成。其清醇甜美的口感和显著的养生保健功效，从唐宋时期就被人们肯定，是中国古老的传统保健名酒。经科学鉴定，竹叶青酒具有促进肠道双歧杆菌增殖，改善肠道菌群，润肠通便，和胃消食，增强人体免疫力和润肝健体的功效。

5.2　流淌在历史与文学中的酒文化

【学习目标】

1. 了解博大精深的酒文化，开阔视野，丰富饮食文化知识。
2. 讲述流淌在美酒中的浪漫传说故事，学习主人公的嘉德懿行。

【导学参考】

1. 以班级为单位组织一次美酒故事会。
2. 可借助图片、实物，根据内容配乐，讲述有关酒的传说故事。

5.2.1　美丽浪漫的名酒传说

1）风来隔壁千家醉，雨过开瓶十里香

"国酒"茅台为什么用"飞仙"图案作商标？
这其中有一段美丽的传说。

相传有一年除夕，人们都围坐在家里宴饮守岁，突然茅台镇上寒风骤起，大雪纷飞。镇上有位姓李的年轻人孤身一人，听着邻家传来的欢声笑语，想起往昔承欢父母膝下的情景，他越发思念早逝的父母。他正在黯然神伤时，看到外面风雪交加，便起身出屋，打算关好门窗，上床睡觉。刚推开房门，他就发现一位衣衫褴褛的老婆婆蜷缩在门口僵卧不动。上前一看，老婆婆尚有一丝气息，他赶忙把老婆婆抱进屋里，点燃炉火，加衣加被，给老婆婆取暖，又拿出自酿的米酒为老婆婆活血暖身。一阵忙活之后，老婆婆渐渐苏醒过来。他铺好被褥，搀扶老婆婆上床安寝，自己却靠在炉边的地上睡着了。睡梦中，他朦朦胧胧听到一阵美妙的琴声。伴随着仙乐，天边飘来一位身披五彩羽纱的仙女，她手捧熠熠闪光的酒杯飘然来到年轻人的面前，似在邀他品尝美酒。小伙子情急之下不知所措，仙女便微笑着倾斜酒杯，将酒倒在地上，顿时空中弥漫着浓郁的酒香，年轻人眼前出现了一道闪烁的银河。年轻人一觉醒来，天亮了，屋里的炉火还旺，水和饭还是温热的，床上的被褥整整齐齐，就像从来没有人睡过一样，老婆婆也不见了，昨晚经历的一切都像梦一样，杳无印迹。风停了，雪住了，他推门出屋，只见一条清澈、晶莹的小河从家门口淌过，河面上飘来阵阵酒香。此后，当地的人就用这条仙女赐予的河里的水酿酒，并用"飞仙"图案作为茅台酒的商标，流传千年，至今不变。

2）深藏父爱的"女儿红"

从前，绍兴有位裁缝师傅，一心盼望妻子生个儿子。有一天，他得知妻子怀孕了，就兴冲冲地赶回家酿了几坛酒，准备在妻子生下儿子后款待亲朋好友。不料，妻子却生了个女儿。重男轻女的裁缝师傅万分失落，一气之下就将几坛酒埋在后院的桂花树下。

光阴似箭，转眼间女儿长大成人。女儿生得聪明伶俐，承传裁缝的手艺，居然学得样样精通，还能绣花和设计款式；她灵活乖巧，人见人爱，因此招来许多顾客，裁缝店的生意越来越红火。裁缝看着冰雪聪明的女儿一天天长大，心里喜不自禁，为了祖业后继有人，决定把女儿嫁给自己最得意的徒弟。

成亲之日，裁缝摆酒宴客，喝得正高兴时，忽然想起了十几年前埋在桂花树下的几坛酒，便把酒挖了出来。结果，一打开酒坛，香气扑鼻，酒液色浓味醇，极为好喝。大家啧啧称赞，开怀畅饮，一致称它"女儿红"。

此后，浙江绍兴一带形成生女必酿"女儿红"的风俗。女儿出生时，其父必用三亩田的糯谷酿成三坛"女儿红"，深埋后院桂花树下，以表深深的父爱，待他日女儿婚嫁时，开坛宴请宾客。按照绍兴的传统，从坛中舀出的头三碗酒，女儿要分别呈献给公公婆婆以及自己的丈夫，寓意敬守妇德，祈盼人寿安康、家运昌盛、百年好合。后来，生了男孩也酿酒、埋酒，以备儿子高中状元时庆贺饮用，这生男孩酿的酒就叫"状元红"。

3）杜康造酒醉刘伶

传说杜康在洛阳龙门九皋山下开了一家酒店，店门上贴着一副对联："猛虎一杯山中醉，蛟龙两盅海底伏"，横批："不醉三年不要钱"。一天，名士刘伶路过这里，看了对联，不禁哈哈大笑，心想："天下谁人不知我刘伶的海量，小小酒店竟敢如此夸口，今天我倒要看看。"想着，他大摇大摆地进了酒店。"店家拿酒来！"刘伶话音一落，只见店内一位鹤发童颜、神情飘逸的老翁捧着酒坛走出来，笑而不语，谦和地斟酒敬酒。刘伶豪气十足，连喝三杯，只觉得天旋地转，不能自制，连忙道别店家，跌跌撞撞地回家去了。三年后，杜康到刘伶家讨要酒钱。家人说，刘伶已经死去三年了。刘伶妻子听说杜康来要酒钱，又气又恨，上前拉住杜康要去见官。杜康拂袖笑道："刘伶未死，只是睡着了。"众人不信，打开棺材一看，脸色红润的刘伶刚好睁开睡眼。他伸开双臂，深深地打了个哈欠，吐出一股喷鼻的酒香，得意地说："好酒，真香啊！"

这便是至今还在民间广为流传的"杜康造酒醉刘伶"的故事。

4）井水当酒卖，还嫌猪无糟

相传，汾酒与吕洞宾有一段不解之缘。

相传很久以前，吕洞宾下凡察看民风，想要度化有缘之人。他扮作乞丐，来到一个村庄讨饭。村里人不但不施舍饭食，还辱骂驱赶他。吕洞宾深感人心不古，世风败坏，十分失望。他正要弃之而去，却被村口一对老夫妇收留了。其实老人自己的生活也难以维继，但还是想方设法招待吕洞宾，虽是粗茶淡饭，却是诚心诚意。第三天，吕洞宾拜别老人。临行前，老人用家中仅有的面粉蒸了馒头让他带上，说："这些馒头你带着路上吃吧，我们也没有能力给你太多的帮助。"吕洞宾当着老人的面将馒头揉碎，丢进院内的井里。老人气得浑身颤抖，怒斥道："你这人怎么如此轻狂无礼。"这时吕洞宾现出真身，说明了自己的身份和用意。他对老人说："你心地仁厚，我给你个生意谋生，从明日起，你可以从井中打酒卖钱。"说完他就消失了。第二天，院里的井水果然变成芬芳、清冽的美酒。因为井水是由吕洞宾的碎馒头发酵而成美酒的，所以老人便给美酒取名"汾酒"。汾酒入口绵甜，饮后余香，回味悠长，老人的生意红红火火。小院人来客往，渐渐地变成了酒肆，远近闻名。

三年后，吕洞宾再次来到老人家中，问近况可好，老人说："好是好，就是没有酒糟喂猪。"吕洞宾听后大笑，提笔蘸井水在墙上写下一首打油诗："青天不算高，人心比天高。井水当酒卖，还嫌猪无糟。"写毕又消失不见了。自此井中再也打不出美酒。老人没办法，只好改用井水自己酿酒，自此便有了酒糟喂猪，但是日夜劳作，十分辛苦，常常怀念井水是酒的那段日子。

这个故事应验了人心不足蛇吞象的道理，寓意贪婪的悲剧结果，告诫人们要心怀感恩，知足常乐。

5）开坛香十里，蜂醉蝶不舞

民间传说凤翔是产凤凰的地方，凤鸣岐山、吹箫引凤等关于凤的传说为凤翔的仙山秀水增添了神奇、浪漫的色彩。当地关于西凤酒的传说也如它的名字一样美丽迷人。

大唐盛世，经济发达，文化包容，外交往来频繁。唐朝仪凤年间，波斯帝国派王子俾路斯出使大唐，欲使两国结秦晋之好。唐朝皇帝以盛典礼遇波斯使者，又派吏部侍郎裴行俭护送王子回国。宾主一路观赏大唐风物，相谈甚欢。队伍途经扶风郡首府雍县（今凤翔县），郡守在城西十里长亭送行，心思细敏的裴侍郎忽然发现亭边、路旁的彩蝶、蜜蜂都摇摇晃晃，无力振翅飞舞，纷纷坠地而卧。见此大煞风景的场面，裴侍郎略感败兴不吉，心中不悦，又觉事有蹊跷，便派人查看究竟。郡守忙朔风而上查访缘故，走到离城五里的柳林镇，仔细查问方才得知，原来柳林镇的一家酒作坊正在大兴土木，工人从土中挖出了一坛窖藏多年的老酒，酒色晶莹、清透，气味醇香无比，饮者无不醉倒，酒气随风飘溢，一路醉倒蜂蝶。波斯王子听闻，盛赞该酒的奇异醇香。郡守将这坛美酒赠与裴侍郎，裴侍郎大喜，即兴题诗一首："送客亭子头，蜂醉蝶不舞。三阳开国泰，美哉柳林酒。"回朝后，裴侍郎又将这坛美酒敬送高宗皇帝。从此"柳林酒"被列为皇家御酒，这种酒就是西凤酒。

"开坛香十里，隔壁醉三家"，西凤酒的美誉果然名不虚传。

6）心念纯善，收获福报

相传很久很久以前，在贵州遵义城外的董公祠，有位叫醇的年轻人，祖上世代造酒。醇聪明好学，自幼喜爱这门家传手艺，整天跟着长辈研究酿酒技艺。小时候，奶奶给他讲了一个酒花仙子的故事。奶奶说："在酒的故乡，有一座美丽的大花园，里面住着酒花仙子。酒花仙子精通各种酿酒技术，世人都梦寐以求。酒花仙子圣洁无比，向她求教的人一定要内心纯善、谦恭有礼，不可冒犯造次、举止轻薄，否则一无所得。"时光流转，转眼间醇已年十七，长成了一位风流儒雅的年轻人。奶奶在他心中种下的那颗美丽的种子已经生根发芽，他一心向往到酒乡花园见酒花仙子。一天傍晚，醇在郊外散步。突降大雨，周围顿时一片迷离雨雾，他迷失了方向，不知不觉中竟来到了仙境般的酒乡花园，巧遇酒花仙子。两人一见钟情，心心相印，真可谓"金风玉露一相逢，便胜却人间无数"。酒花仙子设宴招待醇，推杯换盏，谈话间教了醇酿造好酒的方法。不一会儿的工夫，两人就醉醺醺了。酒花仙子满面红晕，撩人心弦。醇心有所动，情难自禁时猛然想起奶奶的教诲，他驱散邪念，静静守在酒花仙子身旁。第二天，一觉醒来，醇发现自己躺在小溪边，昨日种种历历在目。他想起了酒花仙子传授的酿酒秘方，用溪水酿造出香甜醇厚的好酒——董酒。

古人云："一念之善，景星庆云。一念之恶，烈风急雨。"心念纯善，才能求得真经，收获福报。董酒的故事正告诉我们这样一个人生道理。

7）兰陵美酒郁金香，玉碗盛来琥珀光

"兰陵美酒郁金香，玉碗盛来琥珀光。但使主人能醉客，不知何处是他乡。"李白一首《客中作》让"兰陵美酒"艳惊四座之美和饮者流连忘返之情跃然纸上。

传说，古时"兰陵美酒"的美誉已上达天听。

相传，王母娘娘听说兰陵美酒天下绝伦，便派酿酒仙姑下凡学习，准备来年用此酒在蟠桃会上宴请各路神仙。

酿酒仙姑立即下凡投胎，摇身一变成为兰陵镇酒坊主人张员外的孙女，取名"美九"。光阴似箭，转眼间美九长成一位楚楚动人的大姑娘。她天资聪颖，又善良勤快。她痴迷酿酒，一有时间就跑到自家酒坊同酒工们一起酿酒。很快她便青出于蓝而胜于蓝了，不但学会了师傅们的酿酒技术，还独辟蹊径，创新酿酒工艺，酿造出更加浓郁香醇的兰陵美酒，远近闻名。

兰陵镇上有个无赖叫"坏三水"，嗜赌成性，赌光了家财，连母亲养老送终的"棺材本"也输光了。他娘得知后，气恨交加，一气之下昏死过去。"坏三水"见状，心生歹计。他连忙到药店买来郁金草熬成汤药，又去张家买了一坛兰陵美酒，用酒兑上汤药给他娘灌下去，做出他娘以酒作药引却中毒而死的假象。第二天一大早，"坏三水"就跑到张家酒坊前大哭大闹，说他娘喝了张家的酒中毒而死，想敲诈张家一笔钱。张家问心无愧，对他置之不理。他又跑去县衙报官。县令派人前往现场验尸，结果不多时衙役就回来禀告说"坏三水"的娘又"活"了。"坏三水"没想到老娘只是昏厥，并非真的死了，敲诈计划落了空。真相大白，坑蒙拐骗的"坏三水"被绳之以法，而能使人"起死回生"的兰陵美酒更加声名远播。

8) 独占鳌头的竹叶青

有家承传几代的老酒坊，年年造不出理想的佳酿，在酒会上总是名落孙山。一年一度的酒会又到了。老板吩咐伙计说："我先去应承一下，你们随后抬一坛新酒过去。"伙计知道老板不愿把自家的劣质酒早早抬到会场，就一直磨蹭到半晌午，才晃晃悠悠地抬着酒上路。骄阳似火，两个伙计汗流浃背，又热又渴。他们来到一片小竹林纳凉歇脚。可是竹林四周荒无人烟，想讨口水喝都很难。两个伙计饥渴难耐，便用竹叶折成酒杯喝起酒来。两人一杯接一杯，越喝越爽，不知不觉半坛酒喝没了。他们傻眼了，这怎么交差呀？思来想去，他们决定找点山泉水掺进去，蒙混过关。走了没多远，他们果然发现了"救命的稻草"。在一丛大青竹旁，几块大石头的缝隙中间渗出一滴滴清水，形成了巴掌大的水湾。他们欣喜若狂，扑向水湾，折了两个竹叶杯子，赶忙往坛子里加水。令人费解的是，巴掌大的小水湾，里面的水好像取之不尽，用之不竭，怎么舀都不见少，不一会儿的工夫，就灌了满满的一大坛子，两个伙计乐颠颠地抬着酒赶往会场。

酒会上热闹非凡，大家都在细细品尝各家酒坊的新酒。酒会快结束时，才见两个伙计满头大汗地抬着一坛酒来了，老板不容分说，赶紧舀了一碗酒，恭敬地递给会长。会长端起酒碗调侃道："好戏压轴，好酒封顶，今年酒会最后有幸品尝到贵老板的酒，想必这酒独占鳌头。"说完，会长哈哈大笑，满座的酒坊老板也附和着打趣嬉笑了一番。老酒坊老板羞得满脸通红，应和道："惭愧，水酒村醪，承蒙指教。"会长轻轻呷了一口酒，立即神色惊异地看了看老板，又吧嗒吧嗒嘴，瞅瞅碗里的酒，一副完全不敢相信的神色。接着他把碗递给大家，让大家传换品尝。大家品尝后都面面相觑。两个伙计见状，以为自己掺水的事露了馅，吓得缩着脑袋，大气不敢喘。老酒坊老板莫名其妙，不知大家为什么神色异样。他慌忙打开酒坛查看，只见酒色晶莹清澈，酒气浓香扑鼻，舀了半碗一尝，他也惊呆了，不敢相信这是自家的酒。这时会长站起身来，朝会场巡视一眼，问道："诸位觉得这酒如何呀？"大家异口同声地说："好酒，好酒！"会长首先上前祝贺老酒坊老板道："恭喜仁兄一鸣惊人，酿出这等琼浆玉液，今天定要赐教一二。"老酒坊老板如在梦中，根本不知其中缘由，只得连连致谢道："承蒙抬爱，偶得新酿，不足道也。"酒宴上，大家争相品尝这美酒，同贺新岁佳品，整个会场一片欢腾。

自家的新酒意外中了第一名的彩头，这让老酒坊老板百思不得其解。回酒坊的路上，他小心探问伙计。两位伙计因祸得福，喜出望外，便将往酒里加泉水的事，一五一十告诉了老板。老板让伙计引路，前往竹林探看。他亲口尝了尝那湾泉水，方知自家的新酒香甜醇厚的奥秘全在这清澄甘甜的泉水。老板厚赏了两个伙计，并嘱咐他们不要向任何人说出这件事，自己出资买下了那片竹林，打井引泉水酿酒，再加上优良的工艺改造，便造出了醇香浓郁、强身健体的人间佳酿——竹叶青。

5.2.2 演绎历史的酒谋酒政

酒不但给了文学家无限的创作灵感，还在历史舞台上扮演着重要的角色，成为政治家谋事夺权的工具。历史上，因酒而兴、因酒而亡、因酒而成、因酒而败的故事比

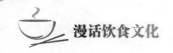

比皆是。

1）杯酒释兵权

唐朝灭亡后，中国进入五代十国时期，后周皇帝周世宗柴荣神武雄略、为政清明，在他的治理下，后周国富民安。赵匡胤曾在柴荣麾下做殿前都点检，骁勇善战，屡建战功。周世宗英年早逝，幼主继位，军权在握的赵匡胤发动陈桥兵变，谋取了皇权。即位后，赵匡胤吸取历史教训，决定重建中央集权统治，加强对禁军的控制，防止意外兵变再发生。他找来持半部《论语》治天下的赵普，商议如何结束动荡的时局，让百姓休养生息、安居乐业。赵普说："目前最大的隐患就在那些拥兵自重的将军身上，如果谋夺了他们的兵权，那么天下就可以拱手而治了。"此话一语道破赵匡胤的心事，但他恐操之过急会激发兵变，既危及新朝，又显得薄恩寡义，失信于天下。于是，深思熟虑之后，君臣二人借酒导演出一台"杯酒释兵权"的戏。赵匡胤设宴筵请石守信、高怀德、韩审琦等开国功勋喝酒。大家开怀畅饮，相谈甚欢，唯赵匡胤面色忧戚，闷闷不乐。酒过三巡，赵匡胤起身说："承蒙各位拥戴，我才能荣登皇帝的宝座。但殊不知天下好打，皇帝难当啊。不瞒各位，自登基以来，我没睡过一天安稳觉。"石守信等人十分惊讶，忙问缘故。赵匡胤说："你想啊，皇帝的位子谁不眼红啊？"各位将帅立即听出了这弦外之音，慌忙跪在地上说："陛下何出此言？现在天命已定，我等定当忠心护主，绝无异心。"赵匡胤摇摇头说："我自然是相信你们的忠心，只怕你们的部下有贪图富贵的，某日将黄袍加在你身上，你就身不由己了。"石守信等人听到这里，感到大祸临头，连连磕头，请求赵匡胤指引一条明路。

赵匡胤便说："我替你们着想，不如你们把兵权交出来，到地方上去做个闲官，买点田产房屋，给子孙留点家业，快快活活度个晚年。我和你们结为亲家，彼此毫无猜疑，不是更好吗？"

石守信等人见赵匡胤已把话讲得很明白，再无回旋余地，只得俯首听命，感谢皇帝恩德。第二天上朝，他们各自呈报奏章，说自己年老多病，请求解甲归田。赵匡胤马上诏准，收回他们的兵权，赏给每人一大笔财物，打发他们到各地去做节度使了。

这就是历史上著名的"杯酒释兵权"的故事。就这样，不见刀光剑影，没用一兵一卒，在和风细雨中，宋太祖赵匡胤借"酒"收回了重臣的兵权，稳定了中央集权统治，奠定了大宋三百年的基业。

2）火烧庆功楼

明太祖朱元璋，亳州人，因家贫曾落发为僧。天下大乱之际，他投奔郭子兴，深受郭子兴器重。郭子兴将义女马氏嫁给朱元璋为妻。元朝末年，朱元璋率领各路起义军推翻元朝统治，建立大明王朝。

据说，朱元璋性格狡黠多疑，当上皇帝后，唯恐那些战功赫赫的大将拥兵自重，危及皇权，便欲一举铲除，永绝后患。他宣称要建一座庆功楼，为那些开国功勋歌功颂德，让后世永远铭记他们的功德。听说要建庆功楼，凡是追随朱元璋南征北战、出生入死的将士们都一片欢呼，盛赞皇恩浩荡。只有识破计谋的刘伯温忧心忡忡，赶忙上书请辞，告老还乡。朱元璋假意挽留几句，便恩准刘伯温所请，赏赐了他许多金银。这么轻松地打发了这个神机妙算的军师，朱元璋十分快意。临行前，刘伯温向徐达辞别，再三叮嘱说："庆功楼建成之日，皇帝必设宴招待所有功臣，你千万记住，宴会中一定要紧随皇帝身边，寸步不离。"徐达一时不明原因，摸不着头脑。庆功楼很快就建成了。朱元璋果然以设宴行赏的名义，召集所有功臣前来赴宴。大家互相恭喜道贺，场面十分热闹。徐达想起刘伯温临行前凝重的神色和嘱咐的话语，不免心事重重。他谨慎地察看四周的环境，望望楼顶，又看看地面，觉得毫无异常，但当他敲打墙壁时，听到了夹层发出的"咚咚"的声音，他什么都明白了，吓得脸色惨白，再无心喝酒，只死死地盯着朱元璋的一举一动。在人们酒兴正酣时，朱元璋突然起身向门外走去，徐达紧随其后。朱元璋见有人跟着，便问："丞相为何离席呀？"徐达说："臣来护驾。"朱元璋推辞说："不必不必，你请回吧。"徐达想事已至此，不如挑明，便哀求说："皇上真的一个都不留吗？如果这样，臣定不违君命，恳望日后费心照顾妻儿老母。"朱元璋一惊，暗想："这家伙定是识破了我的机密。"他怕惊动了别人，便说："爱卿随我来。"他们刚出来，只听身后"轰"的一声，庆功楼火光冲天，所有开国功勋都葬身火海。徐达死里逃生，茶饭不思，终日惶恐不安，忧郁成疾，身患背疽，后来吃了朱元璋赏赐的蒸鹅，毒发身亡。

朱元璋"火烧庆功楼"的故事在《明史》中没有记载，散见于《大明英烈》《英烈传》等小说评书中，许多人质疑它的真实性。据传大明军师刘伯温所写《千秋岁·淡烟平楚》记述的就是这段惨烈的历史，表达了他对亡逝故人的无尽思念。"淡烟平楚，又送王孙去。花有泪，莺无语。芭蕉心一寸，杨柳丝千缕。今夜雨，定应化作相思树。忆昔欢游处，触目成前古。良会处，知何许？百杯桑落酒，三叠阳关句。情未了，月明潮上迷津渚。"真真假假，留待专家考证。惨绝人寰的"火烧庆功楼"故事是事实也好，杜撰也罢，其核心思想在于揭露、抨击集权独裁者"飞鸟尽，良弓藏，狡兔死，走狗烹"的丑恶、残忍的本质。

5.2.3 酒与文学的玫瑰之约

酒与文学自古就有不解之缘。酒释放了诗人的心灵束缚，激发了诗人的艺术灵感，使他们发为奇语、歌为绝唱，创造了不朽的传世佳作。文学与酒的玫瑰之约酿造出醇香、迷情的酒文化，千百年来在文学艺术的苑林中流淌。大家传唱着酒为媒的故事，传颂着中华民族世代相传的智慧和美德。

1）青梅煮酒论英雄

三国时期，魏武帝曹操与蜀先主刘备可谓英雄对手。刘备早期势单力薄，寄人篱下，依附曹操。据说，他常见曹操摆出目无君上的架势，因不好与之正面较量，他只能整天装模作样地在后院种菜，亲自浇灌，以掩人耳目，暗地里则与国舅董承等人接受密诏，共谋图操，以匡扶汉室。

刘备天天种菜的举动，却瞒不过曹操的法眼。有一天，曹操心生一计，设酒宴请刘备，借机试探。酒酣耳热之际，风云突变，天空阴云密布，似云龙过海，曹操借题发挥，从论龙到论天下英雄，要听听刘备对这个敏感问题的见解。刘备早有防范，一个劲地装痴，故意推出袁绍、袁术、刘表、孙策、刘璋、张秀、韩遂等人作为英雄，都被曹操一一否定。最后曹操一语道破："夫英雄者，胸怀大志，腹有良谋，有包藏宇宙之心，吞吐天地之志者也。"刘备说："谁能当之？"曹操以手指指刘备，再指着自己说："今天下英雄，唯使君与操耳。"刘备闻言，吃了一惊，手中匙箸不觉落于地下。此时风雨将至，雷声大作，刘备从容俯身捡匙箸，说："一震之威，乃至于此。"曹操笑着说："丈夫亦畏雷乎。"刘备说："圣人曰'迅雷风烈必变'，安得不畏？"将闻言失箸巧妙掩饰过去。在这之后，曹操不再怀疑刘备。这就是历史上著名的"青梅煮酒论英雄"的故事。

这是一场暗藏玄机的酒会，堪比史上著名的阴谋之宴"鸿门宴"。曹操借酒喻龙论英雄的政治试探，刘备装愚守拙的政治表态和随机应变、进退自如，都表现了一世英豪的智慧和胆识。"青梅煮酒论英雄"是《三国演义》中的精彩片段。

2）醉打金枝

"醉打金枝"是戏曲中的经典段子，历来广为传唱。

故事讲的是唐朝功臣郭子仪的儿子郭暧娶升平公主为妻。升平公主自恃金枝玉叶，处处以皇家宫规、君臣大礼管束制约丈夫。郭暧虽心有不满，但也无可奈何。

一天，郭子仪做寿，郭暧兄嫂因升平公主不来拜寿，戏嘲郭暧惧内。郭暧气愤之下，回宫与公主理论，哪知公主竟无理取闹，毫无悔改之意。郭暧借酒壮胆，打了公主一个耳光，说道："你倚仗你老子（父亲）是皇帝吗？不过是我老子看轻皇位，不愿当皇帝罢了！"公主大怒，立即回宫奏禀皇帝唐代宗。代宗说："真相就是他说的那样。假如他老子（郭子仪）想当皇帝，天下还会是我李家的吗？"说完他安慰公主叫她回府。

郭子仪听说了这件事，立即捆了郭暧，亲自入朝请罪。

代宗见这场面，不禁哈哈一笑，亲自为女婿松绑，并宽解郭子仪说："俗语道'不痴不聋，不作家翁'，小两口私房里的戏言气话，作长辈的何必当真呢？"

最后，代宗责令公主为公公拜寿赔礼，并宣谕免除小夫妻之间的一切宫规和君臣大礼，劝导小夫妻和好如初。

在"醉打金枝"这出戏中，贵为皇帝的代宗以大度包容的心怀化解了一段夫妻恩怨，成全了一段美满的婚姻。他那句"不痴不聋，不作家翁"也成为历史美谈。

没有酒的醇香就没有文学的芬芳，在浩如烟海的文学艺术作品中弥漫着酒文化的芳香。京剧名段"贵妃醉酒"，《水浒》中的"武松打虎""醉打蒋门神"，《三国演义》中的"群英会"，绘画艺术中的"韩熙载夜宴"，还有历史故事中传承中华敬老古风的"千叟宴"等，这些充满酒香酒韵的故事传承着中华的传统美德，滋养人们的心灵，启迪人们的生活。

5.3 诗酒风流，持礼有度

【学习目标】

1. 了解古人的酒德酒礼，学习古人饮酒持礼有度的君子风范。

2. 诵记关于酒的名句，提高文化素养，增强对中国传统文化的热爱。

【导学参考】

1. 教师借助多媒体提供古代酒器图片，辅助学生学习。

2. 小组自学讨论，完成下面几项任务。

（1）古代酒人分为哪三品？用两个字概括他们的特点。

（2）摘抄、诵记文中关于酒的名句。

（3）谈谈古代酒器与酒礼。

（4）说说古代"乡饮酒礼"的主要内容及其对促进社会文明进步的作用。

（5）如何学习古人持酒以礼、尊老敬长、谦恭礼让的酒道精神，文明饮酒？

上古时期，酒只用于祭祀，禁止百姓聚众饮酒，禁止饮酒过度。后来，由于政治权力的下移分散，经济文化的发展变化，以及造酒业的兴起，统治阶级对酒的约束逐渐松弛，酒逐渐融入中国人的日常生活中，但饮酒还是有着礼制约束。古人将礼仪规范融注在觥筹交错之中，使宴会既欢娱又节制，既洒脱又文雅，文明有序，不失分寸。崇尚酒德与酒礼是古代中国酒文化的根基。

5.3.1 诗酒风流品自高

俗语说，"酒后见真性"，意思是从一个人饮酒后的行为表现可以洞见他的人品、性格和内心世界。酒德是指饮酒的道德规范和酒后应有的风度。符合礼仪规范，有怡情雅趣，视为有德。嗜饮无度，失仪乱性，恶俗狂悖，甚至沦丧道德、败坏风纪者，谓之无德。酒事纷纭，"酒人"复杂。按酒德、饮行、风操论，历代"酒人"大致可分为上、中、下三品。上品"酒人"喜饮有节，不失礼违德，谈吐风雅，举止洒脱。更有上品"酒人"借酒力解脱精神束缚，超然物外，激发灵感，写下传唱千古的伟大诗篇，如李白、陶渊明、杜甫、白居易、苏轼等，他们被誉为"酒圣""酒仙""酒贤"等。中品"酒人"豪饮癫狂，酒后迷性，荒废正业，时有悖礼违德行为，如刘伶、阮籍等，他们被世人称为"酒痴""酒狂"等。下品"酒人"嗜酒如命，因酒败事，误国殃民，甚至做出伤风败德之事，人称"酒疯""酒鬼""酒魔头"。

飘香千古的美酒不知醉倒了多少风流人物，不同凡俗的上品"酒人"在历史舞台上演了一出出慷慨的故事，抒写了一首首华美的诗篇。"五花马，千金裘，呼儿将出换美酒，与尔同销万古愁。"李白豪气冲天的酒诗表现出酒脱不羁、蔑视权贵的风骨，深为人们所尊崇、热爱。杜甫对李白的描述非常生动，"李白斗酒诗百篇，长安市上酒家眠。天子呼来不上船，自称臣是酒中仙"。不为五斗米折腰的陶渊明也是深为世人所推崇的"酒人"。他嗜酒爱菊，留下了许多酒香弥漫的诗句。"采菊东篱下，悠然见南山。""不觉知有我，安知物为贵。悠悠迷所留，酒中有深味。""得欢当作乐，斗酒聚比邻。盛年不再来，一日难再晨。及时当勉励，岁月不待人。"陶渊明的酒诗返璞归真，多是他禅悟人生的悟道之作。"待到菊黄家酝熟，共君一醉一陶然。"多么令人陶醉的诗句呀！醉吟诗人白居易的酒诗更是不同寻常。他的咏酒组诗《劝酒十四首》最为著名，表达了他追求娴静无为的老庄思想和佛家禅理。苏东坡意兴豪迈、旷达脱俗，他的诗词带有更多的浓浓的酒香。"明月几时有？把酒问青天。""酒酣胸胆尚开张。鬓微霜，又何妨！""俯仰各有志，得酒诗自成。"脍炙人口的句子表达了他乐观、超脱的人生态度。杨万里的"一杯未尽诗已成，涌诗向天天亦惊"直抒诗与酒的不解之缘；杜甫的"酒债寻常行处有，人生七十古来稀"道尽了对人生苦短的感慨。而在绘画与书法的世界里，艺术家更是以酒为媒，创作出许多不朽的传世佳作。"吴带当风"的画圣吴道子，作画前必酣饮大醉，酒后作画，挥毫立就。书圣王羲之的"天下第一书"《兰亭集序》也是在文会宴上酒后即兴而作，他此后再写，始终达不到那个境界。

纵观数千年中国酒文化史，酒醉而出传世佳作的例子数不胜数，尽显诗酒风流的艺术神韵。不过，酒能给人创作的灵感，也会使人醉酒后现出低俗卑劣的丑陋原形。孟郊说："酒是古明镜，辗开小人心。"又有古语说："醉之以酒，而观其则。"古代帝王常借此古训，设宴灌醉大臣以观其行迹，试探臣子有没有不臣之心。

酒品即人品，我们倡导宴饮时饮酒有节，不失礼仪、不违德操、怡情养性、和乐健康的酒道风尚，摒弃纵酒嗜饮、强劝硬灌、行低俗恶趣的不良饮酒风气。

5.3.2 持礼有度君子风

中国是礼仪之邦，历来崇尚礼，而宴饮之礼为礼的重要组成部分。古时举办酒宴非常隆重，要经过发柬、恭迎、让座、斟酒、敬酒、祝酒、致谢、道别等完整的程序，整个仪式有礼有序。

宴席上以长者为尊，持礼有度。有长辈在座，晚辈需先行跪拜礼才能入座，长辈有命才能举杯开饮。席间晚辈要细心关注长辈的需求，随时提供服侍，这叫作侍饮。与现代的"先干为敬"不同的是，在古代，如果长辈未喝完杯中酒，晚辈抢先喝干，晚辈就会被视为不懂规矩、冒犯尊长。

古代宴饮尊崇儒家的礼仪，和乐风雅，持礼有度，表现谦谦君子的风范。拜祭啐卒（爵），酬酢旅（酬）行（酒），讲究规范有序，行止有礼。拜，即开宴时宾主互相敬拜，以示敬意。祭，是把杯中酒倒一点在地上，祭祀大地，以感谢大地的生养之德。啐，就是品尝酒味，赞美酒品，令主人欢喜。卒爵，就是一饮而尽，喝干杯中的酒，以开怀畅饮感谢主人的深情厚谊。酒宴上，宾主要互相敬酒，说些祝福的敬酒词。主人给客人敬酒谓之酬，客人回敬主人谓之酢。所以在现代汉语中，"酬酢"泛指交际应酬。客人之间也要互相敬酒，叫旅酬。有时客人间会依次敬酒，叫行酒，敬酒时在座的人都避席起立，致敬酒词。普通敬酒以三杯为度，所谓"酒过三巡，菜过五味"。为了防止因饮酒过量而失了礼仪，确保酒宴规范有序地进行，不失体统，古时在朝廷宴席上专门设有监督礼仪的职官，称为"祭酒"。后来，太学长官被称为"国子监祭酒"，足见"祭酒"这个职位的荣耀及人们对其的尊敬。

古代酒礼，对席位座次也很讲究。古代以面南的座位为尊位，一般帝王都是坐北面南，北象征失败、臣服，从"败北""北面称臣"这些沿用至今的词语我们可以看出端倪。因为古代建筑结构是前堂后室，所以席位的尊卑还要依据堂室分别而论。一般在堂上举行的礼节活动是南向为尊。而室东西长南北窄，因此室内最尊的座次是坐西面东，其次是坐北面南，再次是坐南面北，最卑是坐东面西。鸿门宴中的座位就是依此而设。司马迁以座位的安排巧妙地表现了项羽的目中无人和宴中的玄机。

在古代酒礼中，较为著名的当属乡饮酒礼。最初是乡州邻里之间定期开展的聚会宴饮，以敬老为中心内容，崇尚孝悌，沟通感情，和谐邻里，淳化民俗民风。后来逐渐发展成由地方官主持的民俗饮宴，以宾贤、敬老、谦让为主要内容，设置礼仪，教化百姓尊长养老，推广教育，举荐贤能，为国所用。"乡饮酒礼"发展到唐代。又与科举联姻结合，演变成由朝廷举办、皇帝主持的宴请科考中选的进士学子的盛大"鹿鸣宴"，成为大唐王朝礼贤读书人的历史名宴。乡饮酒礼是流传久远的古代教化活动，在古代，它对提升个人修养、促进礼制建设、和谐群体关系、推动社会文明有着积极的作用。

5.3.3 尊者举觯，卑者举觖——酒器中的礼制

中国古代酒器的名称繁多，形制丰富多样，按用途酒器大致可分为盛酒器、饮酒器两类。盛酒器主要有尊、壶、卮、觥、斝、斗、区、卣、瓮、盉、瓶、鉴、彝等。饮酒器主要有觚、觯、觖、爵、觞、杯、斝、舟等。古代酒器既是盛酒、饮酒和温酒的器具，又具有礼器的社会功用。例如，"鼎"在西周既是食器，又是酒器、礼器。作为礼器的"鼎"是国家权力的象征，传说大禹铸造九鼎代表九州，夏、商、周以九鼎为传国重器。

古代讲究尊卑有别、等级分明，我们从"钟鸣鼎食"和"礼不下庶人"两个词语的诞生可以窥见古时森严的等级制度。古代达官显贵宴饮时，要用鼎盛放珍贵的食物，要敲编钟和磬，奏乐钟磬的数量按身份等级有着严格的规定，不许僭越，所以王权显贵的生活被称为"钟鸣鼎食"。而百姓不许使用这些器物，不必遵循这些烦琐的礼仪，叫作"礼不下庶人"。古代酒器代表着礼制，其功用复杂，在具体使用上同样有着严明的礼制等级区别，不可乱用。例如，作为酒器的鼎与食器簋的不同组合，代

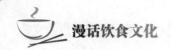

表着使用者不同的身份地位。天子宴饮用九鼎八簋，诸侯用七鼎六簋，大夫只用五鼎四簋。又如《周礼》规定，宗庙之祭，尊者举觯，卑者举觯。

另外，风雅怡情的酒令也是古代酒礼的一种表现形式。所谓酒礼其实是一种约定俗成的饮酒规则，古代酒礼因地因时而异。纵观中国古代史，时代在变迁，礼的规范也在不断变化，但尊崇酒德、讲究酒道、追求"中和"的思想，提倡饮酒欢娱适度、持酒以礼、尊老敬长、谦恭礼让的酒道精神贯穿始终。

5.4 怡情酒诗有深味

【学习目标】

1. 能诵记关于酒的名句，感受酒文化的博大精深。

2. 能有感情地朗读并赏析酒诗，提高文化艺术素养，陶冶情操。

【导学参考】

1. 教师简析赏读一两首酒诗，余下的诗词由学生分小组准备，在课前 5 分钟的演讲中领大家赏读。

2. 以班级为单位组织一次酒诗朗诵表演赛。要求配乐、表演有艺术性，可独诵，可齐诵，也可领诵合诵结合。

酒与诗词的关系源远流长，亲密无间。翻开中国诗词史，随时都能闻到扑鼻的酒香。形同槁木因诗苦，眉锁愁山得酒开，酒是文人灵感的源泉，创作的催化剂。与之相呼应，酒也成为文人创作不可或缺的题材和表现手段。诗词是美的，酒是美的，两者交融产生的酒诗（词由诗发展而来，故本书中与酒相关的诗词统称"酒诗"）则更美。

陶渊明酒诗两首

饮酒（一）

结庐在人境，而无车马喧。

问君何能尔？心远地自偏。

采菊东篱下，悠然见南山。

山气日夕佳，飞鸟相与还。

此中有真意，欲辩已忘言。

饮酒（二）

故人赏我趣，挈壶相与至。

班荆坐松下，数斟已复醉。

父老杂乱言，觞酌失行次。

不觉知有我，安知物为贵。

悠悠迷所留，酒中有深味。

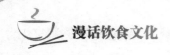

李白酒诗四首

月下独酌（其一）

花间一壶酒，独酌无相亲。
举杯邀明月，对影成三人。
月既不解饮，影徒随我身。
暂伴月将影，行乐须及春。
我歌月徘徊，我舞影零乱。
醒时同交欢，醉后各分散。
永结无情游，相期邈云汉。

月下独酌（其二）

天若不爱酒，酒星不在天。
地若不爱酒，地应无酒泉。
天地既爱酒，爱酒不愧天。
已闻清比圣，复道浊如贤。
贤圣既已饮，何必求神仙。
三杯通大道，一斗合自然。
但得酒中趣，勿为醒者传。

金陵酒肆留别

风吹柳花满店香，吴姬压酒劝客尝。
金陵子弟来相送，欲行不行各尽觞。
请君试问东流水，别意与之谁短长？

南陵别儿童入京

白酒新熟山中归，黄鸡啄黍秋正肥。
呼童烹鸡酌白酒，儿女嬉笑牵人衣。
高歌取醉欲自慰，起舞落日争光辉。
游说万乘苦不早，著鞭跨马涉远道。
会稽愚妇轻买臣，余亦辞家西入秦。
仰天大笑出门去，我辈岂是蓬蒿人。

杜甫诗两首

饮中八仙歌（节选）

李白斗酒诗百篇，长安市上酒家眠。
天子呼来不上船，自称臣是酒中仙。

客 至

舍南舍北皆春水，但见群鸥日日来。
花径不曾缘客扫，蓬门今始为君开。
盘飧市远无兼味，樽酒家贫只旧醅。
肯与邻翁相对饮，隔篱呼取尽余杯。

白居易酒诗两首

问刘十九

绿蚁新醅酒，红泥小火炉。
晚来天欲雪，能饮一杯无？

与梦得沽酒闲饮且约后期

少时犹不忧生计，老后谁能惜酒钱？
共把十千沽一斗，相看七十欠三年。
闲征雅令穷经史，醉听清吟胜管弦。
更待菊黄家酝熟，共君一醉一陶然。

李清照酒词三首

如梦令

昨夜雨疏风骤，浓睡不消残酒。
试问卷帘人，却道海棠依旧。
知否？知否？应是绿肥红瘦。

醉花阴

薄雾浓云愁永昼，瑞脑销金兽。
佳节又重阳，玉枕纱橱，半夜凉初透。
东篱把酒黄昏后，有暗香盈袖。
莫道不销魂，帘卷西风，人比黄花瘦。

声声慢

寻寻觅觅，冷冷清清，凄凄惨惨戚戚。
乍暖还寒时，最难将息。
三杯两盏淡酒，怎敌他晚来风急？
雁过也，正伤心，却是旧时相识。
满地黄花堆积，憔悴损，如今有谁堪摘？
守着窗儿，独自怎生得黑？

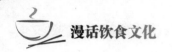

梧桐更兼细雨，到黄昏点点滴滴。
这次第，怎一个愁字了得！

陆游酒诗一首

游山西村

莫笑农家腊酒浑，丰年留客足鸡豚。
山重水复疑无路，柳暗花明又一村。
箫鼓追随春社近，衣冠简朴古风存。
从今若许闲乘月，拄杖无时夜叩门。

其他文人的作品

凉州词

王　翰

葡萄美酒夜光杯，欲饮琵琶马上催。
醉卧沙场君莫笑，古来征战几人回。

送元二使安西

王　维

渭城朝雨浥轻尘，客舍青青柳色新。
劝君更尽一杯酒，西出阳关无故人。

清　明

杜　牧

清明时节雨纷纷，路上行人欲断魂。
借问酒家何处有，牧童遥指杏花村。

江南春

杜　牧

千里莺啼绿映红，水村山郭酒旗风。
南朝四百八十寺，多少楼台烟雨中。

酬乐天扬州初逢席上见赠

刘禹锡

巴山楚水凄凉地，二十三年弃置身。
怀旧空吟闻笛赋，到乡翻似烂柯人。

沉舟侧畔千帆过，病树前头万木春。
今日听君歌一曲，暂凭杯酒长精神。

过故人庄
孟浩然

故人具鸡黍，邀我至田家。
绿树村边合，青山郭外斜。
开轩面场圃，把酒话桑麻。
待到重阳日，还来就菊花。

苏幕遮
范仲淹

碧云天，黄叶地，
秋色连波，波上寒烟翠。
山映斜阳天接水，
芳草无情，更在斜阳外。
黯乡魂，追旅思，
夜夜除非，好梦留人睡。
明月楼高休独倚，
酒入愁肠，化作相思泪。

社 日
王 驾

鹅湖山下稻粱肥，豚栅鸡栖对掩扉。
桑柘影斜春社散，家家扶得醉人归。

短歌行（节选）
曹 操

对酒当歌，人生几何。
譬如朝露，去日苦多。
慨当以慷，忧思难忘。
何以解忧，唯有杜康。

浣溪沙
晏 殊

一曲新词酒一杯，去年天气旧亭台。夕阳西下几时回？
无可奈何花落去，似曾相识燕归来，小园香径独徘徊。

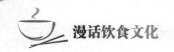

5.5 酒入佳肴，化作千锅香

> **【学习目标】**
> 1. 掌握烹制菜肴过程中各类酒的使用方法、搭配原则和作用，并灵活运用。
> 2. 学习、积累多种用酒烹制的美味佳肴的制法，博采众长，提高厨艺。
> **【导学参考】**
> 1. 各小组分工合作，选取一种酒，烹制一道菜肴；或选取一道经典的以酒酿制的菜肴的图片进行展示，并说明酒在这道菜中的使用方法和功效。
> 2. 课外搜集更多加酒烹制的菜肴，坚持积累。

中国人自古崇尚以酒调味。酒入了菜，就化了戾气；菜遇到酒，就变得诸般柔软温存。不过酒与菜肴并非百菜百搭，黄酒、白酒、啤酒、红酒等各有自己"钟爱的伴侣"。一般来说，清淡的菜中适合放酒精含量低的酒，味浓的菜中适合放酒精含量高一点的酒。

5.5.1 用法不一，各有搭档

下面就黄酒、白酒、啤酒在烹饪中的用法与作用等，做一定介绍。

1）黄酒

黄酒香气浓郁，适口性好，是烹调中首推的佳品，具有除腥去臭、生香增鲜的作用。烹制肉类、鱼类、禽类菜肴时，黄酒有助于使菜肴的滋味变得更柔和，香气更加和谐、浓郁。

烹调中使用黄酒的方法主要有3种：一是在烹调前，将食材与黄酒拌匀，放置一定的时间腌渍入味，然后再烹制。二是在加热过程中加入黄酒，这有助于去腥增香，也是厨师们最常用的方法。三是将黄酒预先放入调味汁或芡汁中，再一同加入菜肴里。

总之，可根据不同的原料灵活选用适当的方法，但关键是要使菜肴中的黄酒得以挥发。必须注意黄酒的用量不可过大，以免挥发不尽而有酒味。烹制菜肴时添加黄酒的最佳时间是锅中温度最高的时候，如做红烧鱼，要在用油煎好鱼后随即在锅中添加黄酒，以便黄酒能最高限度地起到去腥除膻、调味增香的作用。再如烹制肉类汤菜，如鸡汤、鱼汤、鸭汤、蹄花汤等，可在汤即将沸腾或刚沸腾时添加黄酒，使原料的腥味随着汤的不断沸腾和酒气的挥发而消弭。

2）白酒

传统白酒入菜以炝、醉、烹、浸等方式烹制的菜肴为主。白酒入菜，菜肴的酒香浓厚、鲜嫩爽口、色淡自然、原味突出。特别是烹调脂肪较多的肉类或鱼类时，加点白酒，能使菜肴增香、不油腻。另外，在制作醉菜如醉虾、醉鸡等时常用白酒，其效果比黄酒更胜一筹。

烹饪实践中，人们总结出许多妙用白酒的方法，现选取几则，以供参考。

①菜里醋放多了时，加点白酒，可减轻酸味。

②河鱼在白酒中浸一下，再挂糊油炸，可去泥腥味。

③在鲜活的鱼嘴里滴几滴白酒再将鱼放回水里，养在阴暗、透气的地方，即使夏天也能活 3 ~ 5 天。

④在冻鱼上洒些低度白酒再放回冰箱，鱼很快解冻，也不会出现水滴和异味。

⑤烧牛羊肉时加点白酒，可消除膻味，使肉的味道更鲜美，容易烧烂。

⑥在未发起的面上按一个凹坑，倒入白酒，用湿布捂 10 min，面即可发起。或在未发好的面团上屉后，在屉中间放一小杯白酒，蒸出的馒头也会很松软。

⑦在夹生米饭锅中浇些白酒，盖上锅盖再蒸一会儿，米饭即可完全蒸熟并且散发出一股酒香。

⑧油炸花生盛盘后，趁热在花生上洒少许白酒，可使花生酥脆不回潮。

⑨鸡鸭在宰杀前灌一汤匙白酒，半小时后再杀，容易褪净毛，皮也会完好无损。

⑩炒鸡蛋时加点白酒，炒出的鸡蛋更鲜嫩松软。

3）啤酒

啤酒最适合用于烹制带腥臊气味的畜禽类原料或虾、蟹、鱼等水产。加入啤酒烹制出的菜肴酒香浓郁，质地软嫩，口味鲜美，色泽清雅，风味别具一格，如啤酒焖牛肉、啤酒焖仔鸡、啤酒蒸鸭等，深受人们的喜爱。烹饪中，妙用啤酒有令人意想不到的效果。

①做葱油饼或甜饼时，在面粉中掺一些啤酒，做的饼既脆又香，还透点肉鲜味。

②加啤酒调制水淀粉来拌肉，炒出的肉越发鲜嫩。

③啤酒加入咖啡中，再放少许糖，喝起来苦涩中含幽香，回味甘醇。

④用啤酒烧鱼，能帮助脂肪溶解，香气浓，鱼肴更加香美。

⑤把鸡放在含 20% 啤酒的水中浸泡 20 min 后，按常法蒸煮，烹出的鸡嫩滑爽口、味道纯正，还带有一种螃蟹的美味。

⑥啤酒焖牛肉是英国的一道名菜。用啤酒代替水来烧煮牛肉，肉嫩质鲜，异香扑鼻。

⑦天热时在啤酒中放一些冰激凌或冰砖，会别有风味，是提神、开胃、消暑的佳品。

⑧将蔬菜在啤酒中煮一下（时间不宜太长，煮沸即可），捞出冷却后再拌调料，更加美味可口。

⑨烹制以冻排骨等为原料的菜肴时，可先用少量啤酒将肉腌渍 10 min 左右，用清水冲洗一下再烹制，可去除异味。

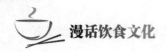

⑩将整瓶啤酒放入冰箱中冰镇，饮时把冷却的红茶掺入啤酒中，制成的饮料茶香、酒香兼备，是消暑解渴的佳品。

5.5.2　酒酿佳肴，款款飘香

1）啤酒鸡翅

（1）原料

鸡中翅 8 只，啤酒半瓶，生抽 2 汤匙，生姜几片，白糖 1 汤匙，盐、胡椒粉等少量。

（2）做法

①鸡中翅洗净、沥干，用少量盐和胡椒粉抓匀，生姜切片。

②热锅加油少许，放姜片爆香。

③放鸡翅以小火慢煎。

④锅中倒进半瓶啤酒。

⑤锅中加入 2 汤匙的生抽、1 汤匙的白糖，大火煮开后转中火煮 15 min，再转大火，收汁至浓稠，装盘上桌。

2）啤酒鸭

啤酒鸭的做法很多，风味不同，如湘味、川味等，下面介绍其中一种做法。

（1）原料

鲜鸭半只，啤酒 1 瓶，酱油、生姜、八角、桂皮、花椒、白糖、鸡精、葱、盐等适量。

（2）做法

①将鸭子斩块，生姜切片，葱切段。

②锅里放少许油，爆香生姜，将鸭子较肥腴的部分放在油里炸一炸，再把鸭子肉块全部放进锅里炒，加盐，一直炒出香味来。再往锅里倒入啤酒，啤酒要盖住鸭肉。放入 1 勺白糖，八角、桂皮、花椒少许，盖上锅盖，焖到水煮干，再加入少许酱油、葱段、鸡精，再翻炒一下，一道美味的啤酒鸭就大功告成了。

3）啤酒焖牛肉

（1）原料

牛腿肉 500 g，嫩扁豆 300 g，啤酒 2 瓶，精细面粉 15 g，盐 5 g，白胡椒粉 2 g，黄油 50 g，香叶 1 片。

（2）做法

①将牛腿肉切成块，洗净控水，用盐 2 g、白胡椒粉搅拌，再放入精细面粉拌匀，嫩扁豆切去两头。

②用旺火热油煸透牛肉，滗出油，倒入啤酒，加盐 3 g、香叶 1 片，烧沸后移小火上焖约 1 小时至肉烂。

③在炒锅中放入黄油烧热，下嫩扁豆、盐煸透，倒入牛肉锅中再煮片刻，起锅装盘即成。

（3）特色

牛肉软烂，啤酒味浓，别具特色。

4）酒酿汤圆

酒酿是中国传统的特色米酒。它是用蒸熟的江米拌上酒酵发酵而成的甜米酒。在烹饪中可用来去异味，对人体具有促进血液循环，补气养血的功效。人们用酒酿制作出各色美食。如酒酿汤圆、酒酿荷包蛋，既美味又滋补。

（1）原料

酒酿 1 大匙，无馅汤圆 60 g，糖适量。

（2）做法

锅中加清水，煮沸后放入汤圆，待汤圆浮起，加入酒酿，再烧开，熄火焖 2 min，加糖即成。

（3）营养

酒酿甘辛温，可益气、生津、活血、散结、消肿；能帮助孕妇消肿，有利通乳。

5）花雕焖肉

花雕，俗称花雕老酒，是绍兴黄酒中的珍酿。聪慧的绍兴人用花雕来烹鸡烧鸭、焖肉煮鱼，形成了独特的地方风味，堪称一绝。"花雕焖肉"就是用陈年花雕将五花肉焖熟，其味道绵厚、滋味香浓，吃后唇齿留香，是浙东传统的民间美食。

（1）原料

上好的肋条五花肉，陈年花雕，大料、肉蔻、老抽、冰糖等。

（2）做法

选用上好的肋条五花肉，洗净，带皮切成 5 cm 左右的正方形肉块。先用清水加适量陈年花雕将切好的五花肉腌浸十几分钟，以去腥、增鲜、添香。然后用沸水焯一下过油，锅中加入足量的陈年花雕，放入五花肉以旺火烧开，煮 4~5 min 撇去浮沫，加大料、肉蔻等调料，焖半小时改小火，至七八成熟时放老抽和冰糖，焖至色匀味浓，即可装盘。

（3）特点

色泽红亮，酒香浓郁，甜中带咸，鲜肥不腻，滋味悠长。在一浸一焖中，花雕焖肉浓厚的醇香味道，让人难忘。

章 后 复 习

一、知识问答

1. 被称为中国有文字记载的最早的酿酒师是_____。

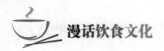 漫话饮食文化

2. "何以解忧，唯有杜康"中的"杜康"是指_____，相传它曾醉倒刘伶，令其三年方醒，这就是著名的_____的故事。

3. 按制造方法，酒可分为_____、_____、_____。

4. 被誉为"中国第一黄酒"的是福建的_____。

5. 中国是世界上最早掌握啤酒酿造技术的国家之一，在先秦时期酿造的_____就是啤酒。

6. 被誉为"国酒"的_____，产于贵州省仁怀县赤水河畔，商标_____来源于一个美丽的传说。由于它酒香浓郁，故有诗赞曰："_____，_____。"

7. 请说出中国白酒十大知名品牌：_____、_____、_____、_____、_____、_____、_____、_____、_____。

8. 中国最著名的配制酒是山西的_____。

9. "送客亭子头，蜂醉蝶不舞。三阳开国泰，美哉柳林酒。"诗中写的使"蜂醉蝶不舞"的是著名的_____。

10. "借问酒家何处有，牧童遥指杏花村。"这句诗暗指了我国哪个知名白酒品牌？_____。

二、思考练习

1. 酒在餐饮中有哪些用途？你知道哪些加入酒烹制的菜肴？

2. 诵记10首以上酒诗。

三、实践活动

用酒烹制一道菜肴，在班级展示，并加以说明。

第 *6* 章
修身怡性的茶文化

千年儒释道，万古山水茶。中国是茶的故乡，饮茶的历史源远流长。

本章简要介绍了茶的起源和历史、茶的分类、茶道和茶艺、茶与文学艺术、茶食和茶肴，引导大家领会中国茶文化独特的人文和审美价值，感悟中国茶道中蕴含的儒家礼、仁、和的修身思想，佛家寂静、淡泊的节操，道家天人合一、返璞归真的主张，能使个人的思想修养和精神境界在学习中得到升华。

"壶里乾坤大，杯中日月长。"人们在持杯把盏、品茗饮茶中，修身养性、明心见性，达到回归自然的至美境界，也留下了千古流芳的诗词佳话。

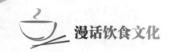

6.1　南方有嘉木——中国茶的起源和历史

【学习目标】
1. 了解茶的起源，明确中国是世界上最早发现、栽培茶树并利用茶叶的国家。
2. 掌握茶的药用、食用、饮用三个阶段，探究先民在用茶过程中所体现出的厚重的中华文明史。

【导学参考】
1. 学习形式：小组合作，话题演讲。各小组主持、讲授茶的起源和历史等相关知识，并任选一个创意话题自主设计，汇报成果。
2. 可选话题：茶饮用方式的演变、唐代以后茶文化的兴起、从陆羽《茶经》看中国茶文化的演变。也可自己创意话题。

　　茶作为健康饮品深受世人喜爱，尤其是在中国更被视为"国饮"。俗语云：开门七件事，柴米油盐酱醋茶。自古以来，上至达官显士、文人墨客，下至布衣百姓、贩夫走卒，饮茶皆是其生活中不可或缺之事。

　　中国是茶的故乡，也是世界上最早发现茶树、利用茶叶和栽培茶树的国家。在地球上，茶树至少已有六七万年的历史，而茶被人类发现和利用有四五千年的历史。

　　茶的利用最初来自野外采集活动。

　　相传在公元前2 700多年以前，神农为了给人治病，经常到深山野岭去采集草药。有一天，他尝到了一种有毒的草，顿时感到口干舌麻、头晕目眩。他赶紧找到一棵大树，背靠着树坐下，闭目休息。这时，一阵风吹来，树上落下几片绿油油的带着清香的叶子。神农休息一会儿后拣了两片叶子放在嘴里咀嚼，没想到一股清香充溢唇齿，顿时感觉舌底生津、精神振奋，刚才的不适一扫而空。他感到非常奇怪，于是再拾起几片叶子细细观察，发现这种树叶的叶形、叶脉、叶缘均与一般的树叶不同，神农便采集了一些树叶带回去细细研究。后来，就把它命名为"茶"。

　　"荼"是"茶"字最早的写法，泛指诸类苦味、野生植物性原料，并有茗、槚（jiǎ）、苦荼等诸多称谓。唐代陆羽撰写《茶经》时，将"荼"字减少一画，改为"茶"字，从此茶的音、形、义就固定下来。

　　春秋以前，茶是被人们当作药物使用的。自汉代以来，很多历史古籍和古医书中都记载了关于茶叶的药用价值和饮茶健身的论述。《神农本草经》中有关于茶叶的药用价值的记载，"茶味苦，饮之，使人益思少卧，轻身明目。"《饮膳正要》中说，"凡诸茶，味甘苦，微寒无毒，去痰热，止渴，利小便，消食下气，清神少睡。"茶的这些功效，越来越多地被现代医学证实。现代医学研究表明，已知茶对人体至少有61种保健作用，对20余种疾病有防治效果。

秦汉时期，人们对茶的利用是从药用逐渐演化到食用的，即以茶当菜。《晏子春秋》记载，"晏子相景公，食脱粟之饭，炙三弋，五卵菜耳。"这是说晏子在见齐景公时，虽身为国相，却衣食俭朴，吃粗米饭，几样荤菜之外只有"茗菜"。可见，春秋时期茶的药用和食用是并存的。时至今日，中国西南地区少数民族中依然有把茶作为菜来食用的，如云南基诺族的"凉拌茶"、傣族和景颇族的"腌茶"等。

西汉时期，除食用茶之外，把茶作为单一的饮料也兴起于世。饮用茶的方式为羹饮，即把茶叶放入釜中煎煮，和煮菜汤相仿，并加上葱、姜和橘子调味，这是最初的饮茶法，由此开启了以茶为饮的历史。

三国时期，崇茶之风进一步发展，人们开始注意茶的烹煮方法，此时出现了"以茶当酒"的习俗（见《三国志·吴志》），说明当时华中地区饮茶已比较普遍。

隋唐时期，茶叶多被加工成饼茶。喝茶时，将饼茶稍作炙烤，然后碾碎，过筛后煎煮。所以，当时饮茶又称"吃茶"。那时饮茶蔚然成风，饮茶方式有较大的进步，为改善茶叶的苦涩味，人们开始加入薄荷、盐、红枣等调味。此时已使用专门的烹茶器具，论茶的专著已出现。陆羽《茶经》备言茶事，更对茶之饮、之煮有详细的论述。陆羽倡导清饮之法，即煮茶时不加作料，谓之见"真茶"，以品茶之真香味。由于陆羽的倡导，唐中期以后，人们对茶不再是单纯的饮用，还开始了品鉴，品纯茶之味，继而将品茶与精神境界相连，衍生出了文化色彩，这是中国茶文化的一大飞跃。

唐代，随着饮茶之风盛行，名茶迭出，文人墨客纷纷品茗论水、著书立说。唐代著名品茶家陆羽，撰写了世界上第一部关于茶的专著《茶经》，成为历代推崇的"茶圣""茶神"。张又新撰写了世界上第一部专论茶汤与水质关系的专著《煎茶水记》。

茶兴于唐而盛于宋。在宋代，制茶方法出现改变，茶叶多被制成团茶、饼茶，饮用时碾碎，加调料烹煮（也有不加的）。后来，出现了用蒸青法制成的散茶，且不断增多。茶品的日益丰富给饮茶方式带来了深远的影响，人们日益重视茶叶原有的色香味，调料逐渐减少。在唐代以前，饮茶是粗放煎饮，即药饮或解渴式的粗放饮法；到了唐宋，则为细煎慢啜式的品饮，形成了绵延千年的饮茶艺术。

宋代是极讲究茶道的。上起皇帝，下至士大夫，无不好茶道，一些文人雅士更流行

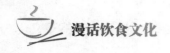

斗茶，视之为生活情趣。宋代最盛大的茶事活动是斗茶。斗茶，即比茶的优劣，又名斗茗、茗战。斗茶内容包括：斗茶品、斗茶令、茶百戏。斗茶品以茶"新"为贵，斗茶用水以"活"为上。一斗汤色，二斗水痕。斗茶令，即古人在斗茶时行的茶令。茶令如同酒令，用以助兴增趣，所述故事及所吟诗赋，皆与茶有关。茶百戏，又称汤戏或分茶，即将煮好的茶注入茶碗中的技巧。在当时，茶百戏与琴、棋、书并列，是士大夫们喜爱与崇尚的一种文化活动。

在明代，由于制茶工艺的革新，团茶、饼茶已较多地改为散茶，烹茶方法由原来的以煎煮为主逐渐向冲泡为主发展，被称为"瀹（yuè）饮"。茶人在原有制茶工艺的基础上不断创新，加工出不同品种的茶类，如绿茶、红茶、白茶、黄茶等，这些茶类迅速兴起或发展。与此相应的，明代是中国陶瓷器发展的一个高峰时期，特别是紫砂壶的崛起，把饮茶推向了一个新方向。在清代，各类茶的制作技术均得到了改进和提高，六大茶类已形成，传统的煎煮等饮茶方式止流，瀹饮茶进入了鼎盛时期。大多数学者认为，清代的茶文化是传统茶文化的终结和现代茶文化的开始。

中华人民共和国成立后，物质财富的大量增加为中国茶文化的发展提供了坚实的基础，成立了第一个以弘扬茶文化为宗旨的社会团体——茶人之家，而后成立了中国茶人联谊会、中国国际茶文化研究会、中国国际和平茶文化交流馆等。随着茶文化的兴起，各地茶艺馆越办越多，茶叶节不胜枚举，它们以茶为载体，促进茶叶贸易全面发展。

纵观中国茶史，先民用茶经历了药用、食用、饮用三个阶段，并在唐中期以后转入以清饮茶为主。一路走来，茶史从一个独特的视角展现了中华民族厚重的文明史。

6.2 零露凝清华——中国茶的种类

6.2.1 中国茶的分类

中国的茶叶种类很多，分类也很多，但被大家熟知和广泛认同的就是按照茶的色泽与加工方法进行的分类，即六大茶类分类法，将茶分为绿茶、红茶、乌龙茶（青茶）、白茶、黑茶、黄茶六大茶类。

明代开创了散茶生产技术发展的全盛时代，绿茶、黄茶、白茶、红茶、黑茶的制作工艺在明代兴起或发展。到了清代，茶人创制了乌龙茶（青茶），至此，中国的六大茶类形成，沿袭至今。

1）绿茶

绿茶又称不发酵茶。以茶树新梢（未经发酵）为原料，经杀青、揉捻、干燥等典型工艺制成。按干燥和杀青方法的不同，一般分为炒青、烘青、晒青和蒸青绿茶。绿茶具有清汤绿叶、滋味收敛性强等特点。绿茶是世界历史上最早的茶类，也是中国产量最大的茶类，产区主要分布于浙江、安徽、江西等省。代表茶有西湖龙井、洞庭碧螺春、蒙顶茶、六安瓜片、庐山云雾、黄山毛峰、信阳毛尖等。

2）红茶

红茶又称发酵茶，以适宜制作红茶的茶树新芽、叶为原料，经萎凋、揉捻、发酵、干燥等工序精制而成，在加工过程中发生了以茶多酚酶促氧化为中心的化学反应，让红茶具有红汤红叶、香甜味醇的特点，因其汤色以红色为主调，故得名。红茶可分为小种红茶、工夫红茶和红碎茶，为中国第二大茶类。红茶的代表茶有滇红、宜

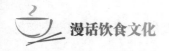

兴红茶、祁门红茶。

3）乌龙茶

乌龙茶亦称青茶，属半发酵茶，介于绿茶和红茶之间。其制作工艺是将采摘的适宜茶树品种的鲜茶叶晒青、晾青、做青（摇青）、揉捻、焙干，即先采取绿茶制法，再采取红茶制法。乌龙茶在加工过程中去掉了鲜叶中的大量水分，形成了香高味醇，回味甘鲜的特点，因成茶色青褐，故又称青茶。典型的乌龙茶茶叶一般叶片中间呈绿色，叶边缘呈红色，素有"绿叶红镶边"的美誉。乌龙茶汤色黄红，滋味醇厚且具有天然的花果香气。优质的乌龙茶既有绿茶的清香又有红茶的浓醇，是不可多得的茶中精品。乌龙茶的代表茶有文山包种茶、安溪铁观音、冻顶乌龙茶、武夷大红袍、武夷岩茶等。

4）白茶

白茶属微发酵茶，在唐宋时就是名茶，是从偶然发现的白叶茶树上采摘鲜叶而制成的茶。与不炒不揉而成的白茶不同，现代白茶的制作工艺为采摘鲜叶后，将鲜叶萎凋至八九成干，不经过杀青或揉捻，只经过晾晒或文火干燥后加工制成，即鲜叶萎凋后直接晒干或低温烘干。成茶满披白毫、汤色清淡、如银似雪，味鲜醇、有毫香。白茶采摘时要求鲜叶符合"三白"，即嫩芽和两片嫩叶都要全身满毫。白茶所具有的独特的品质，除工艺外，还与茶树的品种有密切关系，白茶选用芽叶上茸毛丰富的茶树品种代表茶有福建的福鼎大白茶、水仙等，发展到现代又出现了白牡丹、贡眉、寿眉等。

5）黑茶

黑茶因茶色黑褐而得名，属后发酵茶。黑茶一般采用较粗老的茶叶为原料，以绿毛茶堆积后发酵，渥成黑色或加入过多茶树叶，在绿茶杀青时以低火温使叶色变为深褐绿色，这是黑茶的原始制作过程。现代黑茶的制作流程是杀青、揉捻、渥堆、复揉、烘焙等。在加工过程中由于鲜叶堆积发酵时间较长，黑茶呈现叶色油黑或黑褐的特点。根据产地和工艺上的差别，中国黑茶分为湖南黑茶、湖北黑茶、四川黑茶、广西黑茶、云南黑茶。云南普洱茶和广西六堡茶是特种黑茶，有独特的香醇滋味且越陈越香。

6）黄茶

黄茶属轻发酵茶，起初是绿茶炒制工艺不当，叶绿素被破坏，使叶子变黄，从而形成了黄茶黄叶黄汤的品质特点。现代黄茶经杀青，揉捻，闷黄，干燥等工序制成，在加工过程中鲜叶通过热化作用被氧化和水解，造就了黄茶黄叶黄汤特点。代表茶有湖南洞庭湖的君山银针、四川的蒙顶黄芽、安徽的霍山黄芽、广东的大叶青等。

除上述六大茶类外，还有再加工茶，如花茶、紧压茶、人工果味茶及茶饮料等。悉数中国茶叶品种，洋洋大观，令人目不暇接。

6.2.2　中国十大名茶

中国茶叶历史悠久，各种各样的茶竞相争艳。中国名茶就是诸多品种茶叶中的珍品，是由特别的茶树生长条件、采摘要求和制茶工艺相结合所形成的，是品质优异、风格独特、色香味俱佳的茶叶产品，具有一定的商品数量，在市场上享有较高知名度，为百姓所熟知。"中国十大名茶"则是中国茶叶中最璀璨的明珠。

中国十大名茶是在 1959 年全国"十大名茶"评比会上评选出的，包括西湖龙井、洞庭碧螺春、黄山毛峰、庐山云雾、六安瓜片、君山银针、信阳毛尖、武夷岩茶、安溪铁观音、祁门红茶。

6.2.3　珍奇佳茗举隅

1）西湖龙井

西湖龙井属于绿茶，自古就是名茶，因产于中国浙江省杭州市西湖的龙井茶区而得名，龙井既是地名，又是泉名、茶名。北宋时，龙井茶区已初具规模。引自宋代苏东坡诗句的对联"欲把西湖比西子，从来佳茗似佳人"和林逋的"白云峰下两枪新，腻绿长鲜谷雨春"，诠释了龙井茶的珍奇。

龙井茶以"狮（峰）、龙（井）、云（栖）、虎（跑）、梅（家坞）"排列品第，色泽翠绿、香气浓郁，甘醇爽口，外形扁平，汤色碧绿明亮，具有淡而悠远的清香，有"色绿、香郁、味醇、形美"四绝的美誉，尤其是西湖的虎跑泉水配龙井茶被称为"西湖双绝"。

据说，人们熟知的十八棵龙井御树名字源于清代乾隆皇帝。

相传，清代乾隆皇帝有一次下江南正在狮峰山下胡公庙前欣赏采茶女制茶时，忽然太监来报太后有病，请皇帝立即回京。乾隆一惊，顺手将手里的茶叶放入口袋，火速赶回京城。原来太后并无大病，只是惦记皇帝久出未归而上火了。太后见皇儿归来，非常高兴，病已好了大半。她忽然闻到乾隆身上阵阵香气，问是何物，乾隆这才知道原来自己把龙井茶叶带回来了。于是他亲自为太后冲泡了一杯龙井茶，只见茶汤青绿、清香扑鼻。太后连喝几口，觉得肝火顿消，病也好了，连说这龙井茶胜似灵丹妙药。乾隆见太后病好，也非常高兴，立即传旨钦封胡公庙前的 18 棵茶树为御树贡茶，并赋诗赞美龙井茶的精妙。

龙井茶以清明前采摘的为最佳，即明前茶。采一个嫩芽的称为"莲心"。采一芽一叶，叶似旗、芽似枪，故称为"旗枪"。采一芽二叶初展的，因外形卷如雀舌，因此得名"雀舌"。成品的龙井茶依据品质分为 13 个等级。目前，在市场利益的驱动下，西湖茶区扩展到周边地县，如龙坞乡、留下镇、转塘镇等，由于不具备老茶区得天独厚的生长环境，新茶区所产茶的品质远远不及传统龙井茶，只能称为浙江龙井。西湖龙井和浙江龙井是可以辨别的：从外观看，西湖龙井的茶叶绿中显黄，俗称"糙米色"，扁平宽，无毫球。浙江龙井一般色泽碧绿，扁体较窄，芽锋显毫。从冲泡的汤色看，西湖龙井汤色浅绿、明亮，浙江龙井汤色的明亮度差。从香气和滋味方面品鉴，西湖龙井清香悠长，味道甘鲜，滋润肺腑心田。而浙江龙井香气低沉，苦涩味重。从展开的叶底看，西湖龙井的芽叶间短，且叶片厚实肥壮。而浙江龙井的芽叶间较长，叶片较瘦。所以二者虽同称"龙井"，但此龙井非彼龙井。

龙井茶具有生津止渴，利尿减肥等功效。

2）碧螺春

碧螺春属于绿茶，因产于江苏吴县的洞庭山区，故又称洞庭碧螺春。

相传，洞庭东山的碧螺春峰的石壁长出几株野茶树。当地的老百姓在每年茶季持筐采摘树叶，以作自饮。有一年，茶树长得特别茂盛，人们争相采摘，竹筐装不下，只好放在怀中，茶受到怀中热气熏蒸，奇异香气忽发，采茶人惊呼"吓煞人香"，此茶由此得名。清朝时，康熙皇帝游览太湖，巡抚宋公进"吓煞人香"茶，康熙品尝后觉香味俱佳，但觉名称不雅，遂题名"碧螺春"。自此以后，碧螺春遂得名，闻名遐迩，流传至今。

碧螺春外形条索纤细，卷曲成螺，满身披毫，银白隐翠；泡成茶后，色嫩绿明亮，味道清香浓郁，饮后有回甜的感觉，以"形美、色艳、香浓、味醇"著称。人们称赞此茶"铜丝条，螺旋形，浑身毛，花香果味，鲜爽生津"。采碧螺春茶在春分前后开始，谷雨前后结束。以春分至清明采制的明前茶最为珍贵。碧螺春芽头极为细嫩，炒制500 g碧螺春需要采6.8万~7.4万个芽头，曾有用9万个芽头炒制500 g茶叶的记录，可见采制上好碧螺春茶的工夫。

碧螺春茶因茶叶娇嫩，冲泡和品饮也与众名茶不同。一般茶叶是先放茶，后冲水。而碧螺春不能用水冲泡，也不能加盖紧闷，而是先在杯中倒入沸水，然后放进茶叶。过3 ~ 4 min，芽、叶纷纷舒展开，茶色浓艳，闻之清香扑鼻，令人垂涎欲滴。

碧螺春具有强心解痉，提神益思，辅助减肥，解酒的功效。

3）六安瓜片

六安瓜片（又称片茶）是国家级历史名茶，为绿茶特种茶类。它是唯一无芽无梗的茶叶，由单片生叶制成，采自当地特有茶树品种，经扳片、剔去嫩芽及茶梗，通过独特的传统加工工艺制成的形似瓜子的片形茶叶。六安瓜片具有悠久的历史底蕴和丰厚的文化内涵。早在唐代，《茶经》就有"庐州六安（茶）"之说法。明代科学家徐光启在其著作《农政全书》里称"六安州之片茶，为茶之极品"。六安瓜片在清朝被列为贡品，慈禧太后曾月奉十四两。曹雪芹的旷世之

作《红楼梦》中有多处提及此茶，特别是妙玉品茶（六安瓜片）一段，读来余香满口。到了近代，六安瓜片被指定为中央军委特贡茶。1971年美国国务卿访华，六安瓜片还作为国家级礼品馈赠。可见，六安瓜片在中国名茶史上一直占据着显著的位置。

六安瓜片驰名古今中外，还得惠于其独特的产地、工艺和品质优势。主产地是安徽省大别山茶区的六安县、金寨县、霍山县一带，茶区地处大别山北麓，高山环抱，

云雾缭绕，气候温和，生态植被良好，是真正在大自然中孕育成的绿色饮品。同时，六安瓜片的采摘也与众不同，茶农取茶枝上的嫩梢壮叶，其叶片肉质醇厚、营养最佳，是中国绿茶中唯一去梗去芽的片茶。

六安瓜片具有排毒养颜，清口臭、利尿消肿等功效。

4）君山银针

君山银针属于黄茶，产于湖南岳阳洞庭湖中的君山，其形细如针，故名君山银针。君山银针芽头苗壮，紧实而挺直，白毫显露，茶芽大小、长短均匀，形如银针，内呈金黄色。君山银针是特有的观赏茶，饮用时，将君山银针放入玻璃杯内，以沸水冲泡，茶叶在杯中一根根垂直立起，踊跃上冲，悬空竖立，继而上下游动，然后徐徐下沉，簇立杯底。军人视之谓"刀枪林立"，文人赞叹如"雨后春笋"，艺人偏说"金菊怒放"。君山银针茶汤杏黄，香气清鲜，叶底明亮，被人们称作琼浆玉液。

君山银针有清热降火、明目清心、提神醒脑、消除疲劳等功效。

5）白毫银针

白毫银针属于白茶，简称银针，又叫白毫，素有茶中"美女""茶王"之美称。由于鲜叶原料全部是茶芽，白毫银针制成成品茶后，形状似针，白毫密被，色白如银，因此被命名为白毫银针。白毫银针的产地为福建省福鼎市、政和县，属于仅有的白茶中仅有的精品。冲泡后，香气清鲜，滋味醇和，杯中的景观也情趣横生。茶在杯中冲泡时即出现白云疑光闪，满盏浮花乳，芽芽挺立，其汤色微黄而纯净，淡而幽的清香令人仿佛置身森林中，尽享大自然的气息。

白毫银针性寒凉，可以清热解暑，适合夏季饮用。此外，它还能够增强脾胃功能，改善食欲，促进肠道蠕动，缓解食欲不振、便秘的症状。

6）铁观音

铁观音既是茶名，也是茶树品种名。铁观音茶属于乌龙茶，产于福建省南部安溪县。关于铁观音的起源有不少传说。

一种传说是西坪茶农魏饮笃信佛教，每天都敬拜观音像，并以茶作供奉。一天他梦见观音菩萨赐给他一株茶树，他依梦中所指，找到一株茶树并移来种植，从而制成铁观音茶。另一种传说是安溪尧阳一位名叫王士谅的人在山中发现一株奇特的茶树，采叶制茶后芬芳异常，独具韵味。后来他进京赶考拜谒相国方望溪，并敬赠此茶，方望溪又将此茶献于乾隆皇帝，乾隆品饮后非常喜欢，因干茶色泽苍绿且沉重似铁，又因产于当地南山观音岩下，于是赐名"南岩铁观音"。

铁观音的采摘一年可分4次，即春茶、夏茶、暑茶和秋茶。春茶在立春前后采摘，夏茶在夏至时采摘，暑茶在大暑后采摘，秋茶在白露前采摘。就其茶品来说，春茶品相最好，叶芽肥壮饱满，冲泡后，香气高扬、滋味鲜爽，且十分耐泡，是不可多得的茶中极品；夏茶叶薄，冲泡后带苦味，香气差；暑茶略强于夏茶；秋茶香气高锐悠长，滋味甘醇但不及春茶浓厚。

铁观音是乌龙茶中的极品，冲泡后茶汤金黄、浓艳、清澈似琥珀，浓郁的兰花香扑鼻而来，令人怡然惬意。铁观音滋味醇厚甘鲜，回甘悠久，香气馥郁持久，素有"七泡有余香"的美誉。

铁观音具有防治龋齿，减肥瘦身等功效。

7）大红袍

大红袍产于福建武夷山，属于乌龙茶，亦称岩茶中的极品，素有"茶中状元"的美誉。武夷山秀甲东南，岩岩有茶，非岩不茶，武夷山所产茶品种繁多，统称为岩茶。普通的品种茶树称为菜茶，从菜茶中选育出的优良单株为单枞，从单枞中选出的极优品种称为名枞。武夷山四大名枞为大红袍、铁罗汉、白鸡冠、水金龟。

大红袍是武夷山岩茶之冠，中国茶的珍稀品种。现有 3 棵六株母树生长在武夷山九龙窠岩壁之上，峭壁上刻有 1927 年天心寺和尚所写"大红袍"3 个字。

相传，明朝年间一个赶考的举人路过武夷山时，突然发病，腹痛难忍。武夷山天心寺和尚用九龙窠岩壁上茶树的鲜叶制成香茶泡给举人喝，举人的病痛即止，不药而愈。举人后来考取了状元，再回到天心寺答谢和尚，并将身穿的红色状元袍披挂在茶树上，盛赞茶树的神奇，"大红袍"由此得名。

如今的大红袍茶树是科研人员采用无性繁殖技术种植而成的，而大红袍母树在近年已被保护禁采。

大红袍成茶条索紧结，色泽绿褐、鲜润。冲泡时，茶汤橙黄、明亮，叶片红绿相间，具有浓郁的桂花香味，香高而持久、悠远。大红袍很耐冲泡，冲泡七八次后茶汤仍有香味，注重活、甘、清、香。

大红袍有清心醒脑、健胃消食、利尿消毒、祛痰止喘，止渴解热等功效。

8）正山小种

正山小种属于红茶，18 世纪后期首创于福建省崇安县桐木地区。历史上该茶以星村为集散地，故又称星村小种。正山含有正统之意，因此得名。

正山小种成茶条索肥壮、紧结圆直、色泽乌润、铁青带褐，冲水后汤色橙黄清明、经久耐泡、滋味醇厚，似桂圆汤味，气味芬芳浓烈，以醇馥的烟香和桂圆汤、蜜枣味为其主要品质特色。

正山小种原产于中国，17 世纪初由荷兰商人带入欧洲，随即风靡英国皇室乃至整个欧洲。相当长一段时间正山小种是英国皇家及欧洲王室贵族享用的特种茶。英国人和其他欧洲人常把它与印度茶或锡兰茶拼配冲饮，俄罗斯人常将它与中国红茶或乌龙茶拼配冲饮。茶汤中加入牛奶，茶香不减，形成糖浆状奶茶，颜色更为绚丽，甘甜爽口，别具风味。正山小种红茶非常适合与以咖喱和肉制成的菜肴搭配。

正山小种有提神消疲，生津清热，利尿等功效。

9）祁门红茶

祁门红茶是红茶精品，简称祁红，产于安徽省祁门县。祁门红茶的采摘季节是春、夏两季，又以 8 月所采收的品质最佳。红茶的加工与绿茶相比，最重要的是增加了发酵的过程，揉捻细碎的嫩芽发酵后，由绿色变成了深褐色。

祁门红茶成茶的条索紧细匀整，锋苗秀丽，色泽乌润，俗称"宝光"，内质清芳并带有蜜糖香味，上品茶更蕴含着兰花香，号称"祁门香""王子香""群芳最"。其香气馥郁持久，汤色红艳明亮，滋味甘鲜醇厚，叶底红亮。清饮最能品味祁门红茶的隽永香气，添加鲜奶亦不失其香醇，香气反而更加馥郁。"祁红特绝群芳最，清誉高香不二门"。祁门红茶是红茶中的极品，享有高香美誉，香名远播，美称"群芳最""红茶皇后"。国际市场把祁门红茶与印度大吉岭茶、斯里兰卡乌伐的季节茶并列为世界公认的三大高香茶。

祁门红茶有清热生津，益气除烦，利尿浮肿的功效。

10）普洱茶

普洱茶属于黑茶，因产地旧属云南普洱府（今普洱市），故得名。现在泛指普洱茶区生产的茶，是以公认的普洱茶区的云南大叶种晒青毛茶为原料，经过发酵加工成的散茶和紧压茶。普洱茶成茶色褐红，汤色红浓、明亮，香气独特陈香，滋味醇厚回甘，叶底褐红。

普洱茶讲究冲泡技巧和品饮艺术，可清饮，可混饮。普洱茶汤橙黄浓厚，香气高锐持久，香型独特，汤味浓醇，经久耐泡。

坊间有一传说，清朝时，马帮从云南运贡茶上京。由于路途多雨湿热，到京后，茶由绿色变为了黑色。押茶官万分焦急，但上贡期限已到，就硬着头皮把变黑的茶呈上。哪知奉上的茶用沸水冲泡后，茶汤褐红鲜亮犹如璀璨宝石，香气四溢。皇帝龙颜大悦，赏赐茶官，茶官因祸得福。这种新茶自此名声大振，成为皇宫必备之物。后来人们将它命名为"普洱"。

普洱茶按发酵工艺可分为生茶和熟茶两类。生茶是新鲜的茶叶采摘后以自然的方式陈放，未经过渥堆发酵处理。生茶茶性较烈，刺激。新制或陈放不久的生茶有强烈的苦味，色味汤色较浅或黄绿。生茶适合长久储藏，生普洱叶子的颜色随时间推移而越变越深，香味也越来越醇厚。熟茶是经过渥堆发酵使茶性趋向温和，具有温和的茶性，茶水丝滑柔顺、醇香浓郁，更适合日常饮用。"越陈越香"被公认为普洱茶区别于其他茶类的最大特点。"香陈九畹芳兰气，品尽千年普洱情。"普洱茶是"可入口的古董"，别的茶贵在"新"，而普洱茶贵在"陈"，往往会随着时间的推移而升值。

普洱茶具有降脂减肥、消暑解渴的功效。

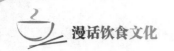

6.3 和静入禅机——中国的茶道与茶艺

【学习目标】

1. 了解中国茶道和茶艺的特点，培养礼仪修养。
2. 了解中国茶道、茶艺与中国文化的关系，感受茶文化的精深。
3. 学会冲泡茶的基本方法和基本茶艺，培养品茶兴趣和审美情趣。

【导学参考】

1. 学习形式：小组合作，活动体验，话题演讲。各小组选择一种茶，冲泡品饮，进行活动体验，讲授茶道、茶艺、茶具等相关知识，并任选一个话题自主设计，汇报成果。

2. 可选话题。

（1）中国茶道、茶艺与中国传统文化的关系。

（2）茶水器如何做到有机融合？如何泡茶？

（3）中国茶艺的独有风格。

（4）创意话题：中国茶艺与中国礼仪、中国茶具所体现的文化特点。也可自己创意话题。

俗话说，民以食为天。中国的食物浩然磅礴，但把食饮提升到精神境界，通过食饮修身养性、明心悟道，提升人生的境界，非茶莫属。唐代著名诗僧皎然在诗中写道："一饮涤昏寐，情思爽朗满天地；再饮清我神，忽如下雨洒轻尘；三饮便得道，何须苦心破烦恼……"皎然把饮茶时的生理和心理感受，精神境界的升华，对人生的深刻感悟，描述得淋漓尽致、入木三分，让人感悟到饮茶能让人悟心明性、养身修道的真谛。陆羽说："茶之为用，味至寒。为饮，最宜精行俭德之人。"唐末刘贞亮在《茶十德》中更指出，"以茶利礼仁""以茶表敬意""以茶可雅心""以茶可行道"等。由此可见，饮茶即修道。饮茶修道的结果，是悟道之后的智慧，是人生的新境界，这就是中国茶道的追求，从而构筑了中华以茶道为主轴的茶文化精神境界。

6.3.1 茶道、茶艺与茶文化

中国茶道酝酿于隋朝之前，形成于唐代，鼎盛于宋明。陆羽创立了中国茶道。千余年来，茶文学久盛不衰，不断有佳作问世，茶学专著有百余部。茶道正是茶文化的结晶。茶道是一种以茶为媒的生活礼仪，被认为是修身养性的一种方式，人们通过沏茶、赏茶、闻茶、饮茶来增进友谊、养心修德、学习礼法，是很有益的一种和美仪式。

中国茶艺萌芽于唐，发扬于宋，改革于明，极盛于清，历史悠久，文化底蕴深厚，并与宗教结缘。茶艺是包括茶叶品评技法和艺术操作手段的鉴赏以及品茗美好环境的领略等整个品茶过程的活动，其过程体现形式和精神的相互统一，是饮茶活动过程中形成的文化现象。茶艺包括选茗、择水、烹茶技术、茶具艺术、环境的选择创造等一系列内容。茶艺背景是衬托主题思想的重要手段，它渲染茶性清纯、幽雅、质朴的气质，增强艺术感染力。不同风格的茶艺有不同的背景要求，只有选对了背景才能更好地领会茶的滋味。

茶艺与茶道精神是中国茶文化的核心。"艺"是指制茶、煮茶、品茶等艺茶之术，"道"是指在艺茶过程中贯穿的精神。有道而无艺，那是空洞的理论；有艺而无道，艺则无精、无神。茶道是以修行得道为宗旨的饮茶艺术。茶艺是茶道的基础，是茶道的必要条件，茶艺可以独立于茶道而存在。茶道以茶艺为载体，依存于茶艺。茶艺的重点在"艺"，重在习茶艺术，以获得审美享受；茶道的重点在"道"，旨在通过茶艺修心养性、参悟大道。茶艺的内涵小于茶道，茶道的内涵包括茶艺；茶艺的外延大于茶道，其外延介于茶道和茶文化之间。

茶艺，有名、有形，是茶文化的外在表现形式；茶道，就是精神、道理、规律、本源与本质，它是看不见、摸不着的，但人完全可以通过心灵去体会。茶艺与茶道结合，艺中有道，道中有艺，是物质与精神高度统一的结果。茶艺、茶道的内涵、外延均不相同，应严格区别，不要混同。

茶文化的精华是茶道，茶道的主要内容是茶艺，它讲究五境之美，即茶叶、茶水、茶具、火候、环境之美。茶道和茶艺在生活中的体现就是茶文化。

6.3.2 茶道与儒道释思想

中国茶道深深植根于华夏文化，有着浓郁的民族特色，不仅重视饮茶艺能，还重视饮茶时的环境、人际关系和茶人心态。它以中国古代哲学为指导思想，以中华民族传统美德为追求目标。

中国茶道是修身养性、追寻自我之道，在整体上是一个综合的集成体，在其形成和发展的过程中，渗透着浓厚的中国传统文化。近代，有人把中国古代的茶道归纳为"廉、美、和、敬"或"理、敬、清、融"等。茶道所体现的这些内容最高限度地包容了儒释道的思想精华，融汇了三家的基本原则，从而体现出"大道"的中国精神。宗教境界、道德境界、艺术境界、人生境界是儒释道共同形成的中国茶文化极为独特的景观。

最早将茶引入宗教的是道教。道家在"天生万物唯人为贵""天人合一"思想的主导下，注重茶的保健养生功效，以茶来助长道行。道教主张清静无为，重视养生，所以道士们皆乐于饮茶。他们不但以茶作为修行之药，而且提倡以茶待客，进而还以茶来祈祷、祭献、斋戒、供品或济世疗疾。道家对养性与养气很重视，认为只有以养性为主，养身为辅，才是真正的养生。道家的指导思想是尊生乐生，认为人生活在世上是一件快乐的事情，要让自己的一生过得更加快乐，不是消极地等待来生，而是适应自然规律，把自己融合在自然中，做到天人合一。道家"天人合一"的哲学思想融入了茶道精神之中，在茶人心里充满着对大自然的无比热爱，有着回归自然、亲近自然的强烈渴望，所以茶人最能领略到"物我玄会"的绝妙感受。

佛教作为移入文化，与中国本土文化相结合，成为中国传统文化的重要组成部分，在中国茶文化孕育和发展中不仅推动了饮茶之风，而且把悟道和饮茶融通合一，使茶道中蕴含禅机。茶的特点是"清"，古人说它是"清虚之物"，而把品饮茶的嗜好称为"清尚"。这一个"清"字，宜同人世间摆脱了名利枷锁的"清"字相配，所以人常说"茶如隐逸，酒如豪士"。既然茶是至清之物，就不可避免地为主张清心寡欲、六根清净的佛门所认同了。所以，西汉末年佛教传入中国后，茶很快就成了僧人坐禅时不可缺少的饮料。佛教规定：在饮食上遵守不食肉，戒荤食素；在思想上求清虚，离尘脱俗。茶之清苦之性正适应了佛教的这种禁忌。于是喝茶成为僧人在日常生活中不可缺少之事。佛教认为茶有三德，即坐禅时，可以助人通宵不眠；满腹时，帮助消化；茶为不发之药（抑制性欲）。坐禅是佛教的重要修行内容之一，坐禅与饮茶是密不可分的。僧人坐禅，又称"禅定"，佛教认为唯有镇定精神、排除杂念、清心静境，方可自悟禅机。而饮茶不仅能"破睡"，还能助人清心寡欲、养气颐神。故自古有茶中有禅、茶禅一体、茶禅一味之说，意指禅与茶叶同为一味，品茶成为参禅的前奏，参禅成了品茶的目的，二位一体，达到了水乳交融的境地。

儒家文化历史悠久，它的精髓主要体现在中庸之道、中和哲学，即"中"的境界上。儒家主张通过饮茶沟通思想的中国茶文化。茶生于山野中，承甘露滋润，其味苦中带甘，饮之可令人心灵澄明、心境平和、头脑清醒。茶的这些特性与儒家所提倡的中庸之道相契合。儒家学说认为茶可以协调人际关系，创造和谐气氛，增进彼此的友情。观中国茶文化，在采茶、制茶、煮茶、点茶、泡茶、品饮等一整套茶事活动中，无不体现"和"的思想。"和"也就是儒家提倡的中庸之道，它是中国人奉行的人生大道。另外，儒家推崇厚人生、黜彼岸、明伦理、主自律、参天地、育万物、差等仁爱、礼仪待人、中庸处世等修身、齐家、治国、平天下的人格修养之道和入世思想，这些理念体现在茶道中就是到达仁、礼、和相统一的修养境界，彰显了儒家以茶敬人、示礼的思想，中庸、和谐的思想以及廉洁、俭朴之德。

由上观之，儒家以茶养廉，道家以茶求静，佛学以茶助禅，中国茶道思想融合了儒、道、佛诸家的精华，其主导思想是儒家思想。而从中国古代思想发展史来看，中国茶道还是以儒家思想贯穿始终的。

6.3.3　茶艺中茶、水、器的融合

茶艺中，茶、水、器融合才有醉人心田的茶事。选茶、择水、取器的流程，使茶借水蕴香，水依茶彰冽，而茶具乃瑞草名泉，性情攸寄。

1）选茶

茶是天地间的灵性植物制成的，诞生于青山秀水之间。选茶可以从观形、察色、

赏姿、闻香、尝味等环节入手。

（1）观形

首先要看干茶的干燥程度，如果有点回软，最好不要买。另外，看茶叶的叶片是否整洁，如果有太多的叶梗、黄片、渣沫、杂质，则不是上等茶叶。然后，要看干茶的条索外形。由于制作方法不同，茶树品种有别，采摘标准各异，因此茶叶形状十分丰富，特别是一些细嫩名茶大多采用手工制作，形态更加多样。

①针形。外形圆直如针，如南京雨花茶、君山银针、白毫银针等。

②扁形。外形扁平挺直，如西湖龙井、安吉白茶等。

③条索形。外形呈条状稍弯曲，如婺源茗眉、庐山云雾等。

④螺形。外形卷曲似螺，如洞庭碧螺春、普陀佛茶、井冈翠绿等。

⑤兰花形。外形似兰，如太平猴魁、兰花茶等。

⑥片形。外形呈片状，如六安瓜片、齐山名片等。

⑦束形。外形成束，如江山绿牡丹、婺源墨菊等。

⑧圆珠形。外形如珠，如泉岗辉白、涌溪火青等。

此外，还有半月形、卷曲形、单芽形等。

（2）察色

察色要做到"三观"，即观茶色、观汤色和观底色。

①观茶色。各种茶叶成品都有其标准的色泽。茶叶（指干茶）依颜色分为绿茶、黄茶、白茶、乌龙茶（青茶）、红茶、黑茶六大类。由于茶的制作方法不同，其色泽是不同的，有红与绿、青与黄、白与黑之分。即使是同一种茶叶，采用相同的制作工艺，也会因茶树品种、生长环境、采摘季节的不同，在色泽上存在一定的差异。如细嫩的高档绿茶，色泽有嫩绿、翠绿、绿润之分；高档红茶，色泽又有红艳明亮、乌润显红之别。而闽北武夷岩茶的青褐油润，闽南铁观音的砂绿油润，广东凤凰水仙的黄褐油润，台湾冻顶乌龙的深绿油润，都是高级乌龙茶中有代表性的色泽，也是鉴别乌龙茶质量优劣的重要标志。

②观汤色。茶叶因发酵程度不同而呈现不同的水色。冲泡茶叶后，不同茶类的汤色会有明显区别，而同一茶类中的不同花色品种、不同级别的茶叶，也有一定差异。一般来说，凡属上乘的茶品，都汤色明亮、有光泽。具体来说，茶汤要澄清、鲜亮、带油光，不能有混浊或沉淀物产生，在水色上，绿茶汤色浅绿或黄绿且透亮；乌龙茶因发酵程度不同和品种不同，茶汤颜色差异较大，如铁观音一般为清澈的金黄色，武夷岩茶多为琥珀色；红茶红艳透亮如宝石，上好的红茶汤面附金圈；黑茶多为红褐色且透亮。反之，茶汤浑浊、颜色不正则为劣茶，如绿茶呈黄褐色、黑茶呈漆黑色。

③观底色。就是欣赏茶叶经冲泡去汤后留下的叶底色泽，除看叶底显现的色彩

外，还可观察叶底的老嫩、光糙、匀净等。叶底形状以整齐为佳，碎叶多为次级品；以手指捏叶底，一般以弹性强者为佳，这表示茶菁幼嫩，制造得宜；叶脉突显，触感生硬者为老茶菁或陈茶；新茶叶底颜色新鲜明澈，陈旧茶叶底为黄褐色或暗黑色。

（3）赏姿

茶在冲泡过程中，经吸水浸润而舒展，或似春笋，或如雀舌，或若兰花或像墨菊。与此同时，茶在吸水浸润过程中，还会因重力的作用，产生一种动感。太平猴魁舒展时，犹如一只机灵小猴，在水中上下翻动；君山银针舒展时，好似翠竹争阳，针针挺立；西湖龙井舒展时，活像春兰怒放。如此美景，掩映在杯水之中，真有茶不醉人人自醉之感。

（4）闻香

对于茶香的鉴赏一般要用三闻。一是闻干茶的香气（干闻），二是闻泡开后充分显示出来的茶的本香（湿闻），三是要闻茶香的持久性（冷闻）。

先闻干茶，干茶有的清香，有的甜香，有的焦香。应在冲泡前闻干茶，绿茶应清新鲜爽，红茶应浓烈纯正，花茶应芬芳扑鼻，乌龙茶应馥郁清幽。如果茶香低而沉，带有焦、烟、酸、霉、陈或其他异味，则为次品。

湿闻即闻冲泡的茶叶，经 1～3 min 泡制后，将杯送至鼻端，闻茶汤发出的茶香；若用有盖的杯泡茶，则可闻盖香和汤面香；倘若用闻香杯作过渡盛器（如中国台湾居民冲泡乌龙茶），还可闻杯香。另外，随着茶汤温度的变化，闻茶香还有热闻、温闻和冷闻之分。热闻的重点是辨别香气正常与否，香气是什么类型，以及香气的浓度高低；冷闻则判断茶叶香气的持久程度；而温闻重在鉴别茶香的雅与俗，即优与次。

一般来说，绿茶有清香鲜爽感，以有果香、花香者为佳；红茶以有清香、花香为上，尤以香气浓烈、持久者为上乘；乌龙茶以具有浓郁的熟桃香者为好；而花茶以具有清纯芬芳者为优。

（5）尝味

尝味指尝茶汤的滋味。茶汤的滋味是茶叶的甜、苦、涩、酸、辣、腥、鲜等多种呈味物质综合反映的结果，如果它们的数量和比例合适，茶汤就会变得鲜醇可口，回味无穷。茶汤的滋味以微苦中带甘为最佳。好茶喝起来甘醇浓稠，有活性，喝后喉头甘润的感觉会持续很久。由于各类茶品不同，其滋味各异，有的清香醇和，有的刺激苦涩，有的甘润有回味，通常以少苦涩、带有甘滑醇味，能让口腔有充足的香味或喉韵者为好茶，而苦涩味、陈旧味或火味重者则非佳品。

一般认为，绿茶滋味鲜醇爽口，红茶滋味浓厚、强烈、鲜爽，乌龙茶滋味酽醇回甘，这些是上乘茶的重要标志。由于舌的不同部位对滋味的感觉不同，因此，尝味时要使茶汤在舌头上循环滚动，才能正确而全面地分辨出茶味来。

品滋味时，舌头的姿势要正确。把茶汤吸入嘴内后，舌尖顶住上层齿根，嘴唇微微张开，舌稍向上抬，使茶汤摊在舌的中部，再用腹部呼吸，从口慢慢吸入空气，使茶汤在舌上微微滚动，连吸两次气后，辨出滋味。若初感茶汤有苦味，应抬高舌位，把茶汤压入舌根，进一步评定苦的程度。对有烟味的茶汤，应把茶汤送入口后，嘴巴闭合，舌尖顶住上颌板，用鼻孔吸气，把口腔鼓大，待空气与茶汤充分接触后，再从鼻孔把气放出。这样重复两三次，对烟味就会判别明确。

品味茶汤的温度以 40 ~ 50 ℃ 为最适合，如高于 70 ℃，味觉器官容易被烫伤，影响正常评味；低于 30 ℃ 时，味觉器官品评茶汤的灵敏度较差，且溶解于茶汤中的与滋味有关的物质，在汤温下降时逐步被析出，汤味由协调变为不协调。

品味时，每一品茶汤的量以 5 mL 左右最适宜。茶汤过多时，感觉满嘴是汤，在口中难以回旋辨味；过少则觉得嘴空，不利于辨味。每次品味在 3 ~ 4 s，将 5 mL 的茶汤在舌中回旋 2 次，品味 3 次即可。

品味主要是品茶的浓淡、强弱、爽涩、鲜滞、纯异等。为了真正品出茶的本味，在品茶前最好不要吃有强烈刺激味的食物，如辣椒、葱蒜、糖果等，也不宜吸烟，以保持味觉与嗅觉的灵敏度。品味要自然，速度不能快，也不宜大力吸，以免茶汤从齿间隙进入口腔，使齿间的食物残渣被吸入口腔与茶汤混合，增加异味。在喝下上等的茶汤后，喉咙的感觉应是软甜、甘滑，齿颊留香，回味无穷。

2）择水

水是茶叶滋味和所含有益成分的载体。茶的色、香、味和各种营养保健物质都要溶于水后，才能供人享用，故说水为茶之母。清人张大复在《梅花草堂笔谈》中说，"茶情必发于水，八分之茶，遇十分之水，茶亦十分矣；八分之水，试十分之茶，茶只八分耳。"由此可见水质对茶的重要性，只有精茶和真水的交融，才能达到至高的品茗境界。

最早提出水标准的是宋徽宗赵佶，他在《大观茶论》中写道，"水以清轻甘洁为美。轻甘乃水之自然，独为难得。"后人在他提出的"清、轻、甘、洌"的基础上又增加了一个"活"字。

所谓"清"，指水质要清。水清即水中无杂、无色、透明、无沉淀物，这种水最能显出茶的本色，称为"宜茶灵水"。

所谓"轻"，指水体要轻。水的比重越大，说明溶解的矿物质越多。有实验结果表明，当水中的低价铁超过 0.1 ppm 时，茶汤发暗，滋味变淡；铝含量超过 0.2 ppm 时，茶汤便有明显的苦涩味；钙离子达到 2 ppm 时，茶汤带涩，而达到 4 ppm 时，茶汤变苦；铅离子达到 1 ppm 时，茶汤味涩而苦，且有毒性。所以水以轻为美。

所谓"甘"，指水味要甘。即水一入口，舌尖顷刻便有甜滋滋的美妙感觉，咽下去后，喉咙也有甜爽的回味，用这样的水泡茶自然会增加茶之美味。

所谓"洌"，指水温要洌。"洌"是冷寒之意，因为寒洌之水多出于地层深处的泉脉之中，所受污染少，泡出的茶汤滋味纯正。

所谓"活"，指水源要活，水是流动的活水。"流水不腐"，现代科学证明了在流动的活水中细菌不易繁殖，同时活水有自然净化作用，在活水中氧气、二氧化碳等气体的含量较高，泡出的茶汤特别鲜爽可口。

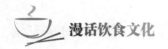

古人大多选用天然的活水来泡茶，最爱用泉水、山涧溪水；无污染的雨水、雪水其次；接下来是清洁的江、河、湖、深井中的活水。现代还用净化的自来水，切不可使用池塘死水。陆羽在《茶经》中指出，"其水，用山水上，江水中，井水下。其山水，拣乳泉石池漫流者上，其瀑涌湍漱勿食之。"意思是用不同的水冲泡茶叶的结果是不一样的，只有佳茗配美泉，才能体现出茶的真味。

在现在环境污染严重的情况下，天然的活水较难获得。我们日常饮用的自来水大多是经过氯气消毒的江湖、水库储水，再经过管道输送到用户处，很多高楼大厦存在水质被二次污染的问题，所以用未经净化的自来水泡茶可能有损茶的色、香、味，自来水需经散发氯气、净化后方可用来泡茶。

同一种茶在茶量、茶具、水温等条件相同的情况下，用不同的水泡，茶汤会有明显的区别。以绿茶为例，用矿泉水泡的茶汤，滋味香甜，鲜爽度高，色泽清澈；用纯净水泡，基本保持了茶原有的滋味，色泽较前者略淡；用自来水泡，降低了茶香，且有苦涩之味，茶汤较前两者显深重且亮度差。所以，水助茶香，茶扬水名。

3）取器

"器"，即茶具，凝结着人类的智慧和审美价值取向而独成体系，是茶事不可或缺的组成部分。古语有云，"器为茶之父"，茶具随着饮茶方法的改变而改变。中国茶具种类繁多，质地迥异，形式复杂，花色丰富。按制作材料，茶具一般分为陶土茶具、瓷器茶具、漆器茶具、玻璃茶具、金属茶具和竹木茶具等。人们品茗最常用的是瓷器茶具和陶土茶具。

（1）瓷器茶具

在中国制瓷史上出现了不同花色品种的瓷器，青瓷、黑瓷、白瓷、颜色釉瓷、彩瓷（青花、釉里红、斗彩、五彩、珐琅彩、粉彩）等各类瓷器争奇斗艳，形成了中国独特的瓷器文化并名扬世界。

青瓷茶具因其色泽青翠，适宜用来冲泡绿茶，能烘托绿茶汤色之美，对于其他茶类则不宜。

黑瓷茶具对当今六大茶类冲泡观色都有很大局限，因此很少用之。

白瓷茶具因其"白如玉、明如镜、薄如纸、声如磬"的卓越品质，适宜用于各种类型茶的冲泡，能很好地展现茶汤本色。

颜色釉瓷的茶具因颜色不同而独具风格，它们的使用因茶类而定。

彩瓷是釉下彩和釉上彩的统称。彩瓷茶具造型精巧，胎质细腻，色彩绚丽，极具观赏性。精品彩瓷茶具十分名贵，是海内外爱瓷爱茶人追求的雅玩。彩瓷茶具为对冲泡绿茶、花茶、乌龙茶、红茶等增添了浪漫色彩。

①釉下彩品种。

A.青花。蓝白相间，相映成趣，极具魅力，是中国瓷器中独树一帜的珍品。青花茶具具有淡雅清幽之韵，适合各种茶的冲泡。

B. 釉里红。色泽温润艳丽，是不可多得的精品，多具观赏性。

② 釉上彩品种。

A. 五彩。其茶具是瓷中靓丽的奇葩。

B. 粉彩。与五彩瓷齐同，其茶具适宜冲泡花茶、红茶、黄茶等。

C. 珐琅彩。其茶具高贵华丽，历来为上流社会推崇。

釉下青花和釉上彩结合的品种瓷有：

斗彩，斗彩茶具十分名贵，适宜冲泡花茶、红茶、黄茶等。

（2）陶土茶具

紫砂茶具是中国陶土茶具中最具特色的一种。温润高雅的紫砂壶别具一格，是举世公认的最能代表中华民族风格和气质的茶具。制作紫砂茶具是用产自江苏宜兴（古称"阳羡"）的天然陶土，这些陶土深藏于当地山腹岩层之中，杂于夹泥之层，素有"岩中岩、泥中泥"之称。制作紫砂壶的原料统称为紫砂泥，其原泥分为紫泥（青泥）、朱泥（红泥）、段泥（绿泥）3 种，其主要化学成分为氧化硅、铝、铁，并含有少量的

钙、锰、镁、钾、钠等，经窑火的洗礼，呈现出红、紫、黄、绿等多种颜色。紫砂茶具造型奇巧，古朴典雅，集金石书画于一体，除具有很高的审美价值以外，其实用性同样令人称奇。紫砂茶具具有肉眼看不到的气孔，经久使用能吸附茶汁、茶香，经过滋养的紫砂茶具光润古雅，是宜茶宜水的极佳器具。

明朝是紫砂茶具兴盛的时期，紫砂艺人名家辈出。历史上第一个留下名字的紫砂壶制作大师是明朝正德年间的供春。供春是进士吴颐山的书童。一次他随吴颐山来到金沙寺伺读，闲暇时他帮寺内老和尚炼土制壶，学得制壶技艺，后以制壶为业，成为一代大师。其作品罕有留世，流传至今的供春壶是树瘿壶，缺盖，后由裴石民配做，现藏于中国国家博物馆。供春之后，相继出现制壶"四大名家"，即董翰、赵梁、元畅、时鹏，又有"三大妙手"，即时大彬、李仲芳、徐友泉。尤其是时大彬，既师承供春，又得其父时鹏真传，所制作的小壶名扬天下，有"千奇万状信手出，巧夺坡诗百态新"的美誉。

清代中前期是中国茶业和陶瓷业发展的辉煌时期，制壶高手辈出，如陈鸣远、陈曼生、杨彭年、邵大亨、黄玉麟、程寿珍、俞国良等。陈曼生为当时江苏溧阳知县，是著名的篆刻家、画家和紫砂壶设计家，他以其特有的审美素养和艺术造诣，设计出众多壶式，并与制壶名家杨彭年合作，创作出"曼生十八式"，由杨彭年制壶，陈曼生题刻撰文、镌刻书画于壶上。字依壶传，壶随字贵。"曼生壶"典雅简练，造型奇巧，树墩、竹节、飞禽、走兽、瓜果、花木、几何等方非一式、圆无一相，成为后人

制壶的模仿对象，其传世之作被誉为稀世珍品。

现代制壶人在传统工艺上再创辉煌，以顾景舟、朱可心、蒋蓉等为代表的大师成就斐然。

顾景舟：1913 年生于江苏宜兴制陶世家，他是近代陶艺家中最有成就的一位，所享声誉可与明代的时大彬媲美，世称"一代宗师""壶艺泰斗"，代表作品有：僧帽壶、汉云壶、三羊喜壶、汉铎壶等。

朱可心：生于 1904 年，其作品古朴雅致、殊形诡制、精美绝伦，令人叹为观止。代表作品有：松竹梅壶、云龙壶、提梁竹节壶、高梅花壶、金钟壶等。

蒋蓉：生于 1919 年，是一位杰出的女制壶大师，众人赞誉她的艺术成就超过了清代杨凤年（杨彭年之妹，制壶大师）。代表作品有：牡丹壶、荷叶壶、蛤蟆莲蓬壶、玉兔拜月壶等。

6.3.4 如何冲泡一壶好茶

日常生活中，虽然人人都能泡茶、喝茶，但要真正泡好茶、喝好茶却并非易事。茶叶中的化学成分是决定茶叶色、香、味的物质基础，多数能在冲泡过程中溶解于水，从而形成茶汤的色泽、香气和滋味。正确的泡菜步骤：烫壶、温杯、置茶、高冲、刮沫、低斟、闻香、品饮。泡茶时，应根据不同茶类的特点，调整水的温度、浸润时间和茶叶的用量，从而使茶的香味、色泽、滋味得以充分发挥。综合起来，泡好一壶茶主要有 4 个要素：第一是茶水比例，第二是冲泡水温，第三是冲泡时间，第四是冲泡次数。

1）茶水比例

茶叶用量应根据茶具大小、茶叶种类、饮用习惯等而有所区别。一般而言，水多茶少，滋味淡薄；茶多水少，茶汤苦涩不爽。因此，细嫩的茶叶用量要多；较粗的茶叶用量可少些，即所谓"细茶粗吃""粗茶细吃"。

普通的红、绿茶类（包括花茶），可大致掌握在 1 g 茶冲泡 50 ~ 60 mL 水。如果是 200 mL 的杯（壶），那么，放上 3 g 左右的茶，冲水至七八成满，就成了一杯浓淡适宜的茶汤。若饮用云南普洱茶，则需放茶叶 5 ~ 8 g。

乌龙茶因习惯浓饮，注重品味和闻香，故要汤少味浓，用茶量根据茶叶与茶壶的比例来确定，投茶量大致是茶壶容积的 1/3 ~ 1/2。广东潮汕地区，投茶量达到茶壶容积的 1/2 ~ 2/3。

茶、水的用量还与饮茶者的年龄、性别有关，大致来说，中老年人比年轻人饮的茶要浓，男性比女性饮的茶要浓。此外，如果饮茶者是老茶客或体力劳动者，一般可以适量加大茶量；如果饮茶者是新茶客或脑力劳动者，可以适量少放一些茶叶。

一般来说，茶不可泡得太浓，因为浓茶有损胃气，对脾胃虚寒者的损伤更甚，茶叶中含有鞣酸，浓茶中其含量太多会妨碍胃吸收，引起便秘和牙黄。同时，从太浓的茶汤和太淡的茶汤中都不易体会出茶的醇香，古人谓饮茶"宁淡勿浓"，是有一定道理的。

2）冲泡水温

据测定，用 60 ℃的水冲泡茶叶，与用等量的 100 ℃的水冲泡茶叶相比，在时间和用茶量相同的情况下，茶汤中的茶汁浸出物含量，前者只有后者的 45% ~ 65%。这就是说，冲泡茶的水温高，茶汁就容易浸出；冲泡茶的水温低，茶汁的浸出速度就慢。"冷水泡茶慢慢浓"，说的就是这个意思。

泡茶的水一般以落开的沸水为好，这时的水温约 85 ℃。滚开的沸水会破坏茶叶中的维生素 C 等成分，而咖啡因、茶多酚很快浸出，茶味会变苦涩；水温过低则茶叶浮而不沉，内含的有效成分浸泡不出来，茶汤滋味寡淡，不香、不醇、淡而无味。

泡茶水温的高低，还与茶的老嫩、松紧、大小有关。大致说来，茶叶原料粗老、紧实、整叶的，要比茶叶原料细嫩、松散、碎叶的，茶汁浸出要慢得多，所以，冲泡水温要高。

泡茶水温的高低，还与冲泡的茶叶品种、花色有关。不同种类茶叶的冲泡水温不同。具体说来，高级细嫩名茶，特别是高档的绿茶，开香时水温宜为 95 ℃，冲泡时水温宜为 80 ~ 85 ℃，这样泡出来的茶汤色清澈而不浑，香气纯正而不钝，滋味鲜爽而不熟，叶底明亮而不暗，使人饮之可口，视之动情。如果水温过高，汤色就会变黄；茶芽因"泡熟"而不能直立，失去欣赏性；大量维生素遭到破坏，降低营养价值；咖啡因、茶多酚很快浸出，又使茶汤产生苦涩味，这就是茶人常说的把茶"烫熟"了。反之，如果水温过低，则往往使茶叶浮在表面，茶中的有效成分难以浸出，结果茶味淡薄，同样会降低茶的功效。大宗红、绿茶和花茶，由于茶叶原料老嫩适中，故可用 90 ℃左右的水冲泡。

冲泡乌龙茶、普洱茶等，由于原料并不细嫩，加之用茶量较多，因此须用刚沸腾的 100 ℃开水冲泡。特别是乌龙茶，为了保持茶汤温度，要在冲泡茶叶前用滚开水烫热茶具，冲泡后用滚开水淋壶加温，其目的是保持最适温度，使茶香充分发挥出来。

3）冲泡时间

茶叶冲泡时间的差异很大，与茶叶种类、泡茶水温、用茶量和饮茶习惯等都有关。如用茶杯泡饮普通红、绿茶，每杯放干茶 3 g 左右，用沸水 150 ~ 200 mL，冲泡时宜加杯盖，避免茶香散失，时间以 3 ~ 5 min 为宜。时间太短，茶汤色浅淡；茶泡久了，增加茶汤的涩味，香味还易丧失。不过，新采制的绿茶可冲水不加杯盖，这样汤色更艳。用茶量多的，冲泡时间宜短，反之宜长些。质量好的茶，冲泡时间宜短，反之宜长些。

茶的滋味是随着时间的延长而逐渐增浓的。据测定，用沸水泡茶，首先浸提出来的是咖啡因、维生素、氨基酸等，大约泡 3 min 时，这些物质的含量较高。这时饮起来，茶汤有鲜爽醇和之感，但缺少饮茶者需要的刺激味。以后，随着时间的延长，茶多酚等浸出物含量逐渐增加。因此，为了获取一杯鲜爽甘醇的茶汤，对大宗红、绿茶而言，头泡茶以冲泡 3 min 左右饮用为好，若想再饮，在杯中剩有 1/3 茶汤时再续水，以此类推。

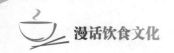

对于注重香气的乌龙茶、花茶，冲泡时，为了不使茶香散失，不但需要加盖，而且冲泡时间不宜长，通常 2 ~ 3 min 即可。由于泡乌龙茶时用茶量较大，因此，第一泡在 1 min 后就可将茶汤倾入杯中。自第二泡开始，每次应比前一泡增加 15 s 左右，这样可使茶汤浓度不致相差太大。

白茶在冲泡时，要求水的温度在 70 ℃左右，一般在 4 ~ 5 min 后，浮在水面的茶叶才开始徐徐下沉。这时，品茶者应以欣赏为主，观茶形，察沉浮，欣赏不同的茶姿、颜色，使自己的身心得到愉悦。一般 10 min 后方可品饮茶汤，否则，不但失去了品茶艺术上的享受，而且茶汤饮起来淡而无味。这是因为白茶加工时未经揉捻，植物细胞未曾破碎，所以茶汁很难浸出，以致浸泡时间须相对延长。

另外，冲泡时间还与茶叶老嫩和茶的形态有关。一般说来，凡原料较细嫩、茶叶松散的，冲泡时间可相对缩短；反之，原料较粗老、茶叶紧实的，冲泡时间可相对延长。不过，茶叶冲泡时间的长短，最终还是以饮茶者的口味来确定为好。

4）冲泡次数

据测定，茶叶中各种有效成分的浸出率是不一样的，最容易浸出的是氨基酸和维生素 C，其次是咖啡因、茶多酚、可溶性糖等。一般茶冲泡第一次时，茶中的可溶性物质能浸出 50% ~ 55%；冲泡第二次时，能浸出 30% 左右；冲泡第三次时，能浸出约 10%；冲泡第四次时，只能浸出 2% ~ 3%，几乎是白开水了。所以，通常以冲泡 3 次为宜。

如果饮用的是颗粒细小、揉捻充分的红碎茶和绿碎茶，由于这类茶的内含成分很容易在沸水中浸出，一般都是冲泡一次就将茶渣滤去，不再重泡。速溶茶也是采用一次冲泡法。工夫红茶则可冲泡 2 ~ 3 次。而条形绿如眉茶、花茶通常只能冲泡 2 ~ 3 次。白茶和黄茶一般也只能冲泡 1 次，最多 2 次。

品饮乌龙茶多用小型紫砂壶，在用茶量较多（约半壶）的情况下，可连续冲泡 4 ~ 6 次，如铁观音有"七泡有余香"的说法，方法得当每壶可冲泡 7 次及以上。

饮茶（如饮铁观音、绿茶、大红袍等）最好是现泡现饮，这样效果最佳。茶杯里的茶叶如果冲泡时间过久，不仅会失去茶香，还会产生两个方面的弊端。一方面，茶叶泡的时间太长，茶叶中的维生素 C、维生素 B 会全被破坏。另一方面，久泡茶叶，其浸出的咖啡因会积聚过多，鞣酸大大增加。患有痛风、心血管疾病或神经系统疾病者，更忌饮久泡或者反复冲泡的茶水。

6.4 香中别有韵 —— 中国茶与文学艺术

〔学习目标〕

1. 了解中国茶与文学艺术的关系，感受茶文化的博大精深。

2. 整理描写茶事的小说目录，为以后的研读打好基础。

3. 摘抄诵记关于茶的诗词和有关茶的谚语、楹联，欣赏它们的美，体味人生哲理。

〔导学参考〕

1. 学习形式：自主学习，合作探究，开展体验活动，并自主设计创意话题，汇报成果。

2. 问题任务。

（1）整理描写茶事的小说目录，介绍《红楼梦》中关于茶的描写。

（2）摘抄诵记关于茶的诗词和有关茶的谚语、楹联。

（3）选取一幅表现茶事的画，介绍画中的人物及茶事活动。

（4）下载、观看表现茶主题的舞蹈或戏曲。

3. 创意话题：以实例说说日常生活中的茶文化和茶艺术，也可自己创意话题。

古时候，每当文人相聚，迎宾待客必然烹茶，品茗清谈、吟诗联句，茶诗、茶词、茶画等佳作迭出。因此，中国茶文化博大精深的内涵，也反映在几千年来浩如烟海的文学艺术领域，包括诗词、绘画、音乐、歌舞及故事、传说之中。

6.4.1 茶与诗词

中国既是茶的故乡，又是茶文化的发源地，因此，茶很早就渗透进诗词之中，从最早出现茶诗（左思《娇女诗》）的晋代到现在，为数众多的文学家已创作了不少优美的与茶相关的诗词。

早期的文学创作常以酒助兴，屈原的"奠桂酒兮椒浆"、曹操的"对酒当歌，人生几何"均为酒诗。两晋时期社会多动乱，文人愤世嫉俗，但又无力匡扶社稷，于是常高谈阔论，出现了清谈家。早期清谈家如刘伶、阮籍大多为"酒徒"。酒徒的诗常常是天下地上，玄想联翩，与现实却无干碍。恰恰在这时，茶成为文人的品饮之物，从此走上诗坛。晋代左思写出了中国第一首以茶为主题的《娇女诗》。这首诗写的是民间小事，表现两个小女儿"吹嘘对鼎"，烹茶自吃的妙趣。题材虽不广阔，却充满了生活气息，透出一派活泼的生机。

唐代为我国诗歌的极盛时期，此时适逢陆羽《茶经》问世，饮茶之风更炽，茶与诗词两相推动，咏茶诗大批涌现，出现了大批好诗名句。

唐代杰出诗人杜甫写有"落日平台上，春风啜茗时"的诗句。当时杜甫年过四十，而蹉跎不遇，微禄难沾，有归山买田之念。此诗虽写得潇洒闲适，却表达了他心中隐伏的不平。诗仙李白豪放不羁，一生不得志，只能在诗中借浪漫而丰富的想象表达自己的理想，现实中的他异常苦闷。当他听说荆州玉泉真公因常采饮"仙人掌茶"，虽年逾八十，仍然颜面如桃花时，也不禁对茶唱出了赞歌："常闻玉泉山，山洞多乳窟。仙鼠如白鸦，倒悬深溪月。茗生此中石，玉泉流不歇。根柯洒芳津，采眼润肌骨。丛老卷绿叶，枝枝相连接。曝成仙人掌，似拍洪崖肩。举世未见之，其名定谁传……"

中唐时期最有影响的诗人白居易对茶也怀有浓厚的兴味，一生写下了不少咏茶的诗篇。他在《食后》中云，"食罢一觉睡，起来两碗茶。举头看日影，已复西南斜。乐人惜日促，忧人厌年赊。无忧无乐者，长短任生涯。"该诗写出了他食后睡起，手持茶碗，无忧无虑、自得其乐的情趣。

以饮茶而闻名的卢仝，自号玉川子，隐居洛阳城中。他作诗豪放怪奇，独树一帜。他在名作《饮茶歌》中，描写了自己饮七碗茶的不同感觉，步步深入，诗中还从个人的穷苦想到亿万苍生的辛苦。

出身寺院的"茶圣"陆羽，经常亲自采茶、制茶。他尤善烹茶，因此结识了许多文人雅士和有名的诗僧，留下了不少咏茶的诗篇。

宋代，茶诗较唐代还要多，有人统计可达千首。由于宋代时朝廷提倡饮茶，贡茶、斗茶之风大兴，朝野地下，茶事更多。同时，宋代又是理学家统治思想界的时期。理学阶段在儒家思想的发展过程中是一个重要阶段，强调个人自身的思想修养和内省，而要加强自我修养，茶是再好不过的伴侣。宋代各种社会矛盾加剧，知识分子经常十分苦恼，但他们又总是注意克制感情，磨砺自己，这使许多文人常以茶为伴，以便保持清醒。因此，文人儒士往往把以茶入诗入词看作高雅之事，这便造就了茶诗、茶词的繁荣。苏轼有一首《西江月》词云："龙焙今年绝品，谷帘自古珍泉。雪芽双井散神仙，苗裔来从北苑。汤发云腴酽白，盏浮花乳轻圆。人间谁敢更争妍，斗取红窗粉面。"词中对双井茶叶和谷帘泉水作了尽情赞美。

元代，由于饮茶之风从文人雅士吹到民间，加之文人生活降到底层，因此，元代文人不仅以文学作品表达个人情感，也注意到民间的饮茶风尚。如张雨的《湖州竹枝词》以民歌的形式表现茶所蕴含的爱情："临湖门外是侬家，郎若闲时来吃茶。黄土筑墙茅盖屋，门前一树紫荆花。"全诗呈现出一幅真实的图画：茅屋、江水、土墙、紫荆，一个美丽的少女倚门相望，频频叮咛，用"来吃茶"表达心中的爱恋、一片美好纯真的心意。

明代，虽然有一些皓首穷茶的隐士，但大多数人饮茶是忙中偷闲，这既超乎现实，又基于现实。因此，明代茶诗比较突出地反映这方面的内容。明代人们饮茶强调茶中凝万象，从茶中体味大自然的好处，体会人与宇宙万物的交融。

清代，朝廷茶事很多，但所作诗词大多数是歌功颂德的俗品。也有一些人写出了饱含感情的好作品，如卓尔堪的《大明寺泉烹开夷茶浇诗人雪帆墓》是一篇以茶为祭的典型诗章，犹如一篇祭文，但把茶的个性、诗人与茶的关系写得十分巧妙。

历代茶诗、茶词列举部分如下。

《尝茶》

［唐］刘禹锡

生怕芳丛鹰嘴芽，老郎封寄谪仙家。

今宵更有湘江月，照出霏霏满碗花。

《一字至七字诗·茶》

［唐］元稹

茶。香叶，嫩芽。慕诗客，爱僧家。碾雕白玉，罗织红纱。

铫煎黄蕊色，碗转曲尘花。夜后邀陪明月，晨前命对朝霞。

洗尽古今人不倦，将知醉后岂堪夸。

《荔枝叹》（节选）

［宋］苏轼

武夷溪边粟粒芽，前丁后蔡相宠加。

争新买宠各出意，今年斗品充官茶。

吾君所乏岂此物，致养口体何陋耶？

洛阳相君忠孝家，可怜亦进姚黄花。

《采茶歌》

［清］陈章

凤凰岭头春露香，青裙女儿指爪长。

度涧穿云采茶去，日午归来不满筐。

催贡文移下官府，那管山寒芽未吐。

焙成粒粒比莲心，谁知侬比莲心苦。

6.4.2 茶与小说

唐代以前，由于茶是供帝王、贵族享受的奢侈品，加之科学尚不发达，因此，在文学创作中，茶事往往在神话志怪传奇故事里出现。东晋干宝所著《搜神记》中的神异故事"夏侯恺死后饮茶"，一般认为成书于西晋以后、隋代以前的《神异记》中的神话故事"虞洪获大茗"，南朝宋刘敬叔所著《异苑》中的诡异故事"陈务妻好饮茶茗"，还有《广陵耆老传》中的神话故事"姥姥卖茶"，这些都开了小说记叙茶事的先河。唐宋时期，有关记叙茶事的著作很多，但多为茶叶专著或茶诗、茶词。不过，

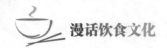

《唐书》、封演的《封氏闻见记》等，宋代祝穆等著的《事文类聚》也有关于茶事的描绘。明清时期，记述茶事的多为话本小说和章回小说。在中国六大古典小说或四大奇书中，如《三国演义》《水浒》《金瓶梅》《西游记》《红楼梦》《聊斋志异》《老残游记》"三言三拍"等，无一例外地都有关于茶事的描写。清代的蒲松龄，大热天在村口铺上一张芦席，放上茶壶和茶碗，用茶会友，以茶换故事，终于写成了《聊斋志异》。在此书中众多的故事情节里，又多次提及茶事。在齐鄂的《老残游记》中，有专门写茶事的"申子平桃花山品茶"一节。在施耐庵的《水浒》中，则写了王婆开茶坊和喝大碗茶的情景。在众多小说中，描写茶事最细腻、最生动的莫过于《红楼梦》。《红楼梦》全书120回，谈及茶事的文字就有近300处。

《红楼梦》描写的是钟鸣鼎食、诗礼簪缨之家的茶文化，幽雅的茶事显得富贵豪华。富贵人家喝茶，喝的是上好的茶。第一是小说第四十一回中的六安茶，六安茶产于安徽六安县霍山，与龙井、天池并名，为清代贡茶。第二是老君眉茶，是第四十一回中妙玉为贾母特备的一种名茶，一般认为指的是产于洞庭湖的"君山银针"，清代也将其作为贡茶。第三是普洱茶，第六十三回林之孝向袭人要普洱茶，晴雯说的"女儿茶"也是普洱茶的一个品种，是盛行于清代宫廷和官宦人家的名贵贡茶。第四是第八十二回中的龙井茶。第五是枫露茶，见于第八回。以上5种名茶，反映了清代主要贡茶和名茶的状况，堪称"清代贡茶录"。

6.4.3　茶与画

中国茶画的出现大约在盛唐时期。陆羽作《茶经》时已经设计茶图，但从其内容看，茶图是表现烹制过程，以便使人对茶有更多了解，从某种意义上说，类似当今新食品的宣传画。唐人阎立本所作《萧翼赚兰亭图》，是世界上最早的茶画。画中描绘了儒士与僧人共品香茗的场面。张萱所绘《明皇和乐图》是一幅表现宫廷帝王饮茶的图画。唐代的佚名作品《宫乐图》，描绘宫廷妇女集体饮茶的大场面。唐代是茶画的开拓时期，对烹茶、饮茶的细节与场面的描绘比较具体、细腻，不过所反映的精神内涵尚不够深刻。

张萱《明皇和乐图》

五代至宋朝，茶画内容十分丰富，有反映宫廷、士大夫大型茶宴的，有描绘士人书斋饮茶场面的，有表现民间斗茶、饮茶的。这些茶画大多是名家大手笔，所以在艺术表现手法上也进一步提高，不乏追求茶画的思想内涵，而对茶艺的具体技巧不多表现。元、明两朝，各种社会矛盾和思想矛盾加深。所以，这一时期的茶画也向更深邃的方向发展，注重茶事与自然契合，反映社会各阶层的茶饮生活状况。

清代茶画重杯壶与场景，而不描绘烹调细节，常以茶画反映社会生活，特别是康乾鼎盛时期的茶画，以和谐、欢快为主调。

6.4.4 茶与谚语、楹联、传说、歌舞及戏曲

在长期的采茶、制茶活动中，广大茶农用自己的心血浇灌了茶，同时也播下了民间艺术的种子，从而产生了茶谚、茶联、茶歌、茶戏以及茶的故事、传说。比较起来，上层文化与茶的结合侧重于品饮活动，所以大部分茶诗、茶画是描绘文人与僧道品茶的情形的，而民间茶文化则着重于表现茶的生产活动。文人多写个人饮茶的感受，民间则重点表现以茶交友、普惠人间的思想。

1）茶与谚语

茶谚，是中国茶文化发展过程中派生的又一文化现象。所谓"谚语"，许慎的《说文解字》中说，"谚：传言也"，即在群众中交口相传的一种易讲、易记而又富含哲理的俗语。谚语是流传在民间的口头文学形式。它不是一般的传言，而是通过一两句歌谣式的朗朗上口的概括性语言，总结劳动者的生产劳动经验和他们对生产、社会的认识。茶谚，就其内容或性质来分，大致包括茶叶饮用和茶叶生产两类。换句话说，茶谚主要来源于茶叶饮用和生产实践活动，是一种关于茶叶饮用和生产经验的概括或表述，并通过谚语的形式，采取口传心记的办法来保存和流传。所以，茶谚不只是中国茶学或茶文化的一项宝贵遗产，从创作或文学的角度看，它又是中国民间文学的一枝馨花。晋人孙楚在《出歌》中说："姜桂茶荈出巴蜀，椒橘木兰出高山。"这是关于茶的产地的谚语。唐代出现记载饮茶茶谚的著作。唐人苏廙所著《十六汤品》中载，"谚曰：茶瓶用瓦，如乘折脚骏登高。"元代许多剧作里有"早晨开门七件事：柴米油盐酱醋茶"的句子，讲的是茶在人们日常生活中的重要性。

茶谚以茶叶生产谚语为多。早在明代就有一条关于茶树管理的重要谚语，即"七月锄金，八月锄银"，意思是说，给茶树锄草最好的时间是7月，其次是8月。广西农谚说，"茶山年年铲，松枝年年砍"。浙江有谚语，"若要茶，伏里耙"。湖北也有类似谚语，"秋冬茶园挖得深，胜于拿锄挖黄金"。关于采茶，湖南谚曰，"清明发芽，谷雨采茶""吃好茶，雨前嫩尖采谷芽"。湖北又有一种说法，"谷雨前，嫌太早，后三天，刚刚好，再过三天变成草"。茶谚反映出不同地区针对不同品种茶在茶叶生产管理上的差异。

2）茶与楹联

中国是茶的故乡。古往今来，在茶亭、茶室、茶楼、茶馆和茶社等"以茶联谊"

的场所，经常可见到以茶事为内容的茶联。茶联，堪称中国楹联宝库中的一朵奇葩。它不仅有古朴典雅之美，而且有妙不可言之趣。它字数不限，但要求对偶工整、平仄协调，是诗词形式的演变，不但有古朴高雅之美，而且有"公德正气"、情操高尚之感，还可以带给人联想，增加品茗情趣。

浙江省杭州市西湖龙井茶区有一茶室，名曰"秀翠堂"。门前柱上有一副茶联："泉从石出情宜冽，茶自峰生味更圆。"该联把西湖龙井特有的茶、泉、情、味点了出来，起到了妙趣横生的广告作用。

江苏省扬州市有一家富春茶社的茶联也很有特色，直言："佳肴无肉亦可，雅淡离我难成。"

广东省广州市著名的茶楼"陶陶居"有这样一副茶联："陶潜善饮，易牙善烹，饮烹有度。陶侃惜分，夏禹惜寸，分寸无遗。"联中用了4个典故，即陶潜善饮、易牙善烹、陶侃惜分、夏禹惜寸，巧妙地把茶楼的沏茶技艺、经营特色和高尚道德恰如其分地表露出来。该联旨在劝诫世人饮食应有度，要珍惜时光，不要蹉跎岁月。

广东省珠海市南山山径的茶亭悬挂一副茶联："山好好，水好好，入亭一笑无烦恼；来匆匆，去匆匆，饮茶几杯各西东。"

四川省成都市早年有家茶馆，兼营酒铺，店主请当地一位才子撰写了一副茶酒联，镌刻于馆门两侧："为名忙，为利忙，忙里偷闲，且喝一杯茶去；劳心苦，劳力苦，苦中作乐，再倒一杯酒来。"此类对联，平易亲切、意蕴深厚，教人淡泊名利、陶冶情操，使人雅俗共赏、交口相传，众多顾客慕名前往。

福建省泉州市有家小而雅的茶室，其茶联很别致："小天地，大场合，让我一席；论英雄，谈古今，喝它几杯。"此联平仄工整，对仗严谨，上下纵横，气魄非凡，令人拍案叫绝。

江苏省南京市雨花台茶社的茶联别有情趣："独携天上小团月，来试人间第二泉。"联中的"小团月"为茶名，名茶名泉，相得益彰。"扬州八怪"之一的郑板桥曾为一家会客室门柱上书一茶联："得与天下同其乐，不可一日无此君。"联中虽无一个"茶"字，但让人读来，大有"此处无茶胜有茶"之感。

最有趣的恐怕要数这样一副回文茶联："趣言能适意，茶品可清心。"倒读则为"心清可品茶，意适能言趣。"前后对照，意境非凡，文采娱人，别具情趣，不失为茶联中的精品。

3）茶与歌舞

茶歌和茶舞是由茶叶生产、饮用这一主体活动派生出的一种茶文化。它们出现时，正值中国歌舞发展的较迟阶段，中国茶叶生产和饮用已成为社会生产、生活的经常内容。从现存的茶史资料来看，茶成为歌咏的内容，最早见于孙楚所写《出歌》，其称"姜桂茶荈出巴蜀"，这里所说的"茶荈"，就是指茶。在中国古时，正如《尔雅》所说，"声比于琴瑟曰歌"；《韩诗章句》称"有章曲曰歌"，认为诗词只要配以章曲，声之如琴瑟，则其诗也亦歌了。宋代由茶诗、茶词传为茶歌的这种情况较多，如熊蕃在十首《御苑采茶歌》的序文中称，"先朝漕司封修睦，自号退士，曾作《御苑采茶歌》十首，传在人口。蕃谨抚故事，亦赋十首献漕使"。这里的"传在人口"，就是指在人民中间歌唱。

在中国江南各省，凡是产茶的省份，如江西、浙江、福建、湖南、湖北、四川、贵州、云南等地，均有茶歌、茶舞。其中以茶歌为最多，以湖北为例，仅采茶歌就不下百首。

茶舞主要有采茶舞和采茶灯两类。茶舞，即以茶的生产、饮用为主题和内容的传统民间舞蹈艺术，是由茶叶生产、饮用这一主体文化派生出来的一种传统茶文化现象。以茶为内容的舞蹈可能发轫甚早，而元代和明清时期是中国舞蹈的一个中衰阶段，史籍中，有关中国茶舞具体记载很少，现在所知的茶舞只是流行于中国南方各省的"茶灯"或"采茶灯"。

4）茶与戏曲

茶乐也是一种派生的茶文化。茶乐多以采茶调为主，并由此逐渐形成糅合民间小调而成的地方剧种，如采茶戏、茶鼓戏、花灯戏等就是由民间茶歌、茶舞逐渐发展而成的。在中国，以茶为题材，或者情节与茶有关的戏剧很多。明代著名戏剧家汤显祖在他的代表作《牡丹亭》里，就描写了许多表达茶事的情节。如在《劝农》一折，杜丽娘的父亲、太守杜宝在风和日丽的春天下乡劝勉农作。他来到田间时，只见农妇们一边采茶一边唱道："乘谷雨，采新茶，一旗半枪金缕芽……学士雪炊他，书生困想他，竹烟新瓦。"杜宝见到农妇们采茶如同采花一般的情景，不禁喜上眉梢，吟曰："只因天上少茶星，地下先开百草精。闲煞女郎贪斗草，风光不似斗茶清。"还有不少戏剧中有表现茶事的情节与台词，如昆剧《西园记》的开场白中就有"买到兰陵美酒，烹来阳羡新茶"之句；昆剧《鸣凤记·吃茶》一折，杨继盛乘吃茶之机，怒斥奸雄赵文华；现代著名剧作家田汉的《环球璘与蔷薇》中也设计了不少煮水、沏茶、奉茶、斟茶的场面；戏剧与电影《沙家浜》的剧情就是在阿庆嫂开设的春来茶馆中展开的；老舍的话剧《茶馆》通过裕泰茶馆的兴衰和各种人物的遭遇，揭露了旧社会的腐朽和黑暗。

中国还有以茶命名的戏剧剧种，如江西采茶戏、湖北采茶戏、广西茶灯戏、云南茶灯戏等。中国是茶文化的初创国，也是世界上唯一一个有由茶事发展而产生、独立的剧种——"采茶戏"的国家。采茶戏是流行于江西、湖北、湖南、安徽、福建、广东、广西等地的一种戏曲类别。在各地，通常对采茶戏冠以各地的地名来区别，如广东的"粤北采茶戏"，湖北的"阳新采茶戏""黄梅采茶戏""蕲春采茶戏"等。这种戏尤以在江西较为普遍，剧种也多，江西采茶戏的剧种有"赣南采茶戏""抚州采茶戏""南昌采茶戏""武宁采茶戏""吉安采茶戏"等。剧种虽然名目繁多，但它们形成的时间大致都在清朝中期至清朝末年的这一阶段。

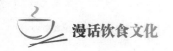

6.5　幽香入酒筵——中国的茶食茶肴

【学习目标】
1. 了解茶在餐饮中的应用。
2. 掌握茶叶入膳的基本形式和茶膳的主要加工方式。

【导学参考】
1. 学习形式：小组合作，交流活动经验，作话题演讲。各小组主持讲授茶食、茶膳等相关知识，以小组为单位进行活动体验，并任选一个创意话题自主设计，汇报成果。
2. 可选话题：茶食的种类，茶叶入膳的基本形式或茶膳的主要加工方式，中国茶膳所体现的文化特点。也可自己创意话题。

中国是茶的发祥地，从公元前的周朝初期，人们就开始吃茶叶了。从吃茶树鲜叶，到直接煮食，到加辅料，到成为食品，再到今天的独树一帜的膳食——茶膳，经历了几千年。茶膳是以茶制成的小点、菜肴、汤粥饭、饮品的总和，是食文化与茶文化融合发展的结晶，是特色中餐。

6.5.1　茶食的种类

1）茶叶小点

茶叶小点包括各式糖食、蜜饯和炒货，是佐茶的零食。其总的特点是：甜酸咸香，味感鲜明，且形小量少，耐咀嚼，是一些味美可口、生津开胃的小食品。

①茶糕点。茶糕点是指佐茶的点心、小吃。茶糕点精巧美观，口味多样，形小、量少、质优，品种丰富，是佐茶食品的主体。制作茶糕点既为果腹，又为呈味品美，故而它比一般点心小巧，口味更美、更丰富，制作也更精细。茶糕点既有糕点的特色，可以作为食品充饥；又有茶叶的本色，可以帮助消化、提神。

②茶糖果。中国的茶糖果有许多种，如红茶奶糖、绿茶奶糖等，这些茶糖果都具有色泽悦目，甜而不黏、油而不腻，清香鲜醇的特点。

③茶水饺。茶水饺以茶城四喜饺为代表。它是在手工捏就的四眼花孔的外皮上，分别放进蟹子、咸蛋黄、冬菇和青豆，里面的馅料掺杂着铁观音茶粉，蒸熟后茶粉的香味就渗透其中，色、香、味俱佳。

2）茶叶菜肴

茶叶菜肴是佐茶的菜肴。茶菜不同于一般的冷盘热炒，其特点是清淡、鲜香、入味、耐咀嚼，不腥不腻，口感质地或酥烂或软嫩，色泽素雅，成品无汁，味透肌里，而且用料讲究，制作精细，通常分量也少。

用茶叶制成的菜肴清淡、爽口，既可增进食欲，又有降火、利尿、提神、去油腻、防疾病的功效，有益于人体健康。将茶掺入菜肴，可以说是古代吃茶法的延伸。

3）茶叶汤粥饭

茶叶汤粥饭是以茶作原料，再配以粮食、瓜果之类熬煮而成，如红茶大枣汤、绿茶粳米汤等。其味美适口、滑软细腻、咸甜鲜香，最宜作为早餐食用，可保健、防病。

茶掺入主食中吃，味道清爽幽香，比较常见的有茶粥、茶面（面条中掺入茶叶）、茶叶盖饭等，不仅食物染上了天然色彩，而且茶香味爽，引人食欲，备受消费者欢迎。

4）茶叶饮品

随着现代生活节奏的加快，人们对饮茶的要求开始向"快速、简便"，且具"天然、营养、保健"功能的方向发展。因此，在提倡茶叶"清饮"的同时，各种茶叶饮品应运而生，如茶啤酒、茶汽水、绿豆露茶等，这些茶饮料有消暑、去腻、生津的作用。

6.5.2　茶叶入膳的基本形式

茶叶入膳一般有四种基本形式。

1）直接用茶叶入膳

茶叶直接入膳，通常会选用鲜嫩的绿茶作主料或辅料。比如炸雀舌，系用谷雨时节采摘的茶树嫩芽，经直接油炸而成，色泽金黄，食之口感酥脆；又如碧螺春炒银鱼，是将碧螺春茶与色白如玉、通体无鳞的银鱼同炒，绿白相间，肉鲜茶香，别有风味。

2）把茶叶冲泡成茶汤入膳

以汤入膳的形式很多，可以把泡好的茶连同汤一起倒入锅中与主料合炒，成菜香醇诱人，如茶香腰花、乌龙肉丝、茶汁鱼片等。还可按一定的比例，将茶叶和原料一起放锅内加水直接煮，成菜肉嫩茶香、味道鲜美，回味悠久，如茶煮鸡、茶煮牛肉丸等。另外还有红茶火锅，这种火锅和传统火锅的做法基本相同，配以红茶入汤，煮制出来的菜肴，味道略带苦、香，食之不腻。还可用茶水腌渍鸡鸭鱼肉，待茶水浸入肉内时，再制成各种菜肴，成菜不见茶叶，但茶味浓郁。例如，童子敬观音这道菜是先将童子鸡放入铁观音茶汤里浸泡，待茶水渗入童子鸡肉中后，再点火卤制，其食味浓香沁齿，且有助于消化。

3）将茶叶研磨成粉入膳

把茶叶碾成粉末融于菜中，既为取色，又为取香。代表菜例有绿茶沙拉、茶味鸡粥、茶香腰果等。绿茶沙拉是将绿茶粉撒入调好的泥状调料中，入盘后配以樱桃点缀，绿、黄、红相间，色泽鲜艳、味道素雅、清香悠长。茶味鸡粥系用鸡茸与碧螺春

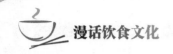

粉一起制成，加盐、味精、胡椒粉等调味，绿白相间，鲜香沁人。

4）取茶的气味入膳

这种制法用茶焙燃产生的烟雾熏制菜肴，重在取茶的香味。如著名的徽菜毛峰熏鲥鱼，便是选用黄山毛峰熏制鲥鱼，成菜金鳞玉脂，油亮发光，其味细嫩鲜美，香气十足。

6.5.3　茶膳的主要加工方式

1）炒

炒，多数用茶汁，或者把泡好的茶叶连茶汤一起倒入锅中炒菜，有茶炒腰花等各种各样的炒茶菜。一般来说，炒所用茶叶多用绿茶，因其翠嫩松脆。相反，如普洱茶等黑茶茶叶的营养成分在浸泡时就已经失去，再炒就会变韧，不宜作原料。

茶香桂花豆中的龙井茶叶可谓全能材料。先用龙井茶叶泡成的茶汤把麦豆煮软，然后炸脆。再将泡过的龙井茶叶拌上生粉后炸脆，用糖调味。此菜麦豆香口，而茶叶虽入口时有点涩味，之后却是回味无穷的甜味。

2）炸

炸是把茶叶剁碎或将完整的茶叶拌入鸡蛋和淀粉制成浆，再拌入要炸的菜。炸出的茶菜酥脆，色泽鲜艳，香味中有茶香。例如，茶叶炸肉，肥而不腻；茶叶炸虾，风味独特，是下酒的好菜。

3）煮

煮，也就是炖，还包括烧和焖。其做法是：按一定的比例，把茶叶和要煮的食物同放进锅内加水煮（也有用茶水煮的）。煮出的鸡、鸭、鱼类菜，肉嫩且有茶香，令人回味无穷；煮出的猪肉、牛肉类菜，味道鲜美。用茶水煮出的大米饭，具有很高的营养价值，除了可以防治心血管疾病、肠道传染病和牙齿疾病外，还能祛风清热、防治中风。

4）用茶做出的各种茶点

热食有绿茶长寿面、上汤绿茶水饺，点心有单丛曲奇饼、皇茶番薯饼等，虽然茶味不是很浓，但点点茶末儿非常吸引人。例如，观音皇茶鱼是将熟糯米粉和茶粉拌匀后搓成粉团，再包上白莲蓉印成鱼形，吃时感觉黏糊糊的，但带有茶香，十分可口。

6.5.4　六大茶类与茶膳

烹调上讲五味俱全，却不可乱点鸳鸯谱。中国的六大茶类各有自己的特色，用于茶膳制作时也各有讲究。

1）绿茶

绿茶为不发酵茶，用到烹调上不是很容易。绿茶茶叶嫩而香、口感好，适合烹制清新淡雅的菜肴，如龙井虾仁、绿茶肉末豆腐等，不仅能发挥出食物原本的味道，还能为菜肴增添茶的香气。烹调上的炸、煮、溜、煨、煲都属高温操作，而绿茶翠绿、鲜爽，如果处理不好，随便将绿茶浸泡一下就入锅翻炒，或采取其他高温操作，这样做成的茶菜一定是不堪入口的。因此，用绿茶做菜时，要十分小心呵护茶，运用恰当的烹调方式，保证茶不败味，使菜肴的味道更佳。

2）红茶

红茶为全发酵茶，烘焙时产生馥郁香气，适宜用沸水冲泡。用红茶做菜，在烹调上应该避免过长时间的煮、煨、蒸。鸡、鸭、鱼、畜肉都可以用红茶去腥、去油腻，注意投茶的时间要恰到好处。红茶与其他原料巧妙配合，制成的菜肴色泽鲜亮，透出浓郁的茶香，可达到不见茶叶而品得茶香，此处无茶胜有茶的效果。

3）乌龙茶

乌龙茶为半发酵茶，其香气浓烈持久、汤色金黄、甘醇爽口，且具有健胃消食的作用，适合用于制作油腻、味浓的菜肴。例如，可用沸水将铁观音泡出茶汁，用于鸡、鸭、畜肉的烹调。鸡肉纤维粗糙，用铁观音汁浸泡出来的鸡肉却嫩爽、细腻，无粗糙之感，而且茶香入骨，鸡肉的美味更加突出。再如，老鸭汤是一道美味的汤，但由于老鸭的腥臊味特浓，如烹调不当则无法入口，而铁观音这类乌龙茶正好能去臊、去腥。

4）白茶

白茶为微发酵茶，白毫显露、茶汤淡黄、口感清淡，最适宜做清淡的汤菜。白茶不寒、不火，比较适合老年人吃。由于白茶产量小、品种少，一般较少用此茶做菜。

5）黑茶

黑茶为后发酵茶，色泽褐红，有除腻、消食、止腹胀、止头痛的功效。黑茶口感醇爽甘甜，用此茶做汤或做酥油茶，会让人有百吃不厌的感觉。

6）黄茶

黄茶为轻发酵茶，色绿泛黄，可将成茶烘干后趁热焖成金黄色，制成茶松，再加上干贝末儿或虾干末儿调味，风味独特。黄茶经过油炸，色泽不变，茶香更宜人，如再加少许绿叶菜松，则黄绿相间，更是美味可口。

6.5.5 美味茶膳十例

1）龙珠鲜虾饺

（1）原料

①澄面 200 g，开水等适量。

②龙珠花茶茶叶适量，虾仁 250 g，肥肉 50 g，盐 3 g，糖 5 g，鸡精 3 g，胡椒粉 2 g，麻油 5 g，猪油 10 g。

（2）制法

①将龙珠花茶茶叶切碎，备用。

②将开水倒入澄面中，将澄面烫熟，擀成饺子皮备用。

③将肥肉切粒，与原料②拌匀，制成饺子馅。

④在饺子馅中再放入龙珠花茶的茶叶碎，拌匀。

⑤把饺子皮摊平，包入饺子馅，捏成弯月形饺子。

⑥用猛火将饺子蒸熟，上碟即成。

（3）特色

清新雅致，香气回荡，唇齿留香。

2）薄荷茶香骨

（1）原料

①（猪）排骨。

②配料：糯米香茶（绿茶）、薄荷、香菜、葱、辣椒、姜、酱油、盐、味精、糖、水等适量。

（2）制法

①用适量的薄荷加水煮制成薄荷水。葱与姜切成丝，辣椒和香菜切成段备用。再制作少量辣椒水。

②将精选的排骨切成小段，然后用薄荷水、糯米香茶水的混合水浸泡 20 min。

③把浸泡好的排骨段捞出，在上面加少许自制的辣椒水、适量酱油，然后撒上盐、糖、味精，腌制 15 min。

④锅内放底油，量不可太少。将腌制好的排骨段下锅炸，等到肉几近脱骨时加入切好的葱丝、辣椒段、香菜段和姜丝等配料，配料炸干之时排骨也就炸好了，即可出锅。

（3）特色

排骨香而不腻，有股淡淡的茶香。

适合人群：老幼皆宜，尤其迎合了时尚男女的口味。

3）普洱肘子

（1）原料

①猪肘。

②配料：普洱茶、糖、老抽、葱、姜、面酱等。

（2）制法

①先用普洱茶汤（去掉茶叶）浸泡猪肘，去油腥。

②先将猪肘放入锅里焖，或者直接在茶汤里加入各种酱料，然后放入猪肘文火慢炖。

③炖至猪肘软烂，茶香沁入肉中。

（3）特色

油腻的猪肘和去油的普洱茶在这道菜里奇妙结合，既解油腻又添茶香。

4）丝瓜绿茶汤

（1）原料

丝瓜 240 g，绿茶 5 g，盐 2 g，水等适量。

（2）制法

①将丝瓜去皮洗净，切成片。

②将切成片的丝瓜放入砂锅中，加少许盐和适量的水煮。

③丝瓜煮熟后，再加入绿茶茶叶，取汁饮用。

（3）健康提示

丝瓜中维生素 C 的含量较高，可用于预防坏血病、各种维生素 C 缺乏症；维生素 B₁ 等的含量也很高，有利于小儿大脑发育。此汤具有清热降火、通络消滞、减肥、预防坏血病的作用。

5）冻顶肉末豆腐

（1）原料

嫩豆腐 350 g，肉末 100 g，香菇丁 10 g，笋丁 20 g，冻顶乌龙茶茶末 10 g，盐 1.5 g，味精 0.5 g，葱姜丝 10 g，料酒 15 g，香油 15 g，水等适量。

（2）制法

将肉末加盐、味精、葱姜丝、料酒、香油等调料拌匀，与香菇丁、笋丁一同爆炒熟，待稍凉后铺在嫩豆腐上，再撒上冻顶乌龙茶茶末即成。

（3）特点

冻顶肉末豆腐采用中国台湾的特产冻顶乌龙茶为原料，在色泽上由雪白、翠绿、玛瑙红形成和谐的三色一体，甚是雅观，加之茶香馥郁、豆腐爽口，其成为一道在中国台湾地区十分流行的特色风味菜肴。

6）碧螺小笼包

（1）原料

①澄面 500 g，生粉 50 g，水等适量。

②瘦肉 500 g，虾仁 100 g，湿冬菇 100 g，马蹄 100 g，香菜 50 g，盐 6 g，糖 10 g，味精 6 g，胡椒粉 5 g，麻油 10 g，地鱼粉末 5 g，蟹子、碧螺春茶叶等适量。

（2）制法

①将原料②中的肉料洗净切粒。

②将原料②的各种调料（除蟹子外）、切成粒的肉料与泡开的茶叶拌匀即成馅料。

③将原料①中的水煮开倒入澄面中，拌匀后加入生粉，搓至纯滑即成包皮。

④将包皮分别包上馅料，表面上加香菜、蟹子，上蒸笼蒸熟。

（3）特点

皮薄馅鲜，茶香浓郁，汁水丰富，口感鲜美。

7）乌龙炖牛肉

（1）原料

牛肉 500 g，白萝卜 250 g，乌龙茶 25 g，葱末、姜片各 10 g，料酒 10 g，盐 1.5 g，酱油 10 g，味精 1 g，水等适量。

（2）制法

①将牛肉洗净，切成大小适中的块丁，白萝卜洗净切片，乌龙茶用沸水泡开，留茶汤备用。

②将牛肉丁、萝卜片加调料一起放入烧锅中炖烂，再加入乌龙茶汤烧煮片刻即成。

（3）特点

乌龙炖牛肉，牛肉肉质酥烂、味道鲜美，且带有乌龙茶的清香。

8）乌龙什锦饭

（1）原料

绿芦笋 60 g，干香菇（泡软）60 g，芹菜 60 g，豌豆 60 g，慈姑 60 g，鸡腿肉 60 g，虾仁 60 g，盐少许，胡椒粉少许，鸡腿肉、虾仁的腌渍料、蛋白 1/4 小匙、太白粉 1/3 小匙，白饭 4 碗，乌龙茶、水等适量。

（2）制法

①将乌龙茶、白饭、豌豆以外的材料全部切丁。

②将虾仁丁、鸡腿肉丁与盐、太白粉、蛋白、胡椒粉、腌渍料一同置于碗内，轻轻搅拌均匀。

③下底油，将调好味的虾仁丁、鸡腿肉丁、芦笋丁、香菇丁、芹菜丁、慈姑丁、豌豆炒熟后，装入碗中。

④将热的乌龙茶茶汤淋入炒好的材料中。

⑤拌入白饭，即可食用。

（3）特点

营养丰富，补益脾肾，适合体质弱者食疗调补。

9）红茶烧肉

（1）原料

五花肉 250 g，红茶 5 g，糖、盐适量。

（2）制法

将红茶用 100 mL 开水泡 10 min，滤去茶叶。将五花肉切成小块。在锅里放少许油，放入五花肉块翻炒片刻，加入茶水，加盐（不要用酱油），加少量糖（可去除茶的苦涩味）。将肉块用小火煮 20 min 就可以装盘了。

（3）特点

红茶烧出来的肉不仅有着茶的清香，而且肥而不腻，非常可口。

10）红茶八宝粥

（1）原料

红茶、白木耳各 5 g，红豆、杏仁各 20 g，红枣、核桃仁各 10 g，莲子 15 g，粟米 30 g，糯米 50 g，糖、水等适量。

（2）制法

①红茶冲泡后取茶汤。

②将红豆等煨至八成熟，再放入红枣、糯米、红茶汤，煮 20 min 即可。

③糖可根据个人口味添加。

（3）特点

冬令大补，适合老人、小孩食用。

一、知识问答

1．俗语云：开门七件事，柴米油盐酱醋_____。

2．清代的茶文化是_____文化的终结和现代茶文化的开始。

3．中国六大茶类包括_____、_____、_____、_____、_____、_____。

4．春秋以前，茶是被人们当作_____使用的。茶的许多功效已被现代医学所证实。

5．龙井茶以_____（时间）采摘的为最佳。_____茶非常适合与以咖喱和肉为原料的菜肴搭配，在相当长一段时间里是英国皇家及其他欧洲王室贵族享用的特种茶。

6．按发酵工艺，普洱茶属于_____。

7．普遍认为西湖龙井、洞庭碧螺春、黄山毛峰、_____、信阳毛尖、祁门红茶、_____、六安瓜片、_____、安溪铁观音是中国的"十大名茶"。

8．泡茶的茶水一般以_____的沸水为好，这时的水温约 85 ℃。滚开的沸水会破坏_____等成分，而咖啡因、茶多酚很快浸出，使茶味变苦涩。

二、思考练习

1．中国茶文化对你影响最深的地方是什么？为什么？

2．通过学习中国茶的起源与发展，你有哪些收获和启发？

3．怎样才能冲泡一壶好茶？

三、实践活动

请按照规定程序，选用正确的器皿冲泡一种自己喜爱的茶叶。

第7章
麦香浓郁的风味面食

　　从远古的"尧王饼"到如今的"鲍汁面",从山西刀削面到意大利的通心粉,从英国的三明治到德国的汉堡包,小麦作为主食养育着世界上1/3以上的人口。可是,你知道在漫长的历史长河中它是怎样一路风尘地走进人们的生活的吗?你知道在古代小麦曾被当作有毒的食物而遭到人们的排斥拒绝吗?你知道在古代面条叫什么名字吗?你知道那些小巧别致的点心的由来吗?

　　本章我们将走进琳琅满目的面食世界,去探寻这些疑问的答案,去欣赏经典广博的山西面食,品尝花样繁多、风味独特的各地糕饼,享用精美别致的广州茶饮点心,饱尝享誉中外的中华水饺……

　　相信这快乐的麦乡之行一定能激发大家的想象力,为大家的美食创造插上腾飞的翅膀。

7.1 养护生命的麦子

7.1.1 一路风尘落中原

"田家少闲月，五月人倍忙。夜来南风起，小麦覆陇黄。妇姑荷箪食，童稚携壶浆。相随饷田去，丁壮在南冈。足蒸暑土气，背灼炎天光。力尽不知热，但惜夏日长。"白居易《观刈麦》中这段文字描写出一家人辛苦忙碌地收割麦子的场景，表达了作者对劳动者深深的同情与怜悯。

麦子养护人类的生命。有关资料显示，小麦作为主食，养育着世界上 1/3 以上的人口。

作为一个外来物种，小麦在中华大地的旅程是一路风尘。4 000 多年前，小麦传入新疆、甘肃等西北地区，随后逐渐传至关中和中原地区。战国时期之前，小麦已在黄河中下游各地均有种植，东汉时期传至江南地区，隋唐时期传至西南地区，明代遍及全国，地位仅次于水稻。经过漫长的旅程，小麦逐渐适应了中国的风土人情，成为外来作物在中国繁育得非常成功的一例。

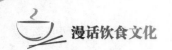

在小麦传入中国前，中国南方以稻为食，北方以粟为食，中国社会形成了固定的饮食习惯和农耕饮食文化，所以在很长的历史时期里小麦不被人们接受。人们认为小麦是有"毒"的，麦毒会引起"病狂"，还会导致一种叫"风壅"的疾病，人们甚至将麦视为"杀人之物"，于是想出了吃萝卜和喝面汤的办法来解"面毒"，也就是民间所说的"原汤化原食"。

随着时间的推移，麦毒的观念在北方逐渐消失了。商周时期，小麦已流传到黄河中下游地区。春秋时期，小麦已是中原地区的农作物。到汉代，小麦已经在北方大面积种植，是北方重要的农作物和战备物资，小麦成为影响战争成败的重要因素。三国时期，曹操曾将盛产小麦的兖州定为战略大后方，并摧毁了敌方的小麦产地以切断敌方的军粮补给，争取战争主动权。攻打张鲁时，曹操向百姓征调小麦作为军粮；而在攻打袁尚时，曹操曾"追至邺，收其麦"。

在南方，麦毒的观念却根深蒂固。古人认为，由于南方霜雪少，种出来的麦子有毒，只能少量食用。人们不爱吃麦饭，认为麦饭粗糙，既不肯吃，也就不肯种。所以到晋代，江南麦作才开始兴起。永嘉南渡之后，麦作才在江南发展。汉代以前江南没有种植小麦，三国时吴国孙权曾经用饼来招待蜀国的使者费祎，这是目前所知江南关于面食的最早记载。但有学者认为，邺宫中所食面食的原料麦子可能来自淮南。

7.1.2　麦食的宠辱

麦食，即麦饭，最初以煮的麦粒为主，比较粗糙。古汉语中经常用"麦饭"形容生活的艰苦朴素。历史上，有人用麦饭请客遭到客人拒绝。不吃米饭而专吃麦饭，被看作一种怪异行为。当官的吃麦饭，被视为"清廉"。做子女的以"食麦饭"来祭奠母亲，表示哀悼；有人把米饭留给自己吃，而将麦饭给长辈吃，这人会被骂为"不孝"。在宋代江西抚州，麦饭在食用者看来，甚至连喂猪喂狗的碎米都不如。

两汉时期，人们借助石磨进行谷物制粉，尤其是小麦制粉技术有了长足的进步。面粉的出现使麦食的品种越来越多，工艺也越来越讲究、精美。面粉发酵技术也随之被发明出来。馒头、饼、面条甚至包子、饺子等主要面食品种在这一时期竞相出现。其中面条堪称历史悠久的"国食"的典型代表，这一"国食"在2 000多年前就跨越国门，成为东南亚各国最具特色的食物，成为意大利面食的起源，成为靡行世界的食品，中国被公认为"面条"的发祥地。汉代还有了我国历史上最早的点心。汉代以后，小麦被大面积推广种植，面食品种更是不断翻新，争奇斗艳，层出不穷。在北方麦食文化被广为推崇，成为当时社会基本的主食结构，南方主食以稻为主，而北方主食以麦为主。麦的地位逐渐升高，比重增大，甚至超过粟，所以宋以来有"南稻北麦"的说法。

7.1.3　面食名称的演变

在古代，"饼"是面食类食品的总称。根据烹饪方法的不同和形制的差异，"饼"又有蒸饼、汤饼、烧饼、蝎饼、索饼等不同称谓。宋人黄朝英说："凡以面为食具者，皆谓之饼，故火烧而食者，呼为烧饼；水瀹（yuè 月）而食者，呼为汤饼；笼蒸而食者，呼为蒸饼；而馒头谓之笼饼，宜矣。"所以，古代早期的面条也叫汤饼，但形状不是今天的长条形，而"索饼"有可能是在"汤饼"的基础上发展而成的，形似今天的面条。古代面食的名字也时常在变化，因时因地而异。以面条为例，东汉称之为"煮饼"；魏晋则名为"汤饼"；南北朝谓"水引"；而唐朝叫"冷淘"。

7.1.4 酵母的利用

酵母的发明相传始于古埃及。传说公元前 2600 年前后，在埃及有一个奴隶为主人做饼。一天晚上，饼还没烤好他就睡着了，炉火也灭了。夜里，生面饼开始发酵膨大。等这个奴隶一觉醒来，生面饼已经比昨晚大了一倍，他连忙把面饼塞回炉子，很怕主人发现自己偷懒睡觉。出人意料的是面饼烤好后，奴隶和主人都发现新面饼又松又软，很受欢迎。

原来，生面饼里的面粉、水或甜味剂（或许就是蜂蜜）与暴露在空气里的野生酵母菌或细菌相互作用，在一定的温度下，经过一段时间，酵母菌生长繁殖，使整个面饼膨大松软。埃及人继续用酵母菌展开实验，诞生了世界上第一代职业面包师。

中国的酵法利用始于汉代，当时有 3 种基本的酵法。

一是酒酵发面法。就是用酒酵发面制造面食，即古人所说的"酒引饼"。

二是酸浆酵法。这种制法是将一斗的酸浆熬至七升，然后投入一升粳米，用缓火煮成粥。6 月时，用两升这种熬好的粥和一石面制成酵母；冬季因气温低，则用四升酵粥和一石面制成酵母。

三是酵法，即酵面发面法，也就是后世的"面肥"发面法。

正是酵法的发明和广泛利用，人们的餐桌上才有了丰富多彩的点心，人们借助面粉的可塑性，制造出琳琅满目、美味可口的面食，滋养着一代又一代中华儿女。酵母的发现和利用，给面食的发展插上了一双腾飞的翅膀，使中华民族麦文化达到了炉火纯青的境界。

7.1.5 点心的由来

"点心"，即早期的"早餐"，是人们每日早上用来充饥的食物。

"点心"一名由来已久。据宋人吴曾撰的《能改斋漫录》记载，世俗例以早餐小食为点心。唐代郑修为江淮留侯，家人备夫人晨馔，夫人顾其弟曰："治妆未结，我未及餐，尔且可点心。"

又有传说宋代梁红玉击鼓退金兵之时，见到战士们日夜血战沙场，英勇杀敌，屡建战功，甚为感动，随即传令烘制民间喜爱的美味糕饼，派人送往前线慰劳将士，以表"点点心意"。自此以后，"点心"的名字便传开了，并一直沿用至今。

经过几千年的文化洗礼，点心的种类层出不穷，变化多样。我们日常食用的点心种类主要有包类、饺类、糕类、团类、卷类、饼类、酥类、饭类、粥类、冻类等。

7.1.6　几种古代面点

1）烧饼面枣

元明之际，苏南地区有一种用白沙或白土坑熟的面点，叫作"烧饼面枣"。韩奕在《易牙遗意》中对其制法有详细的介绍：取头白细面，不拘多少，用稍温水和面极硬剂，再用擀面杖押倒，用手逐个做成鸡子样饼，令极光滑，以快刀中腰周回压一豆深。锅内熬白沙坑熟，若面枣。以白土坑之，尤胜白沙。又擀饼着少蜜，可更日不干。

"烧饼面枣"的制法主要就在于"饼"的形状不是通常的扁圆形或长方形，而是要做成如鸡蛋一般的椭圆形，还要在外表刻上一道道细纹，犹如蜜枣上的纹路，所以被称为"烧饼面枣"。令人遗憾的是这种烧饼面枣早已失传，如今其若能研制生产，定会受到市场的欢迎。

2）卷煎饼

春卷是一种美味可口的油炸食品，它那焦黄的外皮，鲜嫩的馅心，诱人的香味，常常令食客垂涎三尺。《易牙遗意》中关于"卷煎饼"的记述，看上去描述的就是不折不扣的"春卷"。卷煎饼的制法如下：饼与薄饼同，用羊肉二斤，羊脂一斤，或猪肉亦可，大概如馒头馅，须多用面糊黏住，浮油煎，令红焦色。五腊醋供……

早在晋代就有用薄饼裹菜肴食用，当时人称"春盘"。至元代，我国已有多种馅心的"春卷"出现，不过当时叫"春饼"。到了宋代，除"春饼"外，还有"翠缕红丝，金鸡玉燕，备极精巧，每盘值万钱"。古时"春饼"的名气大，"春卷"却落寞无名。如今，吃春饼的习俗已经被吃春卷取而代之。

3）丹桂花糕

我国食糕的历史颇为悠久，而且糕的品种繁多，如食禄糕、枣糕、糖糕、粟糕、麦糕、豆糕、花糕、糍糕、雪糕、干糕、乳糕、五香糕、芡糕、山药糕、沙米糕、脂油糕、雪花糕、软香糕、鸡蛋糕、茯苓糕、三层糕等。以丹桂花作糕并不多见。在"金风送爽，丹桂飘香"的秋天，红艳欲滴的丹桂花，芳香馥郁。古人以丹桂花入馔，制成糕中极品"丹桂花糕"。

4）甘菊冷淘

"淮南地甚暖，甘菊生篱根。长芽触土膏，小叶弄晴暾。采采忽盈把，洗去朝露痕。俸面新且细，溲牢如玉墩。随万落银缕，煮投寒泉盆。杂此青青色，芳香敌兰荪……"宋代著名诗人王禹偁的《甘菊冷淘》诗把"甘菊冷淘"的制法和特点写得一清二楚。面条是"煮投寒泉盆"做成的，由于掺进了甘菊汁，因此颜色青青，"芳香敌兰荪"，再加上用鳜鱼、鲈鱼、虾肉等做"浇头"，真可谓色香味俱佳。

古代冷淘面花色品种很多，做工精致考究，是炎炎夏日里解暑去烦的清凉剂，也是寒冬暖炉旁清新别致的美味。如今的凉面制作方法简单，虽形似冷淘，却已失去了古代冷淘的神韵，我们在创新的过程中还需传承传统的精华，并将其发扬光大。

5）灌汤肉包

汤包的制作并不复杂，早在清嘉庆年间，甘泉（扬州）人林苏门在《邗江三百吟》中就记述了"灌汤肉包"的制作方法："春秋冬日，肉汤易凝。以凝者灌于罗磨细面之中，以为包子，蒸熟则汤融而不泄。扬州茶肆，多以此擅长。"逸兴所至，林苏门还赋诗一首："到口难吞味易尝，团团一个最包藏。外强不必中干鄙，执热须防手探汤。"诗并不新奇，但把汤包内藏热汤、到口难吞、容易烫手的特点形象地描述了出来。

古书记载，南宋临安市上有"灌浆馒头"出售，古代的花式馒头即今天的包子，这样看来，汤包在南宋就有了。发展到今天，汤包的制作技术有了新的发展和提高，品种也有所增加。由于有了制冷储藏技术，汤包可以一年四季制作，再也不必依靠"春秋冬日"的低气温来使"肉汤"凝固制成馅心了，如上海的南翔汤包四季售卖。

6）石鏊饼

"石鏊饼"是把饼胚放在烧热的石子上烙制而得名。其制作手法独特，具有明显的古代石烹遗风，饼上的凹凸疤痕呈粒燔之象，传承了远古烹饪技术，故被专家称为远古烹饪的"活化石"。它油酥咸香、营养丰富、易消化、耐贮藏，深受人们喜爱，在山西及关中地区颇为流行。

石鏊饼，又称"尧王饼"或"华夏第一饼"。相传尧时新麦丰收，大雨使粮仓坍塌，麦被砸压成粉状。雨后初晴，人们将粉麦铺于石板上晒干备收藏，粉麦却发出了

奇异的香味。尧乃教人们以石盘、石棒将黍麦碾碎，以"燔黍"之法烙制面饼，庆贺粮食丰收，喜贺子孙兴旺。自此"石鏊饼"在山西流传。现在，晋南地区麦收以后，家家户户都要烤制"石鏊饼"，以此饼走亲访友、庆贺丰收。谁家媳妇生了孩子，娘家也要烤制"石鏊饼"去看望祝贺。

在唐代，"石鏊饼"又被称为"石鏊馍"，是奉献给皇帝

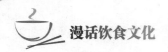

的贡品。据《名食掌故》载，在永济（古称蒲坂）地区，民间相传崔莺莺避难于普救寺，与张生相爱。受到老夫人的阻拦，二人不能见面。莺莺托红娘每日买"石鏊饼"送给张生，以表情达意。因此在被誉为爱情圣地的永济，人们将这种石鏊饼称为"莺莺饼"。

7）黄雀馒头

元代倪瓒《云林堂饮食制度集》载有"黄雀馒头"："用黄雀，以脑及翅、葱、椒、盐同剁碎，酿腹中，以发酵面裹之，作小长卷，两头令平圆，上笼蒸之。或蒸后如糟馒头法糟过，香法（油）炸之尤妙。"

黄雀又称"芦花黄雀"，体形小，鸣声清脆。人们一般喜欢饲养它作观赏之用。黄雀肉质细嫩，鲜美异常，所以它也一直是古人席上的珍馐。古书载，稻熟时，人们往往"张罗（网）以捕黄雀"。南宋临安（杭州）的市场上，有好多用黄雀制作的菜肴出售，如蜜炙黄雀、酿黄雀、煎黄雀等（《梦粱录》）。

尽管在古代用黄雀制作的菜肴品种较多，但像"黄雀馒头"这种做法还是罕见的。黄雀被面裹住，因此保住了其原汁原味，而外面的一层面皮由于包裹黄雀，也带上了黄雀的风味。所以，"黄雀馒头"一身二任，外面是面点，里面是菜肴，相得益彰。

须注意的是，到了现代，黄雀濒临灭绝，为国家保护陆生野生动物，上述资料仅作学习了解使用，切勿以黄雀等野生动物为原料，对该面点及黄雀制作的其他菜肴进行仿制。

7.2 经典博大的山西面食

【学习目标】

1. 理解山西面食的特点，感受原汁原味的黄土大地面食文化。

2. 学会几种山西面食的制作方法并加以创新，提高专业技能。

3. 讲述与山西面食相关的趣闻传说，提高口头表达能力。

【导学参考】

1. 学习形式：召开一次主题班会"经典博大流传千载的山西面食"，通过演讲、表演、讲故事、资料和图片展示等多种形式来探讨这个话题。

2. 可选任务。

（1）尝试制作几种山西面食，并加以创新。

（2）讲述与山西面食相关的趣闻传说。

（3）从你所掌握的山西面食品种及其特点，谈谈你对"山西是中国面食之乡"这句话的理解。

　　山西，一片古老而神奇的土地，那苍老的窑洞、火红的高粱、浓烈的汾酒、醇香的老陈醋……走进这样一个民俗淳厚的地方，吃下风味百变的山西面食，你会深深感受到原汁原味的黄土文化。面食，是在三晋大地一枝独秀的奇葩。

　　山西地处黄河中游，是中国面食文化的发祥地之一。大自然情有独钟的造化，使三晋大地成为世界上生长的杂粮品种最多的地域，号称"小杂粮王国"，为山西成为面食之乡奠定了基础。再加上民间智慧几千年的积淀和演变，山西面食不仅名扬国内，而且香飘海外，有"世界面食在中国，中国面食在山西"之盛誉。

7.2.1 历史悠久，香飘四海

　　山西是中华民族的发祥地之一。在这里，炎辨百草，稷教稼穑。在山西，上古时期出现了华夏第一饼——尧王饼，后来有汉之"煮饼"、魏晋之"汤饼"、南北朝之"水引"、唐之"冷淘"等，种种面食，无不在这里演绎流传，惠及四海，泽被五洲，形成了博大精深的中华面食文化。

　　东汉末年，山西运城胡相的"羊肉泡馍"开始传向西北地区陕西甘宁等。唐朝时，稷山人金氏兄弟赴京（长安），后在岐山开了"顺天立"面馆，成就了闻名中外的岐山挂面。元朝时，马可·波罗两次来到太原，将山西面食带回意大利，此后山西面食远

播世界。

　　享誉中外的陕西岐山挂面，其实是山西面食的一个分支。清代道光年间，山西稷山县马金定兄弟千里迢迢去岐山做挂面生意，字号"顺天成"。直到今天，岐山挂面还沿用这个老字号。过去的皇家贡品，如今蜚声海外。

　　公元 13 世纪，意大利著名旅行家马可·波罗两次来到山西，沿着"丝绸之路"将面食传入意大利。后来，意大利人也喜欢上了面条，将面条种类发展到 400 多种，大多数品种是空心面，粗者如指，细者如丝。风靡世界的意大利通心粉，就是这样诞生的。

　　面条的引进把游牧文化对于面粉的开发从单一塑造——面包，拓宽到一个新的领域，就像西方人说的，"既多了一种吃的方法，又解决了面粉的储存问题。"值得注意的是，当今的意大利不仅成为空心面的出口国，而且向我国大量出口生产面条的成套设备，我们世代相传的"擀面杖"面临严峻的挑战。

7.2.2　品种丰富，风味百变

　　山西以其独特的地理气候孕育出众多杂粮，其中莜麦、荞麦及各种豆类均可制成营养丰富的山西面食。在山西，一般的家庭主妇能用小麦粉、高粱面、豆面、荞面、莜面做出几十种面食，如刀削面、拉面、圪培面、推窝窝等。到了厨师手里，面食更是花样繁多，达到了一面百样、一面百味的境界。

　　在山西，按照制作工艺，面食可分为蒸制面食、煮制面食、烹制面食三大类。有据可查的山西面食就有 280 种之多，其中尤以刀削面名扬海内外，被誉为中国著名的五大面食之一。其他面食有大拉面、刀拨面、拨鱼、剔尖、河捞、猫耳朵等，品种丰富，规模宏大。蒸、煎、烤、炒、烩、煨、炸、烂、贴、摊、拌、蘸、烧等多种制法，名目繁多，让人目不暇接。普通农家每日的面食，若刻意追求，可以做到一个月不重样。以不同材料和成的面团，农家妇女以擀、削、拨、抿、擦、压、搓、漏、拉等手法，施之不同的浇头，魔术般地变幻出形态各异，色、香、味俱佳的面条来。

　　山西面食有三大讲究：一讲浇头，二讲菜码，三讲小料。浇头有炸酱、打卤、蘸料、汤料等。菜码很多，山珍海味、土产小菜等可以随意而定。小料则因季节而异，酸甜苦辣咸五味俱全，除了风味特殊的山西醋，还有辣椒油、芝麻酱、绿豆芽、韭菜花等。

　　山西"水硬"，即水的碱性强，加上山西人的主食以杂粮为主，如高粱、莜面等，都是不太好消化的，需靠醋来中和、助消化。爱吃盐醋，又喜辛辣是山西人的又一特点。醋的营养价值颇高，并有一定的食疗作用。山西各地大多有自己的名醋，其中"山西老陈醋"的味道最好，堪称调味佳品。

　　山西人对面堪称情深意切。当然，这种偏爱中也融入了面的可塑性和山西人的睿智。过生日吃拉面，取长寿之意；过年吃"接年面"，取岁月延绵之意；孩子第一天到学校上学要吃"记心火烧"，希望孩子多一个长学问的心眼……这些面食已不再仅仅作为人们充饥的食物，而是已成为一种饱含情感和哲学意蕴的"精神食粮"。

7.2.3　经典纷呈，制作考究

1）刀削面

刀削面是山西最具代表的面食，久负盛名，被誉为我国五大面食名品之一，堪称天下一绝，已有数百年的历史。

制作刀削面的传统方法是一手托面，一手拿刀，直接将面削入开水锅里。其要诀是："刀不离面，面不离刀，胳膊直硬手端平，手眼一条线，一棱赶一棱，平刀是扁条，弯刀是三棱。"

刀削面中厚边薄，形似柳叶，柔中有刚，软中有韧，越嚼越香。人们可依据个人口味，浇上荤菜、素菜或各种打卤汤菜，再加上山西陈醋、葱、蒜、香菜或辣椒等调味；还可炒或凉拌，均有独特风味，若佐以山西老陈醋食之尤佳。

相传刀削面的问世源自一段强权专制统治的历史。

元朝时期，统治阶级为防止百姓起义，将家家户户的金属器具全部没收，并规定每十户人家只能用一把厨刀，切菜做饭时轮流使用。

一天中午，有位老汉想取刀做面，不料刀已被别人抢先拿走了。老汉在回家的路上看到一块薄铁片，就顺手捡起来揣在怀里。

回家后，老汉取出铁皮，想着就用这个切吧！他把揉好的面团放在一块木板上，用左手端好木板，右手操起铁片就削了起来，薄薄的面片飞入锅中后不住地翻滚，很快就煮熟了。

老汉把面捞入碗中浇上卤汁，边吃边说："好得很，好得很，以后再也不用排队取厨刀了，就用这铁片削吧。"

这件事一传十，十传百，很快就传遍了晋中大地。后来，这种削面经过多次改良，成为现在的刀削面。

吃刀削面不仅可以饱口福，观赏刀削面表演也令人叹为观止。只见厨师站在沸腾的锅边，左手托面团，右手执飞刀，削出的面条在雾气中划出道道白弧，恰似飞燕穿云，其速度之快，令观者莫不咋舌。"一叶落锅一叶飘，一叶离面又出刀，银鱼落水翻白浪，柳叶乘风下树梢。"这首诗形象地描写了刀削面的制作过程。

2）猫耳朵

"猫耳朵"是山西面食的招牌。在山西的街头，大大小小的食肆一般会用两种面食做招牌，其中的一个就是"猫耳朵"。

"猫耳朵"是山西人的日常主食，它形似猫耳朵，样子十分可爱，筋性强，很有嚼头。"猫耳朵"的制作方法是把面和得软软的，搓成大拇指粗的条子，压成蚕豆大的小块，然后用拇指、食指捏着一转，面块便被卷成像猫耳朵一样的形状。将面块放在开水里煮熟，捞出来再配佐料用大火一炒，面块里吸存着汤汁，味道饱和，吃起来十分鲜美。配料各随其便，人们可根据个人喜好随心搭配，创意出新。一般人家爱用韭菜肉丝和虾米，讲究的用虾仁、蟹肉、冬菇、火腿等。

"猫耳朵"极像意大利的一种贝壳形通心粉。据说意大利的这种面食，就是马可·波罗从中国学会了捏"猫耳朵"后回国仿制的。

3）包皮面

包皮面，又称夹心面。相传古代晋中有位婆婆经常在家务活上给儿媳妇出一些伤脑筋的"难题"。一天，她让儿媳妇用白面和豆面擀面条，条件是不能将两种面事先和匀，但在吃的时候口味要有均匀感。这位聪明的媳妇并没有被婆婆的题目难倒，做成了由两种面粉组成的包皮面。包皮面的做法：先将豆面和白面按1∶1的比例准备好，用温水将白面和豆面分别和好。然后将豆面团揉成球状，白面团擀成饼状。最后用饼状的白面把球状的豆面包住，擀成面条即可。食用时用芫荽（香菜）、酸汤、葱丝辣调最佳。

4）拉面

拉面是山西四大面食之一。拉面下锅是拉面制作过程中最精彩的环节，只见师傅挥动双手，"听话"的面条便在空中划过美丽的弧线，然后准确地落入锅中。几分钟后，一碗香喷喷、很有嚼头的面条就呈现在食客的面前。

山西的拉面和兰州拉面是不一样的，山西拉面吃起来软一些。

5）闻喜煮饼

闻喜煮饼是山西闻喜县生产的著名糕点类食品，已有300多年历史。煮饼形似圆月，外裹一层芝麻，滚圆状。将饼掰开，可拉出3～6 cm长的细丝，饼里有外深内浅的栗色皮层和绛白两色分明的饼馅。闻喜煮饼风味佳美，营养丰富，酥沙不皮、甜而不腻，越嚼越香，食后回味有一种松柏的余香，素有山西"饼点之王"的美誉，是老少皆宜的一种大众食品。

闻喜煮饼是一种油炸的点心（在晋南，民间把"炸"叫"煮"，把"炸油条"叫"煮油条"），始于清康熙年间。相传康熙皇帝巡行路经闻喜时，闻喜官绅为接圣驾，遍选名厨治宴。席间，皇帝觉得其他肴馔都淡而无味，唯有煮饼滋味独特、余味绵长，不禁喜问其名。众官绅搜索枯肠，都想取一个吉利的名称来讨皇帝高兴，但因皇帝猝然发问，不免一时语塞。皇帝见此情状不觉笑道："就叫煮饼吧。"由康熙皇帝命名的闻喜煮饼就此名声大噪，流传至今。

地方糕点中闻喜煮饼的销行地域是最多的。据《山西资料汇编》记载，早在清朝嘉庆年间至抗日战争之前，它就远销北京、天津、上海、成都、宁夏、兰州、广州和海南等地。在这些地方，闻喜煮饼的招牌一经挂出，闻喜煮饼便被人们抢购一空。

　　闻喜煮饼系山西传统的八大名点之一，曾作为贡品进献皇宫，堪称国式糕点的典范。

　　6）烧卖

　　烧卖，又称肖米、稍麦、稍梅、烧梅、鬼蓬头，是一种以烫面为皮裹馅上笼蒸熟的小吃。烧卖是晋南地区的传统名食，起源于包子，以面作皮，以肉为馅，顶部不封口，整体形如石榴，洁白晶莹，馅多皮薄，清香可口，有小笼包与锅贴的双重优点。

　　乾隆三年（1738年），浮山县北井里村王氏在北京前门外的鲜鱼口开了个浮山烧卖馆，并制作炸三角和各种名菜。某年除夕之夜，乾隆从通州私访归来，到浮山烧卖馆吃烧卖。这里的烧卖洁白晶莹，如玉石榴一般，馅软而喷香、油而不腻。乾隆食后赞不绝口，回宫后亲笔写了"都一处"3个大字，命人制成牌匾送往浮山烧卖馆。从此烧卖馆名声大振，身价倍增。

　　现在各地烧卖的品种已十分丰富，制作极为精美。如河南有切馅烧卖，安徽有鸭油烧卖，杭州有牛肉烧卖，江西有蛋肉烧卖，山东临清有羊肉烧卖，苏州有三鲜烧卖，湖南长沙有菊花烧卖，广州有干蒸烧卖、鲜虾烧卖、蟹肉烧卖、猪肝烧卖、牛肉烧卖和排骨烧卖等。它们都各具地方特色。

　　7）稷山麻花

　　"稷山麻花"是山西运城的传统风味小吃。"辂车转入稷山城，城畔犹传玉璧营。战骨只留荒冢土，萧萧落水尽悲声。"明代御史宋仪望的诗形象地描写了古玉璧城荒凉的景象。因战乱灾荒，这里草木丛生，野兽出没，毒蝎横行。凡中毒者，十有半亡。人们为诅咒蝎毒，在每年的农历二月初二，家家户户把和好的面拉成长条，扭作毒蝎尾状，油炸后吃掉，称之为"蝎尾"。这种起初只是一股的油炸"蝎尾"，演变成今天的两股、三股的"稷山麻花"。古老的麻花绳子、大姑娘小媳妇的麻花辫子，与稷山麻花也有着千丝万缕的联系。

　　清代大学士纪晓岚对推介稷山麻花做过历史性的贡献。纪晓岚的岳父马永图曾任山西稷山知县和内阁中书。纪晓岚常吃到岳父带给他的稷山麻花和稷山板枣。他细细品味，感悟许多，撰文称颂。乾隆皇帝南巡，纪晓岚向皇上介绍这道地方名小吃稷山麻花。乾隆皇帝亲口品尝后，称赞道："形如绳头，香酥可口，出类拔萃，别具风味。"由此，稷山麻花被列为朝廷御食，年年进贡。稷山麻花随之名声大振，名传后世。

　　除此之外，山西麻花品种还有五台山区的名食"神池麻花"，永济地区的特产食品"老劲子麻花"。

　　8）"三倒手"硬面馍

　　相传光绪二十六年（1900年），八国联军入侵北京。慈禧仓皇西逃，行至临晋县城，已饥饿难耐。适逢谢氏一家"三倒手"馍铺的硬面馍刚出笼，慈禧尝后，连声称赞。到西安后，她仍向往"三倒手"馍，便将其列为贡品享用。从此，"三倒手"美名远扬。

"三倒手"硬面馍制作工艺复杂，系手工操作，经过三次倒手，面粉充分发酵，因此馍达到了层次分明、圆润饱满、入口醇馨、味美香甜的上佳效果。"昔日慈禧用膳毕列为贡品，今朝人们食用后无不赞赏"的对联贴在运城市区南环西路个体工商户谢斌祖传"三倒手"店铺的门前。

"旧时王谢堂前燕，飞入寻常百姓家。"味美、口醇、色香的"三倒手"硬面馍如今已成为百姓幸福生活的添加剂。

9）红面擦尖

走进山西，博大精深的面食文化、琳琅满目的面食美点让人流连忘返。下面再为大家揭秘山西面食中独具特色的红面擦尖的制作过程。

（1）原料

红面。红面就是大家熟知的高粱面，制作比较复杂，先洗净高粱粒，再将其煮熟，然后晾干，几天后上磨面机磨粉，需磨制多遍后才得到红面。红面的特点是：面筋道，韧性足，口感好。

（2）工具

擦尖擦子。

（3）制作工艺

①将等量的红面与白面放入盆中，加入面粉总和六成左右的水，制成水调面团备用。

②锅中加入适量的水烧沸，将擦尖擦子架在锅边上，然后一手扶住擦子，一手抓起适量面团用力向锅中擦下。擦完一块面后，再取一块面用同样的方法操作。

③擦下的红面下锅煮熟后，配有一些小调料，俗称浇头，有肉酱、西红柿炒蛋、黄瓜丝之类，随客人自己选择喜欢的口味。

10）面塑

面塑，民间俗称面人、面羊、羊羔馍、花馍等，用面粉塑制诸如人物、动物、花卉、翎毛、瓜果等花样繁多的面塑。山西面塑以上等的白面为原料，经过揉面、造型、笼蒸、点色而成，造型夸张、生动，用色明快、大方，风格粗犷、朴实、简练，富有朴拙的美感，具有鲜明的民间和地方特色。

山西民间面塑主要包括两类，即花馍和礼馍。花馍是配合岁时节令祭礼或上供的馍。如"枣山"在用于祭祀神灵之外，还寓意早生贵子；又如，用于清明节的"飞燕"

花馍，既是扫坟祭礼的用品，又表示春燕飞来，阳光明媚。礼馍，则是伴随诞生、婚嫁、寿筵、丧葬等人生仪礼而制作的馈赠物品。在山西晋南平原，每当婴儿满月时，姥姥家都要蒸一种又圆又大、中间空心的花馍馍，俗称"囫囵"。妇女把它用红布包裹起来，提着囫囵礼馍，往来于乡间小路，赠予亲戚乡里，传递着浓浓的乡情。

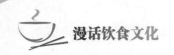

7.3　千城千面的陕西面食

【学习目标】
　　1. 理解陕西面食的特点，感受原汁原味的黄土大地面食文化。
　　2. 学会几种陕西面食的制作并加以创新，提高专业技能。
　　3. 讲述与陕西面食相关的趣闻传说，提高口头表达能力。
【导学参考】
　　1. 学习形式：召开一次主题班会"千城千面的陕西面食"，通过演讲、表演、讲故事、资料和图片展示等多种形式来探讨这个话题。
　　2. 可选任务。
　　(1) 尝试制作几种陕西面食，并加以创新。
　　(2) 讲述与陕西面食相关的趣闻传说。

　　陕西人爱吃面是出了名的，不少陕西人外出，若是三天吃不上一碗面，就觉得浑身不自在，像是缺了点什么，若是外出十天半月，回家的第一餐必定要饱餐一碗面，以解"相思之苦"。陕西人对面的深情厚谊使他们制作出不同凡响的面食来。在岐山，以能擀长面为女人的本事。新媳妇进门的第二天上午，专门有一个擀面的隆重仪式。客人上席后，新媳妇亲自上案擀面，以显能耐。所以，女儿从 7 岁起，母亲便授其擀面技艺，让女儿搭凳子在案前使擀杖。

　　陕西面食之多，真称得上是千城千种面，几乎每一个地名都跟某种面食有联系。如杨凌蘸水面、岐山臊子面、岐山挂面、合阳踅面、永寿长寿面、礼泉烙面、汉中梆梆面等。还有不冠地名的拉面、卤面、油泼面、龙须面、木樨面、菠菜面、Biang-biang面、酸汤面、过水面、烩面片等。这些名称或突出其特别的原材料，或表明其与众不同的形状，或强调其引人入胜的味道，各有讲究，各具特色。陕西面条不仅可煮食，而且可用蒸、炒、烙、煎、煨、炸等"十八般武艺"来烹制。锐意创新的陕西人在发展中还不断推陈出新，创造出繁多的花样。

7.3.1　臊子面

　　臊子面是陕西的风味小吃，品种多达数十种。其中，以岐山臊子面享誉最盛。臊子面做法讲究，人们用"薄筋光，煎稀汪，酸辣香，不喝汤"来总结它面薄如纸，光滑而有韧性，香味独特，酸辣兼备，汤多面少油水足的特点。所谓"煎""汪"，即面条要热得烫嘴、油要多，吃时先在碗里盛上底菜、苦菜，再浇滚烫的汤。

相传西周时，周文王和他的部族就居住在岐山。一天，他们出外打猎，行至渭河时，一条蛟龙从水里腾空而起，张牙舞爪，遮天蔽日。这条蛟龙经常兴妖作怪，残害百姓。见恶龙又要作恶，周文王便命人一齐弯弓射箭，将蛟龙射杀。大家高兴地围着蛟龙唱了起来："蛟龙作恶兮，伤害庶民，渭水泛滥兮，不得安宁。文王积德兮，为民除害。普天同庆兮，其乐无穷。"

据说蛟龙的肉味道鲜美，吃了它的肉，可以驱恶除邪，延年益寿。周文王命部下把蛟龙剁成很小的肉块，做成臊子，放在几十口大锅里调成汤。周文王亲自掌勺舀汤，和大家分享龙肉臊子面。这便是岐山臊子面的由来。

7.3.2　荞面饸饹

"荞面饸饹黑是黑，筋韧爽口能待客"是陕西关中一带对传统风味小吃荞面饸饹的赞语。

荞面饸饹也称"河漏"，是用荞麦面压制而成的一种细长的圆条形面食。其冬可热吃，夏可凉食，风味独特。荞麦富含多种营养，有消食化积、止汗、消炎消暑的功效，深受人们喜爱。西安专门经营饸饹的餐馆、小摊点不计其数。

制作饸饹有一个重要环节叫压床子。把一个粗木条凳似的木架子架在大铁锅上，架子上的一个漏斗状的圆孔对着锅；将荞面抟成一块块面团塞入圆孔用力下压成条条细丝入锅。行话是"锅开压，锅开打"，"打"就是水一煮开就打断长条将面收上来。饸饹现压现煮，扎扎有声。煮熟的饸饹滑溜溜的，很劲道，很别致。

荞面饸饹分热、凉两种吃法。夏季一般是凉吃，凉拌饸饹是消夏祛暑的好东西。在煮好的饸饹中调入精盐、香醋、芥末、蒜汁、芝麻酱和红油辣子，有时厨师芥末下得狠了一些，食客一筷子夹面入口，不由浑身一颤，好像七窍六神都通了。冬季多是热吃饸饹，在饸饹碗里浇上臊子和热骨头汤，再撒入胡椒粉、香菜、蒜苗丝和紫菜，吃起来汤鲜面筋，通体舒畅。

7.3.3　宫廷药膳罐罐面

在陕西，大街上的面馆比饭馆多，各种面食数不胜数，陕西人把每一种面都做得与众不同，并赋予其深厚的文化内涵，就像陕西的历史一样厚重悠久。"宫廷药膳罐罐面"就是一道承载着历史与文化的传统风味面。

"宫廷药膳罐罐面"又称寿面，原是为唐明皇和杨贵妃特制的。它颜色鲜艳，气味香醇，面筋汤浓，原汁原味，长期以来深受人们的喜爱。

"宫廷药膳罐罐面"的骨汤是用当归、白芷、黄芪、党参、麦冬等十几种药材与猪骨、鸡骨一起熬制而成，具有健胃补中、滋阴壮阳、补血调经等多种保健养生的功效。

7.3.4 礼泉烙面

礼泉烙面被称为世界上最早的方便食品。它的地位相当于北方的饺子、南方的汤圆和中秋节团团圆圆的月饼。

烙面的味道奇绝，做法也很奇特。要做烙面，先摊煎饼。摊煎饼须选上等面粉，和稠搅匀，搅得越匀越好，像揉面一样，功夫在耐力。逐渐往面中加水，反复搅和，直至面成特别黏的糊状，功夫全在稀稠上。然后在火上架平底锅，一勺一勺地放上面糊摊平抹圆，烙成粗布一样厚的薄饼，功夫在火候。饼晾凉后，用擀面杖碾平，折成手掌宽的长条，用布包好，再用木板加青石压瓷实，数小时后，利刀切丝，功夫在刀上。最后，将面码齐堆叠，存放于阴凉处。吃的时候，抓一小把面放在碗里，再放一些肉臊子滚汤浇拌，吃起来入口筋道，再嚼即化。

烙面的食用方式是浇汤，烙面汤的烹制便是关键所在。烹汤一般以肉汤、骨头汤为最佳，五香大料、油盐酱醋、鸡精等调味料巧妙搭配，再加入自家特制的油泼辣子，放入豆腐丁、肉臊子，便制成一锅色泽艳红、香辣诱人的烙面红汤。食用时，捏出一小撮烙面放入碗内，再放入韭菜、香菜、蒜苗、葱等，浇上热汤即可食用。其面绵软筋韧，其汤浓香酸辣，回味无穷。

吃有吃窍，食有食道。吃烙面的方法极有讲究：一要面少汤多。热汤浇面，汤的美味迅速浸入面中，汤中有面，面中有汤，汤多面少才能热气蒸腾，美味浓烈，因此一碗面以三四筷子捞完为宜。若性急，抓一大把面下碗，便弄巧成拙。二要热汤即浇即食，万不可慢条斯理地吃吃停停，耽搁时间。烙面吸收汤汁后膨胀快，即浇即食才能品味到烙面的筋道和汤的辣香，这正是吃烙面的精髓所在。三要只吃面不喝汤。汤已入面，面中含汤，吃了面还喝汤，饭后一定口渴不止。曾有人到礼泉吃烙面，吃完面后将汤一饮而尽，还大呼过瘾，成为当地人茶余饭后的笑谈。

礼泉烙面历史悠久，相传起源于商末周初。烙面因为易于储存、便于携带，以热汤冲泡就能吃，被周武王选定为伐纣的军用食品。久居关中的士兵，背着烙面开进河南，一路战无不胜，终于打败了商纣王，开辟了周朝的天下。传说在唐代，李世民曾到礼泉视察，地方官员特地献上烙面。食后，李世民大加赞赏，于是烙面便在当地盛行，成为地方特色食品。

7.3.5 菠菜面

北方人吃面，一般喜欢在汤里加一把菠菜调剂味道，丰富色彩，增加食欲。而在居民酷爱吃面的陕西，精于制作面食的家庭主妇们打破了这种"隔靴搔痒"式的方法，直接将菠菜叶与面粉糅合在一起，擀制成碧绿透亮，令关中汉子提起便滴涎水的油泼辣子菠菜面。

菠菜面的做法是：将新鲜去秆的菠菜叶放入开水中略焯后捞出，这样菠菜所含草酸便溶入水中。叶子晾凉后与适量面粉掺揉（不另加水）至面团完全变成绿色，稍饧一会儿再揉，擀好面皮，依个人喜好切成或宽或窄的长面条，放入开水锅中煮熟后捞入碗中，撒适量盐、辣椒面、蒜末，以滚热菜籽油（约一调羹）浇泼面上，再调入味精、酱油、香醋即可食用。其特点是面条翠绿，筋滑鲜香，且含有人体所需维生素，弥补了单吃面食的不足。

7.3.6 扯面

扯面是关中地区的传统面食，陕西八大怪之一。扯面宽如裤带，用烧热的油泼后搅拌食之，其特点是色泽协调，光滑柔韧，淡雅清香。一想到不用擀不用压，只用手就能扯出面来，着实令人兴奋。它的制作方法也很简单：

①在面粉中加入少许精盐和几滴油，用凉水和成面团，揉匀，揪成大小相等的剂子，再搓成长条；盘中抹一层油，放入搓好的长条，放好后再在面上刷一层油，用保鲜膜封好，放置 10 min 备用。

② 10 min 后用手把长条按扁，锅中水烧开后，手拿长条两端，将其扯成薄而未断的面片，放入锅中煮熟，捞出投凉。

③用香菇、红椒、百合、鲜虾等炒成卤汁浇拌在面上即可食用；也可在面中加入盐、鸡精、醋、酱油、辣椒面，浇上烧热的葱油搅拌均匀食用。

7.3.7 咸阳油泼面

油泼面原本是一种很普通的面食。手工擀制成的面条，在开水中煮熟后捞在碗里，先配上葱花、花椒粉、盐等，再撒上一层辣椒面，顿时满碗红光。然后浇泼一勺滚烫的热油，只听见"刺啦"一声，一团烟雾升起，椒香扑鼻。最后用筷子翻拌均匀，吃时佐以大蒜，香辣可口，妙不可言。

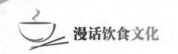

7.4 风味独特的各地面条

【学习目标】

1. 掌握多姿多彩、风味独特的中华其他地方面条的制作方法并尝试创新，提高专业技能。

2. 讲述与中华其他地方面条相关的趣闻传说，提高口头表达能力。

【导学参考】

1. 学习形式：以小组讨论、合作探究的形式为主，通过演讲、讲故事、资料和图片展示等形式来探讨内容。

2. 可选任务。

（1）制作你所掌握的风味独特的中华各地面条并尝试创新。

（2）讲述与中华各地面条相关的趣闻传说。

3. 创意话题：收集古人赞美面条的经典诗句，并在班级交流。

中华面条多姿多彩，在世界上也是独一无二的。俗话说："一面百样吃。"一碗普通的面粉，在庖人手中，可以做成擀面、揪面、压面、拔面、擦面、溜面、剔面、拉面、削面、抿面等数百种花样，除了煮着吃外，还可以根据不同的风味要求和爱好，炒着吃、焖着吃、烩着吃、拌着吃、炸着吃、蒸着吃，而且可以配上各种不同的浇头、菜码和小泡菜，真可谓千姿百态、变化无穷。由于材料不同、技术各异、口味不一，各地面条风味各有不同。

7.4.1 担担面

四川担担面风行西南各地，是四川小吃的代表。担担面的创始人是自贡一位名

叫陈包包的小贩。"担担"就是挑担敲梆沿街叫卖的意思。鸦片战争时期，陈包包用一口铜锅隔两格，一格煮面，另一格炖鸡，走街串巷售卖此面，因此被人叫成"担担面"。担担面出名后，陈包包赚了不少银子，便开了个小面店，升格为小老板。他的面仍唤作"担担面"，并逐渐成为自贡的特色名食之一。后来担担面传入成都，又在素面的基础上加入肉汤、葱花

与芽菜，再加上猪肉臊子，以面条细薄，臊子酥香，面汤咸鲜微辣、香气扑鼻而脍炙人口。

担担面的制作方法：

①将面粉加鸡蛋、清水和成面团，擀成细韭菜叶宽的面条。将猪肉剁成绿豆大小的颗粒，在热油锅里煸炒，加盐，炒至肉呈金黄色。

②用芝麻酱、酱油、香醋、味精、蒜泥、葱花、花椒面、红油、辣椒面、芽菜末调成担担面佐料。

③将锅中的水烧开，把豌豆苗烫熟捞入装有佐料的碗中，待水再烧至滚开时，将面条下锅，煮熟后捞出放在豌豆苗上，往面条上舀上做好的肉臊即成。

7.4.2　热干面

武汉热干面与山西刀削面、两广伊府面、四川担担面、北方炸酱面并称为我国五大名面，是颇具武汉特色的面食。

据传民国时期，汉口长堤街有个名叫李包的食贩，在关帝庙一带靠卖凉粉和汤面为生。有一天，天气异常炎热，不少剩面未卖完，他怕面条发馊变质，便将剩面煮熟沥干，晾在案板上。一不小心，他碰倒了案板上的油壶，油泼在面条上。李包见状，无可奈何，只好将面条用油拌匀重新晾放。第二天早上，李包将拌油的熟面条放在沸水里稍烫，捞起沥干入碗，然后加上凉粉用的调料，弄得热气腾腾、香气四溢，顾客吃得津津有味。有人问他卖的是什么面，他脱口而出"热干面"。人们竞相购买品尝，还有人拜师学艺，"热干面"一时红遍江城。

制作热干面首先要备好碱水面条，然后将辣萝卜切成丁，用香油将芝麻酱慢慢调成挂糊状，再加入适量酱油、盐拌匀。将面条抖散，下沸水锅煮至八成熟时捞出沥干。再将面条平摊在一个较大的平盘内，淋上香油，用电风扇吹凉，防止面条粘连。吃之前，再将晾凉的面条在开水里快速烫一下，沥干水后装入碗内。最后将调好的芝麻酱料和萝卜丁倒在面条上，撒上香菜丁拌匀即可。

热干面色泽金黄，油润爽口，柔软中带点韧性，嚼起来津津有味。其作料齐全，特别是用香油调制的芝麻酱摊在金黄的面条上，配上红红的萝卜丁、碧绿的葱花，色泽诱人、香气扑鼻，让人胃口大开。

7.4.3　伊府面

伊府面为中国著名面食之一，出产于山西，盛行于闽、赣等地。两广的伊府面尤为著名，面中可加不同配料，炒制成不同风味的伊府面，如三鲜伊府面、鸡丝伊府面、虾仁伊府面、什锦伊府面等。

相传清朝年间,著名书法家伊秉绶在宁化家中宴客。家厨误将煮熟的鸡蛋面放入沸油锅中,只好将面捞起后佐以高汤上桌,不料宾客吃后赞不绝口。后来这种面食传开了,厨师们不断改进工艺,制成今天的伊府面。伊府面与方便面有相似之处,所以又被誉为方便面的鼻祖。

伊府面是一种油炸鸡蛋面,色泽金黄,面条爽滑,外焦里嫩,香而不腻。伊府面的制作方法是:先将鸡蛋磕入盆里,加盐搅匀,再倒入面粉,搅匀后加适量冷水和成面团,揉匀揉光。用面杖将面团擀成 3 mm 厚的薄片,折叠起来用刀切成 5 mm 宽的面条。然后将面条抓起,抖出面扑,投入开水锅内煮熟捞出,冷水过凉,热油炸成金黄色捞出,放在盘里。吃时将炸好的面条再放入开水锅里稍煮一下。在锅里放油加热,把煮好的面入锅煎黄,倒入盘里。最后将所配佐料下锅炒制后浇在面上即成。

7.4.4 云梦鱼面

云梦鱼面是用鲜鱼肉泥与上等白面精心配制而成。它味道鲜美,营养丰富,老幼咸宜,对孕产妇还有滋补、催奶的功效。这种面在中国湖北一带广为流传。

《云梦县志》记载:清朝道光年间,云梦城里有个许传发布行生意十分兴隆。来布行做生意的外地客商很多,布行就开办了一家客栈,专门接待外地客商。客栈特聘了一位技艺出众的黄厨师。

有一天,黄厨师在和面时,不小心碰翻了准备用来做氽鱼丸的鱼肉泥。鱼肉泥不好再用,弃之又可惜。黄厨师灵机一动,顺手把鱼肉和到面里,擀成面条煮熟上桌。客商吃了,个个赞不绝口,称赞此面味道鲜美。后来黄厨师如法炮制,称之为"鱼面"。鱼面反倒成了客栈的知名面点。

有一次,黄厨师做的面条太多,没煮完,他就把剩下的面晒干。客商要吃时,他再把干面条煮熟送上,不料面条的味道反而更加好。就这样,在厨师不断摸索和改进中,风味独特的"云梦鱼面"终于成为一方名点。

云梦鱼面皮薄如纸,面细如丝,营养丰富,易于消化吸收,被人们誉为"长寿面"。1915 年,云梦鱼面荣获"巴拿马国际商品大赛"银奖,驰名国际市场。

7.4.5 奶汤面

四川邛崃的奶汤面,汤色乳白,像奶汁一样。

制作奶汤面,要先把肉骨反复漂洗干净,放入沸水锅中炖片刻,再进行漂洗,然后将骨捶断,用小火熬炖,直到汤成乳白色。一般在前一天晚上就要将猪骨、鸡骨放进汤锅里,用微火熬煮,一直熬到清晨,汤色便如奶一样白,伴着微微热气,缕缕香气扑鼻而来。用这种奶汤煮面,加上鸡丝、酸菜、肉丝等臊子,让人胃口大开。如果用奶汤面配钵钵鸡,更是妙不可言,即使是在寒冷的冬天也会吃得周身发热,通体舒服。奶汤面的调味品主要是胡椒粉、味精和用菜油拌炒过的食盐。制作奶汤面时,以奶汤注碗中,放入煮好的细面条,吃时伴以酱油和切碎的鲜青辣椒。

"奶汤面"的特色是汤如奶汁，色白而浓却不腻。万能的奶汤可以调配出各种口味的面，如加鸡丝臊子的是"鸡丝奶汤面"，加三鲜臊子的是"三鲜奶汤面"等。

7.4.6　兰州牛肉拉面

兰州牛肉拉面是兰州著名的风味面食，享誉全国，是马保子于 1915 年始创的。

当年家境贫寒的马保子为生活所迫，在家里制成热锅牛肉面，肩挑着面沿街叫卖。马保子做事肯钻研，探究改变烹饪工艺，把煮过牛、羊肝的汤兑入牛肉面中，其香扑鼻，而且突出汤"清"的特色，生意越来越火。后来，他开了自己的面食店，推出免费的"进店一碗汤"的营销方式。客人一进门，伙计马上端上一碗香热明目的牛、羊肝汤请客人喝。这种温暖的服务模式深得人心。后来，子承父业，他的儿子马杰三不断改进牛肉拉面，马家牛肉拉面名震各方，被赠予"闻香下马，知味停车"的美誉。

兰州牛肉拉面制作的五大步骤中，无论是选料、和面、饧面还是溜条、抻面，都十分讲究。抻面是专业技术很强的工作，需要在师傅的指导下，经过很长时间的专门训练才可胜任。抻面动作具有表演性，技艺高超者手法娴熟、动作舒展，能在极短的时间内抻出细如发丝的龙须面，面能穿针、走火燃烧。观看抻面好像是欣赏杂技表演，常常令人拍案叫绝。抻出的面丝除了可做面条外，还可制作很多美味的点心，如盘丝金丝饼等。

7.4.7　上海阳春面

阳春面是上海的特色面食，有令上海人垂涎的味道。对于一个阔别上海多年的"老上海"，阳春面远胜过海参河鳗，因为它的汤汁蕴含上海的滋味，回沪后非要痛快地吃上一大碗阳春面，才有回家的感觉。

阳春面又称"光面"或"清汤面"，最早以清水打底，没有浇头，被人们认为是上不了台面的餐饭。以前这种光面每碗售价为十文，而民间习惯称农历十月为小阳春，上海市井隐语以十为阳春，故称这种面为"阳春面"。

上海阳春面讲究汤料，葱翠汤清，清清白白，一抹面条排列整齐，如出水芙蓉，透着一分清纯、一分矜持。如今阳春面大多配些浇头，高中低档不等，丰俭由人，食者可随心所欲。虽然花样翻新的浇头使得阳春面多味多香，但留在人们记忆深处的却还是那碗简朴清爽的"阳春面"。

阳春面的做法简单易学。首先准备两锅水，一锅水煮滚备用，另一锅为冷开水。在大碗中放入少许葱花、盐等，水烧开后，先舀两大瓢水至大碗中；再将面放入锅中煮熟，并用筷子将面拨散，待水一滚，转至中火。面熟后，迅速将面捞起，放入冷开水中浸泡约 1 min，再捞起沥干，即可入碗，稍微搅拌，再加入作料即可食用。

除了上面介绍的风味面条之外，还有北京风味的打卤面、河南风味的鱼焙面、广东风味的云吞面等，均为我国面食中的佼佼者。

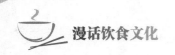

7.5　花样繁多的各地糕点

【学习目标】

1. 掌握花样繁多的中国各地糕点的制作方法并尝试创新，提高专业技能。

2. 讲述与糕点相关的趣闻传说，提高口语表达能力。

【导学参考】

1. 学习形式：召开故事会，通过搜集相关资料和图片来讲述内容，还可通过创办电子报、手抄报等多种形式展示介绍各地糕点。

2. 可选任务。

（1）制作花样繁多的各地糕点，并尝试创新。

（2）搜集与糕点相关的趣闻传说。

（3）搞一次成果展示会——"美不胜收面花香"，展示自己制作的糕点。

中国幅员辽阔，特产丰富，这就为糕点制作提供了丰富的原料，加上受各地气候、地理环境、特产、民俗习惯、人文特点等多方面因素的影响，在面点制品工艺上，大体形成了京式、苏式、广式、川式等地方风味流派。经过历代面点师的不断总结、实践和广泛交流，面点制作技术获得长足发展，面点师们创造出许多口味醇美、工艺精湛、色形俱佳的面点制品，各地因此出现了花样繁多、风格各异的糕点。

7.5.1　薄皮鲜虾饺

薄皮鲜虾饺，又称虾饺，以澄粉面团作皮，鲜虾肉、猪肉等调馅，包制而成。薄

皮鲜虾饺形状好似一把弯梳，所以人们又称其为"弯梳饺"。薄皮鲜虾饺贵在皮薄且晶莹透亮，饺内红红的虾馅隐约可见，饺子形态精致玲珑，美不胜收。

薄皮鲜虾饺是由广州一家毫无名气的河边茶楼首创。起初，饺子的用料和造型都较粗糙。但因它选用刚从河里捕捞的鲜虾做馅，鲜美异常，为早茶食客所钟爱。后来，这种饺子传入广州市各大茶楼、酒家，经名厨改制，成为精美点心，广为流传，经久不衰。

7.5.2 老婆饼

起源于广东潮州的老婆饼，外皮金黄诱人，层层油酥，一口咬下去碎屑满地，口口都能尝到蜜糖般的香甜滋味。

相传广州有一间创办于清朝末年的老字号茶楼，以各式点心及饼食闻名。一天，茶楼里一位来自潮州的点心师傅带了店里各式各样的招牌茶点回家给老婆吃。想不到老婆吃了之后，不但没称赞店里的点心好吃，还嫌弃地说：“茶楼的点心竟是如此平淡无奇，没一样比得上我娘家的点心冬瓜角。”这位师傅听了之后，心里自然不服气，便叫老婆做冬瓜角给他尝尝。老婆就用冬瓜蓉、糖、面粉，做出了焦黄别致的冬瓜角。这位潮州师傅一吃，味道果然清甜可口，不禁连连称赞。

第二天，这位潮州师傅就将冬瓜角带回茶楼请大家品尝，茶楼老板吃后赞不绝口，便问这是哪一间茶楼做的点心。茶楼的师傅们开玩笑说：“是潮州老婆做的。”老板就随口说这是“潮州老婆饼”，并且请这位潮州师傅将之改良后在茶楼售卖，结果大受好评。“老婆饼”因此得名，并流传至今。

制作方法：把熟面粉、白糖、肥肉粒、花生仁、芝麻仁、排叉、枸杞、果脯、猪油等一起拌成馅。用125 g猪油把250 g面粉擦成干油酥；用25 g猪油加水，将剩余的面粉揉成水油面团。把干油酥包入水油面团内，按扁后擀成长方形薄片。顺长卷起来，按每50 g两个揪成面剂，将剂按扁，包入无糖馅料，收严剂口呈馒头状，按扁后擀成直径约5 cm的圆饼，在饼表面刷上鸡蛋液，用牙签扎上小孔。将饼坯摆入烤盘内，放进炉里用慢火烤至饼鼓起、表面金黄即成。老婆饼表皮金黄、松酥香甜，营养价值很高。

7.5.3 大救驾

大救驾是安徽寿县的传统名点。饼呈圆形，色泽金黄，酥脆香甜，香气扑鼻。

相传大救驾的来历与宋朝开国皇帝赵匡胤有关。公元956年，赵匡胤率兵追随周世宗攻打南唐重镇寿州（今寿县）。南唐守军拼死抵抗，战斗异常激烈。赵匡胤历时9个多月才攻破南唐城池。因战事劳顿，一进城他就病倒了，一连数日，茶饭不进。

军中一位厨艺高明的厨师精心制作了一款带馅的圆形点心，送进赵匡胤府。这款点心色泽金黄，香气扑鼻，层层起酥，令人垂涎。赵匡胤不觉心动，咬了一口，只觉得酥脆甜香，十分可口。他胃口大开，一连吃了许多，顿觉体力恢复，不久便病愈康复。

后来，当上皇帝的赵匡胤念念不忘当年病中所吃的点心，心怀感激地对部下说：“那次鞍马之劳，战后之疾，多亏它从中救驾。”于是这款点心便被叫作“大救驾”。大救驾成为驰名淮河南北的美食。

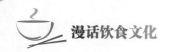
7.5.4　溪口千层饼

溪口千层饼是宁波奉化地区的传统特色点心。它原来不过是一款普通的地方糕饼。后来，一位富有创新精神的农民王毛龙，改进了饼的制作方法，用黄泥制成专用烤炉，调制出甜咸等几种复合味道，使千层饼口味独特，名冠溪口。

制作千层饼需要面粉、芋头粉、苔菜、芝麻、白糖、精盐、植物油等原材料。做法也不复杂，先把芋头粉和面粉和在一起，加入海藻后擀成薄片，再折起来用炭火烘烤而成。这种饼入口松脆、香甜。

千层饼用油不多，尤其不用动物油，符合现代人的营养理念。饼干酥不易腐坏，易于保存、便于携带，是上好的旅游食品。随着旅游业的发展，溪口的千层饼店越来越多。其中蒋盛泰老店制作的千层饼选料精细，并改良传统工艺，经13道工序制成，饼内可达27层，曾获地方风味制作大赛"最佳口味奖"。

7.5.5　十八街麻花

独步津门、蜚声海外的桂发祥"十八街麻花"是"津门三绝"之首。作为有着悠久历史的百年老店，桂发祥一直秉行传统制作工艺，制作津城第一品牌。桂发祥麻花用料考究，工艺求精，素以香、甜、酥、脆闻名，其入口油而不腻、甜中有香，被誉为"中华名小吃"。

桂发祥麻花的创始人范贵才、范贵林兄弟，曾在天津大沽南路的十八街各开了桂发祥和桂发成麻花店，因店铺坐落在十八街，人们习惯称其为"十八街麻花"。

十八街麻花经过反复探索创新，在白条和麻条中间夹一条含有桂花、闽姜、桃仁、瓜条等多种小料的酥馅，使炸出的麻花酥软香甜、与众不同，从而创造出什锦夹馅大麻花。这是馈赠亲友的佳品，来天津旅游的国内外宾客在临走时都要带上几盒十八街麻花，回去给亲朋好友品尝。

7.5.6　油条

油条，原来叫"油炸桧"。这种传统的早餐小吃中寄予了人们痛恨卖国奸佞的爱国情怀。

南宋高宗时期，秦桧以莫须有的罪名杀害了岳飞父子。南宋军民对此无不义愤填膺。当时在临安风波亭附近有两个卖早点的饮食摊贩。听到消息后，他们各自抓起面团，分别搓捏了形如秦桧和秦桧妻子王氏的两个面人，绞在一起放入油锅里炸，称之为"油炸桧"。一时，吃早点的群众心领神会地喊起来："吃油炸桧，吃油炸桧！"

为了发泄心中的愤恨，人们争相仿效。从此，各地熟食摊上就出现了油条这一食品。至今，有些地方仍有人把油条称为"油炸桧"。

传统油条制作中使用了明矾，长期食用这种油条对人体有害。现在人们改良了油条制作工艺，创制出用酵母和碱发面的健康油条。

1）原料

高粉 200 g，干酵母 4 g，细砂糖 15 g，牛奶 175 g，碱、水、盐等少许。

2）做法

①在牛奶中加入干酵母，拌匀；将面粉与糖混合均匀；在面粉中缓缓加入牛奶，边加边搅拌，拌匀后用手揉成面团。

②将面团盖上湿布，涨发至两倍大；将碱、水拌匀；用手沾碱水，沾一下揉打一下面团至完全和匀；重新盖上湿布，待面团二次涨发至两倍大。

③在操作台上刷上油；将面团在操作台上擀成宽约 5 cm 的长条，再切成长约 1 cm 的剂子；将两个剂子叠加，中间用筷子压一下。

④锅内热油，中火，油五成热时，将剂子扭转数下放入锅内，用筷子不停将其翻转，至油条呈金黄色，捞出沥油即成。

7.5.7 五丁包子

闲适的扬州人有吃早茶的习俗。早晨各大酒店、茶馆生意兴隆，茶客如云。在诸多淮扬早点中，最受人们欢迎的当数"五丁包子"。

相传，当年乾隆下江南到扬州时，指名要品尝扬州名点。太监还传达了皇上旨意——制作的点心要达到"滋养而不过补，美味而不过鲜，油香而不过腻，松脆而不过硬，细嫩而不过软"5 个要求。扬州名厨们挖空心思也想不出一款合适的点心。一位姓丁的厨师想出个妙招，他提出用海参、鸡肉、肥猪肉、冬笋、虾仁 5 种滋补、味美、油香、松脆、细嫩的食材做成包子馅，就会五味融合，而包子的各味用料少，也就同时达到了"五不过"的要求。乾隆皇帝品尝了这样做出的包子后，赞不绝口，竟然一连吃了好几个。回味之际，乾隆皇帝盛赞这包子真是达到了"补、鲜、香、脆、嫩皆俱而五不过"的境界。

由于出这个主意的厨师姓丁，加上包子的馅心又是由"参丁、鸡丁、肉丁、笋丁、虾丁"五丁制成，因此人们就把这包子称为"五丁包子"。

一经乾隆的御评，"五丁包子"即刻名遍大江南北。扬州的许多酒店纷纷亮出"五丁包子"的招牌，扬州城鲜香处处，食客如潮。

下面给大家介绍五丁包子的制作方法。

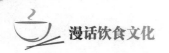
1）原料

精面粉、熟猪五花肉丁、熟鸡肉丁、冬笋丁、海参丁、虾仁、熟猪油、绵白糖、姜米、葱末、虾子、猪肉汤、精盐、酱油、湿淀粉、碱。

2）做法

锅入油，入姜、葱煸香。入猪肉丁、鸡肉丁、冬笋丁、海参丁、虾仁煸炒，入猪肉汤、虾子、盐、酱油、糖，烧入味，收稠汤汁，用湿淀粉勾芡制成馅，冷却后使用。将发酵面团揉匀，搓条，制成剂，拍成两边薄中间厚的皮子，包入五丁馅，甩捏成裙折纹，成鲫鱼嘴、荸荠鼓外形。将包子装入笼内，用旺火沸水蒸熟。

3）特点

扬州五丁包子的面皮白净光洁，制作精致，一个包子的褶皱不多不少恰好 30 道。咬上一口包子，鲜美得令人难以忘怀。

7.5.8 锅贴

锅贴是一种煎烙的馅类小食品，制作精巧，味道鲜美，多以猪肉馅为常品，馅中根据季节配以不同的新鲜蔬菜。锅贴底面呈深金黄色，面皮软韧、酥脆，馅味香美，是开封的大众风味小吃。

相传，当年慈禧太后非常喜欢吃饺子，但是饺子一旦凉了她就不肯吃，所以御膳房得不停地煮出热腾腾的饺子，还得把凉饺子扔掉。有一天，慈禧太后到御花园赏花，闻到宫墙外传来一阵香味，就好奇地走过去，结果看到有人在煎煮状似饺子、面皮金黄的食物。她尝了一口，觉得皮酥脆、馅多汁，相当美味。后来她才知道，这就是御膳房丢弃的饺子。

1941 年，福山人王树茂从山东来到大连谋生，他将胶东传统锅贴结合当地习俗加以改进，专门经营这一风味面食。开始时，他用手推车装上炉具、原料、碗筷、佐料，走街串巷，沿街叫卖。因锅贴制法独特，造型新颖，颜色黄白相间，入口焦嫩、鲜美诱人，很受欢迎，王树茂的生意越来越好。因为王树茂脸上长有浅白麻子，故称这个锅贴为"王麻子锅贴"。1942 年，王树茂购置门头房，并顺势挂起"王麻子锅贴"的牌匾，胶东锅贴终于在大连安家落户。

7.5.9 扁肉

扁肉也称"扁食"，是馄饨的原型。扁肉皮薄馅大，味道鲜美，深受人们喜爱。在风味不同的各地扁肉中，福建沙县的扁肉最好吃，早在 1997 年就获得了"中华名小吃"的称号。

沙县的扁肉是用福建著名特产"燕皮"包制而成的，故有"肉燕"之称。燕皮是将猪瘦肉用木棒捶成肉茸，放入上等甘薯粉制成的薄片。燕皮创于清末光绪年间，其特点是薄如纸张，颜色洁白，韧而有劲，久煮不烂。燕皮因柔软滑润、细腻爽口，富有风味而得名。

宋朝著名政治家、军事家李纲一度被贬到沙县负责税务，他很喜欢沙县的扁肉，曾用他的生花妙笔写诗称赞道："混沌乾坤一包中，常存正气唱大风。七峰叠翠足娱晚，十里平流任西东。"

7.5.10　龙须糕

龙须糕是郑州一道历史悠久的小吃，因糕点表面呈须状，故名"龙须糕"。龙须糕是以米、面粉、糖、油作为主料，并佐以姜、盐、虾、肉、蛋松等混合制成，具有色泽美观、甜咸适口、风味独特等特点。

说到龙须糕，人们自然就会想到哪吒闹海的神话故事。

传说托塔天王李靖在陈塘关当总兵时，夫人怀孕 3 年半才生下一个肉蛋。李靖认为这是不祥之物，将其一剑劈开，却蹦出一个俊俏的男孩，这就是哪吒。

哪吒自幼喜欢练习武功。有一天，他同小朋友在海边嬉戏，正好碰上东海龙王三太子出来肆虐百姓。小哪吒见状义愤填膺，挺身而出打死三太子，还抽了它的筋。东海龙王得知后勃然大怒，降罪于哪吒的父亲。它随即兴风作浪，口吐洪水，决意要淹没陈塘关。

小哪吒好汉做事好汉当，决不愿牵连父母。于是自己剖腹、剔肠、剜骨肉还于双亲，借着荷叶莲花之气脱胎换骨，变成莲花化身的哪吒。后来他大闹东海，把龙宫砸了个稀烂。哪吒骑在老龙王背上，剥了它的皮，抽了它的筋，最后把龙须也割下来交给厨师做成食品，分给天下百姓吃。这一食品就是流传至今的河南传统名点"龙须糕"。

一、知识问答

1. 我国的面食之乡在＿＿＿＿＿＿＿＿＿＿，那里被称为"＿＿＿＿＿＿＿＿＿＿＿＿＿"。

2. 山西面食的特点是＿＿＿＿＿＿＿、＿＿＿＿＿＿＿、＿＿＿＿＿＿＿，并有＿＿＿＿＿＿、＿＿＿＿＿＿＿、＿＿＿＿＿＿＿三大讲究。

3. 意大利通心粉是在什么背景下产生的？＿＿＿＿＿＿＿＿＿＿＿＿＿＿＿＿＿。

4. 在古代被称为"国食"的是哪种食品？＿＿＿＿＿＿＿＿＿＿。

5. 古代面食有哪些称谓？＿＿＿＿＿＿＿、＿＿＿＿＿＿＿、＿＿＿＿＿＿＿、＿＿＿＿＿＿＿、＿＿＿＿＿＿＿。

6. 古代面食的总称是＿＿＿＿＿＿＿。

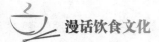

7. "点心"在古代是指_____。

8. "冷淘"是_____代食品，它现在的名称是_____。

9. 在戏曲《西厢记》中，崔莺莺送张生_____饼来表达自己的情意，这种饼又被称为_____。

二、思考练习

1. 为什么说陕西面食堪称"千城千面"？

2. 从本章中，你了解了哪些特色风味面食？选择几款面食，课后学习制作方法。

3. 以小组为单位，讨论研制几款广州茶点。

4. 每周收集整理 1～2 款各地的名点。

三、实践活动

1. 以班级为单位开展一次"传统花式点心大展演"竞赛活动，既可从本章中选出一款自己喜欢的糕点，也可根据自己所学的知识创新。

要求：

①厨艺水平高。②自拟作品名字。③讲述有关创作或作品的故事。

2. 课后学做几款面食，请家人品尝。

第**8**章
诗情画意的餐饮美学

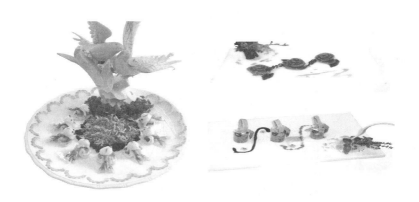

　　人们常用"色香味俱全"来赞美一道佳肴美食，这固然不错，但还远远不够。中国人太讲究吃了，所以对菜肴不仅要观色、闻香、食味，还要求有美形、美器、美名，讲究卫生、营养、质感好，要有良辰美景、可人韵事和趣序作配——真是追求完美到了极致。

　　可是，怎样才能达到这样至美的境界呢? 本章我们将一起去探索美，在锅碗瓢盆的交响曲中获取厨艺美的方法，学习怎样搭配色彩、怎样获取香气、怎样调制美味、怎样塑造美形、怎样配置美器、怎样设计锦上添花的盘饰……以文明的服务为顾客创造美好、喜庆、祥和的用餐环境，这是一个司厨者一生终极的职业追求。

　　"路漫漫其修远兮，吾将上下而求索。"我们将在充满诗情画意的餐饮美学世界里孜孜不倦地求索至味真谛。

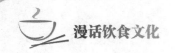

8.1 精、美、情、礼的审美原则

【学习目标】

1. 理解中华饮食"精、美、情、礼"的审美原则。

2. 能运用"精、美、情、礼"的饮食审美原则评析菜点，提高烹饪艺术修养和审美情趣。

【导学参考】

1. 学习形式：小组自主学习研讨，汇报学习成果。

2. 可选任务。

（1）课前查阅关于饮食审美原则的其他不同观点。

（2）小组创新一桌宴席，诠释你对"精、美、情、礼"饮食审美原则的理解。

（3）比较不同的审美原则，结合学习实践，谈谈你的审美观点。

美，是一个千古生辉的字眼；美，激荡着千万人的心弦。在这色彩斑斓的大千世界里，到处都存在着美。人们在生活中都喜爱和欣赏美的东西，并不断地发现和创造美。我们学习和掌握美学的基本知识，是十分必要的。

随着社会的发展，人类物质文明与精神文明水平不断提高，代表着现代文明观念的餐饮服务业对人们的消费方式乃至生活方式产生着重要的影响，甚至起着某种文化的、审美的导向作用。一方面，顾客在餐饮中得到物质生活享受的同时，对精神和文化生活享受提出了更高的要求，许多顾客甚至把精神文化方面的享受看得比物质生活方面的享受更为重要。另一方面，餐饮业的现代化管理方式、工作人员的气质风度及礼貌规范的语言所表现出来的观念美、形象美、语言美，餐饮总体设计中体现出的环境美和建筑美，灯光、音响等设施、设备所反映的视觉听觉美，以及人文景观中的假山、秀水、花木、楼台亭阁等体现出的自然之美，无一不给顾客以美的熏陶、美的享受。可见，在餐饮消费与餐饮服务中不仅存在着美的创造与美的欣赏问题，而且随着人类两个文明建设的推进，人们逐渐显示出对餐饮美学研究的迫切需求。

精、美、情、礼，分别从不同的角度概括了中华饮食文化的基本内涵，换言之，这四个方面有机地构成了中华饮食文化这个整体概念。精与美侧重于饮食的形象和品质，情与礼则侧重于饮食的心态、习俗和社会功能。它们不是孤立存在的，而是相互依存、互为因果的。唯有"精"，才能有完整的"美"；唯有"美"，才能激发"情"；唯有"情"，才能有顺应时代风尚的"礼"。四者环环相生，完美统一，形成了中华饮食文化的最高境界。我们只有准确把握"精、美、情、礼"的审美原则，才能深刻地理解中华饮食文化，更好地继承和弘扬中华饮食文化。

现实的饮食活动涉及食品从生产到消费过程中的经济、管理、技术、艺术、观念、习俗、礼仪等各个环节。在这个过程中，美食作为一种功利性的审美产品，不仅是审美的精神创造物，而且是物质的饮食消费品。因此，餐饮美学是以美学原理为指导，将美学与烹饪学、服务学、心理学、社会学、管理学以及艺术理论具体结合和有机统一，专门研究饮食活动领域的美及其审美规律的新兴的交叉学科。其具体审美规律涵盖两大方面：食品审美过程中客体的形态美、主体的美感过程及在其基础上形成的范畴美；在食品制作过程中饮食美创造者的审美化，全方位满足人们在饮食创造方面的生理需求和心理需求，直接体现美学效应。

在中国古代，谈到饮食必不可少地要提到"精""美""情""礼"，这些反映了中国饮食活动中的食品品质、审美体验、情感活动和社会功能等所包含的独特的文化底蕴，也反映了饮食文化与中华优秀传统文化、中国人的审美意识的联系。

精，是中国饮食的综述，是对中华饮食文化的内在品质的概括。孔子曰："食不厌精，脍不厌细。"这体现了人们对饮食中的菜式、造型、做工、餐具及选材的精细要求，反映了先民对饮食的精品意识。当然，这可能局限于某些贵族阶层，但这种精品意识作为一种文化精神，越来越广泛、越来越深入地渗透、贯彻饮食活动的整个过程。选料、烹调、配伍乃至饮食环境，都体现出一个"精"字。

美，体现了饮食文化的审美特征和中国人的审美情趣。中华饮食之所以能够征服世界，其重要原因之一就是它的美。这种美，是指中国饮食活动的形式与内容的完美统一，能给人们带来精神享受。因此，美作为饮食文化的一个基本内涵，是中华饮食的魅力所在。美贯穿饮食活动过程中的每一个环节，深深影响了中国人的审美意识。首先，中餐具有味道美。孙中山先生讲"辨味不精，则烹调之术不妙"，将对"味"的审美视作烹调的第一要义。其次，中餐之美除表现在味道上，还表现在形式上、颜色上、器具上，甚至在服务人员的服饰上都透着美，让人时时刻刻感觉到美的冲击、享受美。

情，这是对中华饮食文化的社会心理功能的概括。有了情，中国的饮食活动不再只是解渴充饥，它实际上已成为人与人之间情感交流的媒介，是一种别开生面的社交活动。人们可以一边吃饭，一边做生意、交流信息等。朋友离合、送往迎来，人们都习惯于在饭桌上表达惜别或欢迎的心情。感情上有风波，人们也往往借酒菜平息。这是饮食活动在社会心理方面的调节功能。过去在茶馆，大家坐下来喝茶、听书、摆家长里短的龙门阵或者发泄对朝廷的不满，实际上是一种极好的心理按摩。中华饮食之所以具有"抒情"功能，是因为"饮德食和，万邦同乐"的哲学思想和由此出现的具有民族特点的饮食方式的影响。对于饮食活动中的情感文化，有个引导方向和提升品位的问题。我们要提倡健康优美、奋发向上的文化情调，追求一种高尚的情操。

礼，是指饮食活动的礼仪性。任何一个民族都有具有自身特点的饮食礼俗，其发

展的程度也各不相同。中国号称"礼仪之邦",讲礼仪、循礼法、崇礼教、重礼信、守礼义是中国人的尚礼传统。中国人的饮食礼仪是比较发达、完备的,而且有从上到下一以贯通的特点。这与我们的传统文化有很大关系。生老病死、送往迎来、祭神敬祖都是礼。中国古代宴客有很复杂的礼仪,有很独特而深刻的文化内涵。《礼记·礼运》中说:"夫礼之初,始诸饮食。""三礼"中都曾提到祭祀中的酒和食物。礼指一种秩序和规范。坐席的方向、箸匙的排列、上菜的次序……都体现着"礼"。我们谈"礼",不要简单地将它看作一种礼仪,而应该将它理解成一种内在的伦理精神。这种"礼"的精神,贯穿在饮食活动过程中,构成中国饮食文明的逻辑起点。

中国文化博大精深,中国人的饮食审美意识直接来源于饮食实践,中国古代饮食和中国审美情趣在中华民族有文字可考的饮食文明史上,经历了不断深化和完善的漫长的历史过程,最终发展成独立、系统和严密的饮食审美风格。它说明了在遥远的古代,我们的先人,尤其是那些杰出的美食家和饮食理论家一向非常注重从艺术、思想和哲学的高度来审视、理解与追求"吃"这一生理活动。饮食文化作为精神的一面,始终与物质和生理因素的另一面紧密结合并渗透融合,逐渐形成民族饮食文化特征和作为民族历史文化重要组成的系统的审美思想,深深地影响着我们的生活方式和审美情趣。

8.2 诗情画意的饮食审美

【学习目标】

1. 掌握食品审美九要素，提高对食品的审美鉴赏能力。

2. 掌握饮食意蕴美的内涵，培养饮食活动的审美情趣。

【导学参考】

1. 学习形式：可以通过小组讨论、合作探究，召开主题班会，举办故事会、演讲比赛、知识抢答、图片展示会，创办电子报、手抄报等多种形式，阐述观点、解决问题，完成任务。

2. 可选任务。

（1）从美食体验的角度说一说不同颜色对于味觉的影响。

（2）从菜肴香气来源的角度谈一谈保留原料本身香味的重要性。

（3）以菜肴为例，说出菜肴调味的方法有哪些。

（4）运用所学到的菜肴的造型原则和方法给菜肴造型，比一比谁的菜肴造型最棒。

（5）为自己的美食搭配和谐、美观的美器。

（6）从菜肴质感的角度谈一谈如何才能烹调出富有质感的菜肴。

（7）说一说你所知道的锁住菜肴营养的烹饪妙方有哪些，并在实践中加以运用。

（8）运用菜肴命名原则和方法，给菜肴起名字。

3. 创意话题：从"良辰美景，可人韵事"的角度谈谈你对餐饮活动的意境美的理解。

经过漫长的历史长河，中华饮食生活和饮食文化不断丰富、不断进步，中国饮食审美思想也逐渐趋向丰富深入和系统完善。"色""香""味""形""器""质""养""名""卫"等审美原则的形成就是这种趋势的历史标志和发展结果。它是美食理论家们对饮食文化、生活美感的理解与追求的具体体现，是人们对美食从物质享受到精神追求的美学体验，展现了美食活动的总体风尚。

8.2.1 食品美——美食

1）色

真正的美味佳肴是又好吃又好看的。好看，是指菜肴的色彩、造型，这是菜肴的脸面；好吃，是指菜肴的味道，这是菜肴的灵魂。赏心悦目的色彩、别致优美的造型，

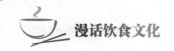

能唤起人们的食欲，给予人们视觉享受，也能活跃宴席的气氛，给人美感和愉悦感。

人们常用色、香、味、形、器、质等来作为菜肴的评价指标。其中，"色"常常排在第一。菜肴的色之美，往往给予人们欣赏、品尝菜肴的第一感觉。美好的色彩能给人以强烈的印象，能诱发人们的食欲，促进人的机体对菜肴的营养等的吸收。"色"在美食的诸元素中占据首位，可见菜肴的色彩搭配在烹调中的重要作用。

①首先，我们从美食体验的角度来看一看不同颜色对味觉的影响。

菜肴之美，美在色彩的配合运用，不同色彩能给人不同的心理感觉。

红色象征热烈、快乐、欢悦，是喜庆的颜色。它给人热情、活泼、热闹、温暖、幸福、吉祥、营养丰富的感觉，很容易让人产生兴奋激动的心情，引起人的食欲。在自然界中，不少芳香艳丽的鲜花、丰硕甜美的果实以及新鲜美味的肉类食品，都呈现出动人的红色。有时，适量的红色能起重要的"点睛"作用。如苏州松岳楼的名菜松鼠鳜鱼，其诱人的金红色令人未动箸便感受到阵阵浓香，成为该店百年不衰的看家菜，名扬海内外。

黄色是一种美丽、鲜亮的色彩，给人丰硕、甜美、香酥之感，是一种令人感到愉快、温暖的颜色，能增加人的喜悦和欢乐，增进人的食欲。特别是明亮的金黄色象征光明，能有效诱发食欲，在食品中应用广泛。不少食品都是黄色或金黄色的，如各种饼类，烘烤或油炸后都呈天然的金黄色。烤乳猪是广东名菜，其最显著的特点就是使人一见其金黄色的外表便食欲倍增，所以古人赞曰："色同琥珀，又类真金；入口则消，状若凌雪，含浆膏润，特异凡常也。"其色之美，其味之香，堪称中国菜之杰作。

白色是纯洁、光明的象征色，与各种颜色搭配都能产生好的效果。它给人明亮、洁净、畅快、朴素、雅致、清淡、软嫩、清爽的感觉。糖、盐以及许多动植物原料成熟后都是白色。引起人食欲的菜色中不能没有白色，因为它使菜肴看上去清洁鲜嫩、清新爽口，深受广大消费者欢迎。如溜三白，这"三白"指的是白色系的鸡片、鱼片、笋片，颜色近似，均鲜亮明洁，让人赏心悦目。

绿色象征生命、青春、温柔、清新，是喻义春天、和平的颜色，它是大自然中许多植物的生命本色，能给人成熟、明媚、安详、鲜嫩、恬静、温和的感觉。绿色与白色、黑色相配，显得幽雅、文静；与浅黄色、奶油色相配，显得淡雅、秀丽。菜肴中用绿色做盘饰会格外醒目，给人一种生机勃勃、淡雅清新之感。如芙蓉鱼片，取红绿青椒配以白色鱼肉，非常醒目。在烹制绿色的菜肴时，注意保持绿叶的色泽尤为重要，要尽可能保持原料的天然的绿色。

蓝色象征和平、朴素、宁静、沉思、智慧，在人们通常的印象中是不易引起食欲的颜色，但在菜肴制作中如果运用得当，同样可以使人感到宁静、凉爽、大方，产生食欲。如白底蓝花腰盆，蓝白两色合理搭配，显得生机勃勃，和谐至极。在吃了冷菜、热炒菜和饮酒以后，再端上这样一盆用白底蓝花腰盆装的青灰嫩白的醋椒鱼，会让人有清爽、宁静之感，胃口大开。

紫色本属于忧郁色，却又会给人以高贵、幽雅、神秘的感觉。明亮的紫色好像天上的霞光、原野上的鲜花、情人的眼睛，动人心魄，使人感到愉悦美好，产生无限遐想，因此常用来象征男女间的爱情。餐桌上如果紫色运用得当，也会给人淡雅含蓄、清新脱俗之感。如一盘香脆可口的紫甘蓝，定会令饱食肥腻的你顿感爽口、清新。

黑色象征深沉、严肃、庄重、高雅，具有很好的衬托作用，虽不赏心悦目，却能给人浓味干香的感觉。黑色如果运用得当，与其他色彩组合时可以充分显示其他颜色的光感与色感，与红色、白色、绿色等相配效果甚佳。如木耳炒山药，黑白组合，光感强，显得朴素、分明。黑色还能在一盘色彩繁杂的菜肴中成为绝对的主色调，使各种颜色相得益彰，使菜肴赏心悦目。

褐色是红茶、咖啡、巧克力等的本色，能带给人芳香、浓郁的感觉。在菜肴中，褐色一般是起加重味感的作用，是一种沉稳的颜色。干烧、煎炸、熏烤类的菜肴大都呈褐色，如香酥鸭、熏鱼、烤鸭、干烧鱼等。

菜肴色彩的搭配与选用，是烹饪高手的基本功之一。色彩不仅反映菜肴的质量，同时与菜肴的艺术性和人的食欲有着内在联系。为了使食者的审美感受得到满足，烹制菜肴时就要在色彩的合理组合上、辅料色彩衬托点缀主料的关系上付出一定的心血，使菜肴色彩协调，达到"淡妆浓抹总相宜"的效果。

②通常采用的菜肴配色方法。

菜肴色彩是由固有色、光源色、环境色共同作用呈现的效果。在色彩搭配上要根据原料的固有色彩，综合采用顺色搭配法、异色搭配法和针对一席菜品的花色搭配法，使菜肴颜色多样、和谐悦目，诱人食欲。

A. 顺色法。所谓"顺色"，即主料、辅料都用一种颜色。如"奶油冬瓜"，奶油、冬瓜均呈白色，有时加少许洁白的玉兰片作辅料，汤呈乳白色，整体颜色素雅宜人。

B. 花色法。又称"间色法"，即以一种主料为主色，辅料为配色起点缀、衬托作用，主色配色和谐美观、赏心悦目。如大家熟悉的"番茄炒鸡蛋"是红黄相配，色味俱佳。又如李渔在《闲情偶寄》中谈到的他发明的"四美羹"，此羹用陆之蕈、水之莼、蟹之黄、鱼之肋配成，不仅味道鲜美，而且视觉上紫、绿、黄、白相配，极其养眼。再如"云腿夹饵块"，红白相间，色彩鲜明亮丽；绿色围边，与红、白两色相映成趣。

C. 润色法。又称浸润法。它是利用调味品的特性，给菜肴上色，使菜肴色彩变得更为明亮或强烈的方法。如利用糖可制成朱红或金黄的红烧猪肉、冰糖肘子、拔丝山药等色香味俱佳的美味，利用酱油可制成棕红色的酱焖鸡。又如广东名菜片皮乳猪、脆皮鸡，在制作过程中，都要在猪皮和鸡皮表面刷上或淋上糖浆，晾干后再烤或炸，使其表面颜色鲜红，令人垂涎。

D. 烹调法。在烹调过程中，运用腌、熏、烤、炸等方法，为菜肴上色。如用腌的方法使"香酥鸡"肉质红亮；用熏的方法使"香熏鱼"呈棕黄色；用烤的方法使"北京烤鸭"色黄、皮香酥，成为驰名中外的美味；用煎炸的方法使"锅塌豆腐"色泽金黄。

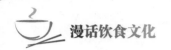

E.本色法。即在烹调中保持原料的原有色彩。鲜红的肉类、嫩绿的蔬菜、黑色的木耳、雪白的山药、紫色的甘蓝，奏响菜肴色彩搭配的和谐乐章。司厨者可以保持原有的色泽、质感。小葱拌豆腐，一青二白，令人赏心悦目，包含的就是这个原理。

此外，还有缀色法、加色法等配色方法。

总之，用不同的色彩组成赏心悦目的食品是一门艺术。在实际操作中，可遵循以下几种原则：一是尽可能地采用原料的本色——自然色，它能给人们健康、清洁、安全的感觉，这也与当今社会提倡"绿色食品"的思想基本一致。二是不同色泽的原料搭配要和谐、美观、生动，符合人们的审美观念，给人以赏心悦目的美的享受，使人享用美味之后有意犹未尽的感觉。

③菜肴色彩搭配的艺术效果。

A.鲜明与和谐。鲜明是指在菜肴的配色上运用对比的方法，形成色彩上的反差，也就是所谓的"逆色"。口诀是"青不配青，红不配红"。在嫩白的鱼丝中缀上大红的辣椒丝或者黑色的木耳，在红色的樱桃肉四周围上碧绿的豆苗，都是为了使菜肴的色彩更加鲜明生动。民间的"豆腐花"虽然是十分简单的小吃，但在色彩的运用上特别好，雪白的豆花中加上翠绿的葱末、红色的辣椒、黄色的虾皮、紫色的紫菜和褐色的酱油等，不仅口味丰富，而且五色鲜明悦目，给人美的享受。

和谐是指菜肴的色彩和谐统一，也就是配菜时运用"顺色"，将相近颜色的原、辅料配在一起，以达到菜肴整体色彩上的协调雅致。例如，"松子鱼米"中的松子和鱼米，"银芽鸡丝"中的绿豆芽和鸡丝，"炒两冬"中的冬笋和开洋，"蜜汁火方"中的蜜枣和火腿等。"顺色"的菜肴在色彩上不张扬、不浮华，给人含蓄、沉稳、和谐的感觉。

B.主色和附色。主色是指菜肴色彩中的基本色。画家钱松岩说："五彩彰施，必有主色，以一色为主，而它色附之。"在烹饪中，一般以主料的颜色为基调，再以辅料的颜色作为点缀、衬托。主料的色就是主色，辅料的色就是附色。附色不能喧宾夺主，应以衬托主色为目的。如"青椒鸡片"中的青椒，"鸡火菜心"中的鸡丝和火腿丝等，量不能过多，否则就掩盖了主色，体现不出菜肴的基调。

C.单色和跳色。有些菜肴利用原料或作料的颜色，不配其他颜色，呈现单一的颜色，如大红、翠绿、橘黄、乳白等。这些单一的颜色一方面能给人简洁大方的感觉，另一方面能以较大、较有分量的色块造成一种跳跃的色彩效果，给人较强烈、明快的感觉。

在追求单色和跳色的视觉效果时，要注意菜肴之间色彩的交叉和配合，尽可能地将不同色彩的菜肴交替上席，避免色彩上的单调和沉闷，只有这样，才能充分体现色彩"跳"的效果，使人感到宴席丰富多彩。

我们追求菜肴色彩的丰富，但菜肴不是花花绿绿就诱人，如果色彩失调、杂乱无章，会令人的食欲大打折扣。我们应根据菜肴色彩搭配的常规技巧以及菜肴的特点，使配色的结果生动、和谐、美观。

2）香

"芳香馥郁""清香四溢""香气扑鼻""香气袭人""香喷喷""口齿留香""十里飘香"是人们常用来形容菜肴香气的词语，从这些极尽赞美的词语中，我们可以看出香气在人的记忆里弥久不散，最能够动人情怀，令人经久不忘、回味悠长。

"闻香下马"的故事就是对菜未至先闻其香，有先声夺人的审美功效的最好诠释。西安有个"辇止坡"很有名，其得名与"香"有关。1900年，慈禧太后携光绪皇帝逃到西安。一天，慈禧闻得一股扑鼻香气，诱人食欲。慈禧立马命令停车，派人打探，得知此处有一姓童的人家开的专卖腊汁羊肉的小店，香气就是从那里传来的。西安的腊汁肉不是一般外地人所知的那种干肉，而是卤肉的一种，制法独特，香味也很独特，其他地方见不到，吃遍天下美食的慈禧当然对其很敏感。品尝之后，她大加赞赏。后来兵部尚书赵福桥之师邢延维书"辇止坡"三字制成匾额悬挂于店门之上，从此"辇止坡"蜚声中外。

菜肴的香气主要来自3个方面。

①原料本身的香。加热可以使相当一部分的原料产生使人愉快的香气。生的肉类原料都有不同程度的腥膻气，经过烹调，这些不良气味就会消失，出现令人垂涎的香气。植物性原料的香气同样可以经过烹调而呈现出来。不过蔬菜的香气在加热中极易挥发，因此在烹调蔬菜时要适当减少加热时间，以保持蔬菜的清香。还有一部分蔬菜具有特殊的香气，如香菜、旱芹、洋葱等，在烹调中可以利用这一特点将其作为辅料或调料使用，使菜肴出现相应的芳香。

原料自身的芳香在烹饪中是十分重要的。这种芳香与原料的本味一样，是美味的重要来源，因此也是我们在烹饪过程中要尽力予以发掘和提取的。如果原料缺少了自身的香气而只是依赖调味品的香气，烹制出来的菜肴就欠缺了特有的滋味，这在烹饪上是一定要避免的。

②调味品的香。调味品的作用是增味和增香。一般的调味品在增添菜肴滋味的同时给菜肴加入了不同的香气，如酱油、醋、黄酒、豆瓣酱等。而有些调味品的使用目的主要是增加香气，如新鲜的葱、姜、蒜、香菜等，植物的果、皮、花等，还有加工后的咖喱等混合香辛料。有些香料具有极强的呈味性，并伴有不同程度的苦味和辛辣味，因此使用的量要适当控制，不宜过多。

③因烹饪方法产生的香。运用不同的烹饪方法，菜肴在成品后会呈现不同的香气。原料在温度、火候、调味品以及烹饪技艺的综合作用下，会散发出扑鼻的诱人香气。同一种原料，采用煮、煎、炸、炒、炖、焖、蒸、熏等不同的烹饪方法，呈现的是各种各样的芳香。

香气在烹饪中的重要作用使司厨者对菜肴增香技术孜孜以求，研制出许多增香妙招。

第一招：借香。原料本身无味，要烹制出香味，只有借助其他原料和调料。如烹制干货如海参时，可用具有挥发性的辛香调料来炝锅或把辛香调料与原料一同放在锅中加热，从而达到增香的目的。许多颇有经验的厨师们就是这样使菜肴香味浓郁的。

第二招：拼香。一种原料香味单一略显不足，将两种原料和调味拼在一起烹制，使菜肴散发出更加丰富的复合型香味，这种增香方法称为"拼香"。用这种方法可达到菜肴荤素搭配、营养互补，气味交融、芬芳四溢的目的。

第三招：缀香。有些原料虽有香气但香气不够浓郁或略有欠缺，厨师在烹饪过程中通过加入一些适当的原料或调料来补缀，这种增香方法称为"缀香"。比如，在菜肴中滴点香油，加些香菜、葱花、姜末、胡椒粉，撒些椒盐，泼些辣椒油等，调味增香。

第四招：熏香。有些菜肴需要浓烈的香味来覆盖其表，以特殊的风味引起食者的食欲，这就需要运用不同的加热手段和熏料来制作。这一烹制技法叫作"熏香"。常用的熏料有锯末（红松）、白糖、茶叶、大米、松柏枝、香樟树叶等。熏料在加热时，产生大量的烟气，这些烟气含有不同的挥发基质，散发出不同的香味，它们不仅能为食品增添独特的风味，而且具有抑菌、抗氧化的作用，能延长食品保质期。熏肉、熏鸡、熏鸭、熏鱼、熏豆干等食品在制作中都采用了熏香的烹饪技法。

此外，增香的技法还有提香、扬香、扶香、正香等。

3）味

"味"堪称菜肴的灵魂，是菜肴的核心。没有了灵魂便失去了色彩，菜肴之美仅有美好的色彩是远远不够的。"民以食为天，食以味为先"，菜肴必须要有美好的"味"。色彩之美是外在的，作用于人们的视觉；"味"之美才是更内在、更重要的东西，人们要真正领略中国烹饪技艺之精华，更重要的是通过"味"之美去感受它、享用它。中国菜肴味型丰富，讲究一菜一格，百菜百味，故而蜚声世界烹坛。

（1）菜肴"味"的种类

菜肴的"味"包括基本味和复合味。

①基本味。即原味，任何复杂的味道均由基本味变化而来。基本味包括咸、甜、酸、辣、香、苦。

A.咸味。咸味是调味中的主味之一，一般菜肴要先有咸味，再配合其他味道。咸味在菜肴味道的调制中起着至关重要的作用，古人有"盐调百味"的说法。咸味调味品有盐、酱油、黄酱等。

B.甜味。甜味是调味中的主味之一，有去腥解腻的作用，还可增加菜肴的鲜味。甜味的调味品有糖（绵白糖、砂糖、冰糖）、蜂蜜、果酱等。

C.酸味。酸味在去腥方面的作用最强，故在烹调鱼类等水产品原料时必不可少。酸味的调味品有醋类（红醋、白醋、熏醋等）、番茄酱、番茄汁等。

D.辣味。辣味是基本味中刺激性最强的一种，能强烈刺激食欲和帮助消化。辣味的调味品有鲜辣椒、干辣椒、辣椒粉、辣椒酱、生姜、姜粉等。

E.香味。香味除能冲淡腥膻味之外，还能增加食物的芳香气味，刺激食欲。香味的种类很多，除原料本身受热可散发各种芳香气味外，一些调味品如酒、葱、蒜、香菜、芝麻、桂皮、大料、茴香、花椒、酒糟、五香粉等也有特殊的香味。

F.苦味。烹调菜肴时加一些苦味的调味品，会产生特殊的香鲜滋味。苦味调味品有杏仁、柚子皮、陈皮、槟榔等。

②复合味。复合味由两种或两种以上的基本味混合而成。烹调中常用的有以下味型。

A.咸鲜味型。咸鲜味型是菜肴中最基本的复合味，由鲜味和咸味组成，其特点是咸鲜清香。在调制时，要注意咸味适度，突出鲜味。咸鲜味型的应用范围最广，几乎各式地方菜的各种菜肴中都有这种味型。代表菜肴有"鲜熘鸡片""火爆双脆"等。

B.咸香味型。咸香味型由咸、鲜和香味混合而成。调制时，应以香味为主，辅以咸、鲜味。代表菜肴有酱牛肉、烧羊肉等。

C.咸甜味型。咸甜味型由咸、鲜、甜和香味混合而成。咸甜味型多用于热菜，其特点是咸甜并重，兼有鲜香。主要以盐、白糖、料酒调制而成，根据不同菜肴的风味要求，也可酌加姜、葱、花椒、冰糖、五香粉、鸡油等。调制时，咸、甜二味可有所侧重，或咸略重于甜，或甜略重于咸。代表菜肴有叉烧肉、酱爆肉丁等。

D.椒盐味型。椒盐味型以盐、花椒、味精调制而成，多用于热菜，其特点是香麻而咸。调制时，先将花椒的梗、籽去掉，再放入锅中炒至焦黄色倒出，冷却后剁成细末；另将盐投入锅中炒至盐内水分完全蒸发，能够粒粒分开时取出；花椒末与盐按 1:4 的比例配制。椒盐应现制现用，不宜久放。代表菜肴有"椒盐茄饼""椒盐排骨"等。

E.五香味型。五香味型的主要特点是浓香馥郁，口味咸鲜，广泛用于冷菜，热菜也可用。调制时，用香料加盐、料酒、姜、葱等腌制食物后进行烹制，或加水制成卤水卤制食物。所用香料通常有八角、丁香、茴香、甘草、豆蔻、肉桂、草果、三奈、花椒等二三十种，可根据菜肴的制作需要酌情选用。

F.酱香味型。酱香味型多用于热菜，以甜酱、盐、酱油、味精调制而成，可酌加白糖、胡椒面及葱、姜，有时可加辣椒。其特点是酱香浓郁，咸鲜带甜。代表菜肴有"酱爆肉"等。

G.酸甜味型。酸甜味型也称糖醋味型，由咸、酸、甜和香味混合而成。其特点是酸甜味浓、回味咸鲜，广泛用于冷、热菜式。以糖、醋为主要调料，佐以盐、酱油、姜、葱、蒜等调制而成。调制时，需以适量的咸味为基础，重用糖、醋，以突出酸甜味。代表菜肴有糖醋鱼、番茄鱼片、咕咾肉、糖醋排骨等。

H.酸辣味型。酸辣味型多用于热菜。其特点是醇酸微辣，咸鲜味浓。调味品的选用需根据不同的菜肴而定，一般以盐、醋、胡椒粉、味精、料酒为主。调制时，要掌握以咸味为基础，酸味为主体，辣味相辅的原则。代表菜肴有酸辣海参汤、酸辣鱼块、酸辣笋衣等。

I.麻辣味型。麻辣味型因含有花椒的麻味、辣椒的辣味而具有咸、鲜、香之味，是一种极富有刺激性的复合味。麻辣味型广泛用于冷、热菜式，其特点是麻辣味厚，咸鲜而香。其主要由辣椒、花椒、盐、味精、料酒调制而成，辣椒和花椒的运用要因菜而异，有的用干辣椒，有的用红油辣椒，有的用辣椒面，有的用花椒粒，有的用花椒末。根据不同的菜式，可酌加白糖或醪糟汁、豆豉、五香粉、香油。调制时，应辣而不燥，略有鲜味。代表菜肴有水煮牛肉、麻婆豆腐等。

J. 香辣味型。香辣味型由咸味、辣味、甜味、酸味和香味混合而成。代表菜肴有醋椒鱼等。

K. 鱼香味型。鱼香味型可用于冷、热菜式。其特点是咸甜酸辣兼备，葱姜蒜香浓郁，主要以泡红辣椒、盐、酱油、白糖、醋、姜米、蒜米、葱花调制而成。用于冷菜时，调料不下锅，不用芡，醋应略少，盐要较多。代表菜肴有鱼香肉丝、鱼香豆腐等。

此外，还有茄汁味型、咖喱味型、红油味型、姜汁味型、芥末味型、咸辣味型、麻香味型等。

（2）烹饪中应注意的步骤

为了达到美味的目的，在烹饪中一般注意以下几个步骤。

①选择原料。烹饪的第一步是选择原料。原料不仅是味的载体，是构成美食的基本内容，而且原料本身就是美味的重要来源。中国烹饪在原料的使用和选择上有着自己的特点。这特点可以概括为八个字：用料广泛，选料严格。原料本身的"天生丽质"可以在烹饪中起到"事半功倍"的效果。考虑原料的出产季节、产地、食用部位、新鲜程度等因素，就可以烹制出最佳的美味，带给人多样化的味觉享受。

②掌握火候。火，使人类从生食走向熟食，从野蛮走向文明。也是火，使烹饪的天地越来越广阔，使人类享受的美食呈现出绚烂夺目的光彩。火候，是中国烹饪无法穷尽的课题，是获取美味的重要条件。

控制火候是烹饪中的重要环节，注重火候是中国烹饪特有的传统。掌握适宜的火候不光是为了使原料成熟或者改变原料的质感，还有一个很重要的目的，那就是体现和提取原料中的美味。

民谚说："火到猪头烂。"这里的烂既是触觉的感觉，又是味觉的感觉。人们常评价一道菜肴没有达到应有的口味质量，分析其原因是"火候不到"，而不一定是调味上的偏差。这说明对菜肴的味道来说，火候与调味是同样重要的。

中国烹饪对火候的讲究还表现在各种烹调方法上。其实，不同烹调方法的区别，在很大程度上是由不同的火候造成的。正是在火候上的微妙变化，形成了烹调方法的多样化和菜肴的多姿多彩。

③重在调味。调味是决定菜肴的口味、质量的关键。原料自身以及加热过程虽然为食物提供了基本的滋味，但最后的美味还需要调味品的参与。不需要调味的菜肴几乎是没有的。从欣赏的角度看，中国烹饪是一门味觉的艺术；从创造的角度看，中国烹饪也可以说是一门调味的艺术。烹饪的所有环节，最终都是服务和服从于调味的，获得美味毕竟是烹饪的终极目的。

对烹饪来说，各种各样的调味品就如画家笔下的颜色、音乐家手中的音符，是用来进行艺术创造的最基本要素。从这一点来看，可以说厨师就是运用调味品来进行创造的艺术家。

调味是重要的，调味又是复杂的。它的复杂不仅在于调味本身的千变万化，而且在于对口味的要求是因人而异的。为了取得最佳效果，在烹饪菜肴的过程中，一般分加热前的调味、加热中的调味和加热后的调味共 3 个阶段来进行调味。

4）形

"形"是指菜肴个体造型、刀工处理形态、宴席整体搭配。形与色一样有着先声夺人的效果，实践操作中要突出韵律美、节律美，即大小相等、厚薄一致、粗细均匀等。菜肴造型一般采用"仿真式"与"夸张式"两种手法。仿真式造型菜肴要求如同自然界中的真实形体，惟妙惟肖，栩栩如生。夸张式造型菜肴，造型比例虽可与自然物不同，但要求夸张得体、美观大方，招人喜爱。要避免将上述两种手法用在同一菜肴中，否则将给人们不伦不类的印象，弄巧成拙，适得其反。

菜肴造型要着重把握好以下 3 个环节：首先，要确定题材，题材应与筵席背景相符合，体现司厨者丰富的想象力和创造力。如婚宴用"鸳鸯戏水""双喜盈门""龙凤呈祥"等题材较为适宜；又如某企业开业，则用"鹏程万里"之类题材为宜；祝寿宴可用"松鹤延年"题材；为儿女过生日，则可用"雄鹰展翅""金鲤跃龙门""万年青"等题材。无论什么性质的宴请，其菜肴造型的主题都要立意吉祥，符合社会的风俗习惯。菜肴造型的主题主要靠花鸟虫鱼等这些物象的寓意或谐音来表达，如牡丹表示富贵，荷花表示高洁，玫瑰表示爱情，白鹤表示飘逸，孔雀表示华贵，鸳鸯表示爱侣，龙表示高贵，凤表示吉祥，龟表示长寿等。它们既反映出社会的传统习俗，也表达了人们的理想追求和美好愿望。总之，造型菜要"立意在先，胸有全席"。也就是说，厨师在制作菜肴前要有很好的艺术构思，没有丰富的艺术构思的厨师不能烹制出新颖别致的造型菜。

其次，要确定造型、色泽、品质、质地等因素，做到选料精，利于造型。确定造型、构思图案是表现主题的重要手段。在制作造型菜之前，要事先设计造型菜的构图，确定盘面菜肴与装饰的组合方案，使主与宾、实与虚、密与疏有机地结合在一起，使主题得以充分体现。菜肴中主料要突出，配料则居于陪衬的地位，配料的任务是烘托主料。在造型中，花与叶，要突出花；鸟与花，要突出鸟；凤与鸟，要突出凤。如造型菜"金蟾鳜鱼"（即青蛙鳜鱼），其主料是鳜鱼，在造型、数量、体积上，鳜鱼应占主导，而其他配料和装饰数量少，体积不大，只起陪衬和美化作用。菜肴造型是为主题内容服务的。构图只是形式，内容要由形式来表现，而形式则需要内容来决定。它们彼此是不可分的，既相互制约，又相互依存。

再次，要确定加工及烹饪技法。对原料的加工除用一般刀法和花刀外，还可用叠、穿、镶、扣、扎、包等手法对原料进行处理，烹饪技法则应根据菜肴造型的要求有选择地使用，使菜肴的形状符合质量要求，如烹制鱼茸类菜肴就应使用小火。

对"形"进行设计时，可根据菜肴本身的内容恰到好处地加以点缀装饰，突出菜肴的艺术美感，起到画龙点睛、锦上添花的作用。丰富多彩的优美的造型艺术，不仅可以提高菜肴的艺术价值和经济价值，更能激发人的食欲，引人遐想，托物寓意，给人一种精神上和物质上的双重享受。它要求主题鲜明、内容简洁、线条明快、色彩鲜艳、卫生安全，要避免内容芜杂、喧宾夺主以致冲淡主题的无谓装饰。

菜肴造型应遵循的原则：安全卫生，实用为主，经济快速，协调一致，富有韵味，生动活泼。

菜肴造型采用的方法有：包卷法、捆扎法、扣制法、茸塑法、镶嵌法、叠合法、串制法、包制法、拖制法、夹制法等。

配花色菜时，除要掌握上述一般原则和方法外，还应注意中国菜肴的造型方法很多，有的采用单一法，有的采用复合法，但无论采用哪种方法，都要遵循以下原则：

①选料要精，要有利于造型。

②色、香、味、形、器和谐统一。

③菜肴造型要形象、优雅，能引起人们联想。

④构成的图案或形态要美观大方，招人喜爱。

⑤造型要服务于主题，忌牵强附会。

⑥注意营养成分的搭配。

⑦要具有可食性。

⑧符合卫生标准。

司厨者应具有较高的艺术修养和技术水平，能充分利用原料的自然属性设计造型，杜绝过分精雕细琢、搞形式、摆花架。菜肴始终遵循"肴以食为本，以味为先，以养为目的"的制作原则，才能被食用者接受，受到他们欢迎。

总之，对菜肴形式美的追求不是孤立的，应该立足于菜肴的整体要求，立足于提高菜肴的质量档次，把形式同菜肴内容紧密结合起来。这样的形式美才称得上是烹饪艺术的基本要素，而不是游离于烹饪艺术之外的附加物。

5）器

"人靠衣装马靠鞍"，意思是说人经过衣物包装显得分外精神，食品也是如此。当美食登上大雅之堂，上升到较高层次时，餐具的精美便是不可忽略的事了。餐具，虽然本身不能吃，但它带来了美，带来了情趣，它是菜品的嫁妆。

古人云"美食不如美器"，美食佳肴要精致的餐具烘托，才能达到更美的效果。中国饮食器具之美，美在质，美在形，美在装饰，美在与馔品的和谐。从最早的陶钵、陶盆、陶豆、陶碗，到商周时期专门盛饭用的簋，盛肉用的豆，盛放整羊、整牛用的俎，吃肉搛菜用的匙、箸，均用金属、玉石、牙骨、漆木等制成。可见，中国古代食具主要包括陶器、瓷器、铜器、金银器、玉器、漆器、玻璃器几个大的类别。中国最早出现的彩陶是在红色器皿的口沿部绘一周带状红彩，或是在敞口器物的内表点缀一些简单的几何纹饰。这些彩绘标志着人类追求美器的传统首先表现在饮食上；同时标志着人类饮食早在远古时代就不仅仅是为解渴充饥，它还是愉悦精神的重要仪式。早期生活在江汉地区的屈家岭居民，更以高超的陶艺创造了薄胎彩绘食具，即蛋壳彩陶。看到这类精巧的饮食器具，我们可以想象史前先民的饮食活动已进入相对高雅的艺术境界。制器不俗，用器一定文雅。彩陶的粗犷之美，瓷器的清雅之美，铜器的庄重之美，漆器的秀逸之美，金银器的辉煌之美，玻璃器的亮丽之美，是配合美食的一类美的享受。食器与美食的和谐，是饮食审美的更高境界。

美食与美器的搭配规律有：

（1）菜肴与美器在色彩纹饰上要和谐

①在色彩上，没有对比会使人感到单调，对比过分强烈也会使人感到不和谐。这里，做搭配的重要前提是司厨者对各种颜色之间关系的认识。美术家将红、黄、蓝称为原色；红与绿、黄与紫、橙与蓝称为对比色；红、橙、黄、赭是暖色；蓝、绿、青是冷色。因此，一般来说，冷菜和夏令菜宜用冷色食器；热菜、冬令菜和喜庆菜宜用暖色食器。但是要切忌"靠色"。例如，将绿色的炒青蔬盛在绿色盘中，既显不出青蔬的鲜绿，又埋没了盘上的纹饰美；如果将青蔬改盛在白花盘中，便会产生清爽、悦目的艺术效果。再如，将嫩黄色的蛋羹盛在绿色的莲瓣碗中，色彩就格外清丽；盛在水晶碗里的八珍汤，汤色莹澈见底，透过碗腹，各色八珍清晰可辨。

②在纹饰上，食的料形与器的图案要相得益彰。如果将炒肉丝放在纹理细密的花盘中，既给人散乱之感，又显不出肉丝本身的美。反之，将肉丝盛在绿叶盘中，立刻会使人感到清新悦目。

（2）菜肴与器皿在形态上要和谐

中国菜品种繁多，形态各异，用来相配的食器形状自然也是多样的。例如，平底盘是为爆炒菜而来，汤盘是为熘汁菜而来，椭圆盘是为整鱼菜而来，深斗盆是为整只鸡鸭菜而来，莲瓣海碗是为汤菜而来等。如果用盛汤菜的盘盛爆炒菜，便起不到美食与美器搭配和谐的效果。

（3）菜肴与器皿在空间上要和谐

食与器的搭配也要"量体裁衣"，菜肴的数量要和器皿的大小相称，才能有美的感官效果。汤汁漫至器缘的肴馔，不可能使人感到"秀色可餐"，只能给人粗糙的感觉。肴馔量小，会使人感到食缩于器心，干瘪乏味。一般来说，平底盘、汤盘（包括鱼盘）中的凹凸线是食、器结合的"最佳线"，用盘盛菜时，以菜不漫过此线为佳。用碗盛汤，则以八成满为宜。

（4）菜肴掌故与器皿图案要和谐

中国名菜"贵妃鸡"盛在饰有仙女拂袖起舞图案的莲花碗中，会使人很自然地联想到能歌善舞的杨贵妃酒醉百花亭的故事。"糖醋鱼"盛在饰有鲤鱼跳龙门图案的鱼盘中，会使人感到情趣盎然，食欲大增。因此，要根据菜肴掌故选用图案与其内容相称的器皿。

（5）一席菜的食器要搭配和谐

如果一席菜的食器不是清一色的青花瓷，便是一色白的白瓷，这样就失去了中国菜丰富多彩的特色。因此，一席菜不仅要菜肴品种多样，食器也要花样繁多。这样，佳肴耀目，美器生辉，美不胜收的席面美景便会呈现在眼前。《随园食单》的作者袁枚也曾叹道，"古诗云：'美食不如美器'，斯语是也。"并说，菜肴出锅后，该用碗的就要用碗，该用盘的就要用盘。"煎炒宜盘，汤羹宜碗，参错其间，方觉生色。"正是对美食与美器关系的一个精练的总结。

6）质

质，即菜肴的质感，它是菜肴入口后人产生的滑、嫩、酥、脆等感觉，以及由此形成的审美感受。很多原料在烹调后，其质地发生了某些变化，而烹调的目的之一就在于适度改变或保持原料的质地，让人在菜肴入口后产生触觉上的快感，得到愉悦感。

（1）嫩

嫩，就是咀嚼时感觉阻力较小，但同时能充分感受原料的质地，是不少菜肴所追求的口味。绝大部分用炒、熘、爆、氽、煎等方法烹调的菜肴都要求嫩。要达到嫩，一是选料时要确保原料本身是鲜嫩的；二是在烹饪时要尽可能保持原料中的水分使之不外溢。

（2）滑

滑是一种柔软、滋润、爽快的口感。滑的产生与原料的质地有关，如豆腐、木耳、莼菜、藕粉等，用这些原料做的菜肴一般都较易产生柔滑的口感。滑是一种高品位的触觉感受，对烹饪技艺要求甚高。可采用上浆等烹调方法，使菜肴洁白滑嫩，产生滑的口感。

（3）脆

脆来源于原料的凝结，温度越高，凝结度越高，也就越有脆的感觉。为了达到脆的效果，一般采用的方法是提高油温或加热的温度，使原料中的水分最大限度地挥发，如爆鱼、脆鳝、烤鸭、锅巴菜之类。另一种方法是挂糊上浆，如炸排骨、炸鱼排等，这些挂糊上浆的用料大都具有起脆变硬的作用。

除了烹调中形成脆的质感外，有些原料本身就具备一定的脆性，例如蔬菜中的茭白、药芹、黄瓜、莴苣等。为了保持这些原料的脆性和硬度，要尽量缩短烹调时间。

（4）松

与脆不同的是，脆需要一定的凝结度，松则要求原料的凝结度较低，原料结构中有更多的空隙，使人在咀嚼时感到有阻力，但阻力不大。如果说菜肴的脆更多的是指它的表层特性的话，那么菜肴的松则更多是指它的内部或者整体特性。松来源于原料中结构的变化，油炸食品一般都比较松，发酵食品也有松的特点。菜品要达到松的质感，大多用炸的烹调方法。有时候松同脆结合在一起，形成松脆的口味特点。如发蛋类的菜肴都比较松，质感或松软，或松脆。

（5）韧

俗话说，好肉长在骨头边。其实，长在骨头边的不光是好肉，还有不少别处没有的筋络组织。这些筋络组织的特点是比较筋韧，能产生一种独特的咀嚼感，正因为这种特别的质感而受到人们欢迎。韧是由原料的弹性和结构产生的，畜禽的掌爪都具有这一特点。富含胶质的原料在烹调后都会产生韧的质感，其中大部分原料是被认为比较高档的。

对于韧的原料，在烹调时要特别注意火候，如果加热过度，会使其过烂而失去韧的特点。一般要用小火进行较长时间的加热，使原料既有韧的感觉，又不至于难以咀嚼。

（6）软

软与嫩有相似的地方，咀嚼的阻力都较小。不同之处是嫩的程度主要由原料的含水量决定，而软与原料的含水量关系不大，更多的与原料的结构有关。为了达到嫩，要缩短加热时间；为了达到软，有时却要适当延长加热时间。例如，蒸有些菜肴就是为了使其变软，老硬的原料经过较长时间的加热，原料原有的组织结构受到破坏，因而变得柔软可口。烹饪的目的之一就是使难以咀嚼食用的原料变得柔软可口，能够食用。

（7）烂

对于不少质地老硬、滋味浓厚的原料，烂是一种较为理想的质感选择。烂不仅使原料便于咀嚼，而且使原料中的美味成分得到充分的溶解和体现。所谓"酥烂入味"，正是这一类菜肴的共同特点。烂的质感一般同烹调时加水是分不开的，水是使原料烂的必要介质，也是使菜肴有滋有味的基本条件。与菜肴质地的柔软相比，烂更注重体现原料内在的美味。烹调方法中的蒸、炖、焖、煨、焐，这类用小火加热，加热时间较长和加水较多的烹调方法大多能让菜肴达到烂的效果。

（8）酥

酥是在咀嚼时有一定程度的阻力，但这种阻力不大且能引起人的某种轻快感。换言之，酥的感觉来自原料内部物质结构的较小的凝结性。

对菜品来说，酥大体有两种情形：一种是酥烂，一种是酥松。酥烂是指既有咀嚼感又有触觉感，而单纯的酥则很少有触觉感。酥松则更多意味着咀嚼感。酥与松比较相近，不同之处是酥在程度上次于松。另外，松常常同脆连在一起，而酥常同软、烂连在一起。要达到酥的效果，常用的方法是油炸或借用达到烂的烹调方法，如"香酥鸭""油酥饼""酥鲫鱼"等就是如此。

（9）硬

硬的质感在大多数情况下是不受欢迎的。但是某些菜肴，由于其特殊的口感要求，需要带有一定程度的硬度。如冷菜中干香一类的品种，卤牛肉、风鸡、卤鸭胗以及牛肉干、猪肉脯等。这里的硬主要是指原料质地紧密，咀嚼时具有较大的阻力，但是这种阻力并不妨碍甚至有利于人最终获得越嚼越香的美感。人们对某些菜肴产生所谓"有嚼头"的评价，指的就是这种情况。

硬的口感的获得还有一个前提，这就是菜肴并不是一味硬到底，而是原料在结构上已经被完全破坏，只是以硬中有软的质感形式呈现而已。

菜肴的质地和品味时的口感，是十分多样和复杂的，上面所归纳的九种只是常见和主要的类型。除此之外，还有肥、枯、涩、细、粗、糊、干、稠、薄、稀、糯、黏等类型。

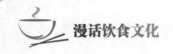

7）养

说到中餐的色、香、味、形、器之美，世人有口皆碑。但一谈到中餐的营养就众说纷纭了，甚至有人认为中餐好吃却比不上西餐有营养，其实这种说法十分悖谬。我们祖先早在几千年前就提出了"五谷为养，五果为助，五畜为益，五菜为充"的养生理论，且在实践中积累了丰富的饮食养生疗方，只不过没有像西方那样把这些食品中的各种营养成分分项列出按餐精确搭配罢了。如果依据因人而异的配比原则，人体的营养需求也是很难量化的。现在，我国已经把"养"作为一个要素扩展至全部食品的审美中，而且引进了西方的科学分析法，借助仪器手段，对食品的营养成分作定性定量分析，以满足身体需要，提高其审美价值。

我们在餐饮实践中应多了解食材食性，掌握合理的营养搭配方法，利用科学的烹饪手段，烹制出适合顾客个体需要的营养美食。

（1）菜肴营养搭配的准则

因人的身高不同、体重不同、从事的职业不同、健康程度不同，菜肴的营养配比很难有量化的标准，我们只能依据"均衡饮食，合理营养"的原则。《中国居民膳食指南（2016）》提出我国一般人群膳食指南。

①食物多样，谷类为主。

②吃动平衡，健康体重。

③多吃蔬果、奶类、大豆。

④适量吃鱼、禽、蛋、瘦肉。

⑤少盐少油，控糖限酒。

⑥杜绝浪费，兴新食尚。

（2）正常烹调中影响菜肴营养的因素

正常烹调中，影响菜肴营养的因素有：原料搭配、刀工处理、洗涤方法、初步热处理、烹调方法、成菜放置时间等。

（3）锁住菜肴营养的烹饪妙方

新鲜的蔬菜中含有丰富的维生素和无机盐，这些物质是维持人体健康的不可缺少的成分。如果储存和加工方法不当，这些营养成分就很容易丢失。所以，要注意储存和加工蔬菜的方法，以减少其营养成分的丢失。

①最好吃新鲜蔬菜。

②要避免"精加工"。

③烧菜所出的汤，应该与菜一同吃进去，不要丢弃。

④尽量不要将蔬菜焯水，否则会损失维生素、矿物质，当然，有些必须要焯水的蔬菜除外。

⑤做饺子、馄饨馅时不要挤掉所出菜汁。

⑥烹调蔬菜的时间不要太长。

⑦蔬菜要先洗后切。

⑧蔬菜切后最好当即下锅。

⑨做菜不要过早放盐。

⑩炒菜时要适当加点醋。醋对于维生素 C 有保护作用，而且加醋后，菜更加鲜美可口。

⑪煎炒时间要求较长的菜，煎炒时应盖上锅盖，防止维生素流失，保持菜肴新鲜。

⑫要合理储存。储藏室的温度越低，维生素 C 就被破坏得越慢，但绝大部分蔬菜不耐冻，储藏室温度在 0 ~ 2 ℃为宜。

⑬可将某些原料制成盒装、瓶装的罐头。

⑭不要将蔬菜长时间堆在院子里和晒台上暴晒，以免维生素 C 被氧化而损失。

⑮吃多少做多少，不要把剩菜长时间放置，也不要反复加热，否则会损失维生素，加剧细菌滋生。

⑯有些蔬菜尽量生吃或凉拌，但要注意洗净、消毒。

⑰烹调蔬菜时加少量淀粉勾芡，可使菜质更鲜嫩，味道更鲜美，有效减少维生素 C 的损失。

8）名

在中国饮食审美中，食品的名称之美备受重视，它特别能体现中国文化的特色。中国食品的取名，所用方法之多举世仅见。有根据主料构成、烹调方法、菜肴形状、菜肴特质、创制地、创制人等直接取名的，如"双菇菜心""酱爆肉""葫芦鸡""脆皮鸡""兰州拉面""宫保鸡丁"等；有使用象征、联想、谐音、诗词、成语、熟语、吉祥语、典故、传说、评价等命名的，如"全家福"（大杂烩）、"金钩挂玉牌"（黄豆芽烧豆腐片）、"百年好合"（莲子百合羹）、"绿肥红瘦"（青菜烹活虾）、"龙凤吉祥"（蛇鸡合烹）、"霸王别姬"［鳖（王八）与鸡合烹］、"天下第一菜"（锅巴虾仁）、"佛跳墙"（大杂烩）等。其名称或庄重，或诙谐，有的文学味很浓，有的以意境或情趣取胜。因此，中国人吃饭时，欣赏菜名就是一种审美享受。

菜肴命名，就是依据一定的原则和方法给菜肴起名，在一定程度上反映了菜肴的某些特征，人们能根据菜名初步了解菜肴。菜肴名称大多由表意词汇组成，大部分词汇表达的意思是人们熟知的，也有仅为专业厨师所理解的专业术语，还有地方方言的差异，归纳如下。

（1）菜肴命名的原则

①要名副其实。在商业经营中，菜名要做到恰如其分，不能违背商业道德准则，尽量做到名实相符。对特色菜肴取的艺术菜名，有时可配上简短的说明或写实的菜名，这样既会意传神又一目了然，两全其美。

②菜名能使食客对菜肴充满品尝的期待。

③要合适、得体。大众化、中低档菜品的名称要通俗，要贴近生活、贴近大众，不能故弄玄虚。要提倡雅俗共赏的健康菜名，力求独特性与时代性。

④要耐人寻味。中国饮食文化内涵丰富，菜名是其重要的组成部分。好的菜名不

仅能体现菜肴的原料、质地、制法、色泽、口味等，更能体现人的思想、情感、趣味，要通过菜名体现出深刻的文化意蕴。

⑤要简单易记。根据人的记忆规律，菜名以 3～5 个字为宜。

由 2 个词组成的 4 个字的菜名最多，约占 90%。

菜肴命名切入点：色泽、香味、味型、造型、盛器（炊具）、质感、加工方法、烹调方法、人名、地名、典故、成语、诗词、谐音等。可采用夸张、比喻、象征等修辞方法，表达菜肴的意蕴。

①美化菜肴色泽。翡翠（绿色）、白羽（玉白色）、珊瑚（红色）、水晶（无色透明）、芙蓉（粉红色）、雪花（白色）、五彩（五种色）、金银（黄、白两色）等。

②美化菜肴形状。

A.动物类：凤尾、虎皮、金鱼、蛤蟆、螺蛳、蝴蝶、松鼠等。

B.植物类：石榴、樱桃、菊花、百合、萝卜、枇杷、杨梅、莲藕等。

C.器物类：荷包、绣球、琵琶、花鼓、响铃、镜箱、马鞍、珍珠、如意、雀巢等。

D.糕点造型：麻花、交切、寸金等。

E.美化菜肴原料：一品、三品、三鲜、四生、四喜、四宝、五柳、八宝、八珍、什锦等。

（2）菜肴命名的方法

①写实命名法。这是用实指词汇组合构成菜名的方法，即如实反映原料搭配、烹饪方法、菜肴的色香味形器、菜肴的创始人或发源地等。这种取名法大多突出主料名称，体现菜名的质朴美，主要方式如下。

A.以食料命名，如肉片海参、榨菜肉丝、荷叶包鸡、鲢鱼豆腐。

B.以盛器命名，如砂锅豆腐。

C.以质命名，如香酥鸡、酥鱼、脆姜、一口酥。

D.以烹饪技法命名，如滑熘里脊、粉蒸肉、干炸带鱼、清蒸鱼、干煸鳝鱼。

E.以味命名，如五香肉、怪味鸡、酸辣汤、过门香。

F.以色命名，如金玉羹、玉露团、琥珀肉。

G.以形命名，如樱桃肉、蹄卷、太极蛋、太极芋泥、菊花鱼。

H.以人物命名，如东坡肉、文思豆腐、宫保鸡丁、马先生汤。

I.以地名命名，如北京烤鸭、南京板鸭、西湖醋鱼。

J.以时令命名，如冬凌粥、秋叶饼。

②艺术命名法。这是针对顾客的猎奇心理，抛开菜肴的具体内容而另立新意的一种命名方法。它或是抓住菜品特色加以形容夸张，赋予其奇妙的色彩，引人入胜；或是强调菜品逼真的视觉效果，满足食客搜奇猎异的心理；或是借典故传说，巧妙比喻，使食客产生丰富的联想，引起共鸣。不过，也有人认为这类菜名牵强附会，使人看了不知是什么，如"金玉满堂""荣华富贵"。具体命名方法如下：

A.强调造型艺术：龙虎斗、二龙戏珠、狮子头。

B. 渲染奇特的制作方法：熟吃活鱼、油炸冰激凌。

C. 表达良好祝愿：全家福、母子会、鲤鱼跳龙门。

D. 抒发怀古情思：迎客青松、敦煌蟹斗。

E. 依据史实或传说故事，赋予特殊含义：鸿门宴、哪吒童鸡、桃园三结义、子龙脱袍、霸王别姬、西施舌、贵妃鸡。

F. 借助隽永的诗文来命名，点缀诗情画意：掌上明珠、佛跳墙、百鸟归巢。

③虚实命名法。这是就菜肴某一方面特征进行美化的命名方法。名称由实指词汇和虚指词汇组合构成，其特点是实中有虚，看菜名即知其原料，带有几分雅趣，因此受到厨师和美食家的推崇。如松鼠鱼、翡翠蹄筋等。

④数字命名法。中国菜肴的命名还有一种特殊的方法，即用数字来命名，如一品天香、二度梅开、三色龙凤、四宝锦绣、五彩牛百叶、六君闹市、七星豌豆、八仙聚宴、九转肥肠、十味鱼翅、百鸟朝凤、千层糕、万年紫鲍等。

9）卫

卫，即食品的卫生。民以食为天，食品除了满足人们的色、香、味等感官需求，还必须符合卫生标准。中国古代对食品卫生相当重视，把食品的卫生与否作为判定其优劣的第一标准。现代中国人更是讲究科学、营养、卫生，强调健康饮食，卫生成为食品审美原则中的重要方面。

8.2.2　意蕴美——美境

饮食活动还包含着极为复杂的心路历程，在具体的饮食活动中，诸多环节都是你中有我、我中有你，紧密联系在一起的。正是这些环节和要素的综合和交叉，组成了丰富多样、蔚为壮观的饮食审美活动，构成了浩瀚、神奇的美食世界。

中国人的饮食文化具有浓厚的情感色彩，以情为导向已成为国人的饮食观念。用"精美绝伦"来描述中国饮食文化所追求的境界可谓恰到好处，它之所以可以有这样的境界是因为中国饮食文化包含着美学意蕴。这也是中国饮食文化的一个突出特点。中国的饮食文化就是在真、善、美的和谐统一中得以延续、得以传承的。从美感的心理要素来说，人们每当参加丰盛的宴会，都会通过美食、美仪活动，即时欣赏美并追思回味，产生审美的体验，美感经验得到升华。古人常用口齿留香、回味无穷等来表达吃到美食后内心的畅快淋漓之感。置身于中国的餐饮环境中，品味色、香、味俱佳的中国食物之妙，欣赏中国餐具器物的典雅之美，我们可以领会到中华民族传统文化和审美风尚的精髓。人们根据进餐时对幽雅环境的赏味，对精美餐具的玩味，对亲情、友情、人生乐事的体味等多种感受，创设了饮食文化的意境美。李白的"五花马、千金裘，呼儿将出换美酒"的言外之境是"与尔同销万古愁"，将美酒由单纯口感的美味升入精神滋养的境界。

1）意境

意境美是指中国人进餐时讲究的良辰美景、可人乐事的相辅相成。正所谓时、空、人、事诸多因素协调一致。良辰吉日，触景生情，好友知己、天伦至亲，同声同气，或开怀畅饮，或舒心小酌，无拘无束，抒胸臆、话友情；再辅以美食、美味、美器，色、香、味、形、器完美结合，构成了饮食文化中时、空、人、事的协调一致，创设了意境之美。所以，饮食环境虽与食物没有直接联系，但在饮食文化的审美中占有颇为重要的位置。如何达到意境之美？如何布置和选择合适的进餐环境？从古至今，随着时代的发展，人的审美趣味和需求也发生了很大变化，不能拘泥于某一种形式。在现实社会中，应根据人的年龄、性格、修养、喜好灵活处理。正所谓小体之食与大千世界相映成趣。好的装饰点缀能带给人美感，创设出舒适宜人的进餐环境。

2）节奏

节奏指的是顺序和起伏。体现在台席面或整个筵宴中，节奏包含肴馔在原料、温度、色泽、味型、适口性、浓淡方面的合理组合，肴馔的科学上席顺序，宴饮设计和进食过程的和谐与节奏化程序等。对节奏的注重，是人们在饮食过程中寻求美的享受的必然结果。它最早可以追溯到史前人类劳动丰收的欢娱活动和原始崇拜的祭祀典礼中。袁枚认为，"上菜之法，咸者宜先，淡者宜后；浓者宜先，薄者宜后；无汤者宜先，有汤者宜后"。

3）情趣

情趣可理解为感情与志趣两方面。感情中有亲情、友情、爱情。亲情是亲人间在长期的共同生活中形成的血浓于水的深情，它会自然地流露于言谈举止和饮食冷暖之中。友情包括的内容很多，有乡里情、同学情、战友情、师生情、病友情、酒友情、文友情等。人们建立友情往往以共同志趣为基础。在饮食文化中最讲究感情氛围的是少数民族，他们在节日里或婚丧大事及新房落成时，都要举村寨举行歌舞宴饮。仅就饮酒来说，就有同心酒、连心酒、团圆酒，还有丰富多样的酒歌和宴席曲等，真是"酒不醉人情醉人，如此陶醉暖人心"。无论什么情，都得讲真诚、讲体谅和理解，在小事上要谦让宽容，在大事中要风雨同舟，休戚与共。在这样的感情氛围中宴饮才淋漓痛快，尽情尽兴，回味无穷。这种美的感受是难忘的，正所谓酒逢知己千杯少，良辰美景正当"食"。

中国饮食文化的精神主旨即以饮食为媒介，寻求精神领域的一种更高的满足。人们从美食、美境的和谐统一，进入愉悦、自由、充实、美好的理想境界中，从中体会到人生的更多乐趣和美妙。中国自古以来秉持重视自然、热爱生命、追求和谐、讲究肉体与精神兼养的人生观和哲学观。由这种重视过程的哲学观出发，中国人的饮食活动的情趣也并非仅仅局限于品尝欣赏美食的那一时一刻，而是从准备活动就投入了自己的智慧和热情。从烹饪技巧的施展、饮食器具的挑选、菜点顺序的安排，直至最后的品味，这整个过程中，人时时都在尽情发挥艺术想象力，并由此表现出丰富的审美情趣。所以，饮食活动的整个过程都充满了美的享受，这种享受可以用三个字概括，就是"意蕴美"。

总之，饮食的诸多乐趣已深浸在中国人生活的各个方面，乃至对中国人的语言和思维方式，以及哲学、美学等方面皆有重要影响。中国人从事饮食活动，并非仅仅为了填饱肚子、维持生存，更重要的是借此体会人生的乐趣，享受在他处无法获得的快乐。通过美食活动中具体而生动的审美体验，人们产生了更多对美好生活的信念，饮食文化已经成为与时代主题相结合的产物，给人类生活增添了无比美妙的旋律和韵味。中国的饮食文化视野广、层次深、角度多、品位高，是华夏儿女生产和生活实践的积累和升华，是饮食文化和审美经验的积累和再创造，它是全世界人民的物质财富和精神财富。

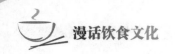

8.3　盘饰之美

【学习目标】
1. 领会菜肴装饰的作用及要求，培养审美能力。
2. 掌握菜肴装饰的方法和途径，提高盘饰技能。

【导学参考】
1. 学习形式：召开一次成果展示会"我的盘饰我做主"，运用本节课所学知识设计盘饰，汇报学习收获。
2. 可选任务。
（1）结合具体菜肴，说说菜肴装饰的作用及要求。
（2）以具体菜肴为例，总结菜肴装饰的方法和途径。
3. 创意话题：运用所学知识，结合实践，谈谈菜肴装饰的可食用性原则。

菜肴的装饰就是在盛装过程中，对菜肴的形态及色彩进行美化的操作。

8.3.1　菜肴装饰的作用

在菜肴装盘过程中对其进行适当的装饰和点缀，可使菜肴在色、香、味、形等上更加出色。菜肴装饰的作用有 3 点：其一，美化菜肴，突出菜肴的整体美。其二，补充映衬，对菜肴的色彩、造型、口味给予补充。其三，以美遮丑，弥补菜肴在制作和装盘过程中的不足。

8.3.2　菜肴装饰的要求

1）装饰应结合菜肴特点
装饰前应考虑到菜肴的形状、色泽、口味、菜名及盛器，使装饰后的菜肴特点突出，和谐统一。
2）装饰应快捷经济
菜肴装饰应快捷、简洁，装饰时间过长，菜肴的温度、色彩、形状、口味、质感将发生变化。用于装饰的原料应提前准备，且装饰的成本不能过高，否则得不偿失。
3）装饰应适度得体
装饰的目的在于美化菜肴、突出主料，装饰应适度得体、整齐和谐，不能过于复杂，喧宾夺主。装饰物不要超出盘边，也不宜所有菜肴都装饰或过度渲染，否则会给人落入俗套的感觉。此外，装饰应与宴会的主题、档次相协调。

4）装饰应符合卫生要求

用于装饰的材料应以食用性原料为主。原料应进行洗涤、消毒或熟制处理，不能乱用食品添加剂和人工色素，还要避免装饰物对菜肴的污染。

一盘美味可口的佳肴，配上精美的器具，运用合理而独特的装饰手法，可使整盘菜品熠熠生辉。那些与众不同、精巧美观、惟妙惟肖的盘饰会给人留下深刻的印象。

8.3.3 菜肴的装饰方法

1）点缀法

在菜肴的表面及其周围，对菜肴主体及盘面露白处用各种食用性原料或雕刻品加以美化点缀，美化菜肴，从而起到增色调味、弥补菜肴在制作中的不足的作用，或达到以美遮丑的效果，如川菜常用红辣椒作点缀。

2）覆盖法

这种方法适用于以向心式或离心式构图的菜肴。如"素什锦"的原料五颜六色，各种原料呈扇形依次排列，组成一个圆，圆心处若用香菇或银耳等加以覆盖点缀，则能取得整齐划一的效果。

3）扣入法

两种菜肴同时装一盘，将其中一种菜码碗定型，蒸熟后扣入盘的中央，另一种菜围摆周围。如"鱿鱼蛋卷"，将蒸制的蛋卷改刀码碗，掺汤吃味，蒸制后连同汤汁扣入盘中，周围摆上烹制入味的鱿鱼。两菜相得益彰、美观大方。

4）镶嵌法

如"莲蓬豆腐"，将鹌鹑蛋逐个倒入调匙内蒸制定型作花瓣，用鸡茸糊作黏合剂，在圆盘中央堆叠成荷花状。主料莲蓬豆腐围摆周围，上笼蒸熟后再浇以清汤即可。

5）摆入法

这种方法多以立体雕刻或食雕花卉作中心装饰物。如"一品素烩"以素食中珍贵的三菇六耳为原料，盘内中心装饰物是一个萝卜整雕品——双腿盘坐的罗汉，装饰寓意"佛门吃素"。

6）围边法

围边又称镶边，是菜肴装盘后，在主料周围或盘的周边进行装饰的一种方法。围边的形式一般有全围、半围或间隔围。常见的方法有：以菜围边、图案式围边、象形物围边、寓意性装饰。

中国菜肴的风格千变万化，盘饰和造型各具特色，那体现食物原料的营养价值和本来风味的"原壳原味菜"与巧配外壳、渲染气氛的"配壳增味菜"以及情趣盎然、赏心悦目的"盘边装潢"与古色古香、各具风姿的"精巧餐具"的有机结合，使得中国菜肴的配饰造型与装盘绚丽多彩、不拘一格。

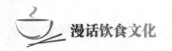

8.3.4　菜肴的装饰途径

1）带壳装饰体现原有风味

带壳装饰体现原有风味是指利用原壳盛装原味菜品的装饰方法。一些贝壳类和甲壳类的软体动物原料，经特殊加工烹制后，以其外壳作为造型盛器的整体一起上桌的肴馔，如以鲍鱼、鲜贝、赤贝、海螺、螃蟹等为原料的带壳菜品。

如今，原壳装原味的菜品，较有代表性的首推山东名菜"扒原壳鲍鱼"。其做法是将扒好的鲍鱼又盛到鲍鱼壳中，装入盘里。由于原壳内盛鲍鱼肉，造型别致新颖，肉嫩、汤白、味鲜，富有营养，颇得食客的欢迎。根据"扒原壳鲍鱼"的配饰法，江苏的厨师还创制了"老鲍怀珠"和"鹬蚌相争"等新菜。

2）配物装饰使菜肴锦上添花

配物装饰是利用加工制成的特殊外壳盛装各色以炒、煎、炸、煮等方法烹制成的菜肴的烹饪技法，是通过配置某种原料物品装饰菜品的较为独特的装饰与创新手法。如取用冬瓜、南瓜、西瓜外壳作盘饰而制成的冬瓜盅、南瓜盅、西瓜盅，名为"盅"，实为装汤、羹的特色深盘。它是传统工艺菜品，其瓜盅只当盛器，不作菜肴，在瓜的表皮可以雕刻各种图形，或花卉，或山水，或动物，可配合宴席内容而变化。瓜盅内可盛入多种菜品，可为汤肴，可为甜羹，可为炖、炒菜，多味渗透，滑嫩清香，汁鲜味美。

正所谓"货卖一张皮"，一款货真价实、口味鲜美的菜品，配上雅致得体的盘边装饰，可使菜肴显得充满生机。合理地配制菜品，不仅使菜品具有新意，而且可以增加食客的食趣，达到物质与精神的双重享受。运用配物装饰法，应根据菜肴特点，给予恰当的美化，也是提高和完善菜肴外观质量的有效途径。通常这种美化措施是结合切配、烹调等环节进行的，显示了外观质量的整体美，提高了视觉效应，起到了锦上添花的艺术效果，使菜品清雅优美，充满诗情画意，耐人寻味。

菜肴的盘边配饰只是一种菜肴的创新表现形式，而菜肴的原料和口味才是菜肴的实质内容。如果只突出"盘饰"的雕刻和拼装技艺，而忽视菜肴本身的营养价值和口味，那菜肴就失去了真正的意义。

餐饮业是创造美的行业，是提供美的享受的场所。因此，认识美、研究美，学会运用美的规律去指导实践，是现代餐饮从业者的工作需要、发展需要和全面提高自身素质的需要，是做好本职工作必备的职业素养。

章 后 复 习

一、知识问答

1. 中国美食的 9 个审美要素是＿＿＿＿＿、＿＿＿＿＿、＿＿＿＿＿、＿＿＿＿＿、
＿＿＿＿＿、＿＿＿＿＿、＿＿＿＿＿、＿＿＿＿＿、＿＿＿＿＿。

2. ＿＿＿＿＿、＿＿＿＿＿、＿＿＿＿＿分别从不同的角度概括了中华饮食文化
的基本内涵，有机地构成了中华饮食文化的整体概念。

3. 广东名菜烤乳猪，其最显著的特点就是使人一见其＿＿＿＿色的外表便食欲倍
增，所以古人赞曰："＿＿＿＿＿，又类真金；入口则消，＿＿＿＿＿，含浆膏润，特异凡
常也。"其色之美，其味之香，堪称中国菜之杰作。

4. 请你说说下列菜肴属于哪种味型。

水煮牛肉＿＿＿＿＿　　　　麻婆豆腐＿＿＿＿＿

鲜熘鸡片＿＿＿＿＿　　　　火爆双脆＿＿＿＿＿

酱爆肚丝＿＿＿＿＿　　　　三丝鱼卷＿＿＿＿＿

鱼香肉丝＿＿＿＿＿　　　　红烧海参＿＿＿＿＿

5.《中国居民膳食指南（2016）》提出我国一般人群膳食指南。

（1）食物＿＿＿＿＿，＿＿＿＿＿为主。

（2）＿＿＿＿＿平衡，健康＿＿＿＿＿。

（3）多吃蔬果、奶类、＿＿＿＿＿。

（4）适量吃鱼、＿＿＿＿＿、蛋、瘦肉。

（5）少＿＿＿＿＿少＿＿＿＿＿，控＿＿＿＿＿限＿＿＿＿＿。

（6）杜绝＿＿＿＿＿，兴新食尚。

6. 菜肴的质感包括＿＿＿＿＿、＿＿＿＿＿、＿＿＿＿＿、＿＿＿＿＿、
＿＿＿＿＿、＿＿＿＿＿、＿＿＿＿＿、＿＿＿＿＿等。

7. 菜肴命名的切入点：（1）＿＿＿＿＿；（2）＿＿＿＿＿；（3）＿＿＿＿＿；（4）＿＿＿＿＿；
（5）＿＿＿＿＿；（6）＿＿＿＿＿；（7）＿＿＿＿＿；（8）＿＿＿＿＿；（9）＿＿＿＿＿；（10）＿＿＿＿＿；
（11）＿＿＿＿＿；（12）＿＿＿＿＿；（13）＿＿＿＿＿；（14）＿＿＿＿＿。

8. 菜肴的装饰方法有＿＿＿＿＿、＿＿＿＿＿、＿＿＿＿＿、
＿＿＿＿＿等。

9. 美境是饮食活动追求的最高境界，它包括＿＿＿＿＿美、＿＿＿＿＿美、＿＿＿＿＿美。

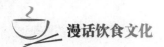

二、思考练习

1. 你认为食品美的九个审美要素中哪一个是最主要的？为什么？

2. 菜肴装饰的作用及要求有哪些？试举出已学过的菜肴加以说明、赏析。

三、实践活动

小组讨论：精选一道自己喜欢的菜品，试从"色、香、味、形、器、质、养、名、卫"九个方面加以评析。

第9章
文学名著里的饮食文化

　　在中国洋洋大观的古典文学著作中,《水浒》《三国演义》《红楼梦》《金瓶梅》可谓家喻户晓,广为流传。在这些鸿篇巨著里,不仅塑造了众多栩栩如生的人物形象,还用大量的笔墨描述了人物丰富多彩的饮食活动,这些都是值得我们挖掘的饮食文化宝藏。

　　本章精心选取了四部古典文学名著,分别介绍其中有关饮食活动和饮食文化的描述。有别致养生的红楼美食,有蕴含典故的三国文化菜,有世俗大众的日常饮食,还有大块吃肉、大碗喝酒的梁山好汉的饮食习惯。这些活色生香的美食文字,读来令人浮想联翩,如同身临其境,借助美文与主人公一起享受美食,享受生活。

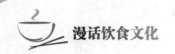

9.1　别致养生的红楼美食

【学习目标】

1. 了解《红楼梦》中的人物故事，提高文化素养。

2. 掌握相关营养知识，适应科学养生的餐饮发展需求。

3. 学会制作红楼美食，借鉴其厨艺精华，提高专业技能。

4. 培养探究中国优秀传统文化的热情和兴趣。

【导学参考】

1. 课前研读《红楼梦》，了解小说中的主要人物形象。

2. 各小组从本节中选取一个喜欢的人物，研讨其饮食案例，探秘红楼美食的养生诀窍，以演讲的形式汇报学习成果。

3. 创意话题：比较林黛玉和史湘云的个性与饮食，分析古代的饮食养生和情志养生。根据家人的体质特点，为家人设计一道养生菜点。

4. 拓展学习：课后各小组分工合作，从"粥饭篇、点心篇、菜肴篇、汤羹篇、酒茶及其他饮料篇"中各选一个专题收集红楼美食资料，全班整理汇编。

在中国古典文学中，《红楼梦》具有极高的文学艺术价值。在这部巨著中，曹雪芹不仅为我们讲述了荡气回肠的贾宝玉和林黛玉的爱情故事，《红楼梦》中人的悲欢离合以及四大家族的荣辱兴衰，还用大量的笔墨描述了丰富多彩的饮食文化活动。书中描写的美食名目繁多，精彩绝伦，是清代权贵之家饮食风俗的缩影，堪称中国饮食文化宝典。可以说《红楼梦》中人，上自身份尊贵的贾母、宝玉、王熙凤，下至地位卑微的奴婢，个个都是养生的高手。这里，我们撷取《红楼梦》中的几道美食，探秘红楼美食中的养生诀窍和祛病良方。

贾母在《红楼梦》中可算是至尊至贵的人物。偌大的贾府，上下百余人众，关系复杂，事务繁多。故事开始时，贾府由王熙凤和王夫人在前台打理，而对府中事务调停掌控、从容定夺的却是"老祖宗"贾母，她才是贾府最高权位的掌舵人。那么是什么秘诀让年逾古稀的贾母身体康健，精力充沛呢？你看她头脑清醒、言谈爽利，还整天率领后辈赏花游园、宴饮玩乐，不知疲倦。我们可以试着从《红楼梦》对贾母饮食的描述中找到答案。

9.1.1　杏仁茶

1）情节回放

《红楼梦》第五十四回写道：元宵之夜，贾府灯火通明，热闹非凡。大家都兴高采烈地等待放烟火，等着看那火树银花的盛景。突然贾母觉得有点饿，想吃点宵夜。王熙凤赶忙报上"菜单"——鸭子肉粥、枣儿熬的粳米粥，可是贾母都不称心合意。吃过大鱼大肉之后，在这元宵之夜，贾母只想吃口清淡的。王熙凤最明白"老祖宗"的心思，一看食物都不合贾母的心意，忙道："还有杏仁茶"，贾母当即点了这道听起来再平常不过的杏仁茶。实际上，爱吃普通的杏仁茶，真正显示出贾母深谙饮食养生美颜之道。

2）营养探秘

杏仁茶的主料是杏仁、糯米。糯米温补养生的作用众所周知，而杏仁美容养生的神奇功效更是有口皆碑。

杏仁富含蛋白质、脂肪、矿物质和维生素，营养价值很高，具有养阴清肺、化痰止咳、润肠通便的功效。杏仁中的微量元素和维生素 E，可使人肌肤滋润、有光泽，可防止肌肤损伤，能去斑、抗衰老，具有美容养颜的作用。杏仁分为甜杏仁和苦杏仁。其中苦杏仁含有大量的"仁苷"，具有抗癌的功效。斐济号称"无癌之国"，据说就与当地人常吃杏仁有关。但需要特别注意的是，未经加工的苦杏仁的毒性较高，成人吃 40 ~ 60 粒、小孩吃 10 ~ 20 粒，就有中毒的危险，所以苦杏仁不适宜食用，只能入药。

3）美丽传说

杏仁美容养生的传说自古流传。早在古代宫廷里，嫔妃们就流行用杏仁养生美容。据说，春秋时期，郑穆公的女儿夏姬因喜食杏仁，健康地活了 100 多岁，终老时仍面色红润。有"羞花"之美的杨贵妃就是用杏仁做美容面膜和日常护肤，杏仁神奇的美容功效使她肌肤白嫩、红润，获得唐玄宗的"万千宠爱于一身"。唐宋以来，许多嫔妃都喜食杏仁做的茶点，以增加体香。据说香妃就是因喜食杏仁而体生异香，深得乾隆皇帝的宠爱。如今，用杏仁制作的美食仍然备受人们喜爱。如晶莹洁白的杏仁糕、杏仁豆腐；香酥美味的杏仁瓦片酥、绿茶杏仁饼干、焦糖杏仁酥饼；养生美味的杏仁炸鸡排（猪排）、杏仁拌苦瓜、大麦杏仁粥；清爽可口的系列杏仁凉拌菜等，都是广为流传的美味佳肴。

4）制作方法

（1）原料

甜杏仁 100 g、糯米 50 g、冰糖适量。

（2）制作

先用凉水把甜杏仁和糯米浸泡 4 ~ 6 h，再将泡好的甜杏仁和糯米放入搅拌机

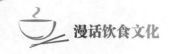

中，加入 200 g 清水后开始搅拌，直到混合物呈奶白色的糊状。这时在砂锅里加入清水，再加入适量冰糖用中火慢煮，直到冰糖完全融化。另一方面，用漏网过滤杏仁和糯米糊，把滤好的汁液倒入锅中烧开盛入碗中，这样，就可享用一道香甜的美容杏仁茶了。

9.1.2 牛乳蒸羊羔

1）情节回放

人生七十古来稀，在人均寿命较低的古代，贾母却能颐养天年，而且始终身体康健，容颜不衰，不能不说她是一个养生高手。我们一起再来看看她日常的饮食生活。《红楼梦》第四十九回写道：在一个大雪后的早晨，宝玉和众姐妹一起到贾母房里吃饭，上的第一道菜便是"牛乳蒸羊羔"，贾母说："这是我们上了年纪人的'药'，没见天日的东西，可惜你们小孩子吃不得。今儿另外有新鲜鹿肉，你们等着吃吧。"

2）营养探秘

贾母说的"没见天日的东西"原来就是未出生的羊胎。中医认为，羊胎可以大补元气，具有补肾虚、养气血的功效，是延年益寿的佳品，是气血亏虚的老年人滋补养生的天赐良"药"。由于羊胎珍稀难得，人们也用羊胎盘烹制养生的美味佳肴。羊胎盘的营养也极为丰富，具有补肾益精、益气养血、强筋健骨、润肤美颜等功效。尤其在女性养阴补气血方面，其功效可与紫河车（用人胎盘制成）相媲美。用羊胎或羊胎盘制成的菜品有羊胎汤、羊胎鸡窝、羊胎盘鸡翅汤等。

后来人们用羔羊肉替代羊胎制作牛乳蒸羊羔，它也有很好的养生功效。

俗语说"羊吃百草治百病"，羊肉素有"百药之库"的美誉。中医认为，羊肉味甘而不腻，性温而不燥，具有补肾、暖中祛寒、温补气血、开胃健脾的功效，平日怕冷、手脚凉的人在冬天多吃羊肉，既能抵御风寒，又可滋补身体。羊肉还含有丰富的蛋白质、维生素和氨基酸，易被人体消化吸收，可抗疲劳，是中老年人和易疲劳的青年人滋补养生的首选食材。

特别的是，羊肉含有一种能激发人体消耗原有脂肪的特殊物质，是减肥佳品，最适合那些想吃肉又怕长胖的人。

3）制作方法

（1）原料

羔羊肉 500 g，银耳 200 g，鲜牛奶 500 g，白酒 30 g，姜片适量。

（2）制作

先烧一锅开水，放进几片姜，然后把羔羊肉放进去，倒入一半的白酒，用中火煮 30 min，捞出羔羊肉，趁热切成小丁，码入大盆，再放入切碎的银耳，倒入剩下的白酒，再倒入牛奶，牛奶没过羊肉即可。再把大盆放进蒸锅内，用小火蒸 40 min 左右，一道美味、滋补的牛乳蒸羊羔就大功告成了。

除了牛乳蒸羊羔，《红楼梦》中还记载了红稻米粥、鸭子肉粥、鸡髓笋、松瓤鹅油卷等，样样都是滋补养生佳品，难怪贾母能成为大观园里的长寿老人。再说贾宝玉。他可是大观园中最受宠的宝贝人物，贾母的掌上明珠、王夫人的老来独子，被姐姐妹妹们众星捧月地陪伴着，一大群丫鬟小心谨慎地伺候着。他整天吃的是珍馐美味，在《红楼梦》中，单是宝玉吃的美食就写了很多，这里我们给大家介绍几道宝玉爱吃的菜点。

9.1.3　糟鹅掌鸭信

1）情节回放

《红楼梦》第八回中写道：宝玉去梨香院看宝钗，两个人一边观赏、比较各自脖子上带的物件，一边谈笑嬉闹。时辰晚了，屋外又下着雪，薛姨妈摆了几样细茶果，留宝玉吃茶。宝玉夸赞前日在宁府吃到的糟鹅掌鸭信。薛姨妈听了，也忙把自己糟的取了些来与他尝。

2）营养探秘

这是一道味美、养生的下酒菜，主要原料是鹅掌、鸭信和糟酒。

鹅的全身都是宝。鹅肉高蛋白、低脂肪、低胆固醇，富含人体必需的氨基酸、维生素和多种微量元素，可以补气养血、健脾增力、暖胃生津、止咳化痰、治疗慢性肾炎等。对糖尿病老年患者来说，喝鹅汤吃鹅肉，既可补充营养，又能控制病情，是不可多得的养生佳品。而这道菜中的鹅掌，其味甘平，有补阴益气、养血生津、祛风湿、抗衰老等功效。鹅掌中富含胶原蛋白，还可以滋润皮肤，减缓皮肤衰老，既有鹅肉的滋补功效，又能美容养颜，其营养价值可与熊掌媲美，是中医食疗的上品食材。

鸭信就是鸭舌，性偏寒凉，可以健脾利湿，化解鹅掌的热湿之毒，更好地起到美肤的作用。同时，鸭信中含有视黄醇，可以防止亚硝酸盐的形成，具有一定的防癌作用。

而糟酒含丰富的营养物质，味道鲜美，可使鹅掌变得更加鲜嫩可口，如果缺了糟酒，这道菜的口味就会大大逊色。

这道"糟鹅掌鸭信"可以说是一道延年益寿的药膳，需注意的是，体内有湿或得了疔疮等的患者不宜食用。

3）制作方法

（1）原料

鹅掌 5 个，鸭信 10 个，糟酒 500 g，葱段、姜片适量。

（2）制作

先把洗净的鹅掌放进热水锅里煮一下，再放入鸭信，倒一点料酒去腥，煮 10 min 后将鹅掌、鸭信捞出，迅速放进凉开水里，这样做出的菜口感很脆。接下来，取出鸭信，从中间切一刀，去掉舌根，留下舌尖，再取出鹅掌，去掉指尖和掌骨，连同切好的鸭信一起放进一个大盆里，再把葱段和姜片放进去，倒入糟酒，用保鲜膜把盆口密封好。腌渍 12 h，这道极富特色的糟鹅掌鸭信就可以装盘享用了。

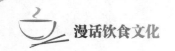

9.1.4　酸梅汤

1）情节回放

要风得风，要雨得雨的宝玉一见了父亲就失魂落魄，而贾政看天性自由的宝玉也是百般"不顺眼"，父子俩"水火不容"。《红楼梦》第二十八回和第三十三回写道：宝玉与蒋玉菡（琪官）初次见面便惺惺相惜，互赠礼物。后来蒋玉菡逃离忠顺王府，忠顺王府的长府官到贾府索人。宝玉交戏子让贾政火冒三丈，将宝玉关起来打得皮开肉绽。阵阵剧痛使宝玉神志不清、食不下咽，贾母心痛如绞，心肝肉尖地喊着，当众责骂贾政，贾府上下人等慌乱一片。正在大家不知所措时，宝玉苏醒过来，嚷着口渴，要喝酸梅汤，袭人却阻止给宝玉喝酸梅汤，这是为什么呢？

2）营养探秘

酸梅汤是中国传统的清凉解暑饮料。它酸甜开胃，清凉爽口，能生津止渴、消暑解烦，深受人们喜爱，有"中国版可口可乐"之誉。酸梅汤的主要原料有乌梅、山楂、桂花、甘草、冰糖。乌梅味酸性平，归于肝、脾、肺、大肠经，具有敛肺止咳、涩肠止泻、和胃止呕、生津止渴、润喉提神、解暑除烦等功效。乌梅属碱性食品，能平衡体内酸碱度。现在随着生活水平的提高，人们常吃大鱼大肉，易呈现亚健康状态，其表征为疲倦乏力、心烦意乱、头昏、易忘事，皮肤粗糙灰暗、出油起痘。喝酸梅汤能缓解亚健康状态，使人精力充沛。另外，酸梅汤中山楂的消油解腻、健脾开胃功效，桂花的美容养颜、降逆香体功效，甘草的补脾益气、化痰止咳、清热解毒等功效，都对我们的身心健康大有裨益。需注意的是，乌梅有很强的收涩作用，所以受伤的人、发烧的人、便秘患者都不能喝酸梅汤，以免滞涩气血。这就是袭人阻止宝玉喝酸梅汤的原因。真是令人叹服，大观园里连丫环都是养生的行家。

3）制作方法

（1）原料

乌梅 100 g，山楂 100 g，甘草 10 g，糖桂花 5 g，冰糖等适量。

（2）制作

先把乌梅、山楂、甘草放入清水中浸泡 30 min；然后在砂锅中加入 1 000 g 清水，把泡好的乌梅、山楂和甘草一起放入砂锅中，用大火烧开后改小火煮 30 min，加入适量的冰糖，然后再煮 10 min 左右；把煮好的汤汁盛入碗里，最后再加入一小勺糖桂花，搅拌均匀。这样，酸甜可口的酸梅汤就做好了。

在《红楼梦》中记述的宝玉爱吃的美味佳肴还有很多，如玫瑰清露、虾丸鸡皮汤、火腿鲜笋汤等。这里不过抛砖引玉，大家可以利用课余时间多加探究。

9.1.5　火肉白菜汤

1）情节回放

黛玉自幼父母双亡，寄养在贾府，虽锦衣玉食，却得步步留心、时时在意。她体弱多病，易忧思伤感，时常郁郁寡欢。《红楼梦》第八十七回写道：黛玉与探春、史湘云等人交谈了一番南方风物之后，便起了思乡之情，想起自己承欢父母膝下的情景。那时，春花秋月、水秀山明、香车画舫、红杏青帘，众多丫环服侍，诸事任意纵情，亦可直言不讳，如今寄人篱下，纵有许多照应，自己无处不需留心，孤单凄楚。黛玉忧思着往昔今生。丫环紫鹃见了十分着急，就安排厨房给黛玉做了一道汤。这汤不是山珍海味，是用普通的白菜、火肉做的"火肉白菜汤"。一心呵护林姑娘的忠仆紫鹃，为什么会给黛玉点这么一道再普通不过的家常菜呢？

2）营养与文化

白菜鲜嫩味美，营养丰富，富含胡萝卜素、维生素 C 和钙等营养成分，有"百菜之王"的美誉。它性味甘平，有清火润肺、消食健胃、通肠利便、益肾填髓、止咳抗癌的功效。白菜帮子与葱白、萝卜、生姜制成三白汤，能有效地防治感冒。俗语说，"鱼生火，肉生痰，白菜豆腐保平安。"

白菜不仅是养生保健的上佳食品，还有丰富的文化内涵。白菜古称"菘"，因其"青白高雅，凌冬不凋，四时常见，有松之操"，故誉之以"菘"的美名。白菜谐音"百财"，且层层包裹的菜叶寓意财源滚滚，甚受生意人喜爱。白菜叶青帮白，故有"清白"之意，象征着文人雅士淡泊清白的人格，象征着古代先贤追求的至简的儒道精神。白菜寓意吉祥，常为历代文人、画家争相赞咏的题材。国画大师齐白石有一幅著名的写意白菜图，画上题字，"牡丹为花之王，荔枝为果之先，独不论白菜为菜之王，何也"。苏轼有诗云，"白菘类羔豚，冒土出熊蹯"。又曰，"早韭欲争春，晚菘先破寒。人间无正味，美好出艰难"。更有一位无名诗人写道，"白菜人尊百菜王，天宫开宴百仙尝。玉帝夸赞不绝口，王母贪吃未搭腔。养胃生津好滋味，可拌可炒可炖汤。最喜严冬好存储，家家户户窖中藏"。

汤料中的火肉又叫"火腿"。《本草纲目拾遗》中说，火肉营养丰富，可以益肾、补胃、生津，补而不腻，特别适合肺热咳嗽、便秘、肾病患者，气血不足者，脾虚久泻、胃口不开者，体质虚弱、虚劳怔忡、腰脚无力者食用。白菜与火肉搭配更是滋补佳品。根据《红楼梦》中的描述，黛玉弱不禁风，忧思多虑，常常咳嗽，食欲不振、消瘦，所以，紫鹃为黛玉做的这道火肉白菜汤是最适合黛玉不过的。

3）制作方法

（1）原料

白菜 200 g，虾米、紫菜适量，火腿 3 ~ 4 片，青笋 1 根，姜片适量。

（2）制作

将姜片和虾米一起铺在砂锅底部，再铺两片火腿肉，白菜切段码在砂锅里，再把紫菜和剩下的火腿肉都码在白菜上。青笋切片，码在最上头。加适量高汤或清水，先用大火烧开，再以小火煮 10 min，加点鸡精调味即可。

9.1.6　栗粉糕

1）情节回放

在《红楼梦》第三十七回，曹雪芹妙笔生花，给女子创造了一个展现才华的舞台，

让大观园大放异彩。事情的缘起是这样的：探春、宝玉、黛玉、宝钗等人在大观园里兴致勃勃地组织"海棠诗社"。他们设宴聚饮、咏诗唱和，好不欢喜。唯独诗才俊逸的史湘云缺席，宝玉很是牵挂，就派人送去了史湘云平日爱吃的"栗粉糕"。史湘云身体健康，性格豪爽活泼。她大块吃肉，大口喝酒，还和宝玉一起吃烤鹿肉，毫不忌讳。更有趣的是在宝玉的生日宴上，她醉卧芍药裀，躺在园子的青石板上酣睡不醒。微风习习，石板寒湿，极易招病，可是史湘云却啥事没有。那么，史湘云的体魄如此强健，会不会与她吃的"栗粉糕"有关呢？

2）营养探秘

栗子又叫板栗，为五果之一，五行属水，归肾经，有补肾强身、强腰膝的功效，故又称"肾之果"。《本草纲目》记载，"栗治肾虚，腰腿无力，能通肾益气，厚肠胃也。"生吃板栗对治疗腰脚酸痛、膝软无力有奇效。唐宋八大家之一的苏辙晚年患病，整日腰酸、膝软、背痛，苦不堪言。后来他偶遇一位老翁，传给他一个药方，每天早晚各生吃 3 ~ 5 枚栗子。一段时间后，果然痊愈，他兴奋之余写诗记之，赞许栗子的奇特药效。诗曰，"老去自添腰腿病，山翁服栗旧传方，客来为说晨兴晚，三咽徐妆白玉浆。"此外，栗子味甘性温，营养丰富，富含蛋白质，多种维生素，不饱和脂肪酸，核黄素和钙、磷、钾等营养成分，具有健脾养胃、益气补血的功效，能有效地防治冠心病、高血压等疾病，能抗癌、防衰老，助人延年益寿。但因栗子含糖量高，所以糖尿病患者应适量食用。

这样看来，史湘云身体健壮也许就在于"栗粉糕"的保健作用。

3）制作方法

（1）原料

生栗子 400 g，糯米粉 200 g，山楂糕、糖桂花等适量。

（2）制作

先在生栗子皮上切十字刀，再将栗子放进热水锅里以中火煮 10 min，捞出，趁热剥皮。然后换一锅水，中火煮 30 min，捞出栗子，将其碾成粉末，再过细箩，加入糯米粉、糖桂花及适量清水和匀。将面团放入抹了香油的盘里，揉成圆饼状上锅，大火蒸 30 min。另外，把山楂糕切小丁，撒在蒸好的栗粉糕上，再改刀将栗粉糕切成菱形块摆盘。栗粉糕上加山楂糕，更有助消化。

9.1.7 黄米面茶

1）情节回放

《红楼梦》第七十七回写了这样一个情节：及至天亮时，就有小丫环来传王夫人话，让宝玉赶紧起床梳洗，去上房见老爷。因为贾政喜欢宝玉写的诗，要带他和贾兰赴朋友之邀赏秋菊。宝玉不敢怠慢，只得匆忙前来。果然见贾政在那里吃茶，看上去十分喜悦。宝玉请了早安，贾政便让他一起吃早茶。父子二人临行前吃的早茶正是京津一带的特色风味小吃——黄米面茶。贾政为官勤勉恭谨。元妃省亲更是让他费心劳神，里外忙活。此外，他还得管教不省心的宝玉。可是他整日忙里忙外，却从未见他倦怠或因病休息，那么年近半百的贾政缘何这样精力充沛呢？是否与这道黄米面茶有关呢？

2）营养探秘

黄米又称黍米，五行属土，归脾经。其含有丰富的脂肪，蛋白质，维生素 E 和铁、磷等矿物质，有健脾益气、润肺止咳、润肠通便、安神助眠等功效。黄米面茶高钙、高铁、高蛋白，能满足人体的营养需求，增加人的体力，使人精力旺盛。

俗话说，"三十里的莜面，四十里的糕，二十里的馒头饿断腰。"意思是人吃了用黄米面做的糕，体力充沛，走四十里路都不觉得累。

黄米面茶中的芝麻更是营养丰富。古人认为芝麻能"填精""益髓""补血"，服食芝麻可除一切痼疾，能返老还童、长生不老。根据现代科学，芝麻中含有丰富的维生素 E 和极为珍贵的抗氧化元素硒，能增强细胞活力，从而起到延年益寿的作用。此外，芝麻中还含有丰富的铁、卵磷脂和亚油酸，不但可治疗动脉粥样硬化、补脑、增强记忆力，还有防白发脱发、美容润肤、保持青春活力的作用。中医学则认为，芝麻有补血、生津、润肠、通乳和养发等功效。

3）制作方法

（1）原料

黄米面 200 g，芝麻酱、芝麻盐等适量。

（2）制作

用少许凉水把黄米面调成面糊，然后将面糊倒进开水锅里，不停地搅拌，熬制 10 min 后，将面糊盛在碗中，再浇上一层芝麻酱，撒一层芝麻盐，这道面茶就做好了。

9.1.8　火腿炖肘子

1）情节回放

《红楼梦》第十六回写道：正赶上吃饭的档口，贾琏的乳母赵嬷嬷前来为儿子谋差事，王熙凤便让下人端来自己早上吃过的火腿炖肘子给赵嬷嬷吃。看似轻描淡写的一笔，却让人感觉到这道火腿炖肘子是王熙凤常吃的菜肴，并且她十分钟爱。

《红楼梦》里王熙凤精明强干，管理着荣国府，事无巨细都得劳神处理，恰似现代的白领丽人。中医认为，忙碌操劳会使人阴血暗耗，面色憔悴，容易长斑。而王熙凤却总是神采奕奕。书中第三回这样描写王熙凤："这个人打扮与众姑娘不同，彩绣辉煌，恍若神妃仙子……一双丹凤三角眼，两弯柳叶吊梢眉，身量苗条，体格风骚，粉面含春威不露，丹唇未启笑先闻。"在烦心的操劳之后，王熙凤却能依旧光彩照人，漂亮得恍若神妃仙子，她到底有什么独特的保养方法呢？她的美丽秘籍也许就在这碗火腿炖肘子里。

2）营养探秘

猪肘主要包括肉、筋、皮。猪肉味咸性平，入肾经，含有丰富的优质蛋白质、血红素、脂肪酸等，能补肾养血、滋阴润燥、改善缺铁性贫血等。筋与皮含有大量的胶原蛋白，有和血脉、润肌肤、填精髓、健筋骨、清热去烦的功效，是女性美容养颜的珍品。用猪肘和火腿制成的这道菜，大概就是王熙凤承受复杂沉重的工作，却能保持洛神般美丽容颜的妙招。

虽然猪肘子能使人美丽动人，但湿热痰滞内蕴者慎服，肥胖、血脂较高者也不宜多食。

3）制作方法

（1）原料

猪肘子 500 g，火腿 350 g，冬笋 200 g，香菇 200 g，葱、姜等适量。

（2）制作

①向锅里加入适量清水，将猪肘子放进去，大火烧开，中火煮 20 min 左右，捞出猪肘子冷却。

②把火腿切成薄片，冬笋去皮切片，香菇去根切片，姜和葱用刀拍松切成段。将冷却后的猪肘子也切成与火腿大小差不多的薄片。

③取一个砂锅或瓷盆，用猪肘子和冬笋片铺底，然后按香菇、火腿、香菇、猪肘子、冬笋的顺序依次码入砂锅，正中间放入切好的葱和姜，再盖上一片完整的香菇。

④取一个盆盛上一点高汤，放进料酒、味精、盐、酱油、香油，搅拌均匀后倒进砂锅内。最后把砂锅放进蒸锅里，中火蒸 40 min 左右。

香喷喷的火腿炖肘子看着不腻，吃着养人，真是令人垂涎欲滴。

9.1.9　奶子糖粳米粥

1）情节回放

《红楼梦》第十三回写道：秦可卿病亡，尤氏也卧病在床，宁国府无人料理丧事，贾珍恳请王熙凤帮忙。生性好强的王熙凤使出浑身解数，把丧事打理得井井有条，让宁国府上下服服帖帖。宁国府这次丧事不同寻常，场面大、礼仪周全，即便是精明能干的王熙凤也不敢有丝毫懈怠。她早出晚归，往来于荣、宁两府之间。早上 6：30 准时到宁国府点卯，晚上要忙到凌晨一两点，每天只能睡 3 ~ 4 h，若没有强壮的身体，怎能撑得住这么大的压力？王熙凤到底吃了什么东西，能保持这样的精力？书中是这样描写的："收拾完备，更衣净手，吃了两口'奶子糖粳米粥'。"

2）营养探秘

《黄帝内经·素问》云："五谷为养，五果为助，五畜为益，五菜为充。气味合而服之，以补精益气。"五谷是指稻（大米）、稷（小米）、黍（黄米）、麦（小麦）、菽（大豆）。这句话的意思是这些富含碳水化合物和蛋白质的谷物、豆类才是养育生命的主要食物。人们日常食用的糯米、小米、粳米、苡仁都富含人体必需的营养素，适合不同体质的人食用。糯米，味甘性温，可健脾敛气、止汗止泻，适合体弱多汗、泄泻多尿的人食用。小米，性味甘温，营养全面均衡，有健脾和胃、益气补肾的功效。脾胃不和、脾虚久泻、消化不良的人食用小米更为有益。苡仁，味甘性微寒，是传统的食药两用的保健食品，有健脾祛湿、消肿除痹、清热排脓、降糖降脂、润肤美白、增加免疫力、抗癌抗衰老等多种功效。苡仁以其丰富的营养和药用价值被誉为"生命健康之禾"。但糯米、小米、苡仁都有饮食禁忌，糯米、小米性温，故体质偏热者不宜多食；苡仁性凉，体质偏寒之人也需适量食用。唯有奶子糖粳米粥中的粳米性平，能和肠胃、补虚劳、健脾补肾、强筋骨，适宜各种体质的人群。用粳米熬制的粥饭堪称可代参汤的第一补益食物，惠而不费，是老百姓都能吃得起的养生珍品。尤其是由粳米粥熬制出的粥油，更是补中极品，它富含维生素和其他诸多营养素，是老少咸宜的补益佳品。制作奶子糖粳米粥的另一味食材就是牛奶。牛奶所含丰富的营养妇孺皆知，这里不再赘述。

3）制作方法

（1）原料

粳米 100 g，牛奶 250 g，红糖或白糖等适量。

（2）制作

粳米洗净下锅，大火烧开后，改小火慢熬 1 h 左右，粥快熬好时加入牛奶搅拌均匀，再熬几分钟即可，起锅前加入适量的红糖或白糖。注意牛奶不能过早加入，否则会破坏它的营养成分。

9.1.10　银耳鸽子蛋

1）情节回放

美女如云的大观园，是个名副其实的女儿国。在这佳丽云集的大观园里，大家用什么来调理女性常见的妇科疾病呢？

《红楼梦》第四十回写道：宴席上，凤姐捡了一碗鸽子蛋，放在了刘姥姥的桌前，刘姥姥站起来说："老刘老刘，食量大如牛，吃个老母猪不抬头。"一席幽默的话给整个宴会带来了欢乐。

招待刘姥姥的游园活动，让我们从那些吃喝玩乐中发现了大观园里的佳丽们保养身体的秘诀，据此创制了一道菜银耳鸽子蛋。

2）营养探秘

鸽子蛋的营养价值极高，被誉为"动物人参"。鸽子蛋含优质蛋白、各种维生素、微量元素等，可以补气和血，使人面容红润、有光泽，精力旺盛；还能补肾调经，调解内分泌，是女性的妇科良药和美容佳品。古代医家还善用鸽子治疗妇女的宫冷不孕等妇科疾病。

3）制作方法

（1）原料

银耳 150 g，鸽子蛋 10 枚，冷水等适量。

（2）制作

冷水浸泡银耳 40 min 左右。备 10 个瓷勺，并涂抹香油。把勺子摆放在一个大盘

里，把鸽子蛋打碎盛在勺子里，再把盘子装进蒸锅，中火蒸 3 min 左右，蒸好后摆盘。把泡好的银耳去蒂洗净，在锅里加高汤烧开，再把银耳放进去焯一下捞出。锅里留一点汤，加入料酒、味精、盐调味后，再把银耳放回去，煮 1 min 左右，加一点水淀粉勾芡，翻炒一下后装盘，把多余的汤汁浇在鸽子蛋上。

9.1.11　面筋炒芦蒿

1）情节回放

《红楼梦》第六十一回中写道：晴雯要吃面筋炒芦蒿并嘱咐少搁油，厨娘柳嫂便做了这道菜送过去。

晴雯性情率直、不加矫饰，常得罪人。她虽得宝玉钟爱，却依旧要整天小心伺候，身心紧张、压力大，生活缺少规律，就像现代白领丽人，很容易心烦上火以致有损容颜。深谙养生之道的俏晴雯选用"面筋炒芦蒿"来清心安神、颐养容颜。她的养生之道不得不令人叹服。

2）营养探秘

芦蒿也叫蒌蒿，《本草纲目》中记载，经常适量饮用蒌蒿有明目、生发黑发、降压降脂、止血、消炎、解热等功效，嫩茎和叶可以入菜，能起到一定的食疗作用。面筋则是高蛋白、低脂肪的食物，多食有助于消化，可瘦身、强健体魄、美容养颜。

3）制作方法

①主料：芦蒿 500 g、面筋 100 g。

②辅料：红椒 2 个。

③调料：盐、糖、老抽。

④制作步骤。先将芦蒿去叶、洗净切段，面筋切成条，辣椒切丝。然后在热锅里倒少许油，油热后，先炝炒芦蒿和红椒，后放入面筋，翻炒 1 ~ 2 min，调味，再翻炒均匀，小火炒制少许时间即可。

4）特色

面筋炒芦蒿口味清淡，洁白的面筋与翠绿的芦蒿相映成趣，再配上红红的辣椒，真是色香味俱佳。可以用蒿子秆儿代替芦蒿来制作这道菜。蒿子秆儿是茼蒿的嫩茎叶。茼蒿在中国古代是制作宫廷佳肴的原料，又称"皇帝菜"，有蒿之清气、菊之甘香，口感鲜香嫩脆。其含有丰富的维生素、多种氨基酸等营养成分，可以养心安神、降压补脑、清血化痰、润肺补肝、防止记忆力减退等，所含粗纤维有助肠道蠕动，能通便利肠、利尿排毒。

5）演绎

后来，这道菜被智慧的厨师们演绎成鸡丝炒蒿子秆儿，同样做法简单且好吃又有营养，广受赞誉。其制作方法如下。

（1）原料

蒿子秆儿 750 g，鸡脯肉 150 g，鸡蛋 1 个，水、料酒、盐、淀粉等适量。

（2）制作

先洗净蒿子秆儿，摘去叶子，切成寸段备用。再把洗净的鸡脯肉切丝，放进盘里；打一个蛋，取蛋清，加味精、盐、水淀粉抓匀，腌渍入味。然后在炒锅里多加一点油，油热后，把调好味的鸡丝放进锅里滑散，再把切好的蒿子秆儿也放进锅里滑炒，之后倒出多余的油。锅中加入料酒、味精、盐，最后再加少许水淀粉，翻炒两下即可出锅。

红楼美食不胜枚举，如广为传颂的经典菜肴茄鲞、鸡皮虾丸汤、酒酿清蒸鸭子，富有特色的鸡髓笋、烤鹿肉、油盐炒枸杞芽儿、豆腐皮包子等。本节囿于篇幅，只能列举几例抛砖引玉，希望大家能广泛搜集、积累红楼美食资料，从中学习红楼美食中的养生智慧。在这里推荐大家观赏《探秘红楼美食》等节目，它们将带大家走进大观园丰富多彩的美食世界。

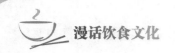

9.2　蕴含典故的三国文化菜

【学习目标】

1. 能讲述《三国演义》中的人物及其典故，提高文化素养。

2. 学会制作几道三国菜，借鉴传统文化设计创意文化菜。

3. 培养探究祖国优秀传统文化的热情和兴趣。

【导学参考】

1. 课前研读《三国演义》，搜集小说中的人物及其典故。

2. 组织一次"讲三国故事，品文化盛宴"的故事会。各小组分派同学讲述故事，介绍菜品，并全组合作创意一道文化菜。

3. 拓展学习：搜集、积累三国典故和三国文化菜，全班整理汇编。

　　《三国演义》描写了三国时期近一百年的历史风云，塑造了一批叱咤风云的英雄人物。诸葛亮的神机妙算、关羽的忠义勇武、刘备的仁爱宽厚、曹操的奸诈多疑等人物形象在中国已家喻户晓。他们在风云际会的三国历史上，演绎出一段段传说，也为中国的饮食文化提供了广博的素材。智慧勤劳的司厨人把那些传奇故事烹制成一道道美味佳肴端上餐桌，让人们在品茗饮馔中享受文化的熏陶。

　　对三国文化菜的含义有两种解读：一种叫传统三国菜，是三国历史典故中出现的菜，因三国中的人物亲自吃过或做过这种菜而得名并流传至今，如"三丝诸葛菜""马蹄酥鳝""龙凤配"等。另一种叫现代三国菜，是后人依据三国的历史典故演绎而来，与三国人物并无直接关联，如"桃园三结义""草船借箭""火烧赤壁""水淹七军"等。

9.2.1　三顾茅庐

　　《三国演义》第三十七回中写道：东汉末年，诸葛亮躬耕南阳，隐居茅庐。谋士徐庶向刘备推荐诸葛亮。刘备为了敦请诸葛亮辅佐自己打天下，就同关羽、张飞一起去诸葛亮居住的卧龙冈茅庐请诸葛亮出山。可是诸葛亮不在家，刘备只好留下姓名，怏怏而去。隔了几天，听说诸葛亮回来了，刘备等人又冒着风雪前去，哪知诸葛亮又出门去了。两次空走，张飞、关羽有些不耐烦了，但刘备并未放弃。他带着诚意第三次去隆中，终于见到了诸葛亮。诸葛亮对天下形势的精辟分析，令刘备十分叹服。

刘备三顾茅庐，使诸葛亮非常感动，答应出山相佐。刘备尊诸葛亮为军师，对关羽、张飞说："我之有孔明，犹鱼之有水也！"后来诸葛亮果然不负所望，辅佐刘备建立蜀汉政权，形成三国鼎立的历史格局。

成语三顾茅庐由此而来，后用此典故表示帝王对臣下的知遇，也比喻诚心诚意地邀请或访问对方。聪明的厨师根据这个典故烹制出多款以"三顾茅庐"为名的精美菜肴。

"三顾茅庐"是创意菜。厨师们八仙过海，各显神通。同学们也展开奇思妙想，一起来创制这道三国文化菜吧。

9.2.2　博望锅盔

《三国演义》第三十九回写道，诸葛亮初出茅庐便巧施计谋，在博望坡设计伏兵，以火攻大败曹军。火烧博望一战，曹军惨败，让对诸葛亮心存不满的关羽、张飞等人由衷折服。书中有诗赞颂道："博望相持用火攻，指挥如意谈笑中。直须惊破曹公胆，初出茅庐第一功。"

夺取博望城后，关羽领兵驻守。有一年，久旱不雨，城内水源断绝，连做饭的水都所剩无几。眼看将士们饥渴难忍，军心浮动，关羽连夜修书送往新野，请求退兵。

诸葛亮接到告急文书，心想：博望乃军事要地，怎能轻易撤军弃城呢？苦苦思考后，他心生一计，便修书告诉关羽："用干面，掺少水，和硬块，锅炕之，食为馈，饷将士，稳军心。"这是一种节水食品，关羽暗暗佩服——想不到军师不仅善于用兵，连做饼的方法也知道。

关羽按照军师所言，派人制作馈饼。这馈饼形似新疆特色风味美食——馕，大如盾牌，厚似酒樽，吃起来脆香爽口，做起来简单方便。将士们靠着它终于渡过难关，坚守博望城。

从此，"博望锅盔"便出了名，绵延千载，流传至今。

9.2.3　舌战群儒

《三国演义》第四十三回中写道：刘备兵败新野，弃走樊城，落荒夏口，面临着全军覆没的危险。诸葛亮受任于败军之际，奉命于危难之间，前往东吴游说联合抗曹大计。曹操大军沿江结寨，准备吞并江东。东吴君臣惊疑忧惧，是和是战难以定夺。诸葛亮运用谋略，与

东吴群臣纵论天下大事，巧舌雄辩，促使孙权下决心与刘备联合抗曹。这才有了后来的"赤壁之战"。

成语"舌战群儒"原指与众多儒生、谋士争辩，驳倒对方言论，后指与很多人激烈争辩并驳倒对方。"舌战群儒"的菜式创意有两种。

制作方法：

创意①：盘中放一个诸葛亮的雕塑，羽扇纶巾，栩栩如生。盘踞在诸葛亮脚下的是几十条鸭舌，象征着东吴的诸多谋士。这道菜的另一个名字叫"御府鸭舌"，鸭舌软烂浓香，滋味绝美。

创意②：先备好猪舌、扇贝、蒜泥等原料。再将猪舌卤好，改刀成片，扣入碗中，加高汤蒸 10 min。然后洗净扇贝，撒上蒜泥蒸熟，用扇贝围边。最后将猪舌扣于盘中，浇汁即可。

9.2.4 草船借箭

《三国演义》第四十六回中描述赤壁之战时写道，东吴大将周瑜一心想除掉智谋胜过自己的诸葛亮。他以军中缺箭为借口，要诸葛亮 10 天内造箭 10 万支。足智多谋的诸葛亮胸有成竹地说 10 天必误大事，只需 3 日即可，还立下了军令状。

原来，诸葛亮早有妙计。他回到帐内，向鲁肃借了 20 艘船，每船两边各束千余草人。等到深夜，20 艘船齐向曹营进发。江上，大雾弥漫，看不清天地。当船驶近曹操军营时，船上士卒擂鼓呐喊。曹操多疑，唯恐雾中有埋伏，便命令弓箭手乱箭射之。而此时，诸葛亮和鲁肃正坐在船中饮酒谈笑。

天放晴后，云雾散开，船两边的草人早已插满了箭，每艘船都有五六千支箭。诸葛亮令收船回去，还让士卒齐喊："谢丞相赠箭！"曹操这才知道上当了。回到岸上，诸葛亮将十万多支箭交给周瑜。

有名厨借此典故，创制出名为"草船借箭"的佳肴，为餐桌增添了趣味。"草船借箭"是一道传统的湖北地方名菜。

制作方法：将鳜鱼洗净并粘上面粉，做成船形，入油锅炸至外酥里嫩，浇上茄汁。将蛋松（喻稻草）垒在鱼肚内，上面插上煮熟的冬笋细条（喻箭）即可。此菜造型逼真有趣，口味酸甜爽滑，鱼肉外酥里嫩，十分美味。

后来，根据这个典故，厨师们又创制出多款风格独特的"草船借箭"菜肴。

9.2.5 子龙脱袍

"子龙脱袍"是楚湘之地的一道名菜，是用形似小龙的鳝鱼烹制而成的。

《三国演义》第四十一回中写道：三国名将赵子龙英勇盖世，百战百胜。曹操大军和刘备大军血战当阳长坂坡时，由于双方力量悬殊，刘备只好在众将的掩护下退战。

赵子龙负责保护两位夫人和公子阿斗。眼看被曹兵重重围困，二夫人唯恐受辱，投井而死，死前嘱托赵子龙千万保护好阿斗，保住刘备的血脉。赵子龙带着阿斗，奋力突围，历经周折，终于找到了刘备。

伤痕累累的赵子龙脱下被鲜血染红的战袍，把毫发无伤、还在酣睡的阿斗送到刘备怀里。刘备接过阿斗，一下抛在地上，痛惜地说："为了他，竟险些损失我一员大将！"在场将士无不为之感动。

后来，湘楚名厨敬仰赵子龙忠义救主，创制了"子龙脱袍"这道美味佳肴。其因制作时需去鱼皮，与凯旋归来的将军脱下铠甲战袍颇为相似而得名。

制作方法：先划开鳝鱼，撕下鱼皮。再把鱼肉放入开水中过一下，捞出剔刺，切成细丝。随后把青椒、玉兰片、香菇同切成细丝，接着将紫苏叶切碎，把鸡蛋清搅打起沫后，放入百合粉、盐调匀，再放入鳝丝搅匀上浆。然后炒锅加油烧热，下鳝丝滑油，用筷子搅散，倒入漏勺沥油。最后，轻炒玉兰片、青椒、香菇，加适量的盐，再下鳝丝，加绍兴酒合炒，再用醋、紫苏叶、湿淀粉、味精、肉清汤调成味汁，倒入炒锅中颠几下，撒上胡椒粉，淋入芝麻油，香菜摆放盘边即可。此菜色泽艳丽，白、绿、褐、紫四色相映成趣，口味咸香鲜辣，滑嫩适口，是一道营养丰富的传统湘菜。

在赵子龙护送阿斗的这段故事中，刘备摔阿斗的情节也广为流传。有谚语说，"刘备摔阿斗，收买人心。"人们又根据这一情节创制了名为"阿斗鲍鱼"的菜肴。

9.2.6 孔明馒头

"馒头"原名"馒首"，是中国的传统面食。它制作简单，携带方便，且松软可口，深受人们喜爱。《三国演义》第九十一回记述了诸葛亮在平定叛乱途中创制馒头的故事，表现了一位贤明宰相爱民如子的仁爱之心。

蜀汉建兴三年秋天，诸葛亮七擒孟获，以攻心战术令孟获心悦诚服，率部投降。诸葛亮收复西南少数民族，和他们建立良好的关系后，班师回朝。大军行至泸水，河面上风云突变，狂风巨浪挡住了军队前进的步伐。即使精通天文的诸葛亮，也为这突如其来的变化疑惑不解。

熟悉当地情况的孟获说："这里连年征战，很多士兵客死异乡，他们的冤魂经常出来作怪。要想渡河，按习俗必用四十九颗人头加上黑牛、白羊祭供。"诸葛亮听后，说："我今班师，安可妄杀？吾自有主张。"第二天，诸葛亮命士兵宰杀牛羊，将牛羊肉做成肉馅，用面皮包上，做成人头的样子，放进笼屉蒸熟，以此代替人头祭祀。

诸葛亮亲自在泸水边摆供拜祭亡灵，受祭后的泸水顿时云开雾散、风平浪静，大军顺利渡河。

从此以后，馒头渐渐成为人们生活中不可缺少的食品。

古时馒头分为两种：一种是无馅的白馒头；一种是有馅的花色馒头，又叫包子。包子的花样很多，有肉包、菜包、豆沙包、汤包等，都是各具特色的风味食品。

9.2.7　锦囊妙计

《三国演义》第五十四回写道：周瑜听说刘备妻子刚刚去世，就设计将孙权的妹妹许配给刘备，让刘备到东吴入赘，届时将刘备囚禁以换取荆州。诸葛亮识破此计，决计派赵云护送刘备到东吴成亲。临行前，诸葛亮送给赵云3个锦囊，锦囊中有3条妙计。后来赵云依计而行，果然保护刘备携新夫人安全返回荆州，而周瑜只落得"周郎妙计安天下，赔了夫人又折兵"的千古笑谈。

"锦囊"中的3个妙计

①一到东吴就拜会乔国老，让孙权的妈妈吴国太知道女儿要出嫁的事，并派人挨家挨户发喜糖，到处宣扬孙权妹妹与刘备即将结婚的消息，使刘备与东吴联姻尽人皆知，弄假成真。

②在孙权和周瑜用缓兵之计变相扣留刘备，而刘备也因恋美色不思离开时，让赵云谎称曹操大军压境，要来攻打荆州，催刘备赶快回归。

③在吴国派兵欲追回刘备时，让刘备告诉孙夫人实情，并让孙夫人出面喝止吴国追兵。

"锦囊妙计"这道菜的制作方法也别有意趣。锦囊即猪肚，妙计之"计"是"鸡"的谐音。它精选猪肚、土鸡，配以人参、当归、牡蛎等中药材，用果树枝小火煨制10 h以上，经九沸九变，使"妙计真妙"，体现了徽菜重火功、厚滋味，以原汁原味进补的特点。该菜清香可口，具有滋阴壮阳、清肝利肺之功效。

后来，人们发挥奇思妙想，又创制出各种款式的"锦囊妙计"。

9.2.8　龙凤配

《三国演义》第五十四回记述了"刘备招亲"的有趣故事，足智多谋的诸葛亮识破周瑜的美人计后，将计就计，借三个锦囊妙计不但让刘备赴东吴娶回孙尚香，还使周瑜讨还荆州的算盘落了空。

在刘备携孙夫人回荆州后，留守荆州的诸葛亮令人张灯结彩，大摆筵席，为主公接风。他特别吩咐厨师烹制既有当地特色，又有吉祥寓意的菜肴，"龙凤配"就是其中之一。

"龙凤配"又名"蟠龙黄鱼"，是荆州名菜，甜酸鲜香、外酥里嫩，清香扑鼻，造型优雅逼真，有巧夺天工之妙。

"龙凤配"选用大黄鳝和凤头鸡为主料烹制而成。盘中，黄鳝蜿蜒似龙，口吐云雾，脚踏祥云，腾跃欲飞；凤头鸡引颈如凤，俯卧在其旁边，昂首展翅，顾盼多情，光彩夺目。"龙凤配"比拟刘备和孙夫人这对恩爱夫妻。

9.2.9　苦肉计

《三国演义》第四十六回中写道：赤壁之战前，周瑜与诸葛亮等各方不谋而合，定下火攻的战术。为了实施"火烧连营"之计，周瑜先让庞统潜至曹营，为曹操献上了将战船拴到一起的"连环计"。而恰在此时，曹操派遣蔡和、蔡中兄弟来周瑜大营诈降。周瑜又将计就计利用二蔡对曹操实行诈降计，以诱使曹军战舰靠近，顺利点火。黄盖得知内情，自告奋勇，甘愿先受皮肉之苦，再向曹操诈降。于是，将帅二人上演了一出用心良苦的双簧苦肉计。为了掩人耳目，周瑜假戏真做，老黄盖被打得皮开肉绽，奄奄一息，最终骗过曹操，诈降成功，留下了"周瑜打黄盖，一个愿打，一个愿挨"的千古美谈。后来，黄盖诈降成功，带 20 条火船直驶曹军水寨，一声令下"放火"，首尾相连的曹军战船霎时变成一片火海，将士死伤无数，曹军惨败，这就是历史上著名的火烧赤壁。智慧的厨师将这段历史演绎出两道三国文化名菜"苦肉计"。

"苦肉计"这道菜是先将肉剁成肉糜，加入调料调味，再将苦瓜洗净、切段、去瓤，焯水后，将调好的肉馅装进苦瓜里，上锅蒸熟，然后摆盘浇汁即可。

9.2.10　过关斩将

《三国演义》第二十七回中写道，关羽因收到刘备书信，欲离开曹营寻兄，但曹操闭门不见，故不辞而别。因关羽不曾持有公文，所以遭到守城将士阻拦，关羽寻兄心切，一路过关斩将。

被关羽斩杀的六员大将有：洛阳太守韩福，牙将孟坦，东岭关孔秀，汜水关卞喜，荥阳王植和滑州秦琪。

后人有诗叹曰："挂印封金辞汉相，寻兄遥望远途还。马骑赤兔行千里，刀偃青龙出五关。忠义慨然冲宇宙，英雄从此震江山。独行斩将应无敌，今古留题翰墨间。"

名厨根据《三国演义》中关羽"过五关斩六将"的故事创制了"过关斩将"这道三国菜。

9.2.11　桃园结义

《三国演义》第一回讲述了桃园三结义的故事。

东汉末年，朝政腐败，连年灾荒，民不聊生。刘备有意匡复汉室，救民于水火，张飞、关羽愿追随刘备共同干一番事业。三人志同道合，便相约在一处桃园歃血为盟，结为生死与共的兄弟。排序为刘备年长做大哥，关羽第二，张飞最小，做了小弟。这便是《三国演义》中著名的"桃园结义"故事。从此以后，三人出生入死，共创蜀汉天下。

制作"桃园结义"这道菜需要配备的原料有：猪肥、瘦肉各 100 g，鸡肉 150 g，鱼茸 150 g，干贝 20 g，姜 30 g，蟹黄油 10 g，鸡汤 200 g，盐 5 g，味精 3 g，菜心 10 g，淀粉 150 g，葱段 5 g，清水等适量。

制作方法：先将猪肉洗净，瘦肉剁成茸，肥肉切成米粒。然后将鸡肉剁成茸。再将鱼茸加姜末、清水、淀粉、精盐、味精等搅拌上劲，挤成李子大小的鱼丸，放入清水中，用旺火余熟。之后将干贝洗净，放入碗中，加姜片、鸡汤入笼蒸至入味，取出，用净纱布裹上搓散。接下来将猪瘦肉茸、肥肉末、姜末、淀粉、精盐、味精搅拌均匀，挤成肉丸，沾满干贝，入笼蒸熟。鸡肉剁成茸加肥肉末、姜末、精盐、味精、鸡汤等拌和上劲，炸成鸡丸。最后，将3种丸子分别装入3个小盅内，加鸡汤、葱段等入笼蒸至透热，取出倒入盘中。炒锅置旺火上，先将菜心下锅，加精盐、味精炒熟，盛入盘中，再下鸡汤调好味，用水淀粉勾芡浇在3种丸子上，用菜心围边，最后浇上蟹黄油即可。

中央电视台《中国味道》节目中，选手根据桃园结义的故事，推出菜品"桃园牛肉"。整个节目文化内涵丰富、烹饪技术精湛，演绎过程详尽，为我们探寻三国文化菜提供了途径、方法借鉴，推荐大家观赏。

9.2.12　群英荟萃

"群英会蒋干中计"是一个著名的故事，写在《三国演义》第四十五回。故事大意是：周瑜正在帐中与众将议事，听说蒋干来访，知道他是为曹操做说客的，便决定利用蒋干施行反间计。周瑜大摆筵席，会饮群英。他先以禁止谈论"军旅之事"封住蒋干的口，进而又向蒋干显示东吴兵精粮足的实力，炫耀自己得遇明主、深受信任的地位，断绝蒋干的说降念头，并佯装醉酒，与蒋干"抵足而眠"。蒋干劝降不成，便使出窃取机密的鸡鸣狗盗之术，却正中周瑜将计就计、请君入瓮的下怀。蒋干偷走了一封伪造的蔡瑁、张允投降东吴的书信，连夜溜回曹营报功。曹操看信大怒，当即杀了蔡、张二将。周瑜的反间计最终大功告成。

"群英荟萃"这道菜是三国文化菜中浓墨重彩的集大成之作。菜品选用水鸭、鲍翅、蟹黄、裙边、乌鸡、霸王花、牛肝菌、羊肚菌等高档原料寓意群英，从选料、煲煨到端上餐桌，要经过32 h。

9.2.13　水淹七军

《三国演义》第七十四回描述了水淹七军的故事。故事大意是：关羽率兵攻取樊城，曹操遣于禁、庞德救援。庞德预制棺木，誓与关羽死战。于禁嫉妒庞德之功，移七军转屯城北罾口川。关羽乘襄江水涨，放水淹七军，生擒于禁、庞德。

"水淹七军"这道菜的原料有鱼、葱丝、香菜等。

制作方法：先将鱼用盐腌1 h，擦净鱼表面的水分，下锅煎成金黄摆在盘里。然后用番茄酱、白醋、糖、胡椒粉、高汤、淀粉、盐调汁，注意酸甜合适。最后锅里下蒜末、姜末炒香，把汁倒进锅里，一边煮一边搅，煮好后把汁浇在鱼上，再摆上葱丝、香菜做点缀即可。

典故丰富的《三国演义》为我们提供了取之不尽的烹饪创作素材，是一部充满智慧、深蕴文化的饮食宝典，值得广大餐饮工作者深入发掘、探究。

9.3 《水浒》《金瓶梅》中的世俗饮食

【学习目标】

1. 讲述《水浒》和《金瓶梅》中的饮食故事。

2. 从本节中学做几道工艺简单的文化菜，提高专业技能。

3. 通过比较学习，理解《水浒》和《金瓶梅》的世俗饮食文化特点。

【导学参考】

1. 学习形式：小组自主学习，合作探究。

2. 问题任务。

（1）讲述《水浒》《金瓶梅》中的饮食故事。

（2）结合具体菜例，介绍《水浒》《金瓶梅》中世俗大众的饮食特点。

（3）比较红楼美食与本节饮食的不同之处。

3. 拓展学习：搜集、积累《水浒》《金瓶梅》或其他文学名著中的美食故事，全班整理汇编。

9.3.1 《水浒》中梁山好汉活色生香的酒食生活

施耐庵在《水浒》中，对宋元时期的饮食情况有许多精彩的描述。这些内容反映了上自王公贵族，下至市井百姓的各个阶层的宋朝饮食生活。宋朝市井饮食文化的发展达到了前所未有的高度，主要表现在饮食店铺众多、分类细、服务面广，饮食行业增添了文化色彩。从张择端所绘"清明上河图"里参差林立的店铺和繁华的街市，我们也可以窥见宋朝市井百姓饮食生活的一隅。

《水浒》中最为精彩的内容是关于梁山一百单八将的酒食生活的描写。梁山英雄的饮食生活和他们的侠义故事代代流传，影响着梁山地区的饮食习惯。透视梁山人保留至今的"大碗喝酒，大块吃肉"的豪爽习惯，我们不难看出梁山好汉活色生香的酒食生活。

1）大碗喝酒，大块吃肉

《水浒》故事处处"酒"字当头，以酒壮行，展现梁山好汉的英雄本色。《水浒》中描写了很多宋代酒品，有武松在景阳冈打虎前喝的三碗不过冈的"透瓶香"，有李逵与张顺大打出手后在琵琶亭喝酒言欢时喝的江州上色好酒"玉壶春酒"，有让行事谨慎的宋江一反常态地写下反诗的罪魁祸首"蓝桥风月"，有茅屋柴门寻常百姓喝的劣质酒"柴茅白酒"，还有养生益智的滋补酒"头脑酒"等。梁山好汉的行侠仗义无不借

着酒力演绎，他们那冲天的豪气还表现在惊人的海量上。每到酒肆，他们动辄要几斤牛肉、几大桶酒，大碗喝酒、大块吃肉。借酒来塑造、表现英雄胆色，使《水浒》的饮食场面描写更加生动传神，使各路好汉的英雄气概更加感人至深。那么水浒英雄们都喜欢吃什么肉呢？他们最喜欢吃的肉，当然首推牛肉啦。《水浒》中出镜率最高的肉非牛肉莫属，英雄们出场，一亮相酒馆就会响起那声"先切二斤牛肉，再来一壶酒"的豪迈吆喝，他们行止豪饮，无不以牛肉助兴。

（1）景阳冈熟牛肉

《水浒》第二十二回写道：武松来到景阳冈，走进一家酒馆，先向酒家要了二斤熟牛肉和酒。武松筛了满满一大碗酒，一饮而尽，大叫"好酒"。不到一盏茶的工夫，他就吃光了牛肉，喝干了酒。酒兴上来，他又要了二斤熟牛肉，三大碗酒……就这样，三碗不过冈的"透瓶香"，他竟一气喝了十八大碗。然后不顾店家"山中有虎"的警告，他径直向景阳冈走去。后面便有了景阳冈武松打虎的英雄壮举，成就了武松"打虎英雄"的美名。诚然，酒壮英雄胆，武松景阳冈打虎，那十八大碗酒功不可没，但若没有那四斤熟牛肉给予的能量，武松怎能抵挡住饥饿凶猛的老虎？

牛肉营养丰富，含有大量的肌氨酸，能增长肌肉、强健体魄，是健身人士钟爱的食物。以牛肉为原料的菜品制作非常讲究，不同部位的牛肉有着不同的口味和烹饪方法。正如《淮南子·齐训篇》中所说，"一牛之体，齐味万方。"大家熟悉的牛腱子肉脂肪含量低，含筋膜，熟制后有胶质感，适合卤制或做酱牛肉。牛腩肉肥瘦相间，口味浓郁醇香，是清炖、煲汤或做咖喱牛肉的上佳食材。牛胸肉纤维粗、有脂肪，肉味甘甜，胶质丰富，适宜清炖、煮汤，口感肥而不腻。人们用来做牛排的是牛外脊肉，其块大、形美，肉色红润，间有脂肪，呈大理石花纹，非常美观。牛里脊肉也称牛柳，适合生拌、熘炒、烧烤。烹制里脊肉需小火，以免肉走味变涩。此外，还有牛肩肉、臀肉等。景阳冈的熟牛肉是怎么做出来的，书中没有记载。推荐大家观看中央电视台《中国味道》节目推演的"好汉大块牛肉"一集，里面介绍了不少制作牛肉美食的技巧和创新的小妙招。

（2）辽国黄羊肉

《水浒》中备受好汉推崇和喜爱的另一味食材就是羊肉，可以说书中大大小小的宴席上，羊肉都是唱主角的当家花旦，最引人注目，而在品类不同的羊肴中口味最纯正，堪称极品的当属辽国纳降国宴上的熟黄羊肉。《水浒》第八十九回写道：宋江率梁山好汉破了辽军的混天象阵法，大败辽军，兵临城下，将燕京团团围住。辽国投降称臣，派丞相褚坚进京朝见宋天子。褚坚贿赂柴京、童贯等四大奸臣，奏禀皇上，让宋江休兵罢战，存辽国以为屏障，并尽数归还夺取的檀、蓟、霸、幽四大州。宋江功败垂成，不得不班师回朝。辽主大喜，设宴款待宋朝使臣，席间便有这道羊肴"辽国黄羊肉"。黄羊肉营养丰富，肥美无比，能补中益气、养肾补血、治虚劳寒冷等，是极为难得且美味的养生滋补食材。

（3）蒜泥狗肉

大家都知道鲁智深虽身在佛门，却是个酒肉和尚。他像济公一样，酒肉穿肠过，佛祖心中留。《水浒》第三回写道：一日，鲁智深来到五台山下的杏花酒店，遇到店家做砂锅炖狗肉，被迫当和尚、憋闷了许久的鲁智深想大块朵颐，立即叫上半只狗肉。店家连忙取了半只熟狗肉，捣些蒜泥，端到鲁智深的面前。鲁智深大喜，用手扯那狗肉蘸着蒜泥吃，一连又吃了十来碗酒。吃得爽快，喝得酣畅淋漓，让人看得目瞪口呆，垂涎三尺。狗肉味咸酸，性温，能养肾壮阳，有至尊肾宝的美誉，有益气补血、补虚劳、增强免疫力、改善性功能等多种功效。但是吃狗肉的禁忌很多，比如，鲁智深吃的蒜泥狗肉，吃多了很容易上火。

2）生猛水产，活色生香

啸聚山林、替天行道的梁山英雄们生活在地处八百里水域的梁山泊，那里有着取之不尽的水产资源。梁山一带的鱼市买卖兴隆，水产品种齐全，应有尽有。梁山英雄中有阮氏兄弟以捕鱼为生，这为诸位好汉享用美味鱼肴提供了得天独厚的条件。《水浒》中描写好汉们喝美酒吃水产的场面也是鲜活跳脱，令人咋舌。

（1）鲜鱼辣汤

《水浒》中这样写道：宋江刺配江州，结识了神行太保戴宗和黑旋风李逵。三人在琵琶亭饮酒畅谈。酒后，宋江想喝鲜鱼辣汤醒酒，可偏偏店里没有鲜鱼，李逵便自告奋勇为宋江寻鲜鱼。结果他因为行事莽撞，惹恼了主管当地鱼市的鱼牙张顺。两人大打出手，上演了"黑旋风斗浪里白条"的精彩大片，幸亏宋江和戴宗及时赶到，才化解了一场恶战。几位英雄不打不相识。事后张顺亲自携四尾上等的金色鲤鱼来琵琶亭陪侍宋江。"一尾鱼做辣汤，用酒蒸一尾，叫酒保切鲙（即生鱼片），再加上一壶上好的玉壶春酒，四位好汉把酒言欢，各抒心怀，何等的风流洒脱。

（2）安山炖鱼

梁山英雄喜食鱼肴，促进了当地的渔业发展，梁山地区创制的鱼肴名满天下，炖鱼即是一款梁山传统名菜，堪称一绝，尤其是安山镇的炖鱼在当地首屈一指。安山炖鱼的做法也很简单，先将鱼（各种鱼均可）洗净，去鳞去杂，油炸后放入调好香料的老汤里炖煮即可。在安山镇，名声最响亮的当属陈氏兄弟的炖鱼。他们采用文火熟肉、大火焦刺的炸鱼方法，精心调制汤料，炖出的鱼别有风味，鱼刺绵软不扎嘴，鱼肉筋道耐品嚼，鲜香味美，回味悠长。

说起安山炖鱼，还有一段流传民间的梁山故事呢。

相传宋江率兵攻打东平州时，驻扎安山镇。镇里有位陈老板开的酒店失火被烧毁，宋江等人因经常在酒店吃酒，便侠义相助。宋江拿出银两资助陈老板，并派宋清

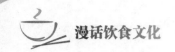

等人帮助其建造房屋。不几日，崭新的酒店盖好了，陈老板感激涕零，执意要把女儿许配给梁山英雄，宋江不从，老板就派儿子到湖边收购鲜鱼，做了美味的安山炖鱼犒劳梁山将士。宋江连连夸奖陈家炖鱼好吃，还写下："陈家人缘好，安山炖鱼香。"自此，陈家"安山炖鱼"代代相传。

（3）扒团鱼

团鱼也称甲鱼。与梁山泊相邻的东平湖盛产团鱼，因此梁山人自古有食团鱼的习惯。"扒团鱼"是一道梁山传统名菜，制作简单、易操作。先将半斤重的团鱼去头放血，取出内脏，以开水汆过，再入冷水，去掉表皮和硬壳，放入鸡汤或骨汤中烹煮。同时放入姜片、葱段、花椒、茴香、食盐等，并加入木耳、鸡皮、青菜及少许味精。鱼、汤并盛，故又名"团鱼汤"。扒团鱼具有汤清爽口、香而不腻、味道鲜美、营养丰富等特点，是梁山远近闻名的名菜。甲鱼的营养价值很高，它富含优质蛋白质，多种维生素和钙、磷、钾等元素，能滋阴养血、补肾壮阳、消肿抗癌。甲鱼还具有提高免疫力，补养虚劳的功效，是老年人和体弱多病者的滋补佳品。

相传梁山好汉把捉来的团鱼放在水瓮中，派戴宗送往东京李师师处，专供肾虚体弱的宋徽宗享用。吃了梁山泊团鱼的宋徽宗顿感气力大增，神清气爽。

3）带上烧饼，行侠天下

打开《水浒》，动辄就能看到这样的描述："沽两斛酒，切二斤熟牛肉，家常饼三张。"关于酒肉，前文已有介绍，这里自然不必多说，酒壮英雄胆，大嚼、豪饮，方能尽显英雄的侠义威猛。最重要的是"饼"，行走江湖时随身携带，且行且食，顿解饥饿。这"饼"可是英雄好汉行侠仗义必不可缺的"方便面"。

（1）武大郎炊饼

《水浒》中的武大郎的命运令人同情、悲叹。他个子矮小、相貌丑陋，却偏偏娶了貌美如花的妻子潘金莲。潘金莲也是贫苦出身，被张大户作践，被迫嫁给武大郎。武大郎仁厚诚实，对潘金莲体贴呵护，他又勤劳能干，有谋生的本领，每日走街串巷卖炊饼赚钱养家。日子虽不富庶，但也吃穿不愁，平静安稳。哪知后来潘金莲受西门庆引诱，加上王婆调唆，心生歹意，毒死了丈夫武大郎，最后自己也被武松杀死，上演了一出连环的人生悲剧。武大郎炊饼其实就是古代的花式馒头，类似包子、馅饼。其制作方法也很简单。先把揉好的面团饧 20 min，调好肉馅（用五花肉、葱姜丝、鸡蛋、橄榄菜、生粉加水搅拌均匀）。擀两张薄薄的圆饼，然后把肉馅铺在一张饼上，再盖上另一张饼皮。把饼皮的边角向内卷起，封边压实，上锅煎至两面金黄，洒点水，加盖煎熟。肉馅中亦可加辣酱，饼皮中亦可加少许芝麻。武大郎炊饼金黄、香酥，外焦内柔，韧性十足，咬一口细细咀嚼，还能感受到芝麻的脆响和芳香，是《水浒》中抢眼的美味之一。

（2）梁山烧饼

烧饼是传统的风味美食，是面食王国里的"名门望族"。其种类繁多，名品迭出，有从仿效黄帝炼丹炉内贴饼演变而来的缙云烧饼，有危急中救了朱元璋性命的"救驾烧饼"(黄山烧饼),有香酥可口的马蹄酥,有油香扑鼻的土家掉渣烧饼,还有芝麻烧饼、老面烧饼、什锦烧饼、油酥烧饼、糖麻酱烧饼、牛舌饼、烤饼、螺丝饼等100多个花样,真是不胜枚举。梁山烧饼是梁山一大名小吃。相传宋江率梁山英雄攻打青州、高唐州时,百姓痛恨官府横征暴敛、巧取豪夺以致社会混乱、民不聊生,因此积极支持梁山义军,帮义军筹备粮草,为英雄助阵。起先大家蒸馍馍给英雄当干粮,可是天气太热,馍馍容易变质,后来就改为烤烧饼,烧饼又好吃又便于携带,且不易变质。烧饼成了梁山好汉行侠天下最便捷的美食。梁山烧饼的制作方法与普通烧饼的制作方法大致相同。首先发面,然后将面蘸上碱水揉,面团揉好后,饧半小时。然后调馅料,用面粉、花椒粉、盐、植物油调成馅料包在烧饼里面,外面撒放芝麻,再入炉烤制。出炉的烧饼,热气腾腾,又香又酥,美味无比。

9.3.2 《金瓶梅》中世俗大众的市井饮食文化

与《红楼梦》中奢华气派,精致考究的豪门盛宴不同,《金瓶梅》反映的是世俗大众的市井饮食文化。小说通过对西门庆日常生活场景的描述,形象地反映了明朝中期上层社会人士和普通百姓的饮食生活。尤其对商贾市井的饮食描写,体现了当时精细、滋补、多样化的饮食特征,表现了当时社会高度发达的烹饪技艺水平。这些美味菜肴历经数百年,如今依旧鲜活地摆在酒楼家宴的餐桌上,深受人们欢迎,为社会带来了良好的效益。

《金瓶梅》中的饮食以民间菜为基础,以商贾菜为主体,以官府菜为点缀,呈现出上中下各个层面的饮食风俗,表现了鲁菜的风味特色、繁荣发展和丰富的文化内涵,是市井饮食文化的集大成者。

现举几味菜例以展现明朝市井饮食的特色与风采。

1)一根柴火烧猪头

《金瓶梅》第二十三回写道:一日,西门庆的三位姨娘孟玉楼、潘金莲和李瓶儿闲来无事,一起赌棋。输家李瓶儿按规则出了五钱银子买了一个猪头、四个猪蹄和酒,点名让西门庆的厨娘宋蕙莲烹制。话说宋蕙莲有一个看家绝活,只用一根柴禾烧猪头。书中写道:"上下锡古子扣定,那消一个时辰,把个猪头烧的皮脱肉化,香喷喷五味俱全。"

具体做法是:将猪头洗净,火筷子烧红,将猪头的口腔、耳朵、鼻孔都燎个遍后再洗净。猪头下开水锅汆一遍除去血污。再找出两个锡做的盔子(即很深的、专门用来烧炖食物的大锅),将猪头放在盔子里,加入清水、花椒、大料、羊角葱、黄酒,将水烧开,撇去浮沫,放入农家大酱,将另外一个锡盔子紧紧地扣在炖猪头的锡盔子上,用锡箔纸封严。这密封好的锡盔子就相当于现在的高压锅,所以可以在短时间内烧好猪头。将锡盔子封好以后放在灶上,只用一根长长的柴禾放在灶内,不用两个小时,又酥又烂的红烧猪头就可以出锅了。再将猪头肉切片,盛在透明的玻璃盘里,配上蒜泥,那热腾腾的猪头肉满室飘香。

这道菜酱香浓郁，肥而不腻，入口即化，而且易消化、易吸收，有美容养颜之功效，是李瓶儿、潘金莲最喜欢的美容菜。三位娘子一阵功夫就把这香喷喷的猪头、猪蹄"报销"了，吃得满嘴油光，比起红楼美女骄矜的吃相，更有生活气息，满满的市井味道。

2）奶罐子酥烙拌鸽子雏

这是西门家的私房菜，是西门庆的爱妾李瓶儿的拿手好菜。李瓶儿出生于河北大名府（今河北邯郸大名县）大户人家，当时各民族间有一定的文化交流，常有草原游牧民族的人来大名府做生意，同时也把他们的家乡菜带入大名府。当西门庆用一乘红轿把李瓶儿抬到西门府里时，这些富有地方特色的美食也随之进入西门府。当西门庆与大娘子吴月娘冷战时，西门家的几位姨娘合资置办了一桌合欢宴从中调解。西门大官人品尝了李瓶儿做的这道开胃的凉拌菜后，非常开心。

此菜的做法是：先将鸽子用传统方式卤熟、晾凉，再将鸽肉撕下用酥酪加上盐拌好，酥酪的酸味，使得这道菜味美又开胃，满载着浓浓的草原风情。

3）八宝攒汤

《金瓶梅》第四十二回描写了西门庆宴请应伯爵的场景：那应伯爵等四人，每人吃一大深碗"八宝攒汤"，三个大包子，还零四个桃花烧卖，只留一个包子压碟。几人如果不是出于礼貌，那就会一扫而光啊！可见宴中的美食有多么的诱人。席间的主菜"八宝攒汤"又叫"八珍汤""头脑汤"，是《金瓶梅》中露脸最多的汤菜，具有益气养元、活血健胃、滋补虚损的养生功效，是中国承传最为广泛的滋补养生药膳。

"八宝攒汤"是明末清初的著名文人和杰出医学家傅山创制的。傅山弃文从医，相传与他的一段生活变故有关。清兵入关时，傅山的老师袁继咸等人反清复明，后因兵败被捕杀，傅山整理了老师的遗稿，开始专心研读医学，并发明了"八宝攒汤"。

"八宝攒汤"是由煨面、黄芪、莲藕、平遥长山药、黄酒、酒糟、羊尾油，外加腌韭菜八味食材组成。煨面，就是用羊油以低温小火炒制的面粉，要一边搅拌一边炒，炒到接近金黄色即可。配料中的"攒汤"是由滚烫的羊汤冲制而成。最后用"攒汤"冲开煨面等8种食材。这样，一道美味诱人的"八宝攒汤"就做好了。

4）"乳饼"与"十香瓜茄"

《金瓶梅》第六十二回写道："当西门庆爱妾李瓶儿病重时，观音庵的王姑子带着精心制作的食物前去探望。只见王姑子挎着一盒儿粳米、二十块大乳饼、一小盒儿十香瓜茄来看。"在这一段简短的描写中提到了两道菜点："乳饼"和"十香瓜茄"。

乳饼是用新鲜羊奶煮沸加食用酸点制而成的乳制品。牛奶凝固后压出水分，制成四角圆润的方块状，有点类似现在的卤水点豆腐。乳饼制作简单，容易保存。《食经》中说，"取乳饼在盐瓮底，不拘年月，要用时取出洗净蒸软食用，一如新者"。乳饼营养丰富，奶香浓郁，质地特别的细腻，深受人们喜爱。

乳饼的吃法很多，可煎、蒸、煮、烤，切丝炒肉，还可生吃，如将切片与火腿片相间制成"乳饼夹火腿"（这道菜是云南汉族的传统菜）吃。普通人家常吃"水煎乳饼"，吃其本味。

王姑子带去的另一道菜肴"十香瓜茄"（也写作"食香瓜茄"），也是深受人们喜爱的美食。

十香瓜茄的制作方法是将茄子切成三角块，用沸汤焯水，用布包榨干，腌渍一宿晒干，用姜丝、橘丝和紫苏拌匀，煎滚糖醋泼上，晒干收藏。

因为茄子属于寒凉性食物，所以要与温性的紫苏、姜丝和橘丝一起调拌，起到中和、解毒的作用。天衣无缝的巧妙搭配体现了古人高度的智慧。

紫苏解凉毒的药理作用据说是医圣华佗发现的。有一年夏天，华佗带着徒弟在河边采药，看见一只水獭正把一条大鱼连鳞带骨吞进肚里，肚皮撑得像鼓一样。水獭翻滚折腾，极其难受。后来，只见水獭爬到岸边一块紫草地，吃了些紫草叶，就蹦蹦跳跳地回到河里，舒坦自如地游走了。为什么水獭吃了紫草就舒服了呢？华佗发现水獭吃的这种紫草能解鱼的凉性之毒，还具有表散功能，可以益脾、宣肺利气、化痰止咳。这种紫草就是紫苏。

王姑子送给李瓶儿的"十香瓜茄"不仅是适合病人食用的开胃小菜，而且是健康养生的保健菜。

5）糟鲥鱼

《金瓶梅》中的美食与《红楼梦》中的美食不同，它更多的是表现市井大众的饮食文化。其中出场频繁的美食是烤鸭烧鸡、熟鹅蒸肉、糕饼面筋之类，这些寻常的菜色几百年来流传在坊间巷里，有的至今仍活跃在人们的唇齿之间，透着浓浓的世俗味道。在《金瓶梅》众多的菜点中，"糟鲥鱼"可算是一道高大上的美味佳肴了。《金瓶梅》第三十四回写道：西门庆送给应伯爵两尾鲥鱼。应伯爵视为宝贝，不舍得独自享用，一尾孝敬家兄，另一尾斩去了中间的一段给了自己的宝贝女儿，剩下的鱼肉再打成窄窄的块，放在瓷罐里，用红糟培上，再加少许香油，留着自己打牙祭或款待客人。由此可见，鲥鱼在当时确为稀罕之物。鲥鱼、（长江）刀鱼、河豚被誉为"长江三鲜"。鲥鱼每年溯河产卵一次，且出水即死，所以自古以来新鲜的鲥鱼都是稀缺珍贵之品。现在，市面上已有了人工养殖的鲥鱼。

鲥鱼形体美观、色泽雪亮，肉嫩鲜肥，是文人墨客的最爱。北宋大文学家苏东坡曾写诗赞曰，"姜芽紫醋炙银鱼，雪碗擎来二尺余。尚有桃花春气在，此中风味胜莼鲈。"诗中介绍了鲥鱼的烹制方法，盛赞鲥鱼形美、新鲜和无与伦比的美味。更有明朝诗人汪广洋写道，"棹歌齐发浪声喧，池口东边又换船。秫酒发醅偏醉客，鲥鱼出网不论钱。"展现了鲥鱼出网时人们争相购买品尝，不惜金钱的热闹场景。

鲥鱼的烹制方法很多，蒸、烤、炸、烧、糟皆可，但以清蒸最为适宜。糟鲥鱼的制作方法古有记载，清代朱彝尊在《食宪鸿秘》中详尽地介绍说：将鲥鱼内外洗净，切大块，每鱼一斤，用盐半斤，以大石压实，以白酒洗淡，以老酒糟略糟四、五日，不可见水，去旧糟，再用上好的酒糟拌匀入坛，每坛里加麻油二盅，烧酒一盅，用泥封固，候二、三月食用。食用时，从坛中取出洗净，用老抽、盐、味精、白糖、鸡油、姜葱等调汁，加入盘中，上锅蒸熟即可。亦可加些火腿、笋片、冬菇、酒酿等配料，其口味更加鲜美醇厚。

鲥鱼味甘性温，营养丰富，富含蛋白质、不饱和脂肪酸、核黄素、烟酸、糖类、矿物质、维生素等，具有补虚劳、强筋骨，消炎解毒，温中益气，降低胆固醇等功效，对防止血管硬化、高血压、冠心病等大有裨益。

特别提醒注意的是：烹制鲥鱼切记不可去鳞。因为鳞下丰厚的脂肪是鲥鱼鲜美味道的来源。鲥鱼的颧骨誉称"香骨"，越嚼越香，是助酒的佳品，切不可随意丢弃。

6）清爽利口的拌双脆

拌双脆即豆芽菜拌海蜇。《金瓶梅》第四十四回写了这样一个情节：迎春端上来的四碟小菜中，就有一碟是豆芽菜拌海蜇。豆芽菜清爽，海蜇利口，两样并称"双脆"，口感可想而知。

拌双脆的做法极为简单。可先将海蜇切成薄片，用清水漂洗。再将豆芽菜洗净炒熟。最后加入调料，拌匀入味即可。《金瓶梅》中的拌双脆是炒制而成的，若在炎炎夏日里食用，凉拌效果更佳，可算得上一道解暑爽口的开胃菜。

豆芽与笋、菌被称为素食鲜味三霸。豆芽中含有丰富的维生素C、维生素E、叶绿素等营养成分，多食有益健康。而海蜇中的碘是人体日常容易缺乏的微量元素，人常食海蜇可有效补充碘元素，避免患碘缺乏引起的各种疾病；常食海蜇还有利于扩张血管，降低血压。

7）开胃可口的酸笋汤

《金瓶梅》第四十回写道："李瓶儿道：'他大妈妈摆下饭了，又做了些酸笋汤，叫你吃饭去哩。'"这里特别强调酸笋汤，可见这道夏令汤品是西门庆极其珍爱的。

酸笋汤的做法是先将200 g冬笋洗净、切片，然后在锅中放适量水，加入笋片煮，再加盐、陈醋、胡椒粉调味即可。

《本草纲目》记载，笋有消渴、利尿、益气、化热、消痰、爽胃的功效。酸笋汤以酸笋入汤，味道酸中带辣，开胃适口，裨益良多，无疑是夏季里一道极佳的开胃汤品。

8）家常菜肴炒面筋

炒面筋是《金瓶梅》中西门庆的情人王六儿的最爱。当年西门庆为了给自己的高官朋友相亲，来到了清贫的王六儿家，原打算看看王六儿的女儿，不料却被美丽淳朴的王六儿迷住，就请老冯妈去说合。老冯妈来到王六儿家的时候，王六儿正吃着炒面筋。转瞬之间，王六儿完成了人生的转变，成为西门庆最宠爱的女人之一。

油面筋是无锡著名的土特产。其色泽金黄，表面光滑，味香面脆，吃起来鲜美可口，深得人们喜爱。在无锡民间，用油面筋炒制的菜肴是节日餐桌上必不可少的美食，寓意团圆和美，可增加快乐气氛。

相传油面筋最早是无锡一座尼姑庵里的烧饭师太油炸出来的。这座尼姑庵环境清静幽美，有许多信众来庵中念佛清修，庵里的烧饭师太厨艺高超，烧出的菜肴味道鲜美，花样翻新。有一次，几十个人约好来庵堂念佛坐夜，师太备了几桌素斋需用的生麸，结果一个人都没来。师太怕过夜后生麸变馊，就在生麸缸里放些盐，但思来想去还是不能安心，最后急中生智想出了油炸的方法。她把生麸团成圆球，放到锅里油炸，制成的金黄香脆的油面筋又好看，又好吃，又保鲜。后来，师太又把面筋与各种食材配合，推出了各种花色的面筋菜，如清炒面筋、红烧面筋、菇炒面筋、面筋笋片、面筋汤等，人们食后赞不绝口。后来面筋菜流传到民间，厨师们更是八仙过海，各显神通，烧出了许多无锡的传统面筋名菜，如肉酿面筋等。油面筋含有丰富的维生素、蛋白质和钙、铁、磷、钾等多种元素，是传统的营养保健食品。

油面筋可以和百菜搭配。它谦卑、随和，就像一位德高望重却谦虚平和的谦谦君子，深谙为人处世的道理。

《金瓶梅》中西门庆的家宴颇具民间市井特色，吃的多是一些家常菜，这些菜用料普通，菜色精美而又做法简单、实惠经用，很接地气，所以千百年来在民间盛传不衰。这些寻常的菜肴、大众的口味至今读来仍倍感亲切，依然活跃在老百姓的舌尖上，充分体现了《金瓶梅》世俗大众的市井饮食文化特色。

《金瓶梅》是一桌丰盛的饮食文化大餐，全书记载了品种繁多的菜品食点，饮馔内容丰富多彩，是我们研究明代社会习俗和饮食文化的不可多得的资料。

章后复习

一、知识问答

1. 贾母青睐的_____，不仅具有美容养颜的功效，还能使身体产生异香，据说香妃正是喜食此茶才身生异香，受到乾隆的宠爱。

2. 贾母冬日里进补的养生药膳是_____，其中，贾母说的"没见天日的东西"是_____。

3.《红楼梦》中健壮的史湘云最喜欢吃的食品是_____，其中的板栗具有_____的功效，宋代大文学家_____晚年患腰腿病，得益于生吃板栗而治愈。

4. 宝玉挨打后，袭人阻止宝玉喝_____，是因为里面的_____有_____ _____的作用。

5. 大观园里，女子们用_____来调节妇科疾患，用_____来预防感冒，用_____来减缓压力。

6. 说出十个以上用三国典故命名的三国文化菜：_____、_____、_____、_____、_____、_____、_____、_____、_____、_____。

7.《水浒》中个子矮小的武大郎每天以卖_____为生。

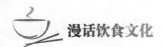

8.《金瓶梅》中出现次数最多的汤菜是_____，具有_____的作用。

9. 当西门庆的爱妾李瓶儿病重时，观音庵的王姑子带着精心制作的二十块_____、一小盒儿_____前去探望。

10. 相传，紫苏解毒的药用价值是_____发现的。

二、思考练习

1. 举例比较四部古典小说中不同的饮食习俗和特点。

2. 积累文学名著中的典故、成语和美食案例，看看对拓展自己创意菜肴的思路有什么帮助。

三、实践活动

以"诵读经典，品味饮食"为主题举办一期"烹饪美食手抄报"，在学校评比展出。

第10章
五味调和的健康饮食养生智慧

　　生活中有人说吃高蛋白食物好，有人说吃蔬菜水果好，也有人说要多补钙等，众说纷纭。其实，最科学的健康饮食理念应是五味调和，平衡膳食。

　　人的身体就好比一辆五匹马拉的车，五脏就是拉车的五匹马。只有五匹马均衡地并驾齐驱，人才能健康长寿。这个道理，我们的祖先早在千年前就有了科学详细的论述。我国传统的医学理论讲究五行相生相克，讲究五味调和，说的就是这个道理。

　　本章探讨这样一个话题，旨在让大家对祖国传统养生文化的精华有一个粗浅的了解，建立科学健康的养生理念，并把它引入今后的工作、生活中，为以后的职业发展夯实基础。

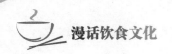

10.1 传统饮食养生智慧

【学习目标】

1. 了解"养生"在我国传统文化中的重要地位。

2. 理解我国传统的养生基础理论及养生原则。

3. 学习古人的养生智慧，建立正确的养生观念。

【导学参考】

1. 学习形式：小组自主学习，合作探究，每组任选一个话题演讲，并以"我看中国传统养生"为主题作总结汇报。

2. 可选任务。

（1）课前收集传统养生的名言警句、谚语俗语（各组共同完成的任务）。

（2）查阅学习曲黎敏的"十二时辰养生法"，深入理解"天人合一"的养生理论。

（3）以传统的整体养生和阴阳平衡的养生理论解读"头痛医头，脚痛医脚"的现象。

（4）通过案例解读形神共养和保养精神的传统养生理论和原则。

（5）从民谚俗语中寻找四季养生的智慧。

（6）查阅讲述五脏六腑与五色五味关系的资料，深刻理解护肾保精、补脾益胃的养生原则。

（7）根据自己的饮食、运动、生活习惯、工作性质等相关信息，为自己量身定制一份养生菜单，菜单中应特别强调运动的计划。

10.1.1 由扁鹊论医术谈古人的养生之道

扁鹊（公元前407—公元前310）本名秦越人，春秋战国时期的名医，学识与医术在当时达到了出神入化的境界，成为流芳千古的中华医圣。

扁鹊医术精湛，诊断准确，即使遇到疑难病症也能妙手回春，所到之处声名大噪。

有一回，魏文王向扁鹊求教："你们家兄弟三人都精于医术，谁的医术最好？"扁鹊回答说："大哥最好，二哥差些，我是三人中最差的一个。"魏王不解地说："愿闻其详。"

扁鹊解释说："大哥治病，都是在病情发作之前治，那时候病人自己还不觉得有病，但大哥就下药铲除了病根，因而他的医术难以被人认可，没有名气，只是在我们家中被推崇备至。我的二哥治病，是在病初起之时治，症状尚不十分明显，病人也没有觉得痛苦，二哥就能药到病除，乡里人都认为二哥只是治小病很灵。我治病，是在病人病入膏肓时治，在病情危急，病人痛苦万分，家属心急如焚时，我才开刀放血，大动干戈，被迫做些挽留性命的抢救手术，使重症病人的病情得到缓解或被治愈，所以我才名闻天下。"

扁鹊这段对医术的精辟论述，体现了古代中医"不治已病治未病"的原则，即强调防病于未然的重要性，而防病的重要方法之一就是养生。

养生文化是中华民族传统文化的有机组成部分，是我们的先民在长期的生活实践中认真总结的经验和智慧的结晶。

"养生"一词最早见于《庄子·内篇》。所谓"生"，就是生命、生存、生长的意思；所谓"养"，即保养、调养、补养的意思。养生就是根据生命的发展规律，保养生命、保持精神健康，从而增进智慧、延长寿命的科学理论和方法。

我们之所以称养生之道为一门学问，是因为它除了有深刻的科学内涵之外，还贯穿着一个人衣、食、住、行的每一环节。如果说西方医学的高明在于发现、研究人的疾病并加以消除，那么东方养生学的长处则在于激励、研究人的潜力的发挥，使人完善自我。

10.1.2　我国传统的养生基础理论

1）天人合一理论

天人合一理论是传统养生中顺应自然的养生方法的理论基础。中国养生家将人体养生活动置于一个大的系统环境中去考虑和认识，主张按自然法则的规律来养护生命，从而形成了天人合一的思想，认为人体内环境系统与外部客观环境系统是统一的。人是受天地之间的变化规律支配的，自然界中的一切运动变化必然直接影响人体的生理变化。《黄帝内经》中说："故养生者必谨奉天时也。"养生活动必须遵循自然规律，"和于阴阳，调于四时"，我们只有利用自然规律来进行养生实践活动，才能取得良好的效果。

2）形神共养理论

形，指形体。神，指人的精神活动。形神共养就是既要注重形体的养护，又要注意精神的调整。中国传统养生学认为，神和形是构成人的生命的两大要素，缺一不可。形是神之宅，神为形之主。无神则形不可活，无形则神无所附，神与形之间是相互联系、相互制约的。《黄帝内经》中说："得神者昌，失神者亡。"

3）阴阳协调理论

《黄帝内经》中说："人生有形，不离阴阳。"认为生命现象是由阴阳构成的。在人的生命活动中，阴阳是相互依存的，任何一方都不能脱离另一方而独立存在。人体阴阳的消长运动中，对立双方总是保持动态的相对平稳，从而维持人体生命活动的正常进行。同时，阴阳两个方面是相互转化、相互制约的，如果阴阳失去相对平衡，即产生由阴转阳或由阳转阴的变化，人体的生理活动就会出现紊乱，甚至引起疾病。在疾病发展变化的过程中，出现由阳转阴、由阴转阳的变化，阴阳可能失去相对平衡，而表现出偏盛偏衰的结果。阴阳中任何一方虚损到一定程度，常会导致疾病的发生。养生，就是要使阴阳保持或恢复平衡、协调。

4）整体观理论

中国传统医学把人体看成一个以脏腑为核心，以经络互相联系的整体。人体各个系统、器官是有机联系的，脏腑之间相互依赖。它们之间联系的通路是经络和脉道；联系的载体是营、血和津液。其具体的功能表现是气和卫，从而构成了人体气、血、营、卫这一整体机制。在脏腑与组织之间的各个方面，如心合小肠，主血脉，开窍于舌；肺合大肠，主皮毛，开窍于鼻；脾合胃，主肌肉及四肢，开窍于口；肝合胆，主筋，开窍于目；肾合膀胱，主骨，开窍于耳等。倘若脏腑发生变化，就可以通过经络互相影响并反映于体表；反之，体表组织器官的病，也可能通过经络影响体内所属脏腑。经络在全身循环和流注，脏腑可通过经络做出各种相应的表现。所以，人体是内环境相对稳定的有机统一的整体。根据这一理论，我国历代医学家、养生家在疾病的防治和养生保健方面都十分强调要从整体观点出发，主张保持机体的平衡，主张治病求本、未病先防，注重全身性的防衰保健措施。

10.1.3　养生原则

根据我国传统养生理论，我国养生家经过长期实践，总结出以下养生原则。

1）保养精神的原则

我国历代传统养生家十分重视对精神的保养，认为形神合一是健康长寿的保证。《黄帝内经》中说："得神者昌，失神者亡。"认为"神"为一身之主宰，是统率五脏六腑的。我国医学把精神因素分为喜、怒、忧、思、悲、恐、惊七情，认为每个人都有七情的变化。心主神志，七情从心发出，情绪异常又会损伤心神。心神主宰全身，心神一伤，全身各脏器都会受到影响，从而导致各种疾病的发生。因此，我国医学强调调节精神、保养真气，以求健康长寿。

2）适应四时的原则

我国自周秦以来，养生家就已经认识到自然环境因素与人体健康休戚相关，养生必须要注意适应四时气候的变化以及昼夜的更替等。为此，他们提倡要把顺应自然作为保健、防病的重要原则。一年四季气候的变化规律是春温、夏热、秋燥、冬寒，气候的这种变化对人体也会产生相应的影响。

3）动静结合的原则

人体的动、静关系着精、气、神的衰旺存亡。我国自古以来在养生方面就存在静派和动派两种观点。老子在《道德经》中提出养生要安静自然，"归根曰静，是谓复命"，认为安静自然，可以加强体内气脉的运行，从而祛病延年。《吕氏春秋》则主张以动养生，以"流水不腐，户枢不蠹"的生动实例说明运动对健身的作用。名医孙思邈在《千金方》中提倡养生要动静结合，劳逸适度才能收到健身祛病的功效，他提出"养生之道，常欲小劳，但莫大疲及强而不能堪耳，且流水不腐，户枢不蠹，以其运动故也"。

4）护肾保精的原则

在我国传统养生学中，护肾保精是一条重要原则。我国医学认为，肾为先天之本，精不仅是繁衍人类的生命之源，而且是人体生命活动的物质基础。肾精之盈亏，影响着人的生长、发育、衰老乃至死亡的全过程。因此，我国医学十分强调护肾养精。

5）补脾益胃的原则

脾为后天之本，是人体气血生化之源。我国医学认为，人体的元气是健康之本，而脾胃则是元气之本。元气的产生全在脾胃，只有胃气充足，才能滋养先天。五脏六腑皆受气于胃，得胃气的充养才能发挥藏精气、润肌肤、养血脉、壮筋骨的功效。为此，我国医学把补脾益胃列为一条重要的养生原则，主张无论补虚泻实，皆以护脾为先。护脾的方法是益脾气，养胃阴。为此，用滋补勿过腻，用攻下勿过量，寒勿过凉，热勿过燥，谨守健运之机，以防劳胃。同时，还要注意调节饮食以和胃化食，防劳累以养脾气，处处都要立足补脾益胃的原则，调养后天。

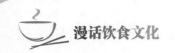

10.2 药食同源

【学习目标】
1. 了解药食同源的理论来源。
2. 掌握常见食物的食性分类以及食味对人体的作用。
3. 依据人的体质特征以及食物的食性，配制药膳。

【导学参考】
1. 以小组为单位，以趣味竞答的形式，展示各小组搜集到的常见食物的食性与食味的相关知识。
2. 根据家人、朋友的体质特点选择食材，每小组成员合作制作 2～3 道药膳，并在班级展示小组的作品，介绍它的养生原理。

"药食同源"是指许多食物也可药用，医药之间并无绝对的分界线。唐朝时期的《黄帝内经太素》一书中写道，"空腹食之为食物，患者食之为药物"，反映出药食同源的思想。

10.2.1 药食同源的理论来源

中国中医学自古以来就有药食同源理论。这一理论认为：许多食物既是食物也是药物，食物和药物同样能够防治疾病。在古代原始社会中，人们在寻找食物的过程中发现了各种食物和药物的性味和功效，认识到许多食物可以药用，许多药物也可以食用，两者之间很难严格区分。这就是药食同源理论的基础，也是食物疗法的依据。

《黄帝内经》中关于食疗有非常卓越的理论，如"大毒治病，十去其六；常毒治病，十去其七；小毒治病，十去其八；无毒治病，十去其九；谷肉果菜，食养尽之，无使过之，伤其正也"，可称为最早的食疗原则。

在中医药学中，所有的动植物、矿物质等都属于中药的范畴，凡是中药都可以食用，有的只是用量上的差异，毒性大的食用量小，毒性小的食用量大。因此，严格地说，在中医药学中，药物和食物是不分的，是相对而言的，如橘子、粳米、赤小豆、龙眼肉、山楂、乌梅、核桃、杏仁、饴糖、花椒、小茴香、桂皮、砂仁、南瓜子、蜂蜜等，它们既属于中药，有良好的治病效果，又是大家经常吃的富有营养的可口食品或常用的菜肴辅料。

我们的日常饮食，除供应我们必需的营养物质外，还会因食物的性能、作用而或多或少地对身体平衡和生理功能产生有利或不利的影响，日积月累，从量变到质变，这种影响会变得非常明显。从这个意义上讲，它们的作用并不亚于中药的。因此，正确合理地调配饮食，坚持下去，这可能会对我们的身体产生药物所不能达到的效果。

10.2.2　食性食味

日常饮食中，我们将食物归为四性、五味。

中医认为食物有"四性""五味"，即寒、热、温、凉和辛、甘、酸、苦、咸。前者依据食物被人吃后引起的反应而定；后者主要是根据食物本来的滋味来划分的。讲究食物的性味和功能，是中医饮食疗法的基础。熟练地驾驭饮食疗法，因时、因地、因人制宜地进食某些食物，既能祛病，又能健身、益寿。正如孙思邈在《千金方》中所说："凡欲治疗，先以食疗，食疗不愈，后乃用药。"

1）食性

寒性、凉性食物一般具有清热泻火、解毒养阴之功，适于体质偏热者日常食用或健康者暑天食用；温性、热性食物大多能温中、散寒和助阳，适于体质虚寒者日常食用或健康者冬季食用。此外，中医学上把食性平和的食物列为平性，健康者可长年食用。

（1）寒性、凉性食物

①粮油、豆制品类。小米、大麦、荞麦、绿豆、苡仁、菰米、麻油、猪油、豆腐、黄豆芽、绿豆芽、淡豆豉、麦芽等。

②蔬菜类。芹菜、菠菜、蕹菜、苋菜、大白菜、莼菜、紫菜、甜菜、油菜、黄花菜、生菜、丝瓜、黄瓜、冬瓜、苦瓜、竹笋、芦笋、莴苣、茄子、番茄、茭白、百合、荸荠、莲藕、慈姑、马兰头、马齿苋、枸杞芽、白萝卜、青萝卜、菜瓜、葫芦、蘑菇、草菇、海带、葛根、鱼腥草、苤蓝等。

③肉类。羊肝、鸭肉、鸭血、兔肉、鸭蛋、黑鱼、螺蛳、蟹、蚌、蛤蜊、牡蛎、蛏、河蚬等。

④水果类。梨、柑橘、柚子、罗汉果、柿子、杨桃、杧果、猕猴桃、香蕉、橙子、草莓、甜瓜、余甘子等。

⑤其他。食盐、白糖、蜂蜜、酱油、酱、茶、啤酒、薄荷、菊花、淡竹叶、金银花、决明子、鲜白茅根、鲜芦根、桑叶等。

（2）平性食物

①粮油、豆制品类。小麦、燕麦、玉米、粳米、黄豆、黑大豆、玉米油、赤小豆、白扁豆、黑芝麻、花生、花生油、豆浆、豆皮、腐乳等。

②蔬菜类。荠菜、花菜、卷心菜、茼蒿、塌棵菜、豆瓣菜、清明菜、北瓜、马铃

薯、芋头、山药、胡萝卜、苜蓿菜、芡实、香菇、猴头菇、木耳、银耳、蒲公英、豌豆、蚕豆、四季豆、扁豆、荷兰豆、西兰花、甘薯、豇豆、金针菇等。

③肉类。猪肉、猪心、猪肝、猪脑、猪骨、牛肚、鸡肫、鹅肉、鹌鹑肉、鸽肉、鸡蛋、鹅蛋、鹌鹑蛋、鸽蛋、青鱼、鲤鱼、鲫鱼、鲈鱼、刀鱼、鳗鲡、白鱼、银鱼、黄鱼、鲳鱼、鳜鱼、鳐鱼、墨鱼、橡皮鱼、鳖、海蜇等。

④水果类。枇杷、桑葚、莲子、枣、榛子、苹果、无花果、梅子、菠萝、甘蔗、菱角、刺梨等。

⑤其他。甘草、茯苓、莱菔子、代代花、荷叶、橘仁、香榧、葵花子、西瓜子、枸杞、枣仁、桃仁、白果、郁李仁、火麻仁等。

（3）湿性、热性食物

①粮油类。高粱、籼米、糯米、牛油、菜油、豆油等。

②蔬菜类。芥菜、韭菜、大头菜、南瓜、刀豆、香椿头、芫荽、辣椒、大蒜、葱、洋葱、生姜、平菇、金瓜、木瓜、魔芋、薤白等。

③肉类。猪肚、牛肉、牛骨髓、羊肉、羊肚、羊脑、鸡肉、雉肉、草鱼、鲢鱼、鳙鱼、鳊鱼、鳟鱼、塘鳢、带鱼、黄鳝、泥鳅、蚶、河虾、海参、鲍鱼等。

④水果类。桃子、李子、葡萄、龙眼、椰子、橄榄、杏子、橘子、金橘、荔枝、柠檬、樱桃、杨梅、石榴、槟榔、香橼、佛手、山楂等。

⑤其他。红糖、桂花、桂皮、花椒、胡椒、茴香、八角、丁香、砂仁、玫瑰花、玉兰花、醋、咖啡、米酒、白酒、黄酒、葡萄酒、红花、肉豆蔻、紫苏、陈皮、五香粉、高良姜、肉桂、白芷、藿香、沙棘、杏仁、黄芥子、板栗、松子、南瓜子、核桃等。

2）食味

食分五味，即酸、苦、甘、辛、咸。食物的性味不同，对人体的作用也有明显的不同。我们只有对"五味"有全面的认识，才能使做出的菜肴更合理、更科学，达到药食兼备的效果。

（1）酸味食物（酸入肝）

酸味食物可收敛固涩、增进食欲、健脾开胃。如米醋可消瘀解毒，乌梅可生津止渴、敛肺止咳，山楂可健胃消食，木瓜可平肝和胃等。

（2）苦味食物（苦入心）

苦味食物多含有生物碱、甙类等苦味物质，可祛燥湿、清热、泻火。如苦瓜可清热、解毒、明目，杏仁可宣肺止咳、润肠通便，枇杷叶可清肺和胃、降气解暑，茶叶可强心、利尿、清神志。

（3）甘味食物（甘入脾）

甘味食物有补养、缓和痉挛、调和性味之功。如白糖可助脾、润肺、生津，红糖可活血化瘀，冰糖可化痰止咳，蜂蜜可和脾养胃、清热解毒，大枣可补脾益阴。

（4）辛味食物（辛入肺）

辛味食物能祛风散寒、舒筋活血、行气止痛。举例来说，姜可发汗解表、健胃进食；胡椒可暖肠胃、除寒湿；韭菜可行瘀散滞、温中利气；葱可发表解寒。

（5）咸味食物（咸入肾）

咸味食物能软坚散结、滋润潜降。如食盐可清热解毒、涌吐、凉血，海带可软坚化痰、利水泻热，海蜇可清热润肠。

每种食物都有不同的性味，应把"性"和"味"结合起来，才能准确分析食物的功效。如有些食物同为甘性，但有甘寒、甘凉、甘温之分，如姜、葱、蒜。因此，不能将食物的"性"与"味"孤立起来，否则食之不当。如莲子味甘微苦，有健脾、养心、安神的作用；苦瓜性寒、味苦，可清心火，是热病患者的理想食品。

值得大家注意的是，食物的性味与我们通常所说的口味不完全一致。

10.2.3 药膳

药膳是中国传统医学知识与烹调经验相结合的产物，是以药物和食物为原料，烹饪加工制成的一种具有食疗作用的膳食。它"寓医于食"，既将药物作为食物，又将食物赋以药用；既具有营养价值，又可防病治病、强身健体、延年益寿。因此，药膳是一种兼有药物功效和食品美味的特殊膳食。它使食用者既可以得到美食的享受，又在享受中得以滋补身体，疗愈疾病。

1）人的体质分类

从生活表现上，人的体质一般可分成三类。

（1）寒热证体质

热证体质会有紧张、兴奋、亢进、炎症、充血等症状，日常生活中有口渴、喜欢冷饮、尿量少且呈黄赤颜色、便秘等表现，且精神容易呈现兴奋状态；而寒证体质则是动作迟缓、形寒肢冷、易疲劳等症状，日常生活中，口不渴且喜欢热饮，尿量多且颜色清淡。

（2）实虚证体质

实证体质的人中气十足，讲话有力，体力充沛，无汗且容易便秘；而虚证体质的人讲话时就较无力，体力虚弱，有自汗的现象，肠胃容易有下痢症状，且脸色较苍白。

（3）燥湿证体质

燥性体质的人体内水分不足，容易口渴、干咳、便秘；湿性体质的人则是体内水分过多，容易有血压高、水肿、腹鸣、痰多或下痢等症状表现。

2）了解药（食）性，对症下药（食）

（1）补泻性质

补性的药（食）物可以增强人的抵抗力，增加元气，适合体质虚弱者食用，而实证体质者服用则容易造成便秘，汗排不出，病毒积存于体内，引起高血压、发炎、中毒等不良症状；泻性药（食）物可协助人将病毒由体内排出，可改善实证体质者的便秘、充血、发炎等症状，而体质虚弱者食用过多可能造成下痢，身体更虚弱，对病毒的抵抗力降低。

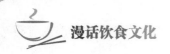

（2）温凉性质

温性药（食）物可以使身体产生热能，增加身体活力，改善人已衰退、萎缩、贫血的身体的机能，若热性体质者食用，会兴奋过度或机能亢进，从而引起失眠、红肿、充血、便秘；而凉性药（食）物则有镇静效果，使身体清凉，有消炎的作用，可以改善已呈亢进状态的机能、兴奋性、充血性，消除失眠、肿胀、发炎等症状，若寒性体质者过度食用则会使冷症及贫血症状更严重。

10.2.4 常见疾病的中医食疗方示例

1）高血压

芹菜连根120 g，粳米250 g，盐、味精少许。将芹菜、粳米一同放入锅内，加适量水，用武火烧沸，再用文火熬至米烂成粥，再加入适量调味品即可。主治高血压及冠心病等。每天早晚餐食用，连服7～8天为一个疗程。

2）糖尿病

糖尿病的主要临床症状是多食、多饮、多尿，尿中含糖，身体消瘦。其在中医里属"消渴症"的范围，认为此病多由于人平素贪嗜醇酒厚味，内热化燥，消谷伤津，以致肺、胃、肾阴虚燥热，发为消渴。治疗上宜以滋阴、清热、生津为主，并随证佐以益气、固涩、温阳、活血。食疗方列举如下：

冬瓜100 g，鲜番薯叶50 g，同切碎加水炖熟服，每日1剂，或以干番薯藤替代鲜番薯叶用适量水煎服。

黄芪30 g，山药60 g（研粉）。先将黄芪煮汁300 mL，加入山药粉搅拌成粥。每日服1～2次。

枸杞15 g，兔肉250 g，加适量水，文火炖烂熟后，加盐调味，饮汤食肉，每日1次。

枸杞15 g，猪肝适量。将猪肝切片，与枸杞一起用文火炖成猪肝汤，饮汤食肝，每日2次。

绿豆250 g，加水适量，煮烂熟，频饮。绿豆性寒，具有良好的延缓血糖升高的作用，可延缓碳水化合物的吸收，降低餐后血糖浓度。

南瓜1 000 g，切块，加适量水，煮汤，熟后随饭饮用。南瓜富含维生素，是一种高纤维食品，能有效降低糖尿病人的血糖浓度，增加饱腹感。

苦瓜250 g，洗净切块，烧、炒时加适量食用油、酱油、盐，随饭食用。苦瓜性味甘、苦，既能清热解毒、除烦止渴，又能降低血糖浓度。

大萝卜5个，煮熟，捣取汁；用粳米150 g，加水共煮成粥食用。

3）冠心病

取洋葱1个，黑醋200 mL。将洋葱削去薄皮，放入大口玻璃瓶中，再倒入黑醋。浸泡4～5日后，每天食用洋葱的1/4～1/3，分2～3次吃。此法可以降低胆固醇，防治冠心病、脑梗死、心肌梗死、动脉硬化、高血压、头痛、肩周炎、便秘、更年期综合征及肥胖等。一般食用一两个月后产生效果。

4）急性胃肠炎

急性胃肠炎是胃肠黏膜的急性炎症，多发于夏、秋季节，以上吐下泻、脘腹疼痛为主要临床症状。在中医里属于呕吐、泄泻范围，认为本病的发生，系受暑湿之邪或贪凉感受寒湿之邪，过食生冷肥腻之物，以致损伤脾胃、运化失常而致病。食疗方列举如下：

新鲜藕 1 000 ~ 1 500 g 洗净，开水烫后捣碎取汁，用开水冲服，每天 2 次服完。或用去节鲜藕 500 g，生姜 50 g，均洗净剁碎，用消毒纱布绞取汁液，用开水冲服。

粳米 60 g，砂仁细末 5 g，将粳米加水煮粥，待粥熟后调入砂仁细末，煮沸后再煮 1 ~ 2 min 即可，早晚服用。

鲜土豆 100 g，生姜 10 g，榨汁，加鲜橘子汁 30 mL 调匀，将杯放热水中烫温，每日服 30 mL。

绿茶、干姜丝各 3 g，沸水冲泡，加盖浸 30 min，代茶频饮，每日数次。

白扁豆 60 g，略炒后研成粉；藿香叶 60 g，晒干为末，混合。每次 10 g，每日 4 ~ 5 次，以姜汤送下。

车前子 30 g，用纱布包好，加水 500 mL，煎到剩汁 300 mL，去渣，加粳米粥，分 2 次温服。

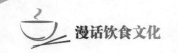

10.3 平衡膳食

【学习目标】

1. 了解古代平衡膳食的基本养生理念。
2. 掌握现代平衡膳食的基本内容。
3. 建立科学的平衡膳食观念。

【导学参考】

1. 学习形式：小组合作，话题演讲。每组选派一名同学就平衡膳食的话题进行演讲，介绍平衡膳食的相关知识。

2. 可选话题。

（1）"五谷为养，五果为助，五畜为益，五菜为充"的基本内容。

（2）主食的重要性。

（3）偏食对青少年成长的危害。

（4）营养早餐的合理搭配。

3. 可选任务：每位同学记录下自己一日三餐的饮食品种和数量（以克为单位），课堂上结合居民平衡膳食宝塔的内容分析一下自己的饮食是否平衡，全班写一份调查报告。

10.3.1 古而不老的平衡饮食

现代营养学认为，只有全面而合理的膳食营养，即平衡饮食，才能维持人体的健康。在世界饮食科学史上，最早提出平衡饮食观点的是中国。中医典籍《黄帝内经·素问》中已有"五谷为养，五果为助，五畜为益，五菜为充，气味合而服之，以补精益气也"及"谷肉果菜，食养尽之，无使过之，伤其正也"的记载。上述平衡饮食的内容古而不老，很有科学道理。

"五谷为养"是指将黍（黄米）、秫（高粱）、菽（豆类）、麦、稻等谷物和豆类作为养育人体的主食。黍、秫、麦、稻富含碳水化合物和蛋白质，菽则富含蛋白质和脂肪等。谷物和豆类同食，可以大大提高其营养价值。我国人民的饮食习惯是以碳水化合物作为热能的主要来源，而人体的生长发育和受损细胞的修复和更新则主要依靠蛋白质，故"五谷为养"是符合现代营养学观点的。

"五果为助"是指枣、李、杏、栗、桃等水果、坚果有养身和健身之功。水果富含维生素、纤维素、糖类和有机酸等。水果可以生食，这样能避免营养成分因烧煮而被破坏，有些水果若饭后食用，还能帮助消化，故五果是平衡饮食中不可缺少的辅助食品。

"五畜为益"是指牛、狗、羊、猪、鸡等禽畜肉对人体有补益作用，能增补五谷主食营养的不足，是平衡饮食食谱上的主要辅食。这类食物多是高蛋白、高脂肪的，为人体维持正常生理代谢及增强机体免疫力提供重要的营养物质。

"五菜为充"则指蔬菜（在古代，"五菜"指葵、韭、薤、藿、葱）是人体所需营养的补充物质。各种蔬菜均含有多种微量元素、维生素、纤维素等，有增强食欲、充腹饥、助消化、补营养、防便秘、降血脂、降血糖、防肠癌等作用，对人体的健康十分有益。

日常饮食中坚持五谷、五果、五畜、五菜和四气五味的合理搭配，且不偏食、不过食、不暴食，患病时以"热症寒治""寒症热治"为原则选择饮食，是古而不老的中医食疗学观点，也是现代饮食科学大力提倡的平衡饮食观点。

10.3.2　现代平衡膳食

中国居民平衡膳食宝塔（以下简称平衡膳食宝塔）是根据《中国居民膳食指南（2016）》的核心内容，结合中国居民膳食的实际状况，把平衡膳食的原则转化成各类食物的重量，并以直观的宝塔形式表现出来，告诉人们食物分类的概念及每天吃各类食物的合理范围，便于人们在日常生活中理解与实行。

平衡膳食宝塔提出了一个在营养上比较理想的膳食模式。它所建议的食物量，可能与大多数人当前的实际食用量还有一定的距离，对某些贫困地区居民来讲可能距离还很远。但为了改善中国居民的膳食营养状况，它是不可缺的，应把它看作一个目标，努力争取，逐步达到。

①平衡膳食宝塔一共分5层，包含我们每天应吃的主要食物种类。食物在宝塔各层的位置和面积不同，这在一定程度上反映出各类食物在日常膳食中的地位和应占的比重。谷薯类食物位居底层，每人每天应吃250～400 g；蔬菜和水果占据第二层，每天应各吃300～500 g，200～350 g；水产品、畜禽肉、蛋等动物性食物位于第三层，每天应吃120～195 g（水产品40～75 g，畜禽肉45～75 g，蛋类40～50 g）；奶及奶制品、大豆及坚果类食物合占第四层，每天应吃奶及奶制品300 g，大豆及坚果类25～35 g；第五层塔尖是盐、油，每天的摄入量盐不超过6 g，油为25～30 g。

平衡膳食宝塔没有给出建议的食糖的摄入量。因为我国居民现在平均吃食糖的量还不多，少吃些或适当多吃些可能对健康的影响不大。但多吃糖有增加龋齿的危险，

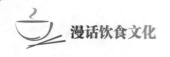

尤其是儿童、青少年不应吃太多的糖和含糖食品。

②平衡膳食宝塔建议的各类食物的摄入量一般是指食物的生重。因为各类食物的组成及重量是根据全国营养调查中居民膳食的实际情况计算的，所以每一类食物的重量不是指某一种具体食物的重量。

谷薯类食物是人体能量的主要来源。多种谷薯类食物掺着吃比单吃一种好，特别是以玉米或高粱为主要食物时，应当更重视搭配一些其他的谷薯类食物。加工的谷薯类食品如面包、烙饼、切面等应折合成相应的原料量来计算。

蔬菜和水果经常被人们放在一起说，因为它们有许多共性。但蔬菜和水果终究是两类食物，各有优势，不能完全相互替代。尤其是儿童，不可只吃水果不吃蔬菜。蔬菜、水果的重量按市售鲜重计算。

水产品、畜禽肉、蛋归为一类，它们主要提供动物性蛋白质和一些重要的矿物质和维生素。它们彼此间也有明显区别。鱼、虾等水产品含脂肪很低，有条件可以多吃一些。这类食物的重量是按购买时的鲜重计算。畜禽肉包含禽、畜肉及内脏，重量是按屠宰清洗后的重量来计算。这类食物尤其是肥猪肉含脂肪较高，营养充足时不宜吃得过多。蛋类含胆固醇高，一般每天吃一两个为好。

奶及奶制品当前主要包括鲜奶和奶粉。平衡膳食宝塔建议的300 g是按蛋白质和钙的含量来折算的。中国居民普遍缺钙，奶类是首选补钙食物。有些人饮奶液后有不同程度的肠胃不适，可以试用酸奶或其他奶制品代替。大豆及坚果包括许多品种，平衡膳食宝塔建议的25 ~ 35 g是平均值。

10.3.3　营养不均易生病

生的、熟的，甜的、淡的，地上跑的、天上飞的，许多生物都可能成为我们嘴馋的对象。但事实上，人类有八成以上的疾病与吃的食物有关。许多非传染性疾病，如肥胖症、高血压、高血脂、心脏病、痛风、糖尿病等，都可以从食物营养学方面找到原因。

以高脂肪、高蛋白饮食为主的人群，其胆石症的发病率几乎是以蔬菜、碳水化合物类饮食为主的人群的5倍；暴饮暴食加上酗酒是急性胰腺炎发病的常见饮食因素；摄入动物脂肪较多、盐过多，经常吃甜食，过度饱食常是冠心病、糖尿病的诱发因素。

因此，对成年人来说，饮食平衡的重要性不言而喻。在我国，居民的饮食习惯有两大误区：一是儿童偏食，造成缺钙、缺铁、缺碘；二是成年人贪食或嗜食，造成高血脂、脂肪肝、肥胖症、高血压、冠心病、糖尿病等富贵病，这些都是影响我们寿命的致命武器。

10.3.4　不可替代的主食

1）谷类食物的重要性

在人们的日常饮食中，随着肉类及蔬菜的食用量增多，由谷类食物构成的主食在逐渐减少，甚至被爱美的女士排除到日常生活之外。其实，谷类食物是现代家庭中各年龄段人群的理想的营养食品。谷物含有碳水化合物、蛋白质及维生素，同时能提供一定量的无机盐；脂肪含量低，约为 2%。此外，不同的谷物有各自不同的营养特点。总的来说，谷物具有低脂肪、低胆固醇、能量释放持久等优点。

常见的谷物包括大麦、玉米、燕麦、稻、小麦等。米饭、面食的主要成分是碳水化合物，它是经济的直接能量来源。从人体的组成物质来说，人体肌肉以及器官 90% 以上是由水组成的，碳水化合物正是我们身体所需的主要"基础原料"。从消化学的角度来说，在合理的饮食中，我们一天所需总热能的 50% ~ 60% 应该来自碳水化合物。

同大鱼大肉相比，主食要容易消化得多，具有的多种营养成分也是不可替代的。主食一般都有味淡的特征，除此之外还带着清淡的香气。而大鱼大肉味重、色重、脂肪多，连续大量食用，会给肠胃造成极大的负担，这也是我们如果连续食用甘腴食物就觉得不想再吃，想吃些清淡食物的原因。

如果长期少吃或不吃主食而又过多地食用了高脂肪、高蛋白的食物，我们就容易患上高血压、心血管疾病和肥胖症等与生活方式密切相关的疾病。

因此，我们在用餐时，以谷类食物或含有谷物成分的食物为主食，饮食结构更合理，获得的营养更充分，我们的健康也更有保障。

2）缺乏主食摄入的危害

主食是碳水化合物的主要来源。碳水化合物可以迅速补充人体消耗掉的能量。

我们在消化时，除了纤维素，其他碳水化合物都会转化成供应肌肉和大脑能量的葡萄糖等物质。不吃主食会导致疲乏无力，新陈代谢失衡。缺乏碳水化合物，人体热量供应不足，会动用组织蛋白质及脂肪来解决这一问题。而组织蛋白质的分解消耗，会影响脏器功能；大量脂肪酸氧化，还会生成酮体。当酮体过剩时，会出现酮症甚至酮症酸中毒，危害我们的健康。

碳水化合物在体内分解后最终生成二氧化碳和水，二氧化碳很容易经呼吸道排出体外。而脂肪或蛋白质的分解代谢，不仅会加重肝、肾代谢负担，而且会生成酸性代谢废物。人体的内环境本来应该是中性偏碱的，如果血液长期呈酸性，人体容易产生慢性疾病。

大脑所能利用的唯一能量来源是血液中的葡萄糖（即血糖），如果发生低血糖，大脑能量供应不足，我们就会出现注意力不集中、记忆力下降等现象，严重低血糖甚至会导致人昏迷。血糖主要来源于主食所含碳水化合物，如主食摄入过少，就会对大脑健康造成危害。近年来，脑部疾病的发病率明显上升，与许多人不以谷物为主食和动物性食物摄入量激增有很大关系。

此外，碳水化合物具有保肝解毒功能，一旦碳水化合物（即主食）摄入不足，造成身体所需碳水化合物不足，血液中有毒废物不能及时排出，就会造成肤色暗淡、脸色难看。

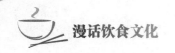

10.4　天人合一

标志着中国医学由经验医学上升为理论医学新阶段的医学典籍——《黄帝内经》主张"天人合一"，其具体表现为"天人相应"学说。《黄帝内经》反复强调人"与天地相应，与四时相副，人参天地"（《灵枢·刺节真邪》），"人与天地相参也"（《灵枢·岁露论》《灵枢·经水》），"与天地如一"（《素问·脉要精微论》）；认为作为独立于人的精神意识之外客观存在的"天"与作为具有精神意识主体的"人"有着统一的本原、属性、结构和规律。

传统饮食养生学特别强调天人相应、调补阴阳和审因用膳的观点，在营养保健学方面独具特色。天人相应，是指人体的饮食应与自己所处的自然环境相适应。例如，生活在潮湿环境中的人群适量地多吃一些辛辣食物，对驱除寒湿有益，但辛辣食物并不适合生活在干燥环境中的人群，所以说各地区人们的饮食习惯常与其所处的地理环境有关。一年四季不同时期的饮食也要同当时的气候条件相适应。例如，人们在冬季常喜欢吃红焖羊肉、肥牛火锅、涮羊肉等，这些食物有增强机体御寒能力的作用；而人们在夏季常饮用乌梅汤、绿豆汤等，有消暑解热的作用。这些都是天人相应在饮食养生中的体现。

10.4.1　春季饮食养生

1）养阳为上，性宜温热

《黄帝内经》有"春夏养阳，秋冬养阴"之语，春季的主要养生原则是把人体的阳气养好。实际上对我们人体来说，十之七八的疾病都与人体的阳气不足、寒邪内盛有关。"阳气者，若天与日，失其所则折寿而不彰"是说我们人体的阳气就像太阳一样，如果阳气失常，我们就会得病甚至死亡。因此，养护好人体的阳气，对预防疾病至关重要。而《黄帝内经》又告诉我们，养阳气的最佳时令在春季，春季把阳气养足了，才能保证这一年阳气均不虚衰，保证身体在四季中的健康。

要养阳气，饮食上可以多食用一些温热性的食物，如葱、姜、牛羊肉等，所以火锅并非冬季的专属膳食，春季也可以吃。而对那些有明显阳虚阴寒体质的人来说，可以服用小剂的四逆汤、桃花酒等，这样到了秋冬季节，身体会感到很舒服。

对儿童来说，春季是身体长高的主要时节，《黄帝内经》认为阳主生，因此在春季，儿童的饮食尤其要注意热性食物的补充。从中医的角度来说，肉类如鸡肉、牛肉、羊肉等均为热性，故可以给儿童多吃一些，以满足其身体的需要。儿童一则可顺利长高，二则不至于出现各种因营养不足引发的虚弱病症。

药食良方——四逆汤

组方：熟附片15 g，干姜10 g，炙甘草15 g，红枣10枚，水煎30 min。每10日饮用3剂。

适用人群：四逆的含义即四肢逆冷，因此，此方适用于平素手足发凉，下肢冷痛；易于感冒，鼻塞、流清涕；胃脘畏寒，食冷则痛胀等诸症之人。女性月经量少，经期腹痛、腰痛，小腹发凉，白带量多、清；男性腰腿酸软，遗精滑泄；老人咳嗽、痰液清等也可用此方。

2）促进肝气的疏泄与升发

（1）色宜青绿

这里的"青绿"食物并不是我们现在常说的健康或卫生的天然食品，而是指青绿色的蔬菜。因为青色、绿色是入通于肝的，为养肝气，除眼睛多看绿色的景色外，也可以多食用一些绿色的蔬菜，以助益肝气的升发。同时，春季阳气上升，很多人因此出现一些火热上扰的征象，绿色的蔬菜可以清解虚火。

（2）味宜增辛甘、减酸

在五味上，《黄帝内经》对一般人的饮食与肝气异常患者饮食的规定有所不同。一般健康人的饮食应以辛味为主，食酸要少些，因辛味主于发散，酸味主于收敛。因此，辛味符合春季之气的生发特性，而酸味不利于肝的疏泄。大葱、生姜、薄荷、大蒜、竹笋、豆芽、韭菜、香椿、荠菜等亦为辛散之物，为春季的宜食之品。

唐代药王孙思邈说："春日宜省酸，增甘，以养脾气。"意思是春天来临之时，人们除了要少吃点酸味的食物之外，还要多吃些甘甜的食物。五味中"酸"入肝，"甘"入脾，脾胃是后天之本，是人体气血化生之源，脾胃之气健壮，人可延年益寿。春为肝气当令，肝的功能偏亢。根据中医五行理论，肝属木、脾属土，木土相克，即肝旺可伤及脾气，影响脾胃的消化吸收功能。因此，为了预防因肝木克土而出现脾胃之气的衰弱，我们要多食用甘甜的食物，谷物中的糯米、黑米、黍米、燕麦，蔬菜中的冬葵、南瓜、胡萝卜、花椰菜、莴笋、白菜等皆为甘味。甘味食品对于所有的人，都是适宜的春季食品。

3）春季补养食谱推荐

（1）红枣枸杞糯米粥

①做法：红枣100 g，糯米100 g，枸杞30 g，淘净后入水，熬煮40 min。

②功能：健脾和胃，补益气血。可用于脾胃虚弱、气血虚少的患者，以晚饭时食用为宜。

（2）胡萝卜粳米粥

①做法：胡萝卜1～2根、粳米100 g，加水煮粥。

②功能：清热疏肝，润肠通便。可用于春季心火上炎而致皮肤干燥、大便秘结的患者，晨起饮用最佳。

（3）春笋鸡汤

①做法：土鸡500 g，春笋250 g，香菇50 g，生姜、大葱、料酒各适量。将所有食材洗净，放入锅内炖煮40 min。

②功能：疏肝养胃，补益气血。可用于任何体质的人。

10.4.2　夏季饮食养生

1）养阳气

中国传统医学认为"阳气者，卫外而为固"，意思是说，阳气对人体起保护作用，可以使人身体健康，体质强壮，抵抗力增强，免受自然界六淫之气的侵袭。那么在夏季这个本来阳气亢盛的季节，为什么还要注意保养人体的阳气呢？《素问·四气调神大论》中说："夫四时阴阳者，万物之根本也，所以圣人春夏养阳，秋冬养阴，以从其根……逆其根，则伐其本，坏其真矣。"春夏的特点是生发蓬勃，其性属阳。秋冬的特点是平静凝敛，其性属阴。阴阳本是矛盾的统一体，四时交替、寒暑往来是阴阳消长的反映，同时也是阴阳互根的体现。正如明代医学家张景岳所说，"夫阴根于阳，阳根于阴，阴以阳生，阳以阴长。所以圣人春夏则养阳，以为秋冬之地……皆所以从其根也。"这就是说夏季进行饮食养生必须掌握人体气血阴阳的偏盛偏衰，根据具体情况分别配以不同的饮食。例如，对阳虚之人，其病每于春夏稍愈，秋冬加剧，因此调理必须于盛夏阳旺之时即予以培补，至秋冬才可能减轻症状或减少复发。夏日三伏天可用中药白芷、细辛、白芥子、桂枝研细末贴敷背部膏肓穴、定喘穴治疗老年人慢性支气管炎、肺气肿，可获满意疗效；如能配合内服培补脾肾的方药，疗效更佳，因为"养阳"包括养肾阳之义，肾阳为一身阳气之根，故人春夏养阳要注意"从其根"，方能真正达到夏养阳的目的。推而广之，凡慢性的阳虚类体质的人，如能采用这种"冬病夏养"的办法，于春夏之际食用适当的食物如韭菜、芥菜、葱、虾、蛋类、禽畜肉、辣椒、姜等，（也可选用鲜荔枝、杨梅、桃、杏、桂圆、大枣等水果）或者用养阳的药物来调治和保养，往往能收到很好的效果。著名医药学家李时珍在《本草纲目》中说，"以葱、蒜、韭、蒿、芥等辛辣之菜杂和而食。"《寿世保元》中亦载，"夏日伏阴在内，暖食尤宜。"上述辛辣之菜及水果可谓夏季养阳的佳品良药。当然，人如属阳旺之体，就不能再用过多温热之品，这会"火上加油"；相反体质者，则宜用寒凉甘润之品以壮水制火，使其阳平。总之，夏季养阳之法也要因人而异，才能真正达到借夏天阳旺来培植秋冬之不足的目的。

2）夏季饮食宜清淡解暑

夏季来临，气温上升，烈日炎炎，由于大量出汗，人的饮水量明显增多，多饮水、吃生冷瓜果等会冲淡胃酸，降低消化功能。因此，夏季饮食宜清淡，这有助于消化吸收，若饮食太咸或过甘味厚都容易造成消化不良，甚至引起"血"和"肾"的病变。如《素问·生气通天论》中载："味过于咸，则脉凝泣而变色。"《灵枢·五味论》中也写道："咸走血，多食之，令人渴。"渴则又多饮，造成恶性循环。据报道，人每日食盐超过 15 g 以上，高血压的发病率约为 10%，正常人一般每天的食盐量应控制在 10 g 以下。当然，由于夏季酷热，大量出汗后体内盐分失去过多时，要注意补充失去的盐分，若体内盐分太少，电解质失去平衡，会引起肌肉酸痛、乏力，甚至发生抽搐。因此，夏季吃些如盐水虾、盐水鸭、清爽的佐餐小菜等就比较合乎时令要求。古人就提出了夏季适当增咸减甘以养肾的五行理论，如《摄生月令》中载："季夏……增咸减甘，以滋肾脏……宜减肥浓之物，宜助肾气，益固筋骨。"

另外，夏季暑邪易侵犯人体，故应充分注意清热、解暑、降温。自古以来，前人总结了大量的清热解暑的方法，一是多饮些清凉饮料，如淡盐开水、淡茶水、酸梅汤、绿豆汤、香薷汤、荷叶粥等；二是多吃些具有清热、解毒、降暑功效的瓜果蔬菜等，如西瓜、丝瓜、南瓜、冬瓜、黄瓜、番茄、竹笋、豆角、豆制品，并巧用大蒜、姜、醋等调味品，以增强食欲。

3）长夏饮食宜健脾渗湿

长夏，为夏秋交接之际，主湿，属土，脏腑应脾。中国传统医学认为，脾具有主运化的生理功能。所谓"运"，即转运、输运；所谓"化"，即消化吸收。脾主运化，是指脾具有把水谷（饮食）化为精微物质，并将精微物质转输至全身的生理功能。其运化功能可分为运化水谷和运化水液两个方面，在此主要阐述脾运化水液的意义。

运化水液，也称"运化水湿"，是指对水液的吸收、转输和布散作用，是脾主运化的一个组成部分。脾的运化水液功能健旺，就能防止水液在人体内发生不正常的停滞，也能防止湿痰积饮等病理产物，防治水肿。故《素问·至真要大论》说："诸湿肿满，皆属

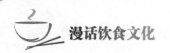

于脾。"这就是脾虚生湿、生痰、水肿的发生机理。

在长夏季节湿邪主令，要适应这一季节变化，脾脏起决定性的作用。因此，谈及这一季节的饮食养生宜忌时，健脾就显得非常重要。要使负担已经较重的脾脏能够进一步加强运化水湿的功能，只有通过健脾才能实现。所以长夏季节，宜多吃些健脾渗湿的食物，例如山药、茯苓、白术、白扁豆、莲子、芡实、苡仁、白果、百合、红枣、莲藕、冬瓜、南瓜、苦瓜、苦菜、柑橘皮、姜等，同时要注意"夏月戒晚食者，以夜短难消化也"（《养生四要》），这样才能增强脾胃运化水湿的功能，而不至于水湿停留，造成疾病的发生。

4）夏季饮食忌贪生冷

夏季是暑、湿当令，夹杂火热之邪，气温很高，自古就有"赤日炎炎似火烧"之说。所以，适当吃些生、冷食物无可非议，关键在于不能"贪"。所谓"贪"，即无度。只图一时之快，忽食冷饮、生食，而不顾及脾胃的功能及夏宜养阳的告诫，就可能造成脾胃受寒、功能下降，消化能力降低，水湿停滞，出现腹痛、腹泻、腹胀、纳谷减少等症状，也可引起旧病发作或潜伏至秋冬发病。故《针灸大成》中说："夏月人身，阳气外发，伏阴在内，是脱精神之时，忌疏通以泄精气。"《素问·生气通天论》中说："夏伤于暑，秋为痎疟。"中国传统医学极其重视脾胃功能，并认为脾胃乃后天之本、气血生化之源，所以保护好脾胃功能，才是真正的养生大法，如果不注意保护脾胃的阳气，消化、吸收功能一旦受到损害，再好的食物也不能变成人体的营养，还谈什么饮食养生呢？故有"唯有夏月难调理，内有伏阴忌凉水，瓜桃生冷宜少餐，免得秋来生疟痢"之告诫。

5）夏季饮食忌肥甘厚味

中国的养生学者们历来提倡吃素食，特别是受佛教和道教的影响，认为吃素食能修身养性，可以达到清高洁净的境界，可以长寿。在我国，很多人确实是以素食为主的，尤其在夏季素食备受众人推崇，而肥腻之品更受冷落。《素问·生气通天论》中说："高粱之变，足生大丁。"高，膏也；粱，粱也；足，足以。这就是说，过食肥美厚味，易产生大的疔疮。现代医学也发现，经常吃高脂肪、高热量的食物，可能导致多种疾病，如肥胖症、糖尿病、动脉硬化症。特别是在夏季，吃了较多难以消化的腻肥饮食，使本来消化功能降低的脾胃再增加新的负担，若食物不能及时消化，则会郁结于内，产生火热之邪，复加天暑之邪共同致人发病。以腹痛、腹泻、呕吐、发热、腹胀、目赤肿痛、舌体糜烂、生疮、小便短赤、大便秘结、五心烦热等症为多见，严重的则引起痈疽疮毒等病症。因此，夏季宜以清淡素食为主，这是夏季饮食养生的特色。

6）夏季饮食少辛热、少苦味之品

在酷暑盛夏，少食辛热食物，似与前面提到的"春夏宜养阳"有矛盾之处，其实不然，这里所说的是针对一般常人而言。夏季炎热，汗出溱溱，内热较重，倘若食用较多的辛辣之品，则可能助内热生火，造成心火上炎、口舌糜烂、牙龈肿痛、口鼻干燥、小便黄赤涩痛、大便干结等症状。故《饮膳正要》有言，"夏气热，宜食菽，以寒之，不可一于热也"。

中国传统医学认为：辛味入肺，过食辛味，肺气偏亢，肺属金，心属火，火克金，故偏亢的肺气不能被心火克制，就反侮于心，引起心肺之病。如有肺气不足者，也可适当增辛味之品。《千金方》曰："夏，七十二日，省苦增辛，以养肺气。"按五行相生、相克、相乘、相侮之原理，夏季宜少食苦味之品，有助养生。苦味通于心，夏季本就心气偏旺，若多食苦味饮食，则使心气更亢而易及于肝。肝属木，木生火，肝为心之母，心为肝之子，心气伤肝，叫"子病犯母"或"子盗母气"。盛夏之后，进入长夏，若湿气渐重，可适当增食辛味之品，它们具有除湿的作用，并可为人进入秋冬季节打下身体基础。

10.4.3 秋季饮食养生

秋季是指从立秋至立冬的 3 个月。秋季的特点是由热逐渐转寒，阳消阴长。因此，秋季养生保健必须遵循"养阴"的原则。其中，饮食保健当以润燥益气为中心，以健脾、补肝、清肺为主要内容。

1）润燥为主

秋季天高云淡，空气干燥，气温和湿度逐渐降低，天气忽冷忽热，变化急剧。因此，人在秋天要多饮水，以维持水代谢平衡，防止皮肤干裂、邪火上侵；要多吃蔬菜、水果，以补充体内维生素和矿物质，中和多余的酸性代谢产物，起到清火解毒之效；要多吃豆类等高蛋白植物性食物，少吃油腻厚味食物；要尽可能少食用葱、姜、蒜、韭、椒等辛味食品，不宜多吃烧烤，以防加重秋燥症状。

补肺润燥，要多食用芝麻、蜂蜜、水果等柔和、含水分较多的甘润食物。一方面，可以直接补充人体的水分，以避免气候干燥对人造成直接的伤害；另一方面，通过食物补养肺阴，防止机体在肺阴虚的基础上再受燥邪影响，发生疾病。

2）减辛增酸

肺主辛味，肝主酸味，辛能胜酸，故秋季要减辛以平肺气，增酸以助肝气，以防肺气太过胜肝，使肝气郁结。人在秋季应按照"少辛多酸"的原则选择食物，多食用芝麻、糯米、蜂蜜、荸荠、葡萄、萝卜、梨、柿、莲子、百合、甘蔗、菠萝、香蕉、银耳、乳品等柔润食物。

3）多吃温食

在秋季，宜多食温食，少食寒凉之物，以保护、颐养胃气。如过食寒凉之品或生冷、不洁的瓜果，会导致温热内蕴、毒滞体内，引起腹泻、痢疾等，故有"秋瓜坏肚"的民谚，老人、儿童及体弱者尤其要注意这一点。

4）平补

由于从炎夏转入凉秋，人体感觉比较舒服，因"苦夏"而致的身体消瘦，也会逐渐改善。胃口和精神的转好，使秋季成了最佳的进补季节之一。

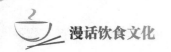

秋季应采取平补，这是根据秋季气候凉爽、阴阳相对平衡而提出的一种进补法则。所谓平补，就是选用寒温之性不明显的平性滋补品。另外，秋季虽然阴阳相对平衡，但"燥"是秋季的主气，肺易被燥所伤，进补时还应当注意润补，即养阴、生津、润肺，采取平补、润补相结合的方法，以达到养阴润肺的目的。

10.4.4　冬季饮食养生

冬季天寒地冻，合理饮食可起到保温、御寒和防燥的作用，人们在日常饮食中要遵循5个原则。

①要注意多补充热源食物，增加热能的供给，以提高机体对低温的耐受力。在冬季，人们的食欲有所增加，但并不意味着人体需要更多的热量。食欲增加是人体的"激素钟"在寒冷的气候下运转有所改变造成的。科学研究发现，冬天的寒冷环境影响着人体的内分泌系统，使人体的甲状腺素、肾上腺素等分泌增加，从而促进蛋白质、脂肪、碳水化合物3大类热源营养素分解，以增强机体的御寒能力，这样就会造成人体的热量散失过多。因此，冬天人们应以增加热能为主，可适当多摄入富含碳水化合物、蛋白质或脂肪的食物。这样的食物应富含碳水化合物、脂肪或蛋白质，尤其应考虑补充富含优质蛋白质的食物，如瘦猪肉、鸡鸭肉、鸡蛋、鱼、牛奶等。对于体弱而无严重疾病的人来说，可以根据自己的实际情况，适当选用一些药食两用的食品，如红枣、芡实、苡仁、花生仁、核桃仁、黑芝麻、莲子、山药、扁豆、桂圆、山楂、饴糖等，再配合其他营养丰富的食品，就可达到御寒进补的目的。

②要多补充含甲硫氨酸和无机盐的食物，以提高机体御寒能力。即甲硫氨酸通过转移作用可以为人提供一系列耐寒所必需的物质。寒冷气候使得人体的肌酸排出量（尿液中）增多，脂肪代谢加快，而合成肌酸及脂肪酸、磷脂在线粒体内氧化释放出热量都需要甲硫氨酸提供的物质。因此，在冬季人们应多摄取含甲硫氨酸较多的食物，如芝麻、葵花籽、乳制品、叶类蔬菜等。另外，医学研究表明，人怕冷与饮食中缺少无机盐很有关系。所以，冬季人们应多摄取根茎类蔬菜，如胡萝卜、百合、山芋、藕及青菜、大白菜等，因为蔬菜的根茎里含无机盐较多。如钙在人体内含量的多少可直接影响人体心肌、血管及肌肉的伸缩性和兴奋性，适当补充钙可提高机体的御寒力。含钙较多的食物有牛奶、豆制品、虾皮、海带、发菜、芝麻酱等。

③要多吃富含维生素B_2、维生素A和维生素C的食物，以防口角炎、唇炎、舌炎等疾病的发生。寒冷气候使人体的维生素代谢发生了明显的变化，容易出现诸如皮肤干燥、皲裂和口角炎、唇炎等症。所以，人们在饮食中要及时补充维生素，维生素B_2主要存在于动物肝脏、鸡蛋、牛奶、豆类等食物中；富含维生素A的食物则包括动物肝脏、胡萝卜、南瓜、红薯等；维生素C主要存在于新鲜蔬菜和水果中。

④冬季进补宜吃"黑"。冬天，食用什么食品最适宜人体？根据中国传统医学的"五行学说"和"天人相应"的观点，就吃而言，在冬天最能发挥保健功效的莫过于"黑色食品"。黑色食品如黑米、黑豆、黑芝麻、黑木耳、黑枣、黑菇、黑色桑葚、乌

骨鸡、乌贼、甲鱼、海带等。之所以适宜在冬天食用，是由天、地、人之间的关系所决定的。在人体五脏配属中，内合于肾；在自然界的五色配属中，机体则归于黑。肾与冬相应，黑色入肾。中国传统医学认为，肾主藏精，肾中精气为生命之源，是人体各种功能活动的物质基础，人体生长、发育、衰老以及免疫力、抗病力的强弱与肾中精气盛衰密切相关。"肾者主蛰，封藏之本。"因此，冬天补肾最合时宜。现代研究表明，食品的颜色与营养的关系极为密切，食品颜色随着本身的营养含量而由浅变深，许多食物的营养含量越丰富，其颜色越深，黑色食品可谓登峰造极。黑色独入肾经，食用黑色食品，能够益肾强肾，增强人体免疫功能，还能延缓衰老。在冬天进食则更具特色，黑色食品在冬天最能显出"英雄本色"，可谓冬天进补的佳肴。与羊肉、狗肉一类温肾壮阳的食品不同的是，黑米、黑豆、黑芝麻等黑色食品不仅营养丰富，而且大多性味平和，补而不腻、食而不燥，对肾气渐衰、体弱多病的老人尤其有益。冬天人们不妨吃"黑"，让黑色食品走上餐桌，将会有意想不到的收获。

章 后 复 习

一、知识问答

1. 中国古代体现养生内容的书籍有：＿＿＿＿＿＿＿＿＿＿＿＿＿＿。

2. 食物四性，即＿＿＿＿＿、＿＿＿＿＿、＿＿＿＿＿、＿＿＿＿＿。

3. 食物五味，即＿＿＿＿＿、＿＿＿＿＿、＿＿＿＿＿、＿＿＿＿＿、＿＿＿＿＿。

4. 古代养生讲究五味入五脏，认为酸入＿＿＿＿，苦入＿＿＿＿，甘入＿＿＿＿，辛入＿＿＿＿，咸入＿＿＿＿。

5.《黄帝内经·素问》认为＿＿＿＿＿为养，＿＿＿＿＿为助，＿＿＿＿＿为益，＿＿＿＿＿为充，气味合而服之，以补精益气，体现了养生中的＿＿＿＿＿＿＿＿＿原则。

6. "流水不腐，户枢不蠹"，体现了养生中的＿＿＿＿＿＿＿＿＿原则。

7. 现代很多女性为保持苗条的身材，少吃主食，甚至不吃主食，这对健康极为不利。不吃主食对健康的危害有：＿＿＿＿＿＿＿＿＿，＿＿＿＿＿＿＿＿＿，＿＿＿＿＿＿＿＿＿，＿＿＿＿＿＿＿＿＿。

8. 古代四季养生理论认为每个季节都有相适宜的食物，从五色的角度来说，一般春喜＿＿＿＿＿＿，夏喜＿＿＿＿＿＿，长夏喜＿＿＿＿＿＿，秋食＿＿＿＿＿＿，冬吃＿＿＿＿＿＿。

9. 一日三餐中，＿＿＿＿＿＿＿＿被称为"春雨贵如油"。

10. 有人认为多吃水果好，有人认为多吃蔬菜好，还有人喜欢吃肉等，其实，＿＿＿＿＿＿＿＿＿＿才是真正的科学饮食。

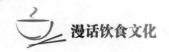

二、思考练习

  1. 中国传统的养生基础理论和养生原则是什么？

  2. 中国传统的膳食平衡理论是什么？

  3. 根据传统的养生理念和中国居民膳食宝塔，你认为最科学的养生理念是什么？你想怎样调整自己和家人的膳食结构？

三、实践活动

  每天积累一个食材的食性，并研究它与其他食材怎样搭配才能相得益彰。

附1："十二时辰养生法"（曲黎敏）

子时：胆经当令

子时是指夜里11点到次日凌晨1点，这个时候是胆经当令。"当令"就是当班的意思。

生活中有一个特别奇怪的现象：因为我们晚上吃完饭以后，八九点钟就昏昏欲睡，但一到11点就清醒了，所以现在很多人习惯11点以后开始工作。还有的人到了夜里11点总想吃点东西，在屋子里找食，这是为什么呢？这是因为这个时候恰恰是阳气开始生发了，所以一个很重要的原则就是最好在11点前睡觉，这样才能慢慢地把这点生机给养起来，人的睡眠与人的寿命有很大关系，所以睡觉就是在养阳气。

子时是一天中最黑暗的时候，阳气开始生发。《黄帝内经》里有一句话叫作"凡十一藏皆取于胆"。取决于胆的生发，胆气生发起来，全身气血才能随之而起。子时把睡眠养住了，对一天至关重要。

丑时：肝经当令

丑时是指凌晨1点到3点，这个时候是肝经当令。这个时候一定要有好的睡眠，否则你的肝就养不起来。

在这个时候阳气生发起来，而这个时候叫丑时，丑时是什么样子呢？丑字就像是手被勒住了，就好比这个时候阳气虽然生发起来，但你一定要有所收敛，有所控制，就是说升中要有降。所以要想养好肝血，凌晨1点到3点要睡好。

寅时：肺经当令

寅时是指凌晨3点到5点，肺经当令。这个时间是人从静变为动的开始，是转化的过程，这就需要有一个深度的睡眠。人睡得最死的时候应该是3点到5点，这个时候恰恰是人体气血由静转动的过程，它是通过深度睡眠来完成的。

心脏功能不太好的老人不提倡早锻炼，有心脏病的人一定要晚点起床，而且要慢慢地起来，不主张早上锻炼。晚上是一片阴霾之气，你可以活跃一下。而早晨是阳气生发的时候，你就顺其生发好了。

卯时：大肠经当令

卯时是指早晨5点到7点，这个时候是大肠经当令。5点到7点天基本上亮了，天门开了，5点醒是正常的。这个时候我们应该正常地排便，把垃圾毒素排出来。这个时候代表地户开，也就是肛门要开，所以要养成早上排便的习惯。排便不畅，应该憋一口气，而不是攥拳。

中医认为肺与大肠相表里，肺气足了才有大便。

辰时：胃经当令

辰时是指早晨7点到9点，这个时候是胃经当令。胃经是人体正面很长的一条经

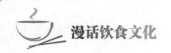

脉，胃疼是胃经的问题。其实膝盖疼也胃病，脚面疼也属于胃经病，这些地方都是胃经循行路线。

这个时候吃早饭，就是要补充营养。这是天地阳气最旺的时候，所以说吃早饭是最容易消化的时候。早饭吃多了是不会发胖的。因为有脾经和胃经在运化，所以早饭一定要吃多、吃好。吃早饭就如同"春雨贵如油"一样金贵。

巳时：脾经当令

巳时是指上午9点到11点，这个时候是脾经当令。脾是主运化的，早上吃的饭在这个时候开始运化。我们的胃就像一口锅，吃了饭怎么消化？那就靠火，把脾胃里的东西一点一点地消化掉。

脾是什么呢？脾字的右边是一个"卑"，就像古代的一个烧火的丫头，在旁边加点柴，扇点风什么的。在五脏六腑里，脾就像一个忙忙碌碌的小丫鬟，但如果她病了，我们五脏六腑这个大宅门就都不舒服了，就会得所谓的富贵病，如糖尿病什么的。如果人体出现消瘦、流口水、湿肿等问题，都属于脾病。

午时：心经当令

午时是指中午11点到13点，这个时候是心经当令。子时和午时是天地气机的转换点，人体也要注重这种天地之气的转换点。

对于普通人来说，睡子午觉最为重要，夜里11点睡觉和中午吃完饭以后睡觉，睡不着闭一会儿眼睛都有好处。因为天地之气在这个时间段转换，转换的时候我们别搅动它，你没那么大的能量去干扰天地之气，那么怎么办呢？歇着，以不变应万变。这个时候一定要睡一会儿，对身体有好处。

未时：小肠经当令

未时是指下午13点到15点，这个时候是小肠经当令。小肠是主吸收的，它的功能是吸收被脾胃腐熟后的食物精华，然后把它分配给各个脏器。午饭要吃好，营养价值要丰富一些。

心和小肠相表里。表就是阳，里就是阴。阳出了问题，阴也会出问题，反之同样。心脏病在最初很可能会表现在小肠经上。有的病人每天下午两点多就会胸闷心慌，可到医院又查不出心脏有什么问题。因为小肠属于阳，是外边。外边敏感的地方出了问题，里边的心脏肯定也会出现问题。

申时：膀胱经当令

申时是指下午15点到17点，这个时候是膀胱经当令。膀胱经从足后跟沿着后小腿、后脊柱正中间的两旁，一直上到脑部，是一条大的经脉。

比如小腿疼，就是膀胱经的问题，而且是阳虚，是太阳经虚的相。后脑疼也是膀胱经的问题，而且记忆力衰退也是和膀胱经有关的，主要是阳气上不来，上面的气血不够，所以会出现记忆力衰退的现象。如果这个时候特别犯困，就是阳虚的毛病。

酉时：肾经当令

酉时是指下午17点到19点，这个时候是肾经当令。肾主藏精。什么是精？人的精，就像家里的"钱"，什么都可以买，什么都可以变现。人体细胞组织哪里出现问题，"精"就会变成它或帮助它。精是人体中最具有创造力的一个原始力量。当你需要什么的时候，把精调出来就可以得到这个东西。比如你缺红细胞，精就会变现出红细胞。

从另外一个角度讲，元气藏于肾，元气是我们天生带来的，也就是所谓"人活一口气"。这个元气藏在哪里？它藏于肾。所以大家到一定年龄阶段都讲究补肾，而身体自有一套系统，经脉要是不通畅的话，吃多少补品都没有用，补不进去，一定要看自己的消化吸收能力。

肾精足的一个表现就是志向。比如：老人精不足就会志向不高远，小孩子精足志向就高远。所以人要做大事，首先就是要保住自己的肾精。

戌时：心包经当令

戌时是指晚上 19 点到 21 点，这个时候是心包经当令。心包是心脏外膜组织，主要是保护心肌正常工作的，人应在这时准备入睡或进入浅睡眠状态。

心是不受邪的，那么谁来受邪呢？心包来受邪。很多人出现心脏的毛病都可以归纳为心包经的病。如果你心脏跳得特别厉害，那就是心包受邪了，先是心怦怦地跳，然后毛病就沿着心包经一直走下去。中医治病的原则就是从脏走到腑。所以，当你懂得经脉，就可以治疗这类病。

因为心包经又主喜乐，所以人体在这个时候应该有些娱乐。

亥时：三焦经当令

亥时是指晚上 21 点到 23 点，这个时候是三焦经当令。三焦是指连缀五脏六腑的那个网膜状的区域。三焦一定要通畅，不通则生病。

亥时的属相是猪，猪吃饱了哼哼唧唧就睡。所以在亥时，我们就要休息了，让身体沉浸在温暖的黑暗中，让生命在休息中得到抚慰。

（有改动）

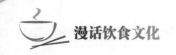

附2：人的生命周期与生命状态（曲黎敏）

《黄帝内经》中有关于人的生命周期的一些说法，并且具体阐述了人在人生的某个特定阶段，血气和行为的某种关联性。

比如，"人生十岁，五藏始定"。少年时期，人体的脏器刚刚稳定下来，这个时候人的"血气已通，其气在下"。此时人的气血都在根部，因此小孩子喜欢跑，而且是跳着跑。

20岁时，人"血气始盛，肌肉方长，故好趋"。"趋"是快走的意思。即20岁的时候，人的血气开始旺盛，并且长肌肉，喜欢快走。

30岁时，人"五藏大定，肌肉坚固，血脉盛满，故好步"。人30岁的时候，身体五脏六腑基本都已安定下来了，肌肉的生发和生长都已经达到了顶点，这个时候人就开始喜欢慢慢地走路了。

40岁时，人"五脏六腑，十二经脉，皆大盛已平定，故好坐"。即人40岁的时候，人的身体各个器官都已经开始走下坡路，肌肤腠理都出现了变化，开始有衰退现象。如"荣华颓落"，"荣华"指面色，即人的面色也不像年轻的时候那么红润、阳光灿烂了；人的头发也开始变白，开始喜欢坐着，不太愿意活动。但"久坐湿地伤肾"，人总坐在一个地方不动的话，也会慢慢地耗散元气，不活动了还会耗散元气。有这种事情吗？有的，因为人要总不活动，湿气就偏重，湿气如果偏重，身体中的寒邪之气就会化不开，带不走，总在身体里淤积。这样会造成经脉不通畅，人体就会多调元气上来，把寒邪破掉。所以从这个角度来讲，人最起码从40岁开始就应该注重养生的问题。

我是建议大家在这个年纪要多活动，让自己的气血充分地运化起来，然后增强自己的代谢，把湿气带走。因为在现实生活中，大家经常会发现人到了40岁以后，体态各方面都会发生很大的变化，实际上这和人身上的气血有关，也和日常生活中的一些不良习惯，比如不爱运动有关。

50岁时，人"肝气始衰，肝叶始薄，胆汁始减，目始不明"。即人的生发之机已经开始衰退了。《上古天真论》曾经说过，男人女人一般到了四五十岁的时候，生机已经很弱。比如老年人得病，吃药会吃很长时间，因为他的整个气机减弱了，生发能力极度衰退，只能靠不断吃药来慢慢恢复自己的脏腑功能，带走一些疾病。而且此时，人眼睛也开始花了，有一种说法，叫"花不花四十八"，即人到了48岁左右，眼睛就开始花了。眼睛花实际上就是肝气衰退的迹象。

60岁时，人"心气始衰，苦忧悲，气血懈惰，故好卧"。60岁时，人想问题就很难周全了，因为只有心气很旺时，人的思维才能够旺健；心气不足，思维能力就会减退。这个时候人的情绪上也会出现一些不稳定的状态，人身体的气血都是处在一种相对停滞的状态，在日常生活当中，人就总喜欢躺着。

70 岁时，人"脾气虚，皮肤枯"。即人的后天脾胃已经很虚弱了，脾胃一弱，吃得就少，变化出来的水谷精微就少，气血能够往外带动的能量也会降低，皮肤腠理得到的气血和精华也就少了很多，所以皮肤就会出现干枯这种现象。

80 岁时，人"肺气衰，魄离，故言善误"。即人输布全身气血的功能开始减退，而且会出现魂魄分离的象，导致说话经常说不清楚，或者说颠倒话，或者像中医里所说的是"谵语"一样，一句话没完没了总在说，这些都是人 80 岁时肺气衰败的迹象。

90 岁时，人"肾气焦，四藏经脉空虚"。即人的肾气开始衰败，其余四脏也都跟着空虚了。所以在生命中，大家一定要记住，只要肾气一衰，人的全身气血都会衰，而肾精又是从中焦脾胃来的，所以中焦脾胃一衰，人全身肯定开始虚弱了，这里都是有一定相关性的。

100 岁时，人"五藏皆虚，神气皆去，形骸独居而终矣"。这里的"百岁"实际指的是人的一种"将亡之象"，就是人要死的时候，五脏六腑会很虚弱，魂魄全都分离，什么思维能力、想象力全都没有了。

第11章
烹饪文学作品欣赏

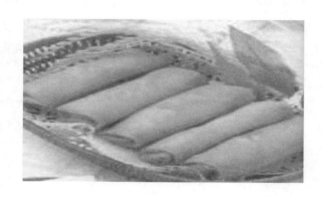

　　本章结合同学们的专业需要精选了五篇文学佳作，为大家学习写作餐饮小论文提供范例。

　　《饺子》一文从全篇看，按先主后次的顺序介绍饺子的制作方法和相关知识。《豆腐颂》紧紧围绕豆腐这一主体，描述其作用、做法、历史变迁、名称沿革，托物言志，赞颂豆腐所蕴含的民族精神。《春卷》在尽显厦门春卷风味的同时，表露出作者对传统文化传承的思考。《诗情画意融神韵中国菜菜名诗意化小探》以优美的语言解读了中国菜里那些充满诗情画意的菜名。《现代菜谱写作技巧》告诉我们菜谱应该从哪些方面去写作。《介绍宴席的解说词》是一篇学生的习作，为大家学习写作此类文章提供参考。

　　学习本章时，要重点理清文章的写作思路、写作技法，参考例文，尝试写作专业小论文，做到学以致用。

11.1　饺　子

佚　名

【学习目标】

1. 了解饺子的由来、传说、名称等相关知识。

2. 理清文章思路，掌握按制作程序来说明事物的方法。

3. 能按制作程序来介绍一道菜品的制作。

【导学参考】

1. 学习形式：小组讨论合作。

2. 问题任务。

（1）讲述饺子的由来、传说，归纳饺子的相关知识。

（2）常见的说明顺序有哪几种？本文是按什么顺序说明事物的？

（3）用简洁的示意图概括本文的结构思路。

（4）播放一段制作馒头的视频，边看边进行解说。

俗话说："好吃不如饺子，舒服不如倒着。""水饺人人都爱吃，年饭尤数饺子香。"饺子是一种历史悠久的民间美食，是深受老百姓喜爱的传统食品。在我国北方地区，逢年过节、迎亲待友，人们总要包顿饺子吃。尤其在大年初一，全家人围坐在一起，一边包饺子一边聊天，山南海北无所不谈，欢声笑语不绝于耳，真是其乐无穷。

饺子好吃，但包饺子却挺麻烦，大致需要调馅、和面、擀皮、包馅和下锅煮等几道工序。

首先是调馅。北方人最常吃的有白菜馅、萝卜馅、韭菜馅，用的肉一般是猪肉、羊肉，也有鸡蛋馅的素饺子，还有较高档的对虾饺子、鱿鱼饺子。调馅时，肉要切得细一些，块大了不易熟；菜也要切得细一些，粗了容易扎破皮。如果用白菜作馅，还要把里面的水挤出来。如果用萝卜做馅，要把切好的萝卜先放在水里煮一下，再挤干里面的水，剁碎。

再说和面。包饺子的面最好在调馅前和好，饧着，以免里面有疙瘩。

其次是擀皮。擀皮前先把面搓成直径约 2 厘米粗的长条，再切成小段，压扁，然后擀成饺子皮。饺子皮要中间厚点，边上薄点。

擀好皮就可以包馅了。放馅要适量，多了包不住，少了又不好吃。饺子包好后就可以下锅煮了。要注意等水开了再下饺子。要是凉水时下饺子，等水开了，饺子也成了

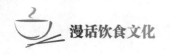

"片儿汤"了。

饺子下锅后，要用勺子搅一搅，以免粘了锅底。等到再开锅时，"点"适量凉水，盖上锅盖烧开。这样反复"点"几次凉水后，就可以把饺子捞出来了。

一碗碗、一碟碟热腾腾的水饺蘸着酱油、醋，就着大蒜，那味道多美啊！让你吃了这顿，还想下顿。

饺子的特点是：皮薄馅嫩，味道鲜美，形状独特，百食不厌。

饺子因所包的馅和烹饪方法不同而种类繁多。水煮的饺子称为"水饺"，有猪肉水饺、羊肉水饺、牛肉水饺、三鲜水饺、红油水饺、高汤水饺、花素水饺、鱼肉水饺、水晶水饺等。因烹饪方法不同，还有煎饺、蒸饺等。即使同是水饺，也有不同的吃法。古时的饺子煮熟以后，不是捞出来单独吃的，而是和汤一起盛在碗里混着吃，所以当时的人们把饺子叫作"馄饨"。这种吃法至今在我国的一些地区流行，如河南、陕西等地的人吃饺子，要在汤里放些香菜、葱花、虾皮、韭菜等小料；内蒙古和黑龙江的达斡尔族要把饺子放在粉丝肉汤中煮，然后连汤带饺子一起吃；河南的一些地区则将饺子和面条放在一起煮食，名曰"金线穿元宝"。

美味的饺子不仅好吃，还有很多美丽的传说呢。

饺子相传是我国医圣张仲景首先发明的，距今已有1 000多年的历史了。

相传张仲景任长沙太守时，常为百姓除疾医病。有一年当地瘟疫盛行，他在衙门口垒起大锅，舍药救人，深得长沙人民的爱戴。张仲景从长沙告老还乡后，正好赶上冬至这一天走到家乡白河岸边，见很多穷苦百姓忍饥受寒，耳朵都冻烂了。原来当时伤寒流行，病死的人很多。他心里非常难受，决心救治他们。张仲景回到家，求医的人特别多，他忙得不可开交，但他心里总记挂着那些冻烂耳朵的老百姓。他仿照在长沙的办法，叫弟子在南阳东关的一块空地上搭起医棚，架起大锅，在冬至那天开张，向穷人舍药治伤。

张仲景的药名叫"祛寒娇耳汤"，是总结汉代300多年临床实践经验研制而成的。其做法是：用羊肉、辣椒和一些祛寒药材在锅里熬煮，煮好后再把这些东西捞出来切碎，用面皮包成耳朵状的"娇耳"，下锅煮熟后，分给乞药的病人。每人两只娇耳、一碗汤。人们吃下祛寒娇耳汤后浑身发热、血脉通畅、两耳变暖，从冬至吃到除夕，抵御了伤寒，治好了冻耳。

张仲景舍药一直持续到大年三十。大年初一，人们庆祝新年，也庆祝烂耳康复，就模仿娇耳的样子做过年的食物，并在初一早上吃，人们称这种食物为"饺耳""饺子"或"扁食"。后来形成习俗，人们在冬至和大年初一吃饺子，以纪念张仲景开棚舍药和治愈病人的日子。

饺子在漫长的历史发展过程中，名称颇多。它原名"娇耳"，又称水饺，古时又有"牢丸""扁食""饺饵""粉角"等称谓。到三国时，有了"形如月牙"称为"馄饨"的食品，和现在的饺子形状类似。到南北朝时期，馄饨"形如偃月，天下通食"。到了唐代，饺子已经变得和现在的饺子一模一样，而且是捞出来放在盘子里单独吃。宋代称饺子为"角儿"，它是后世"饺子"一词的词源。这种写法，在其后的元、明、清及民国仍可见到。元朝称饺子为"扁食"。清朝时，出现了诸如"饺儿""水点心""煮饽饽"等有关饺子的新称谓。饺子名称的增多，说明其流行的地域在不断扩大。

民间春节吃饺子的习俗在明清时已相当盛行。饺子一般要在大年三十晚上 12 点以前包好，待到子时（晚上 11 点至次日凌晨 1 点）吃，这时正是农历正月初一的伊始，吃饺子取"更岁交子"之意，有喜庆团圆和吉祥如意的意思。

饺子成为春节不可缺少的节日食品，究其原因，一是饺子形如元宝，人们在春节吃饺子取"招财进宝"之意；二是饺子有馅，便于人们把各种吉祥的东西包到馅里，以寄托对新的一年的祈望。在包饺子时，人们常常将金如意、糖、花生、枣和栗子等包进馅里。吃到如意、糖的人，来年的日子更甜美，吃到花生的人将健康长寿，吃到枣和栗子的人将早生贵子。

大年三十包的饺子的形状也有讲究，大多数地区习惯保持传统的弯月形。包制时，把面皮对折后，用右手的拇指和食指沿半圆形边缘捏合，谓之"捏福"。人们以包制各种形状的饺子预示新的一年财满屋、粮满仓，生活蒸蒸日上。有的人家把饺子两角对拉捏在一起，使饺子呈元宝形，将这种饺子摆在盖帘上象征财富遍地、金银满屋。也有的人家会将饺子捏上麦穗形花纹，就像颗粒饱满的麦穗，象征新的一年五谷丰登。饺子煮破了，不能说破、碎、烂等忌语，而要说"挣"了或"涨"了，图个吉利，讨个口彩，以增加除夕夜的欢乐气氛，寄托人们的美好希望。

在民间吃饺子还衍生出许多妙趣横生的俗语，如"饺子就酒，越喝越有"，寓意日子越过越好。还有"冬至饺子夏至面""吃了饺子汤，胜似开药方""舒服不如倒着，好吃不如饺子""出门饺子进门面""茶壶里煮饺子——肚里有货倒不出来"等。

人们逢年过节吃饺子的意义远不止图口福，那一盘盘热腾腾的饺子包含了先人多少德行趣事，包含了中华民族多么博大的饮食文化。

（有改动）

赏析：

"齐家融融聚桌前，举筷夹起月牙弯。入口浓浓皆是情，团团圆圆盼来年。"这则谜语的谜底就是饺子。

本文的整体结构可分为饺子的制作和相关知识两部分，并按由主到次的顺序加以介绍。作者先从饺子的制作入手，按照制作程序，逐步介绍了饺子的制作过程、制作方法和特点。进而又宕开笔墨，拓展思路，进一步按照逻辑顺序介绍了饺子的种类、传说、名称沿革、习俗禁忌以及文化内涵等相关知识，思路清晰，结构严谨，内容丰富，是我们学习写作介绍美食制作类文章的一个优秀范本。

饺子不仅是美食，还是文化符号。它是团圆的象征。每年除夕临近，乡情、亲情都通过饺子在发酵。饺子代表了"年"，过年吃饺子，既是仪式感的体现，也是我们中国人对于家文化的尊重和热爱。

写作训练：

按主次顺序和制作程序说明一道菜肴或一款糕点的制作。

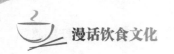

11.2　豆腐颂

林海音

【学习目标】

1. 理解作者从哪些方面赞颂豆腐，学会从不同角度描述事物。
2. 掌握托物言志的表现手法。
3. 学会写作介绍不同食材的饮食文章。

【导学参考】

1. 学习形式：小组自主学习，合作探究。
2. 问题任务。

（1）理清思路，总结文章是从哪些方面赞颂豆腐的。

（2）讨论什么是托物言志的表现手法，如何运用。

（3）从可选话题中任选一个话题，小组讨论应从哪些方面介绍，怎样托物言志。列出提纲，全班交流汇报。

可选话题：①话说鸡蛋；②平凡的白菜。

有中国人的地方就有豆腐。做汤做菜，配荤配素，无不适宜。苦辣酸甜，随意所欲。"它洁白，是视觉上的美；它柔软，是触觉上的美；它香淡，是味觉上的美。"女作家孟瑶说："它可以和各种佳肴同烹，吸收众长，集美味于一身；它也可以自成一格，却更具有一种令人难忘的吸引力。"

豆腐可和各种鲜艳的颜色、奇异的香味相配合，能使樱桃更红，木耳更黑，菠菜更绿。它和火腿、鲥鱼、竹笋、蘑菇、牛尾、羊杂、鸡血、猪脑等没有不结缘的。当你忙碌或食欲不振的时候，做一味香椿拌豆腐，或是皮蛋拌豆腐、小葱拌豆腐佐餐，都十分可口。时间允许，做一味麻辣烫三者兼备的好麻婆豆腐，或煎得两面焦黄的家常豆腐，或毛豆烧豆腐，绿的碧绿，白的洁白，只颜色就令人醉倒了。假如就一碗蒸得松松软软的白米饭，只此一味，不令人百尝不厌吗？它像孙大圣，七十二变，却傲然保持着本体。

江苏有句谚语："吃肉不如吃豆腐，又省钱又滋补。"豆腐的蛋白质含量是牛肉和猪肉的一半，但是价钱却便宜多了。豆腐的脂肪是植物性的，和肉类所含的动物性脂肪不同，吃了不会引起血管硬化或心脏病等毛病。难怪有许多人说豆腐是"植物肉"

了。又因为它含极少量碳水化合物，所以也适宜减肥的人吃。豆腐中的钙质含量和牛奶相同，特别适合孕妇和发育中的婴儿幼儿吃。

慈禧太后驻颜有术，每天都要吞珠食玉。据民间传说，御厨房有蒸锅四十九口，每口锅里放着镶着珍珠的豆腐，四十九天可以蒸烂。四十九口锅轮番蒸，慈禧太后就每天可以吃到一味润肤养颜的"珍珠豆腐"了。

豆腐的做法是：先把黄豆泡在水里四至八小时，气温越高，泡的时间越短，泡够时间后放入石磨中去磨，磨好后滤去豆渣，剩下来的就是豆浆。然后把豆浆加热至沸腾，再加凝固剂。一般都是用盐卤或石膏做凝固剂，石膏的成分是硫酸钙，盐卤中的主要成分是氯化镁和硫酸镁。加入凝固剂后，再放入压榨箱压去水分就是豆腐。

豆腐是汉文帝时代（公元前 160 年左右）淮南王刘安发明的。宋时，豆腐渐见普及，在江南，亦成为普通的食品。但除开特殊的情形外，尚未成为士大夫的食品，只有下层阶级用来佐膳。清代开始，豆腐扩及于上层家庭，有时且调理成帝王专用的高级豆腐。宋荦七十二岁做江宁巡抚，刚巧康熙皇帝南巡。在苏州觐见时，康熙见他年老，对他说："朕有日用豆腐一品，与寻常不同。因巡抚是有年纪的人，可令御厨太监传授与巡抚厨子，为后半世受用。"

随息居饮食谱对豆腐有如下说明。

豆腐一名菽乳，甘凉清热，润燥生津，解毒补中，宽肠降浊，处处能造，贫富咸宜……以青黄大豆清泉细磨生榨取浆，入锅点成后，软而活者胜。其浆煮熟未点者为腐浆，清肺补胃，润燥化痰。浆面凝结之衣，揭起晾干为腐皮，充饥入馔，最宜老人。点成不压则尤软，为腐花，亦曰腐脑。榨干所造者有千层，亦名百叶，有腐干，皆为常肴，可荤可素……由腐干而再造为腐乳，陈久愈佳，最宜病人，其用皂矾者名青腐乳，亦曰臭腐乳，痔膨黄病便泻者宜之。

不同时代，豆腐的名称亦异。古语叫大豆做菽，《尔雅》称为戎菽。豆腐又叫菽乳，还有"黎祁"或"来其"两个名称可能是印度或西域系统的语言，直到唐代，都是指乳酪、乳腐冻奶食品来说，后来才变成豆腐的别名。《清异录》说"邑人呼豆腐为少宰羊"，可能是因为豆腐普遍成为肉类的廉价代用品。

豆腐在中国社会中，是贫苦老实和勤劳的象征。章回小说与旧剧中，也常喜欢安排一对孤苦无依的老婆老头以磨豆腐为生，如《天雷报》里面的张元秀。豆腐也围绕着我国的语文。"豆腐西施"是说美貌的贫家女；"豆腐官"是廉洁的官，因为俸给微薄，只可以吃豆腐。

发挥豆腐烹调技巧最有名的人要算是成都北门顺河街的麻婆了。麻婆娘家姓温，排行第七，小名巧巧，美丽出众，偏是老天促狭，在她脸上洒下一些白麻子，但仍不减她的美貌。她十七岁那年，嫁给顺记木材行四掌柜陈志灏。光绪二十七年，四掌柜不幸翻船。一月之间，健美的巧巧就形销骨立。小姑淑华看她孤苦零丁，加上十年相依的感情，不舍得留下她的四嫂自行出嫁。姑嫂俩为了生活，不得不面对现实，打开门户。

姑嫂都能裁会剪，仅仅添了一张案板，裁缝店就立刻开张。不到半年，生意冷淡下来。好在四掌柜在世时，那些常来他们店里歇脚的油担子，看她们打开店铺，每天又来歇脚，有些带点米，有些带点菜，没有带米带菜的就在隔壁买点羊肉豆腐，其余的人在油篓内掏点油，生火的生火，淘米的淘米，洗菜切菜，只等巧巧来上锅一烧，就可饱餐一顿了。大家故意省下一口，就够姑嫂早晚两餐有余，这些诚挚的情谊，不仅鼓舞了巧巧枯萎的心情，而且更使她练出一手专烧豆腐的绝技。

巧巧做的臊子豆腐，经过众口宣扬，名传遐迩，凡是认得女掌柜的总是想方设法，前来攀亲叙旧，目的仅在想尝尝她做的豆腐。来者是客，怎好一个一个往外推。于是，巧巧开店当炉起来，嫂嫂剁肉烧菜，小姑擦桌洗碗，那时是光绪三十年。她们每天忙上十四小时，年复一年，由于操劳过度，姑嫂先后去世，而麻婆豆腐却成了四川出色的名菜！

现在写出麻婆豆腐的做法，大家不妨试烧一碗。

材料：花生油八分之一杯，黄牛肉或羊肉一三○公分[①]，豆母（可用豆豉蒸软剁碎）半汤匙，姜汁一茶匙，辣椒粉少许，豆腐半公斤，花椒粉少许，葱蒜白梗切成半寸细丝，盐及酱油适量。

做法：炒锅洗净，用姜片擦拭，注入花生油，将沸时，将已注入姜汁及少许水之肉末倒入，肉末分开立即注入清水半杯，然后放进盐、酱油、豆母（咸度不够时，切勿先放豆腐，否则下锅就老），此时再放花椒粉辣椒粉（切忌用辣椒酱豆瓣酱，否则其味不正），1 min 后，将漂净的豆腐切成方块打下，用小火焖煮 20 min，放下葱蒜细丝，视水已干，盛出端在桌上，就是一碗麻、辣、烫的麻婆豆腐了。

很少人有吃腻了豆腐的经验。作家梁容若回忆生长在沙土绵延的地方的情形，从小见惯了田里种的大豆，豆子出产多，豆子的加工品自然也多。豆腐是天天见、满街卖的东西，见惯看腻，无色无香，再加上家乡豆腐常有的卤水苦涩味儿，所以他从小就不喜欢豆腐。

到抗日战争时期，在一个兵荒马乱的残冬深夜，平汉路的火车把他甩在一个荒凉小站上。又饥又渴，寒风刺骨，突然听到卖豆腐脑的声音，梁容若挤在人堆里，一连吃了三碗。韭菜花的鲜味儿，麻油的芳香，烧汤的清醇，吃下去直像猪八戒吞了人参果，遍体通泰，有说不出的熨帖，（他）心想："行年二十，才知道了豆腐的价值。"

他回忆说："北平的砂锅、奶汤豆腐、臭豆腐，杭州的鱼头豆腐和酱豆腐干，镇江的乳豆腐，我都领教过，留有深刻的印象。有一次还在北平的功德林吃过一次豆腐全席，那是一个佛教馆子，因为要居士戒荤，又怕他们馋嘴，就用豆腐做成大肉大鱼的种种形式，虽然矫揉造作，从豆腐的贡献想，真是摩顶放踵利天下为之了。"

作家子敏说："我对豆腐有一股温情，它甚至影响到我的处世态度。人跟人相处，你不能蛮横地要求对方的心情'必须'永远是春天。朋友难免失言、失态、失礼、失

---

①公分：克的旧称。

约。那时候，只有像豆腐那样'柔软'的宽厚心情，才能容忍对方一时的过失。朋友相交，夫妻相处，如果没有'豆腐修养'，很可能造成终身的遗憾。"

"豆腐原是很平民化的食品。对我，它不只是这样，它是含有深远哲学意味的食品。它是平民的，但并不平凡，我们的'中国豆腐'！"

1975 年 6 月

（有改动）

赏析：

瞿秋白曾说："中国的豆腐，世界第一。"这不仅仅因为豆腐是由淮南王刘安发明的，更因为豆腐是中国老百姓餐桌上不可或缺的平民食材。

《豆腐颂》是饮食小品散文。文章以"赞颂"为基调，描述豆腐的作用、做法、历史变迁、名称沿革，介绍百变滋味的豆腐名肴及相关的人物轶事、文化趣谈等，从各个角度全面介绍了豆腐这一平民化食品。全文依托豆腐言志，赞颂豆腐平易朴素、谦和包容的精神特征，表现了中华民族的中和之美，表达了作者由衷的喜爱，也寄予了我们现代人在人际交往过程中也应具备谦和、宽容、容忍的豆腐素养的期望。

写作训练：

参考课堂讨论的提纲，运用托物言志的手法写一篇介绍鸡蛋或白菜的饮食文章。

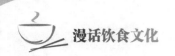

11.3 春 卷 ①

舒 婷

【学习目标】

1. 理解作者怎样围绕春卷写人叙事，表现浓浓的亲情乡情。

2. 学习本文以情动人，娓娓道来的写法。

3. 尝试写一篇情感真挚、质朴动人的欣赏美食的散文。

【导学参考】

1. 学习形式：小组讨论、交流，独立完成写作。

2. 问题任务。

（1）文章从哪些方面介绍春卷，写了哪些人和事，表达了怎样的感情？

（2）模仿本文的写法，查找相关资料，写一篇赏析美食的散文。组内交流，选出佳作，在全班朗读，让同学评分。

（3）参考题目。

①童年的回忆——焖子。

②心中的冰糖葫芦。

③螃蟹之歌。

④家焖黄花鱼——妈妈的味道。

　　春卷的普及范围是这样狭小，只有闽南人心领神会。厦门和泉州虽同属闽南，春卷体系又有不同，一直都在互相较力，裁判公婆各执一词，于是各自发展得越加精美考究。

　　即使在厦门工作了好几年的外地人，也未必能吃上正宗春卷。隆冬时节大街上小吃摊都有的卖，仿佛挺大众化的。其实，萝卜与萝卜须吃起来毕竟有很大区别。

　　有稀客至，北方人往往包饺子待客，而南方人就做春卷吗？也不。即使上宾有如总统，春卷却也不肯招之即来。首先要看季节，最好是春节前后。过了清明，很多原料都走味，例如海蛎已破肚，吃起来满嘴腥。第二要有充足的时间备料。由于刀工要求特别细致，因此第三还要有好心情。当然不必像写诗那么虔诚，但至少不要失魂落

---

①本文原名《传家之累》。

魄到将手指头切下来。

霜降以后，春卷的主力军纷纷亮相。但是，抹春卷皮的平底锅还未支起来；秋阳和煦，小巷人家屋顶尚未晾出一簸簸海苔来。这时候的包菜尚有"骨"，熬不糜；红萝卜皱皱的，还未发育得皮亮心脆；海蛎还未接到春雨，不够肥嫩；总之，锣鼓渐密，帘幕欲卷，嗜春卷的人食指微动，可主角决不苟且，只待一声嘹亮。

终于翡翠般的豌豆角上市了，芫荽肥头大耳，街上抹春卷皮的小摊排起了长龙。主妇们从市场回家，倾起一边身子走路——菜篮子那个重呀！

五花肉切成丝炒熟；豆干切成丝炒黄；包菜、大蒜、豌豆角、红萝卜、香菇、冬笋各切成丝炒熟，拌在一起，加上鲜虾仁、海蛎、鳊鱼丝、豆干丝、肉丝，煸透，一起装进大锅里文火慢煨。

这是主题，桌上还有不少文章。

春卷皮是街上买的，要摊得纸一样薄，还要柔韧，不容易破。把春卷皮摊平桌上，抹上辣酱，往一侧铺张脱水过的香菜叶，撒上絮好油酥过的海苔，将上述焖菜挤去汤水堆成长形，再撒上蒜白丝、芫荽、蛋皮、贡糖末，卷起来就是春卷。初涉此道的人往往口不停地问先怎么啦再怎么啦，延误时机，菜汁渗透皮，最后溃不成卷。孩子则由于贪心，什么都多多地加，大人只好再帮垫一张皮。因此，鲁迅的文章里说厦门人吃的春卷小枕头一般。

曾经到一个外地驻厦门办事处去玩。那儿几个巧媳妇雄心勃勃想偷艺，要做春卷，取出纸笔，要我一一列账备料。我如数写完，她们面面相觑，无人敢接。再去时，她们得意洋洋留我午饭，说今天吃春卷。我一看，原来是厚厚的烙饼夹豆芽菜，想想也没错，这也叫春饼，福州式的。

春卷在厦门，好比恋爱时期，面皮之嫩，如履薄冰；做工之细，犹似揣摩恋人心理；择料之精，丝毫不敢马虎，酸甜香辣莫辨，惊诧忧喜交织其中。到了泉州，进入婚娶阶段，蔬菜类炖烂是主食，虾、蛋、海蛎、鳊鱼等精品却另盘装起，优越条件均陈列桌上，取舍分明，心中有数。流传到福州，已是婚后的惨淡经营，草草收兵，锅盔夹豆芽，粗饱。

我有一个九十岁的老姑丈，去菲律宾六十余年，总是在冬天回厦门吃春卷，又心疼我父亲劳累，叫我父亲操作精简些，说只要在蔬菜中加些鸡（蛋）液、虾汤、鲜贝汁就行。我父亲默默然半天问："剩下来的鸡肉、虾仁、鲜贝怎么办？"

做春卷是闽南许多家庭的传统节目。小时候因为要帮忙择菜，锉萝卜丝，将大好的假期花在侍候此物真是不值，下定决心讨厌它。我大姨妈是此中高手，由她主持春卷大战，我们更是偷懒不得。还忆苦思甜，说当年她嫁进巨富人家，过年时率四个丫鬟在天井切春卷菜，十指都打泡。吃年夜饭时，她站在婆婆身后侍候，婆婆将手中咬剩的半个春卷赏给她吃，已算开恩。听得我们不寒而栗，大姨妈的"春卷情结"影响了我们，除夕晚上，我们几个孩子无一不是因为吃多了春卷而灌醋而揉肚子而半夜起床干呕不止。

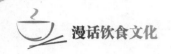

每每发誓，轮到我当家，再不许问津春卷。

不料我公公、丈夫、儿子都是死不悔改的春卷迷。今年刚刚入冬，儿子就计较着："妈妈，今年我又大了一岁，春卷可以吃四个了吧？"丈夫含蓄，只问我要不要他帮拎菜篮子。公公寡言，但春卷上桌，他的饭量增了一倍。只好重拾旧河山，把老节目延续下来。

幸亏我没有女儿。

可惜我没有女儿。

一九九一年十一月十一日

（有改动）

赏析：

"春卷"是我国民间流行的传统小吃，是南方人招待稀客的当家美食。其历史悠久，是由古代立春之日食用春盘的习俗演变而来的。相传福建百姓为了感谢郑成功，每家出一道菜来招待他。郑成功为不拂百姓的盛意，在一张烙熟的面皮上夹入每家的菜卷起来吃。这便有了后来的"春卷"。春卷以闽南的做法和味道最为独特，只有闽南人能心领神会其中的玄妙。

作者以独特的人生感悟对厦门、泉州、福州的春卷进行了比较，妙语连珠，尽显厦门春卷如少妇般的风致韵味，读来令人神往。除了春卷，文中还写了与春卷有关的人和事：老姑丈、大姨妈、公公、丈夫、儿子。作者妙笔生花，一幅喜庆热闹的闽南风情画展现在读者眼前，全文意趣横出，饱含了款款情意、浓浓乡情。

写作训练：

品赏《豆腐颂》《春卷》两篇散文，想一想写作一篇评析名点佳肴的散文应该从哪些方面入手，模仿两篇例文写一篇赏析美食的散文。

11.4 诗情画意融神韵
——中国菜菜名诗意化小探

俞 民

【学习目标】

1. 领会菜名中的文化艺术内涵，进一步理解菜肴命名的原则和方法。

2. 能为菜肴命名，做到既符合主题又具有美感。

【导学参考】

1. 学习形式：小组竞赛，通过竞赛领会中国菜名的文化艺术内涵。

2. 竞赛形式：可设知识问答、小组抢答、创意菜名、讲述传说、赏析菜名等环节（竞赛参考问题参见课后附文）。

在中国烹饪艺术中，讲究菜的色、香、味、形俱佳已是闻名中外的。然而，讲究菜的"美名"，同样为各方烹饪大师们所推崇。因为菜名不仅是菜品内涵的体现，也是美味佳肴的创造者们审美趣味的集中反映。因此，追求菜名的艺术境界，是达到享受美味与愉悦精神的重要途径。

翻开一部中国烹饪史，我们可以明显地看到：中国菜的菜名由最初的"渍""淳熬"等单音节或双音节词组成，基本上还是以所用的主料和烹饪方法来命名。随着社会经济的繁荣发展，烹饪技艺的不断成熟，加上山珍海味的入馔，各地方风味的形成，人们的饮食意识也由单纯的充饥果腹到品尝美味佳肴获得愉悦的转变，诗情画意的菜名也更多地展现在烹饪舞台上。

在中国八大菜系、地方风味菜、创新菜等林林总总的菜名中，富有诗情画意的菜名虽然只占一部分，却构成了艺术品位的独特风景。一些菜经过历史的大浪淘沙，其声名不仅妇孺皆知，而且远扬五湖四海，有的演变成经典古今传承。同样以鸡肉为原料的就有"芙蓉鸡片""白雪鸡"（福建名菜）、"贵妃鸡"（北京名菜）、"游龙戏凤"（明宫廷名菜）等，而以不同原料构成的艺术名菜就更令人炫目，如"龙舟竞渡"（豆腐、火腿）、"月宫银耳"（鸽蛋）、"蟾宫竹影"（田鸡）、"金龙出海"（墨鱼、虾）、"菊花蟹斗"（大蟹）、"一掌山河"（熊掌、虾饺）等。

在这部分名菜中，有的是本身就源于诗情，如"佛跳墙"（坛启荤香飘四邻，佛闻弃禅跳墙来）；有的则因诗的流传而让佳肴插上飞翔的翅膀，如湖北名菜"蟠龙菜"(满座宾客呼上菜,装成卷切号蟠龙);而更多菜名的代代因袭,是借助于"诗中画""画中诗"的盎然情味,如古名菜"玲珑牡丹鲊"(陆游诗曰"清酒如露鲊如花")。

可见,中国菜菜名的诗情画意,是形与神的和谐交融,是虚与实的高度统一,真实与意识相映成趣,自成格调,熠熠生辉,美轮美奂中展现无限韵味。那么,这些菜名有哪些表现手段呢?

第一,比喻精妙诗画美

人们常说:中国菜是菜,但更是艺术品。的确,作为可吃的艺术品,自然要讲求美食、美器、美名的美感统一,达到尽善尽美的诗画之境,达到感官与精神的浑然天成。

其实,中国菜的原料大多取自江河湖海、山野密林。那些原本自然的名字,有的充满野趣,有的平淡,有的可能相当粗俗。但入馔成菜,其菜名要上升到审美高度,完美体现菜的面貌、特点,精妙的比喻,确实能增强艺术的表达效果。"珊瑚牛肉""白云猪手""兰花飞龙""珍珠鳜鱼""雪山驼掌""菊花鸡丝""百花大虾""蝴蝶海参""象牙雪笋""玉兰豆腐"这些巧用比喻手法、具有诗画美的菜名,俯拾即是。

另外,为配合中国传统美学的欣赏习惯,一些菜名借以表达人们的喜庆、祥瑞、祝愿之意,被做成各种造型,饰成缤纷的色彩,同时冠以鲜活生动的比喻意义,也就更能吸引人的眼球,化平淡为神奇。因此,那些善用比喻的菜名,发挥了人们巨大的想象力,使自然界的动植物,生活中的器具、人物,就连圣、佛都可以成为品味的对象,甚至某些意念也能在盆盘中得到合情合理的艺术展示。将洁白的蛋清比作"雪",把细长的蛇鳝喻作"龙",雄鸡似"凤",鸽蛋如"珠"……如此等等,不一而足。纷繁而多姿的菜名,有的从形设喻("樱桃肉");有的从色设喻("金针银芽");有的从声设喻("炸响铃");有的从动态设喻("将军过桥");有的从静态设喻("翡翠虾仁");有的从"意"设喻("龙虎斗");有的从"情"设喻("霸王别姬")……

比喻的精妙运用,使中国菜的菜名更形象,内涵更深广,想象更丰富,更有一种诗画的美学效果。

第二,联想丰富趣味美

生活中常遇到这样一种现象:一道菜未见其形,未尝其味,单单品菜名,就会让人啧啧赞叹,摩玩不已。

何哉?菜名的情趣所致也。

和中国山水诗、山水画、园林建筑一样,充满诗情画意的菜名同样蕴涵丰富的趣味。清人史震林曰:"情有情趣,景有景趣。趣者,生气与灵机也。"这里所谓"生气""灵机",说到底就是隽永的氛围和情致,就是使人感悟美妙动人情状的审美效应。当然,这种趣味首先包含于情与象相交融的意象构思中,而这种意象从原料、色彩、造型、寓意等多方面洋溢着特定的情调,给食者一种既可感可触,又身临其境的艺术享受。如徽菜中的"百燕打伞"、滇菜中的"喜鹊登梅"、豫菜中的"金猴卧雪"、五台山佛门寿宴中的"莲蓬献佛"、满汉全席中的"金鱼戏莲"等,无不意象动人,趣意毕肖。

同时，这些菜名又是创制者对生活的爱，并将他们个人的情趣融入烹制的作品中，传达给食者的一种审美过程，因而领引一种饮食想象的情感升华。粤菜"百鸟回鸾巢"是用青菜围成一个"草窝"，将剔透的鹌鹑蛋置于其中，几只肥硕的禾花雀绕窝而栖。盘底浅浅的鸡汁汤好似轻轻流淌的溪水。整个画面自然、恬静，宛若一幅田园风光图景。食者尚未举箸，品味如此美妙的诗名，浮想联翩于"山气日夕佳，飞鸟相与还"的遐思之中，又怎能不达到微醺欲仙的情趣之中呢？

菜名中的情趣又与食者的联想有着千丝万缕的联系。食者联想越丰富，不但越能进入审美感知天地，更能借绝妙的意象大大扩充自己的情趣知觉，化物象为情思，形成"含蓄无垠，思致微妙"的心灵体验。福建创新菜"灵芝恋玉蝉"，把冬菇联想成灵芝，将酿馅的蛋包联想成玉蝉，一个"恋"字，活脱出相互依偎、相互思慕的爱恋情结；而孔府喜庆寿宴中第一道名菜"八仙过海闹罗汉"，不仅使人联想到民间神话故事中的八大神仙和佛教中的罗汉形象，更寓意共祝华诞的美好愿望。真正达到"其寄托在可言不可言之间，其指归在可解不可解之会"（《原诗·内篇》）的境地。

第三，情景交融境界美

"有境界自成高格。"中国菜菜名的境界美，在世界上不能说是绝无仅有，但至少算是"独树一帜"了。

中国菜菜名的境界，具有自己的独特性。它一方面要符合食用的价值原则，另一方面更多地给人情感享受。它往往在寥寥数字之间，折射出美的广阔时空，传递着情与景的交融，达到"言有尽而意无穷"的境界。

一般而言，具有境界的中国菜菜名通常由诗一般的字词、句子构成，与生俱来的诗的特性，充满诗趣、诗味、诗意、诗兴，注重潜意识的拨动，往往更容易唤起食者情意的流连和共鸣。曾获得第三届全国烹饪大赛金牌菜的"宁馨"，以莴笋、黄瓜、鸡脯等拼成并蒂莲花形，展示出相亲相爱、情投意合、宁静温馨的美妙意境；淮扬创新菜"鸟语花香"，把鳜鱼做成花形，围以对虾制成的小鸟，再放置香菜加以点缀，一幅"南国春来早"的鸟语花香图不正盎然于眼前吗？如此富有诗意的菜名，使人顿生幻化之感，飘至一种"空中之音、相中之色、水中之月、镜中之像"的境界中。

另外，创始者善于运用寓意、象征的手法，用自然界的花、草、树、竹、风、雪、日、月等来寄托自己的"象外之象"，开拓菜品深邃的意境，勾起人们心灵的"二度创造"，如川菜中的"春色满园"、辽菜中的"鱼跃荷香"、粤菜中的"满坛香"、第四届全国烹饪技术比赛中的"飞燕迎春""金鸡争雄"等。

当然，境界美必然要求"景生情""情中景"，也就是所谓的"融景入情"。作为菜名，更强调与菜肴互为审美客体，影响、感染食者，并使之"物感心动，触景生情"。上海创新菜"千鹤拜寿"，以甲鱼为主料，用白萝卜、鸽蛋做仙鹤头、翅膀和鹤身，用黄瓜、荷兰芹做树、枝、叶，组成一幅千鹤拜寿图，形神兼备地寄寓了"松鹤延年""松鹤长春"之意。这种化物为"我"，使物具备人的情感色彩，传递出创制者的浓浓情意，又使"观之者动容，味之者动情"，让大家渐渐进入景语、情语相渗相融的

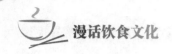

超然境界。

　　总之，中国菜菜名的诗情画意，不但提升了菜的内蕴和层次，构建起一种强烈的通感享受，更张扬了一种民族的文化审美情思，其神韵将万古流长。

（有改动）

　　附文：知识竞赛问题参考

一、知识问答

1. 菜肴命名的原则是什么？

2. 艺术命名法常用的方式有哪几种？

二、小组抢答

1. 说出 3 个以人物命名的菜肴名称。

2. 北京烤鸭、西湖醋鱼属于写实命名法中的哪种命名方式？

3. 中国人还用数字命名菜肴，说出本书中举出的 13 个例子。

4. 酸辣汤、五香肉属于写实命名法中的哪种命名方式？

三、创意菜名

给自己创作的一道菜肴命名。

四、菜名的由来

赏析下列菜名的文化寓意或其中蕴含的典故传说。

1. 四喜丸子　　2. 鲤鱼跳龙门　　3. 八仙过海闹罗汉

4. 叫花鸡　　　5. 锦囊妙计　　　6. 过桥米线

7. 西湖醋鱼　　8. 全家福　　　　9. 五子登科

五、评点赏析菜名

写一篇赏析菜名的短文。

11.5 现代菜谱写作技巧

【学习目标】

1. 掌握菜谱的写作内容和写作技巧。

2. 能仿照示例写出一份标准的菜谱。

【导学参考】

1. 学习形式：自主学习，小组讨论合作。

2. 问题任务。

（1）研读示例、学习资料，掌握菜谱的写作内容和写作技巧。

（2）收看一期饮食类节目，根据节目中介绍的菜肴或专业老师演示的菜肴，写出一份标准的菜谱。

3. 参考菜肴：樱桃肉、糖醋鱼块、红烧豆腐、拔丝地瓜。

菜谱是一种介绍菜的名称、用料、制作方法的文章。中国古代的菜谱（食谱），不仅呈现了人类饮食生活的历史风貌，也记录了烹调技艺的发展，是对烹饪技术的总结，对中国传统饮食文化的传播、交流起到了重要作用。

现代菜谱的写作大体包括以下六个方面的内容。

第一，菜肴名称。

第二，原料名称、数量。

菜肴的原料大多由主料、辅料和调料构成。

原料名称要写学名，如有必要，还可以注明俗名。主料、辅料的用量较多，相对容易写清楚，如鱼写明几尾，鸡写清几只，畜肉、蔬菜写清几百克或几十克。调料的用量较少，不易写出准确数量，特别是呈味能力较强的盐及含盐的调料的用量。制作一般菜肴，盐的投放量是主料的 0.8% ~ 1.2%；若在烹调中放入酱油或其他含盐的酱品，则可根据实际咸度适当地减少盐量。其他调料的用量可根据自己在实践中掌握的数量，如实地写在菜谱之中。

第三，原料规格。

烹调的原料都有一定的规格，而原料的规格大多依靠刀工来完成。原料在正式动刀前所做的初步处理，如鱼的刮鳞、去鳃、除脏，鸡的宰杀、褪毛、除脏，土豆去皮，豆角择筋以及原料洗涤等，都要写清楚，然后再按烹调要求进行合理的刀工切配。同时，必须说明块的大小、片的厚薄、段的长短、条的粗细等具体原料规格。写原料的刀工切配这部分内容时，应按照先主料、再辅料、后配料的次序进行。

第四，烹调程序。

烹调程序是菜谱的主体部分，即菜谱中的"做法"部分。这部分内容既可整段写出，也可分段叙述。不管采用哪种写作方法，其顺序必须严格按照做菜的程序进行，并将关键环节交代清楚。如原料在正式烹饪之前，大多需要进行过油、焯水、煸炒、油煎等初步处理，原料在过油时需要怎样的表面技术处理，用什么油、用多少油，油温多高，过油到什么程度，原料在焯水时用什么水锅，原料煸炒时间的长短，原料的油煎情况，等等，都要交代清楚。又如原料在正式烹调时，如何放底油，如何用葱姜等爆锅，如何投放主料、辅料，如何添汤、加调料等都要详细说明。对于速成类的溜炒菜或是慢成类的烧炖菜，有时还要对用火情况等加以说明。总之，这一部分一定要按操作程序写得条理分明。

第五，装盘方法。

通常将菜肴的装盘方法写在"做法"的末尾且较简略。但如果是强调或突出造型艺术的菜肴，菜谱中则应重视装盘方法的写作，如颜色搭配、餐具的选取和摆放样式等。装盘方法往往影响菜肴成品的质量。

第六，附注说明。

这部分包括三个方面的内容。一是菜肴的特点，因为菜肴的质量主要表现在色、香、味、形、器、质、美、汁等，所以当菜肴在这几个方面有突出特色的时候，必须用确切的文字表达出来；二是有关菜肴烹制的特殊技巧，它往往关系到菜肴烹制的成败；三是有关菜肴的渊源、传说，它可以丰富菜肴的文化内涵。

示例：鱼腹藏羊。
主料：鲜鲤鱼700 g，净羊肉200 g。
辅料：香菇50 g，冬笋30 g，黄瓜20 g，红辣椒15 g。
调料：盐、酱油各10 g，料酒25 g，醋、糖各20 g，猪网油500 g。
做法：
①将洗净的鲤鱼整鱼剔骨后加调料稍微腌制。
②将羊肉、冬笋、香菇等切成米粒状，加调料放入锅中煸炒后填入鱼腹中。
③将鱼用猪网油裹好后放置于烤炉内烤熟，装盘。
④将红辣椒、黄瓜切成细丝，摆放在烤好的鱼腹上即可。
附注说明：
①基本特点：相传该菜品由春秋时代齐国人易牙所创。在北方，水产以鲤鱼为最鲜，肉以羊肉为最鲜，此菜以两鲜并用，搭配烤制而成。成菜色泽光润，外酥里嫩，鲜美异常。
②特殊技巧：高温将鱼烤焦定形，中温烤鱼至熟透，外酥里嫩是本菜的最大

特色。

　　③古代传说：据说古时"鲜"字本是三个"鱼"字构成。鱼本鲜中之最，三个"鱼"就更鲜了。但是，易牙所创制的"鱼腹藏羊"一菜比单鱼肉更为鲜美，因此后来"鲜"字才改为"鱼"加"羊"。

11.6 介绍宴席的解说词

【学习目标】

1. 学习例文，从中总结出写作宴席解说词的方法。

2. 能仿照例文写一篇宴席解说词，提升文化素养。

【导学参考】

1. 学习形式：小组讨论、交流，自主写作。

2. 可选任务。

（1）研读例文，总结宴席解说词应写的内容。

（2）学校举行烹饪比赛，推荐你为本班的菜品解说员。请你为班级创作的宴席写一篇解说词。可选宴席主题：谢师宴、甜蜜婚宴、友谊天长地久宴、祝寿宴、情比金坚金婚宴、生日宴。

宴席解说词示例如下。

××××年××班宴席解说词

一、设计思路与设计理念

本宴席根据中国儒家思想以及人们的日常饮食习惯，确定了"谢师宴"的主题。老师教书育人，辛勤工作，为国家培养出一批批人才。本宴席中处处体现对老师的那份尊重与喜爱，无论是材料选用还是烹调技术方法的运用，都体现出"尊师重道"的理念，展现了我们对老师的尊重、感激与依依不舍的情感。

二、菜品内容及菜品介绍

1. 六围——凉菜组合"三年寒窗"——鼓励我们学生在学业上再创佳绩

该组合寓意我们在学校学习三年后将会踏着更加自信的步伐，在漫漫人生路上走得更好。

2. 十道热菜——体现了我们对老师的尊重、祝福、感激以及想念

第一道：鱼升龙门

鱼升龙门是我国传统的祝福语。寓意是祝福老师步步高升、桃李满天下。

第二道：富贵牡丹

选用了上好的草鱼片成鱼片，经过腌制、挂糊、炸制而成，颜色金黄，寓意是祝

福老师在新的一年里大富大贵、身体健康。

第三道：辛勤园丁

本菜选用了三种原材料，都是素菜。自古以来，老师都是像辛勤的园丁一样教书育人，让人从牙牙学语的孩童成长为专业技术人才。

第四道：长久双条

原料选用牛里脊肉、杭椒。寓意老师与学生的情谊长长久久，"一日为师，终身为父"，我们成才后会更好地报答老师。

第五道：情谊练练

本菜选用地瓜、山药、大枣为主料。选取的材料都是具有药补价值的，其做法为拔丝。我们运用技术拔出长长的糖丝，寓意学生对老师的情谊久久难忘。

第六道：薪火传虾

薪火的意思是柴虽然烧尽，火种仍然留传。比喻老师传业于学生，一代代地传下去。我们也会将老师教给我们的技术练好、练精，将来教给下一代。

第七道：桃李天下

本菜是一道大连的老菜——樱桃肉，口味酸甜，选料为猪里脊肉，形状似樱桃，寓意是祝福老师"桃李满天下"。

第八道：灿烂生活

本道菜选用的是三黄鸡，三黄鸡的肉质细嫩，味道鲜美，营养丰富，在国内外都享有较好的声誉。"灿烂生活"即三色口水鸡，用了三种彩椒作配菜，寓意老师拥有灿烂美好的生活。

第九道：福鱼吐珠

这道菜是一道鱼汤，主料选取草鱼，经过中火慢慢熬制而成，味道鲜美，色泽嫩白。顾名思义，本道汤的寓意是希望老师在新年里载着满满的幸福生活，汤中的丸子则寓意老师阖家幸福、团团圆圆。

第十道：展翅高飞

展翅高飞，即可乐鸡翅，寓意我们经过学校和老师的培育，终有一天会展翅高飞。

3. 主食一道：菊花酥

菊花酥是北京的一道传统小吃。它的外形似菊花，表皮酥软，里面的馅选用上好的红豆沙，吃起来回味无穷。

参考文献

[1] 赵荣光. 中国饮食文化概论 [M]. 2版. 北京：高等教育出版社，2008.

[2] 贤之. 历史食味 [M]. 北京：中国三峡出版社，2006.

[3] 李曦. 中国饮食文化 [M]. 2版. 北京：高等教育出版社，2008.

[4] 仝翼骐. 烹饪文学作品欣赏 [M]. 北京：高等教育出版社，2009.

[5] 田真. 古今茶文化概论 [M]. 2版. 北京：北京航空航天大学出版社，2011.

[6] 王玲. 中国茶文化 [M]. 北京：九州出版社，2009.

[7] 陈宗懋，杨亚军. 中国茶经：2011年版 [M]. 上海：上海文化出版社，2011.

[8] 朱世英，王镇恒，詹罗九. 中国茶文化大辞典 [M]. 上海：汉语大词典出版社，2002.

[9] 乐亭. 紫玉金砂 [M]. 长沙：湖南美术出版社，2011.

[10] 中国营养学会. 中国居民膳食指南2016：科普版 [M]. 北京：人民卫生出版社，2016.

[11] 王绍梅，宋文明. 茶道与茶艺 [M]. 3版. 重庆：重庆大学出版社，2021.

[12] 朱玉，刘巧燕. 漫话西方饮食文化 [M]. 2版. 重庆：重庆大学出版社，2021.